高等学校“十三五”规划教材

获中国石油和化学工业优秀教材奖

物理化学

（上册）

郭子成　罗青枝　任聚杰　任　杰　编著

化学工业出版社

·北京·

《物理化学》（第二版）根据国家教育部关于高等学校教学精品课课程建设工作精神和工科物理化学教学的基本要求而编写。

全书分为上、下两册，共11章，包括：绪论、气体的性质、热力学第一定律、热力学第二定律、多组分系统热力学、反应系统热力学、相平衡、电化学、统计热力学基础、界面现象、化学动力学和胶体化学。书中注重阐述物理化学的基本概念与基本理论；强调基础理论与实际应用之间的联系；秉承与时俱进的精神，修正与完善基础理论并扩展其实际应用。

通过不同章节的组合与取舍，本书可作为化学、化工、环境、生物、轻工、材料、纺织等专业60～110学时的本科生物理化学教材，也可供其他相关专业读者参考。

图书在版编目（CIP）数据

物理化学.上册/郭子成等编著.—2版.—北京：化学工业出版社，2017.12（2019.8重印）
高等学校“十三五”规划教材
ISBN 978-7-122-30841-2

Ⅰ.①物… Ⅱ.①郭… Ⅲ.①物理化学-高等学校-教材 Ⅳ.①O64

中国版本图书馆CIP数据核字（2017）第256896号

责任编辑：徐雅妮　　文字编辑：刘志茹
责任校对：边　涛　　装帧设计：关　飞

出版发行：化学工业出版社（北京市东城区青年湖南街13号　邮政编码100011）
印　　装：三河市双峰印刷装订有限公司
787mm×1092mm　1/16　印张16¾　字数411千字　2019年8月北京第2版第2次印刷

购书咨询：010-64518888　　售后服务：010-64518899
网　　址：http：//www.cip.com.cn
凡购买本书，如有缺损质量问题，本社销售中心负责调换。

定　　价：38.00元

前　言

《物理化学》第一版内容深入浅出，通俗易懂，理论与实际相结合，很适合普通高校本科生阅读与自学。教材问世后，受到很多读者与学习者的欢迎和关注。本着与时俱进的原则，我们此次对《物理化学》第一版进行修订。

《物理化学》第二版将在下述几方面有所改变，并希望给予读者一个清新、易读的印象。

（1）从系统性与易学性考虑，把化学反应焓变和熵变的计算这两部分内容与化学平衡放在一起来介绍，并称为反应系统热力学。此时，已经讲完物质的偏摩尔量与化学势，化学反应也是多组分系统，这样对定义和理解化学反应焓、化学反应熵和化学反应吉布斯函数都比较简便。反应系统热力学这部分最后一节的相关内容亦有所调整和改动。

（2）根据科学知识所遵循的逻辑性原理，从传承角度考虑，将在气体的性质部分补充理想气体温标、在热力学第二定律部分补充热力学温标的内容。

（3）在热力学第二定律部分，总熵判据其实就是克劳休斯不等式。不可逆过程应该包含自发与非自发两类过程，所以说总熵判据就不是自发过程的判据。本书第二版在原来总熵判据的基础上给出一个用于封闭系统无约束条件的做功能力判据，这是一个可以分辨各种自发与非自发过程的判据。做功能力判据在相应的条件下可以还原为隔离系统的熵判据，封闭系统的热力学能判据、焓判据、亥姆霍兹函数判据和吉布斯函数判据。做功能力判据还能很自如地用于电化学和表面化学这些与环境之间有非体积功交换的系统。做功能力判据中的自发过程，也将包含上述各种判据中的自发过程。根据做功能力判据所给出的自发过程定义应该是包容性更强的定义。

（4）电化学部分增加了电化学系统的热力学描述一节，主要介绍了电化学系统中带电粒子电化学势的概念和电化学势判据，强调了电化学平衡。电化学势判据是做功能力判据在电化学系统中的具体表现形式。借助电化学势概念来解释电池电动势产生的机理，也体现了电化学势概念在电化学系统中的应用和可操作性。

（5）在界面现象部分的气-液界面现象中，推导弯曲液面附加压力公式和弯曲液面蒸气压公式时都使用了做功能力判据中的平衡判据。

（6）在化学动力学部分将过渡态理论之艾琳方程的热力学表现形式较第一版做了部分删减。

本书第1、3、5、8、9章由郭子成执笔，第4、6、11章由罗青枝执笔，第2、7、10章由任聚杰执笔，绪论和附录由任杰执笔，全书由郭子成统稿。教研室的李俊新、周广芬、刘艳春、崔敏、孙宝、李英品、张彦辉、赵晶等老师也多次参与研讨，对修订工作提出了许多宝贵的意见。校、院、系各级领导对修订工作也给予了很多支持。在此向所有对本书修订出版过程中给予各种帮助的人士表示衷心的感谢！

由于编者水平所限，书中难免有不当和疏漏之处，恳请读者批评指正。

编者

2017年8月于石家庄

前言

第一版前言

物理化学是化学、化工、环境、生物、轻工、纺织、材料等各专业本科生的一门基础课，是知识面很广的一门课程。物理化学课在培养学生科学思维能力、研究方法和综合素质方面起着重要的作用。

根据河北省教育厅和河北科技大学开展精品课程建设的工作精神，按照国家教育部关于工科物理化学教学的基本要求，我们在使用和参考了国内外有代表性的物理化学教材和多年教学实践的基础上编写了此书，在教材的知识结构上维持了以往工科教材的典型结构，力求顺畅、自然，但在教学内容及理论与实际的结合方面试图写深、写透并有所创新。这具体表现在下述几个方面。

（1）有非体积功存在时过程的方向与限度的判据问题。

（2）热力学恒压系统与动力学恒容系统的关联问题。在热力学中涉及两种标准态时的平衡常数及热力学函数间的关系问题，在动力学中涉及两种单位时的速率系数及活化能间的关系问题。

（3）理想系统和实际系统与平衡相关的一些问题。

本书内容包括绪论和气体的性质、热力学第一定律、热力学第二定律、多组分系统热力学、化学平衡、相平衡、电化学、统计热力学基础、界面现象、化学动力学、胶体化学共11章。每章配有习题，全书最后附有参考文献和附录，并将配套出版《物理化学学习与解题指导》。本书根据不同章节的组合与取舍，可适用于不同学时的不同专业。

本书是河北科技大学理学院化学系物理化学教研室全体老师共同努力的结果。本书绪论、第1、2、5、8、9章和附录由郭子成编写，第3、7、10章由任聚杰编写，第4、6、11章由罗青枝编写，全书由郭子成统稿。在编写过程中，我们得到了校、院、系各级领导的支持和鼓励，教研室的任杰、杨建一、李俊新、周广芬、刘艳春、崔敏、孙宝、李英品、张彦辉老师也对本书的编写提出了许多宝贵的意见，在这里向他们和所有对本书出版过程中给予各种帮助的人士表示衷心的感谢！

由于编者水平所限，书中难免有疏漏和不妥之处，恳请读者批评指正。

编者

2012年6月于石家庄

目　录

第3章 热力学第二定律 …… 58

第4章 多组分系统热力学 …… 99

第6章 相平衡 …… 195

附录 …… 241

上册习题参考答案 …… 251

绪 论

0.1 物理化学课程的内容及作用

化学是研究物质性质与变化的科学。自然界的所有物质都是由大量的分子与原子构成，在形形色色的化学变化中，本质上都是原子、分子或原子团之间的组合或分离。在这些微观粒子相互运动和相互作用发生化学变化的同时，必定伴随着热、电、光、磁等物理现象，引起温度、压力、体积等变化。而温度、压力、光照和电磁场等物理因素也有可能引发化学变化或影响化学变化的进行，所以化学和物理学之间是密不可分的。最早在18世纪中叶，俄国科学家罗蒙诺索夫就注意到物理学和化学之间的联系问题，并提出“物理化学”这个名称，到1887年德国的奥斯特瓦尔德在莱比锡大学首次开设物理化学讲座，并与荷兰的范特霍夫共同创办了《物理化学杂志》，以此为标志，物理化学逐渐成为一门独立学科。

物理化学就是从物质的物理现象和化学现象的联系出发来研究化学变化基本规律的科学。它研究的是化学变化的共性的理论问题，所以也叫理论化学，是化学学科的一个分支。

物理化学的内容非常丰富，其主要理论支柱是热力学、统计力学和量子力学。热力学适用于宏观系统，量子力学适用于微观系统，统计力学则为二者的桥梁。由于篇幅所限，本书主要学习和探讨下面两个方面的问题。

（1）物质变化的方向和限度问题

物质变化的方向和限度问题也称为变化的可能性问题。变化的可能性是指在一定的条件下变化可能进行的方向以及变化可能达到的限度，变化过程中与外界有否能量交换？外界条件如温度、压力等对变化有什么影响？研究物质变化引起的能量转化及变化可能性问题属于化学热力学的研究内容。化学热力学的基本内容主要包括热力学第一定律和热力学第二定律，五个重要热力学函数及可以判断化学变化方向和限度的几个重要判据。

（2）物质变化的速率和机理问题

经典热力学研究不涉及变化所需时间问题，若想知道变化所需的时间，就必须研究变化的速率。化学工作者关心的是化学反应的速率究竟是多少？从反应物变到生成物的机理如何？外界的温度、压力、浓度和催化剂等因素对反应速率有何影响？怎样才能抑制副反应，使反应按人们需要的方向进行？研究这一类问题属于化学动力学的范畴。本书在化学动力学中将介绍动力学的一些基本概念，各类反应的特点及温度、压力、浓度、催化剂和光照等因素对反应速率的影响等，本书还将简单介绍反应速率理论及某些反应的可能机理。

在学习了化学热力学和化学动力学基本原理的基础上，本书还介绍它们在多组分系统、化学平衡、相平衡、电化学、表面和胶体化学等方面的实际应用。

下面简单说明物理化学原理在一般工业过程中的作用。

一个化学工业过程可以表示为：

$$原料(T_0, p_0) \rightarrow 反应物(T, p) \rightarrow 产物(T, p) \rightarrow 产品(T_0, p_0)$$

从原料到反应物，温度、压力或形态都可能有别，这一过程一般是物理过程，可称为预处理过程。此过程主要涉及能量交换问题，具体规律服从热力学第一、第二定律。

第二过程是化学过程，反应在什么 T，p 下进行？能量如何变化，转化率或产率多高？这些由热力学中热化学与化学平衡规律决定；化学反应的快慢，是否需要催化剂，由化学动力学规律所决定。

第三过程主要是分离提纯的过程，气液组分涉及蒸馏、精馏和萃取等操作过程，液固组分涉及结晶、过滤和干燥等操作过程。这些操作都服从热力学中的相平衡规律。

在化学过程中，除了热反应外，还有电化学反应，服从物理化学中的电化学规律。一些特殊反应，如光化反应、催化反应，其规律都在动力学中介绍。在物理或化学变化中若产生表面效应，其相关的规律将在表面化学中介绍，而系统高度分散后的性质及相关规律，将在胶体化学中介绍。

基础理论还是高新技术的先导和源泉，尽管高新技术领域日新月异，但是它们的根却深植于那些并不深奥的基础理论和并不复杂的方法之中，也就是说很多高新技术追溯到基础层面，都离不开物理化学的基本原理，即物理化学作为化学中的基础理论对高新技术同样起到了巨大的推动作用。

0.2 物理化学的研究方法

物理化学是自然科学的一个组成部分，它的研究方法和一般的科学研究方法有着共同点，渗透着许多哲学方法论。物质永远可分、矛盾的对立统一、认识来源于实践又高于实践以及实践是检验真理的唯一标准等辩证唯物主义的观点和方法均被物理化学广泛采用。“实践—认识—再实践—再认识”是物理化学发展始终遵循的规律。人们通过实验或观察客观现象来获取有用的资料，并进行分析，总结出经验定律。再利用已有的知识，通过思考、归纳推理，提出假说或模型，以说明定律的本质。根据假说可以预测客观事物新的性质和规律，如果这些新的性质和规律能被多方面的实践所证实，则假说就能成为公认的理论。总之，自然科学中常用的一些科学方法如实验的方法、归纳和演绎的方法、模型化方法、理想化方法、假设的方法、数学的统计处理方法以及用于数据处理的直线化方法等在物理化学中依然通用。

物理化学研究除遵循一般的科学方法外，由于其自身固有的特殊性，又有其自身特殊的研究方法，如热力学方法（状态函数法是其典型方法）、量子力学方法和统计力学方法。热力学方法是宏观方法，量子力学方法是微观方法，统计力学方法则是从微观到宏观的方法。

0.3 物理化学的学习方法

无机、有机、分析化学中许多的化学理论都是物理化学原理在其中的应用，化工生产中的能量传递、质量传递等理论的基础也都是物理化学，因此物理化学是很重要的一门专业基础课。

物理化学是运用物理学原理、通过严谨的数学方法和现代测试手段来研究化学过程。物理化学课的主要特点是理论性强，概念抽象，数学推导多，公式多，限制条件多，与实际的联系灵活多变。因此同学们普遍感到物理化学难学。其实，只要找到正确的学习方法，学好物理化学也是不难的。针对物理化学课的特点，提出几点学习方法供同学们参考。

（1）准确理解基本概念

物理化学将涉及很多概念，这些概念都是十分严格的。只有准确理解其真实含义和数学表达式，了解它们的使用范围才能正确加以应用。

（2）区别对待重要公式和一般公式，明确公式适用条件

物理化学的公式比较多，书中给出编号的就有几百个。学习时要区别哪些是重要公式（最基本的公式），哪些是一般公式。重要公式是需要记住的，对一般公式只需理解它的推导过程，了解公式的适用条件，不要求强记。

（3）正确对待数学推导

物理化学相对于其他基础化学课来说，要较多地用到数学知识，应当始终明白，数学推导在这里仅仅是一种工具，不是目的。为了得到一个重要公式，一些数学上的演绎是必不可少的。但是，一定不要被推导过程所迷惑。重要的是搞清推导过程所引入的条件，因为这些条件往往就是最终所得公式的适用范围和应用条件，它比起推导过程本身重要得多。

（4）认真进行习题演算

如果只阅读教科书而不做习题是学不好物理化学的。演算习题不仅可以帮助我们记住重要公式和熟悉其适用条件，锻炼运用公式的灵活性和技巧，更重要的是可加深对物理化学概念的理解。物理化学的某些概念是很抽象的，单靠文字定义很难理解它的含义。习题演算可以把抽象的概念具体化，而且同一概念可以在不同类型的习题中从多个角度去全面地加以理解。因此，必须重视习题演算这一培养独立思考能力的环节。

（5）注意复习，温故知新

学习完一些章节后，应该及时总结复习、解决学习中出现的各种问题，培养好的学习习惯。

（6）重视物理化学实验

物理化学是理论与实践并重的学科。实验课可进一步培养学生分析、解决实际问题的能力和独立工作的能力，进而加深对抽象理论的认识和理解。

（7）领会物理化学解决实际问题的科学方法

例如从实际中抽象出理想气体、卡诺循环、朗缪尔单分子层吸附等理想模型的方法，就是一种常用的科学方法。这些理想模型巧妙地排除了错综复杂的次要矛盾的干扰，突出了事物的主要矛盾，揭示了事物的本质，因而是最简单、最有代表意义的科学模型。有了理想模型就可先集中全力研究理想模型的规律，然后再进一步找出理想与实际的偏差，针对此偏差做一适当的修正，使对事物的认识前进一步，实际问题就可以逐步解决。再如得到某研究的重要规律后，往往落实为某些重要公式，而公式中又往往出现一些重要参数。如何获得这些重要参数？最行之有效的是直线解析法。即将公式转换成直线方程，通过直线的斜率和截距就可以获得这些重要参数。

0.4 物理化学中物理量的表示和运算

物理化学中将涉及许多物理量，如压力、温度、体积、热力学能、焓和熵等。因此物理

量的正确表示及运算就构成本课程的重要组成部分。

(1) 物理量的表示

$$物理量=数值\times单位$$

若物理量用 A 表示，数值用 $\{A\}$ 表示，单位用 $[A]$ 表示，则物理量 A 可表为

$$A=\{A\}[A] \tag{0.1}$$

这里要注意把量的单位与量纲区分开。量的单位是人为选定用来确定量的大小的名称。而量纲则表示一个量是由哪些基本量导出的和如何导出的式子(这里没考虑数字因数)，它表示了量的属性。如压力的单位为 Pa(帕斯卡)，其量纲则为 $L^{-1}MT^{-2}$，其中 L 是长度，M 是质量，T 是时间，它们是构成压力的基本量。

量的数值在图表中的表示方法： 目前，在科学技术文献的各类图表中，图坐标的标注或表头的标注都以纯数表示，即量除以它的单位：

$$\{A\}=A/[A] \tag{0.2}$$

例如，乙醇的蒸气压 p 与温度 T 的关系可用表 0.1 中的数据表示。

表 0.1 乙醇的蒸气压 p 与温度 T 的关系

T/K	10^3T^{-1}/K^{-1}	p/kPa	ln(p/kPa)
160	6.50	0.20	−1.61
200	5.00	12.5	2.53
240	4.17	68.6	4.23
280	3.57	335	5.81
300	3.33	623	6.44

当用作图法表示乙醇的蒸气压与温度的关系时，可用表 0.1 中第 2、4 列数据作图如图 0.1。

图中纵、横坐标轴的刻度应当是量的数值，其标注应当是用式(0.2)表示的式子。

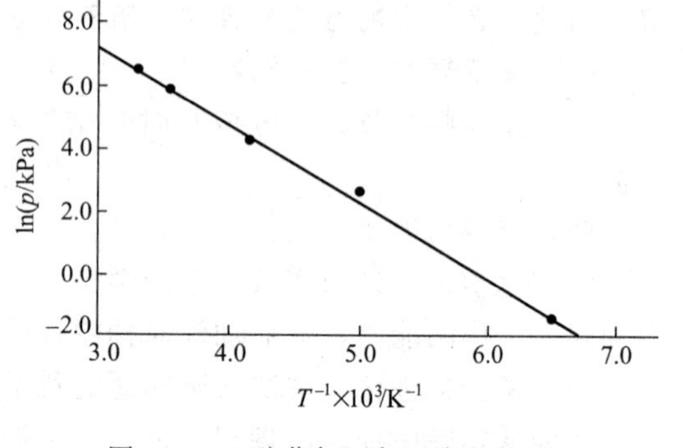

图 0.1 乙醇蒸气压与温度的关系

(2) 对数中的物理量

对数计算应是纯数值计算，故对数中的物理量也应符合式(0.2)，即以 $\ln(A/[A])$ 表示。但有时也使用简化式 $\ln A$ 表示，这时应予以说明。

同样，指数式、三角函数式中的物理量也均以纯数值的形式表示。

(3) 量值计算

科学技术中的方程式可分为量方程式和数值方程式。一般给出的均是量方程式。在物理化学运算中也采用量方程式计算。

【例】 计算在 25℃、100kPa 下理想气体的摩尔体积 V_m。

$$V_m=\frac{RT}{p}=\frac{8.314\text{J}\cdot\text{mol}^{-1}\cdot\text{K}^{-1}\times(273.15+25)\text{K}}{100\times10^3\text{Pa}}$$
$$=2.479\times10^{-2}\text{m}^3\cdot\text{mol}^{-1}=24.79\text{dm}^3\cdot\text{mol}^{-1}$$

对于复杂运算，为了简便起见，不列出每一个物理量的单位，而直接给出最后单位。如上式也可写为

$$V_m=\frac{RT}{p}=\left[\frac{8.314\times(273.15+25)}{100\times10^3}\right]\text{m}^3\cdot\text{mol}^{-1}$$
$$=2.479\times10^{-2}\text{m}^3\cdot\text{mol}^{-1}=24.79\text{dm}^3\cdot\text{mol}^{-1}$$

第1章　气体的性质

物质有三种主要的聚集状态：气体、液体和固体。气体和液体可以流动，统称为流体；液体和固体分子间的距离比气体小得多，因此它们的密度比气体大得多，所以把液体和固体统称为凝聚态。无论物质处于哪一种聚集状态，都会表现出许多的宏观性质，如温度 T、压力 p、体积 V、质量 m、密度 ρ、热力学能等。在众多宏观性质中，T、p、V 三者是物理意义明确、又易于直接测量的基本性质。对于物质的量确定的纯物质，只要 T、p、V 中任意两个量确定后，第三个量即随之确定，此时就说物质处于一定的状态。处于一定状态的物质，各种宏观性质都有确定的数值和确定的函数关系。联系 T、p、V 之间关系的方程称为状态方程。状态方程的建立常成为研究物质其他性质的基础。在化学热力学的研究中一般从讨论气体的性质入手。

本章分两部分分别讨论理想气体和实际气体的性质以及有关它们 p、V、T 行为的计算方法。

1.1　理想气体状态方程

1.1.1　低压气体的经验定律

从 17 世纪中期开始，人们首先对低压下的气体做了大量的研究，发现了三个对各种低压气体均适用的经验定律。

波义耳定律（Boyle，1662）：

$$pV=\text{常数} \qquad (\text{定温,定量}) \tag{1.1.1}$$

查理（Charles，1787）和盖·吕萨克定律（Gay-Lussac，1808）：

$$V=a+bt \qquad (\text{定压,定量}) \tag{1.1.2}$$

阿伏伽德罗定律（A. Avogadro，1811）：

$$V/n=\text{常数} \qquad (\text{定温,定压}) \tag{1.1.3}$$

1.1.2　理想气体及其状态方程

随着人们认识的逐步深化和实验技术的不断提高，进一步察觉到实际气体的行为与波义耳定律和查理定律有偏差。如 pV 值随 p 而变；pV 值随 p 的变化是线性的；气体不同线性关系不同，但在同一温度下不同气体的直线在 $p=0$ 轴上的截距是相同的。图 1.1.1 是实验测得的 Ne、O_2 和 CO_2 在水的冰点下的 pV_m-p 等温线。按波义耳定律，气体 pV_m 应不随 p 而变化，如图中虚线所示。但实际上气体在不同的 p 下，却有着不同的 pV_m 值。但在 $p\to 0$ 时，pV_m 趋于一共同值：$\lim\limits_{p\to 0}(pV_m)_0=A_0=2271.1\text{Pa}\cdot\text{m}^3\cdot\text{mol}^{-1}$。实验表明，当温度改变时，$A$ 的数值也跟着变。在水的沸点下 $\lim\limits_{p\to 0}(pV_m)_{100}=A_{100}=3102.5\text{Pa}\cdot\text{m}^3\cdot\text{mol}^{-1}$。即在 $p\to 0$ 时，气体才精确地服从波义耳定律。连续在不同温度下做实验，发现截距 A 与温度的关系也是线性的，即

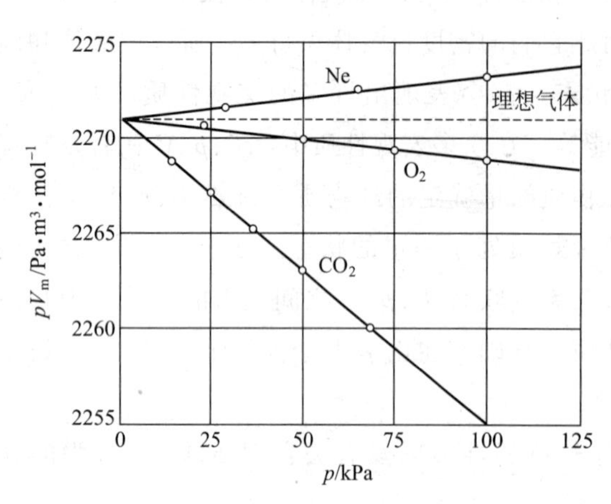

图 1.1.1 水的冰点下 Ne、O_2、CO_2 的 pV_m-p 等温线

$$A=c+Rt \tag{1.1.4}$$

式中，t 是摄氏温度，R 和 c 是两个常数。其实式(1.1.4)就是 $p\to 0$ 时的查理定律。在摄氏温标中，水的冰点是 0℃，水的沸点是 100℃。故 $t=0$℃时，$c=A_0=2271.1\text{Pa}\cdot\text{m}^3\cdot\text{mol}^{-1}$；$t=100$℃时，$R=(A_{100}-c)/100℃=[(3102.5-2271.1)/100]\ \text{J}\cdot\text{mol}^{-1}\cdot℃^{-1}=8.31447\text{J}\cdot\text{mol}^{-1}\cdot℃^{-1}$。常数 R 既适用于任何种类的气体，又与温度无关，因此是一个普适常数，简称为气体常数。在采用摄氏温标时，式(1.1.4)可写为

$$\lim_{p\to 0}pV_m=8.31447\text{J}\cdot\text{mol}^{-1}\cdot℃^{-1}t+2271.1\text{J}\cdot\text{mol}^{-1} \tag{1.1.5}$$

由于 pV_m 的数值不可能为负，所以上式表明摄氏温标存在一个极限，即

$$8.31447\text{J}\cdot\text{mol}^{-1}℃^{-1}t+2271.1\text{J}\cdot\text{mol}^{-1}>0$$

由此得　$t>-273.15$℃。

如果采用一种新的温标 T，规定 $T=t+273.15$℃，那么这个温标 T 就总是正值，因此称它为热力学温标，单位用 K 表示。采用热力学温标，即将 $t=T-273.15$℃ 代入式(1.1.5) 得

$$\lim_{p\to 0}pV_m=RT \tag{1.1.6}$$

人们进一步认识到，当压力趋于零时，气体的体积将趋于无穷大，分子间的距离无限远，分子间的相互作用力可忽略不计，分子自身占有的体积相比整个气体的体积也可忽略不计，分子被同化了，不同气体的差别就消失了，这是一种理想状态，在此基础上人们提出了理想气体的概念。在任何温度和压力下均能严格服从波义耳定律和查理定律的气体称为理想气体。这样式（1.1.6）直接可写为

$$pV_m=RT \tag{1.1.7}$$

结合阿伏伽德罗定律，式（1.1.7）变为

$$pV=nRT \tag{1.1.8}$$

上述两个式子都称为理想气体状态方程。前面定义的热力学温标也称为理想气体温标，气体常数 R 中温度的单位也由℃换为 K。查理定律也变为 $V/T=$常数的形式。

1.1.3 理想气体的微观模型

理想气体是一种分子本身没有体积，分子间无相互作用力的气体。

理想气体是一个理想模型，在客观上是不存在的，它只是真实气体在 $p \to 0$ 时的极限情况。

建立理想气体模型的意义如下。

① 建立了一种简化的模型：理想气体不考虑气体分子的体积及相互作用力，使问题大大简化，为研究实际气体奠定了基础。

② 低压下的实际气体可近似按理想气体对待。低压下，实际气体的行为接近于理想气体，因此可用理想气体状态方程并结合 $n=m/M$、$\rho=m/V$ 等式对低压气体进行近似计算。

【例 1.1.1】 用维克多·迈耶（Victor Meyer）法测定某有机化合物的分子量。把 0.153g 的液体试样汽化，在水上收集由它的蒸气排出的空气，测定其体积，在大气压力为 99.725kPa，温度 293.15K 时是 35.1cm^3。求这个化合物的分子量。已知 293.15K 时水的蒸气压是 2.333kPa。

解 汽化的蒸气视作理想气体，根据 $pV=\frac{m}{M}RT$，求摩尔质量的近似值。因为在水上收集的空气是被水蒸气饱和的，所以计算蒸气的压力时必须扣除水蒸气的分压。

$$M=\frac{mRT}{pV}=\frac{0.153\text{g}\times 8.314\text{J}\cdot\text{mol}^{-1}\cdot\text{K}^{-1}\times 293.15\text{K}}{(99725-2333)\ \text{Pa}\times 35.1\times 10^{-6}\text{m}^3}=109\text{g}\cdot\text{mol}^{-1}$$

故该化合物的分子量是 109。

【例 1.1.2】 由三个经验定律直接导出理想气体状态方程。

解 设 $V=V(T,p,n)$，则有

$$\mathrm{d}V=\left(\frac{\partial V}{\partial T}\right)_{p,n}\mathrm{d}T+\left(\frac{\partial V}{\partial p}\right)_{T,n}\mathrm{d}p+\left(\frac{\partial V}{\partial n}\right)_{T,p}\mathrm{d}n$$

由查理和盖·吕萨克定律 $\left(\frac{\partial V}{\partial T}\right)_{p,n}=\frac{V}{T}$

波义耳定律 $\left(\frac{\partial V}{\partial p}\right)_{T,n}=-\frac{V}{p}$

阿伏伽德罗定律 $\left(\frac{\partial V}{\partial n}\right)_{T,p}=\frac{V}{n}$

代入得 $\mathrm{d}V=\frac{V}{T}\mathrm{d}T-\frac{V}{p}\mathrm{d}p+\frac{V}{n}\mathrm{d}n$

整理得 $$\frac{dp}{p}+\frac{dV}{V}=\frac{dT}{T}+\frac{dn}{n}$$

或写成 $$d\ln(pV)=d\ln(nT)$$

积分得 $$\ln(pV)=\ln(nT)+\ln C$$

C 是积分常数，用 R 表示，去掉对数得 $pV=nRT$

反过来，将理想气体状态方程施加 T、n 一定的条件，即得到波义耳定律。将符合波义耳定律的 p、V 关系描绘到 p-V 图上，所得曲线称为理想气体等温线（低压气体近似符合）。将理想气体状态方程施加 p、n 一定的条件，即得到查理和盖·吕萨克定律。

1.2 理想气体混合物

1.2.1 理想气体混合物状态方程

理想气体混合物是由两种或两种以上的理想气体构成的。在温度为 T、体积为 V、总压力为 p 时，理想气体混合物总物质的量 $n_{总}$ 等于各组分物质的量之和，即

$$n_{总}=n_A+n_B+\cdots=\sum_B n_B$$

理想气体混合物各物质的性质是相同的，故理想气体混合物的状态方程为

$$pV=n_{总}RT=\left(\sum_B n_B\right)RT \tag{1.2.1}$$

总物质的量和总质量间的关系为

$$n_{总}=\frac{m}{M_{mix}}=\frac{m}{\sum_B M_B y_B} \tag{1.2.2}$$

1.2.2 道尔顿定律与分压力

（1）道尔顿定律

混合气体的总压力等于各组分单独存在于混合气体的温度、体积条件下所产生压力的总和。

$$p=\frac{n_{总}RT}{V}=(n_A+n_B+\cdots)\frac{RT}{V}=\frac{n_ART}{V}+\frac{n_BRT}{V}+\cdots=\sum_B\frac{n_BRT}{V}=\sum_B p_B \tag{1.2.3}$$

式(1.2.3)适用于理想气体和低压气体。式中

$$p_B=\frac{n_BRT}{V} \tag{1.2.4}$$

称为道尔顿分压。

（2）分压力

在总压为 p 的混合气体中，任一组分 B 的分压力 p_B 是它的摩尔分数 y_B 与混合气体总压力 p 的乘积。

$$p_B = y_B p \tag{1.2.5}$$

它既适用于理想气体，也适用于非理想气体。

(3) 道尔顿分压与分压力的比较

① 对理想气体或低压气体

$$p_B = y_B p = \frac{n_B}{\sum_B n_B} \times \frac{\sum n_B RT}{V} = \frac{n_B RT}{V}$$

此时，分压力与道尔顿分压相同，均可适用。

② 对非理想气体

$$p_B = y_B p \neq \frac{n_B RT}{V}$$

所以对非理想气体道尔顿分压不再适用，而分压力可适用。此时分压力可通过实验测定或计算。

分压力计算举例：

某温度下	$NO_2 \longrightarrow \frac{1}{2} N_2O_4$
初始	p_0 　　　　0
t 时刻	p_{NO_2} 　　　$\frac{1}{2}(p_0 - p_{NO_2})$
因为	$p = p_{NO_2} + \frac{1}{2}(p_0 - p_{NO_2})$
所以	$p_{NO_2} = 2p - p_0$

1.2.3 阿马加（Amagat）定律

理想气体混合物的总体积 V 等于各组分分体积之和。即

$$V = \sum_B V_B^* \tag{1.2.6}$$

$$V_B^* = \frac{n_B RT}{p} \tag{1.2.7}$$

式（1.2.7）中 V_B^* 为理想气体混合物中任一组分 B 的分体积，即纯 B 单独存在于混合气体的温度、总压力条件下所占有的体积。

综合道尔顿定律和阿马加定律可得

$$y_B = \frac{n_B}{n} = \frac{V_B^*}{V} = \frac{p_B}{p} \tag{1.2.8}$$

【例 1.2.1】 将 20℃、100kPa 下的 20dm^3 干燥空气通入保持在 30℃ 的溴苯 C_6H_5Br 中，被它的蒸气饱和，溴苯的质量减少了 0.950g。计算 30℃ 时溴苯的蒸气压。已知外压

为 100kPa。

解 当空气被该液体的蒸气饱和时，此混合气体中相应蒸气的分压等于该液体的蒸气压，即 $p_{溴苯}=p^{*}_{溴苯}$。据分压定律 $p_{溴苯}=y_{溴苯}p=\dfrac{n_{溴苯}}{n_{溴苯}+n_{空气}}p$

$$n_{溴苯}=\frac{m_{溴苯}}{M_{溴苯}}=\frac{0.950\text{g}}{157\text{g}\cdot\text{mol}^{-1}}=6.05\times10^{-3}\text{mol}$$

由理想气体的状态方程

$$n_{空气}=\frac{pV}{RT}=\frac{100\times10^{3}\text{Pa}\times20\times10^{-3}\text{m}^{3}}{8.314\text{J}\cdot\text{mol}^{-1}\cdot\text{K}^{-1}\times293.15\text{K}}=0.8206\text{mol}$$

$$p_{溴苯}=\frac{n_{溴苯}}{n_{溴苯}+n_{空气}}p=\frac{6.05\times10^{-3}\text{mol}}{6.05\times10^{-3}\text{mol}+0.8206\text{mol}}\times100\times10^{3}\text{Pa}=732\text{Pa}$$

1.3 实际气体的行为及状态方程

由于实际气体分子之间存在着相互作用力，与理想气体比较实际气体就会表现出非理想性：

① 在温度足够低、压力足够大时会变成液体；

② 其 pVT 性质偏离理想气体状态方程。

1.3.1 实际气体的行为

在压力较高或温度较低时，实际气体与理想气体的偏差较大。一般可引入压缩因子 Z 来修正理想气体状态方程，用其描述实际气体的 pVT 性质

$$Z=\frac{pV}{nRT}=\frac{pV_{\text{m}}}{RT} \tag{1.3.1}$$

Z 的单位为 1。

Z 的大小反映了真实气体对理想气体的偏差程度

$$Z=\frac{V_{\text{m}}(真实)}{V_{\text{m}}(理想)} \tag{1.3.2}$$

对理想气体，$Z=1$。

对真实气体，$Z<1$ 时易于压缩；$Z>1$ 时难于压缩。

图 1.3.1 给出了几种气体在 273K 时 Z 随压力变化情况的示意图。

Z 随压力变化有两种类型：一种是 Z 随压力增加而单调增加的类型，另一种是随压力增加 Z 值先降后升，有最低点的类型。

图 1.3.2 是 N_2 的 Z-p 曲线示意图，当温度是 T_4 和 T_3 时，属于第二种类型曲线，曲线上出现最低点。当温度升高到 T_2 时，开始转变，成为第一种类型，此时曲线以较缓的趋势趋向于水平线，并与水平线（$Z=1$）相切。此时在相当一段压力（几百 kPa）范围内 $Z\approx1$，随压力变化不大，并符合理想气体的状态方程式。

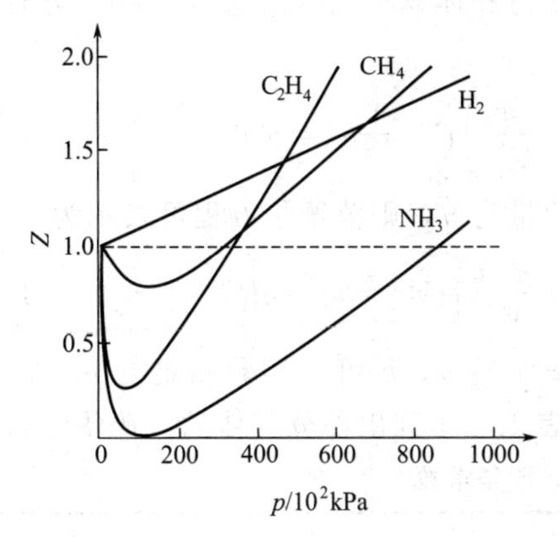

图 1.3.1 273K 时几种气体的 Z-p 曲线

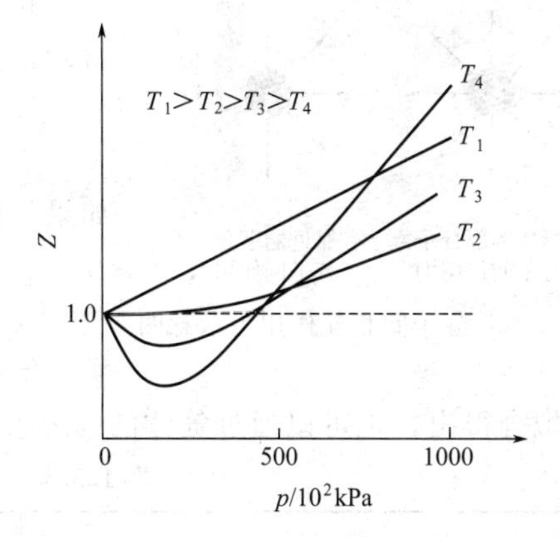

图 1.3.2 N_2 在不同温度下的 Z-p 曲线

此时的温度称为波义耳（Boyle）温度，以 T_B 表示。在数学上的定义为：

$$\lim_{p\to 0}\left\{\frac{\partial (pV_m)}{\partial p}\right\}_{T_B}=0 \tag{1.3.3}$$

每种气体都有自己的波义耳温度 T_B。只要知道了状态方程式，就可以根据上式求得波义耳温度。当气体的温度高于波义耳温度时，如 T_1，气体可压缩性变小，难于液化。

1.3.2 范德华（van der Waals）方程

为了确切地描述实际气体的 pVT 关系，人们做了大量的工作，提出了种类众多的实际气体状态方程。这些方程一般可分为两类：一类是有一定物理模型的半经验方程，其中最有代表性的是范德华方程；另一类是纯经验公式，其中最有代表性的是维里方程。这里先介绍范德华方程。

从实际气体与理想气体的区别出发，荷兰科学家范德华（1873 年）认为，理想气体状态方程 $pV_m=RT$ 的实质为：(分子间无相互作用力时气体的压力)×(1mol 气体分子的自由活动空间)$=RT$。

范德华提出实际气体的硬球模型并用来修正理想气体的分子模型。范德华在理想气体的方程中引入了压力和体积两个修正项，得到了实际气体的状态方程。

(1) 分子间有相互作用力——压力修正项

分子间相互作用减弱了分子对器壁的碰撞，减弱了的值称为内压力 p_i，所以：$p=p_{理}-p_i$。范德华认为内压力的大小与分子间的引力成正比，而这种引力既与器壁附近单位体积中分子数成正比，又与内部单位体积中分子数成正比，既与密度的平方成正比，而密度又与摩尔体积 V_m 成反比，所以引力应与 V_m^2 成反比，因此内压力也应与 V_m^2 成反比，即 $p_i=a/V_m^2$，其中比例系数 a 称为范德华常数，数值与气体种类有关。a 值越大，说明分子间的引力越大（见图 1.3.3）。这样 $p_{理}=p+p_i=p+a/V_m^2$，a/V_m^2 为压力修正项。

(2) 分子本身占有体积——体积修正项

设 b 为 1mol 气体因分子自身有体积而使分子自由活动空间减少的量，则 1mol 实际气体分子自由活动的空间＝（V_m-b），经分析研究，范德华得出 $b=4L\times\frac{4}{3}\pi r^3$，式中 r 是硬球分子半径，L 是阿伏伽德罗常数。b 是体积修正项，也是范德华常数。

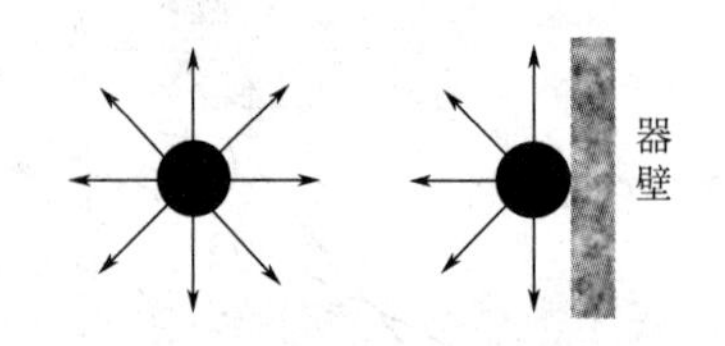

图 1.3.3　分子间相互作用力示意图

将修正后的压力和体积项引入理想气体状态方程，就得到范德华方程

$$\left(p+\frac{a}{V_m^2}\right)(V_m-b)=RT \tag{1.3.4}$$

如果气体的物质的量为 n，则范德华方程可表示为

$$\left(p+\frac{n^2a}{V^2}\right)(V-nb)=nRT \tag{1.3.5}$$

实际气体的范德华常数 a、b 可由实验测定的 p、V_m、T 数据拟合得出，也可以通过气体的临界参数求取。表 1.3.1 列出部分气体的范德华常数。

表 1.3.1　部分气体的范德华常数

气体	$a/\mathrm{Pa\cdot m^6\cdot mol^{-2}}$	$10^5 b/\mathrm{m^3\cdot mol^{-1}}$	气体	$a/\mathrm{Pa\cdot m^6\cdot mol^{-2}}$	$10^5 b/\mathrm{m^3\cdot mol^{-1}}$
Ar	0.1355	3.20	H_2S	0.4544	4.34
H_2	0.0245	2.65	CO	0.1472	3.95
N_2	0.1370	3.87	CO_2	0.3658	4.29
O_2	0.1382	3.19	NH_3	0.4225	3.71
Cl_2	0.6343	5.42	CH_4	0.2303	4.31
HCl	0.3700	4.06	C_2H_6	0.558	6.51

将范德华方程用于实际气体的讨论：

将范德华方程变型为
$$pV_m=RT+bp-\frac{a}{V_m}+\frac{ab}{V_m^2}$$

① 当 $p\to 0$，$V_m\to\infty$，则 $a\to 0$，$b\to 0$，范德华方程还原为理想气体状态方程。

② 范德华方程是一个半理论半经验的真实气体状态方程，由于压力修正项考虑的是分子间的引力作用，所以在中压范围内精度较好，但在高压下与实际气体偏差较大。人们通常把任何温度、压力条件下均服从范德华方程的气体称作范德华气体。

③ 在高温时，范德华气体分子间的互相吸引可以忽略，即含 a 的项可以略去，得到 $pV_m=RT+bp$，所以 $pV_m>RT$，其超出的数值，随着 p 的增加而增加。这就是波义耳温度以上的情况。

④ 在低温时，范德华气体分子间的引力项不能忽略，若气体同时处于相对低压范围，则由于气体的体积大，含 b 的项可以略去，得到 $pV_m=RT-a/V_m$，即 $pV_m<RT$，其数值随着 p 的增加而减小。但当继续增加压力达到一定限度后，b 的效应越来越显著，又会出现 $pV_m>RT$ 的情况。因此在低温时 pV_m 的值先随 p 的增加而降低，经过最低点又逐渐上升，这就是波义耳温度以下的情况。

⑤ 范德华气体的波义耳温度

将范德华方程变形为
$$pV_m=\frac{RTV_m}{V_m-b}-\frac{a}{V_m}$$

据波义耳温度的数学定义式立即可得

$$\left(\frac{\partial pV_m}{\partial p}\right)_{T_B,p\to 0}=\left(\frac{\partial pV_m}{\partial V_m}\right)_T\left(\frac{\partial V_m}{\partial p}\right)_T=\left[\frac{RT}{V_m-b}-\frac{RTV_m}{(V_m-b)^2}+\frac{a}{V_m^2}\right]\left(\frac{\partial V_m}{\partial p}\right)_T=0$$

前一个方括号通分后再令其等于零，得

$$RT_B=\frac{a}{b}\left(\frac{V_m-b}{V_m}\right)^2$$

由于$\frac{V_m-b}{V_m}\approx 1$，所以 $T_B=\frac{a}{Rb}$。

【例 1.3.1】 10.0mol C_2H_6 在 300K 时充入 $4.86\times10^{-3}m^3$ 的容器中，测得其压力为 3.445MPa。试分别用（1）理想气体状态方程，（2）范德华气体状态方程计算容器内气体的压力。

解 （1）按理想气体状态方程计算

$$p=\frac{nRT}{V}=\frac{10.0\times8.314\times300}{4.86\times10^{-3}}\text{Pa}=5.13\times10^6\text{Pa}=5.13\text{MPa}$$

（2）按范德华气体状态方程计算，从表 1.3.1 中查出 C_2H_6 的范德华常数 $a=0.558\text{Pa}\cdot\text{m}^6\cdot\text{mol}^{-2}$，$b=6.51\times10^{-5}\text{m}^3\cdot\text{mol}^{-1}$，由式（1.3.5）变形得

$$p=\frac{nRT}{V-nb}-\frac{n^2a}{V^2}=\left[\frac{10.0\times8.314\times300}{4.86\times10^{-3}-10.0\times6.51\times10^{-5}}-\frac{10.0^2\times0.558}{(4.86\times10^{-3})^2}\right]\text{Pa}$$
$$=3.56\times10^6\text{Pa}=3.56\text{MPa}$$

由此例题看出，在中压范围以内，与实验测得的结果 $p=3.445\text{MPa}$ 相比，实际气体按范德华方程计算的结果要比按理想气体状态方程计算的结果准确得多。

【例 1.3.2】 在 300K 时，体积为 10dm^3 的钢瓶中贮存压力为 7599.4kPa 的 O_2。试用范德华方程计算钢瓶中氧气的物质的量 n。

解 由表 1.3.1 中查出 O_2 的范德华常数 $a=0.138\text{Pa}\cdot\text{m}^6\cdot\text{mol}^{-2}$，$b=3.19\times10^{-5}\text{m}^3\cdot\text{mol}^{-1}$，将 a、b 及 $T=300\text{K}$、$V=10\times10^{-3}\text{m}^3$、$p=7599.4\times10^3\text{Pa}$ 代入式（1.3.5），整理得

$$4.40\times10^{-6}n^3-1.38\times10^{-3}n^2+0.2736n-7.60=0$$

这是个一元三次方程，可采用牛顿迭代法求近似解，设上式等于 $f(n)$，则迭代公式为

$$n_{i+1}=n_i-\frac{f(n_i)}{f'(n_i)}$$
$$f(n)=4.40\times10^{-6}n^3-1.38\times10^{-3}n^2+0.2736n-7.60$$
$$f'(n)=1.32\times10^{-5}n^2-2.76\times10^{-3}n+0.2736$$

采用理想气体状态方程求出的 n 作为迭代法的初始值。

$$n_0=\frac{pV}{RT}=\frac{7599.4\times10^3\times10\times10^{-3}}{8.314\times300}\text{mol}=30.47\text{mol}$$

$$n_1=n_0-\frac{f(n_0)}{f'(n_0)}=\left(30.47-\frac{-0.4202}{0.2017}\right)\text{mol}=32.55\text{mol}$$

$$n_2=n_1-\frac{f(n_1)}{f'(n_1)}=\left(32.55-\frac{-4.68\times10^{-3}}{0.1977}\right)\text{mol}=32.57\text{mol}$$

$$n_3=n_2-\frac{f(n_2)}{f'(n_2)}=\left(32.57-\frac{-7.37\times10^{-4}}{0.1977}\right)\text{mol}=32.574\text{mol}$$

经三次迭代，已准确到四位有效数字，所以钢瓶中氧气的物质的量 $n=32.57\text{mol}$。

1.3.3 维里（Virial）型方程

在 1901 年，由卡末林-昂尼斯(Kammerlingh-Onnes) 提出了以级数形式表示的纯经验的实际气体状态方程式

$$pV_m = RT\left(1+\frac{B'}{V_m}+\frac{C'}{V_m^2}+\frac{D'}{V_m^3}+\cdots\right) \tag{1.3.6}$$

或

$$pV_m = RT(1+Bp+Cp^2+Dp^3+\cdots) \tag{1.3.7}$$

这种类型的方程称为维里(Virial) 方程。方程中，B、C、D、B'、C'、D'…分别称为第二、第三、第四…维里系数。它们与气体的本性有关，并且都是温度的函数，通常可由实测的 p、V、T 数据拟合得出。使用维里方程时，可根据温度、压力范围以及计算精度要求来决定方程右端选取几项。项数取得越多，方程的适用范围越宽，计算结果越准确，但应用起来也越不方便。对这类方程的运算最好在计算机上进行。后来，有学者把维里方程提升到了理论高度，如根据梅耶尔(Mayer) 的理论，只要能求出分子间的作用能，上述各级维里系数原则上都能计算出来。现在对于第二、第三维里系数根据分子间相互作用的势能关系已有了一些计算公式。

1.4 实际气体的液化过程

理想气体分子间没有相互作用力，所以在任何温度、压力下都不可能液化。而实际气体的分子间是有相互作用力的，所以在降温或加压的情况下，随着分子间距离的减小，分子之间引力的增加，有可能将实际气体变为液体。

1.4.1 液体的饱和蒸气压

如果把某液体放在一个密闭的真空容器内，这时表面液体将不断蒸发为蒸气，当蒸气的量较多时也会有一部分凝聚为液体。在一定温度下，当蒸发与凝聚的速率相等时即达到了一种**动态平衡**，这种动态平衡称为**汽-液平衡**。这时的蒸汽称为该液体的**饱和蒸汽**，蒸汽的压力称为该液体在该温度下的**饱和蒸气压**。

饱和蒸气压是物质自身的性质，是温度的函数。常见液体的饱和蒸气压随温度变化的数值有热力学数据表可查。表 1.4.1 列出了水、乙醇和苯在不同温度下的饱和蒸气压数值。

表 1.4.1 水、乙醇和苯在不同温度下的饱和蒸气压

水		乙醇		苯	
t/℃	p^*/kPa	t/℃	p^*/kPa	t/℃	p^*/kPa
20	2.338	20	5.671	20	9.971
40	7.376	40	17.395	40	24.411
60	19.916	60	46.008	60	51.993
80	47.343	78.4	101.325	80.1	101.325
100	101.325	100	222.48	100	181.44
120	198.54	120	422.35	120	308.11

在相同温度下，饱和蒸气压数值较高的液体更容易挥发。饱和蒸气压的数值随温度的上升迅速增加，当其数值等于外压时，液体就沸腾，此时的温度就称为该液体的沸点。同一液体，外压不同，沸点不同。当外压为 101.325kPa 时的沸点称为正常沸点。如水的正常沸点为 100℃。在青藏高原上，随着海拔的不断升高，气压则不断下降，水的沸点也不断降低，人们喝不上真正的开水，饭也不容易煮熟。

一般情况下，当外压不是很高时，纯液体的饱和蒸气压不受其他气体存在的影响，只要这些气体不溶于该液体(有时的微溶可忽略不计)。例如，水在大气中的饱和蒸气压与它单独存在于容器中时基本是一样的。

在一定温度下，某物质的蒸气压力如果小于其饱和蒸气压，则该液体将蒸发为气体，直至蒸气压力增至此温度下的饱和蒸气压，达到汽-液平衡为止。反之，如果某物质的蒸气压力大于其饱和蒸气压，则蒸气将部分凝结为液体，直至蒸气压力降至此温度下的饱和蒸气压，达到汽-液平衡为止。例如，在某温度下，如果大气中水蒸气的分压小于水在该温度下的饱和蒸气压，液体水就蒸发成水蒸气。反之，如果大气中水蒸气的分压大于水在该温度下的饱和蒸气压，水蒸气就会部分凝结为液体水。相对湿度的概念为：

$$\text{相对湿度}=\frac{\text{空气中水蒸气分压}}{\text{水的饱和蒸气压}}\times 100\% \tag{1.4.1}$$

我国北方冬季的相对湿度较低，一般在 30%左右，水很容易蒸发为水蒸气，所以感觉气候干燥。而在南方江淮地区的梅雨季节，空气的相对湿度较高，几近饱和，所以感觉天气闷热。

1.4.2 临界状态与临界参数

前面关于汽-液平衡时饱和蒸气压的概念也可理解为：饱和蒸气压是在平衡温度时，液体转变成气体的最高压力，或者是气体转变成液体的最低压力。由于饱和蒸气压随着温度的升高而增大，即气体转变成液体的最低压力随着温度的升高而增大。气体液化的实验表明，这种汽-液平衡关系不是无止境的，每种发生气-液转化的物质都存在一个特殊的温度，在该温度以上，无论加多大压力，都不能使气体液化，这个温度称为临界温度，用 T_c 表示。临界温度是使气体能够液化所允许的最高温度。也就是说在临界温度以上不再有液体存在，饱和蒸气压随着温度变化的关系曲线将终止于临界温度。

临界温度 T_c 时对应的饱和蒸气压称为临界压力，用 p_c 表示。临界压力是气体在 T_c 时发生液化所需的最低压力。在临界温度和临界压力下，物质的摩尔体积称为临界摩尔体积，以 $V_{m,c}$ 表示。物质处于临界温度、临界压力下的状态称为临界状态。临界状态在 p-V_m 图上是一个点，称为临界点。T_c、p_c、$V_{m,c}$ 统称为物质的临界参数，是物质的重要属性。

温度和压力略高于临界点的状态称为超临界状态，此时气液不分，具有类似液体的性质，同时也还保留了气体的某些性能，一般称之为超临界流体。超临界流体的密度比一般气体要大数百倍，与液体相近。超临界流体有很强的溶解能力，其溶解度一般随着流体密度的增加而快速增大。超临界流体的黏度比液体小，仍接近气体，但扩散速率比液体快。因此，超临界流体既能像气体一样具有极好的流动性、扩散性和传递性，又能像液体一样具有很好的溶解其他物质的能力，兼具气体和液体的性质。超临界流体的这些特性使得其在萃取分离、材料制备、化学反应和环境保护等各个方面有着广泛的应用。

表 1.4.2 某些物质的临界参数

物质	T_c/K	p_c/MPa	$V_c/10^{-6}$ $m^3\cdot mol^{-1}$	Z_c	物质	T_c/K	p_c/MPa	$V_c/10^{-6}$ $m^3\cdot mol^{-1}$	Z_c
He	5.19	0.227	57	0.300	H_2O	647.14	22.06	56	0.230
H_2	32.97	1.293	65	0.307	NH_3	405.5	11.35	72	0.242
N_2	126.21	3.39	90	0.291	CH_4	190.56	4.599	98.60	0.286
O_2	154.59	5.043	73	0.286	C_2H_6	305.32	4.872	145.5	0.279
Cl_2	416.9	7.991	123	0.284	C_2H_4	282.34	5.041	131	0.281
CO	132.91	3.499	93	0.295	C_6H_6	562.05	4.895	256	0.268
CO_2	304.13	7.375	94	0.274	CH_3OH	512.5	8.084	117	0.222
Br_2	588	10.34	127	0.269	C_2H_5OH	514.0	6.137	168	0.241

1.4.3 实际气体的 p-V_m 图及气体的液化

将 1mol 实际气体放置于气缸中，控制不同的温度进行压缩。所得 p-V_m 关系图如图 1.4.1 所示。图 1.4.1 仅是纯气体 p-V_m 一般规律的示意图。不同物质因性质不同，p-V_m 关系图会有所差异。

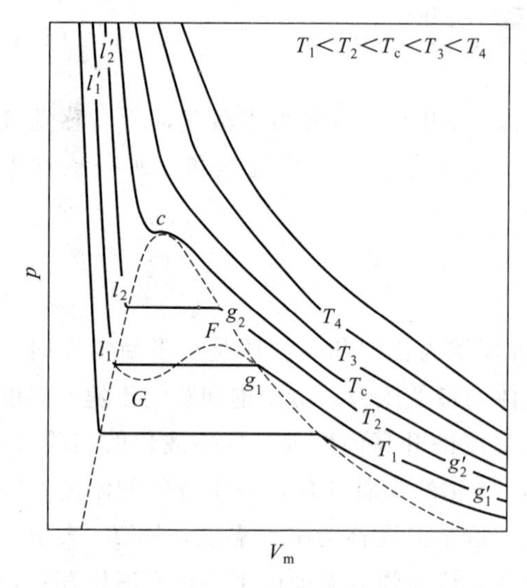

图 1.4.1 实际气体 p-V_m 等温线示意图

图中每条曲线都是等温线，反映了实际气体在一定温度下与摩尔体积之间的相互关系。

图中等温线可分成 $T<T_c$、$T=T_c$、$T>T_c$三种类型。

(1) $T<T_c$

以 T_1 等温线为例，等温线由三段构成。g'_1g_1段、g_1l_1段和 $l_1l'_1$段。

g'_1g_1段曲线表示气体的摩尔体积随压力的增加而减小的情况。当加压到 g_1 状态时，气体成为饱和蒸气，压力为饱和蒸气压，体积为饱和蒸气的摩尔体积 $V_m(g)$。

g_1l_1段为水平直线，表示随着继续压缩气体不断被液化，产生的液体为饱和液体。液化过程中，由于温度一定，饱和蒸气压一定，所以只要有气体存在，压力将维持在饱和蒸气压不变，直至全部变成液体。全部变成饱和液体的状态为 l_1，饱和液体的摩尔体积为 $V_m(l)$。因此 g_1l_1 水平线是气-液两相共存线，在线上任意一点 M 处，若气、液两相的物质的量分别为 $n_M(g)$ 和 $n_M(l)$，此时 $n_M(g)+n_M(l)=n_{总}=1mol$，系统的摩尔体积 $V_m=n_M(g)\ V_m(g)+n_M(l)\ V_m(l)$，$V_m(g)>V_m>V_m(l)$，即在 g_1l_1 水平线上，系统的摩尔体积随着压缩在变化，从 $V_m(g)\rightarrow V_m\rightarrow V_m(l)$。

$l_1l'_1$段是系统完全变成液体后，再继续加压的液体等温线。由于液体的可压缩性很小，所以液体的压缩曲线很陡。

温度升高，例如 T_2 等温线，形状与 T_1 等温线相似，但气-液两相共存的水平线段缩短了。为什么呢？气-液两相共存的水平线段的长度是饱和蒸气摩尔体积与饱和液体摩尔体积的差值。由于温度升高，一方面饱和蒸气压增大，饱和气体的摩尔体积减小，另一方面饱和液体的摩尔体积却增大，这便造成气-液两相的摩尔体积之差减小，使水平线段缩短。需要注意的是，温度升高，饱和气体摩尔体积的减小值较大，而饱和液体摩尔体积的增加值很小。

(2) $T=T_c$

随着温度的不断升高，气-液两相共存的水平线段越来越短，到 $T=T_c$ 时水平线段缩变为一点 c，c 点即临界点。临界点处气、液两相摩尔体积及其他性质完全相同，相界面消失，气态、液态无法区分，成为一相，这就是临界状态，对应 T_c、p_c、$V_{m,c}$ 等临界参数。c 点是临界温度等温线上的拐点，在数学上有：

$$\left(\frac{\partial p}{\partial V_m}\right)_{T_c}=0, \quad \left(\frac{\partial^2 p}{\partial V_m^2}\right)_{T_c}=0 \tag{1.4.2}$$

通过式(1.4.2)可得到气体的范德华常数与临界参数间的关系。

(3) $T>T_c$

等温线为一光滑曲线。无论加多大压力，气态不会变为液体，只是偏离理想行为的程度不同。如 T_3、T_4 等温线。

一般，同一温度下压力越高，偏离理想行为越大。同一压力时，温度越低，偏离理想行为越大。

进一步分析：lcg 虚线内为 l-g 两相共存区；lcg 虚线外为单相区。其中左侧三角区为液相区，虚线右侧及临界温度以上区域为气相区。

1.4.4 范德华方程式的等温线

按范德华方程绘制的等温线与实际气体的实验曲线大致一样。不同之处在于液化过程段，范德华方程为波纹形，见图 1.4.1 中 T_1 等温线液化段的 g_1FGl_1 虚线部分，实际气体为水平线。纯净液体蒸发出现过热，可从 l_1 到达 G，纯净蒸气压缩出现过饱和，可从 g_1 到达 F。但实验做不出 FG 段。

1.4.5 气体的范德华常数与临界参数的关系

将范德华方程写成 $$p=\frac{RT}{V_m-b}-\frac{a}{V_m^2}$$

代入临界点方程，得

$$\left(\frac{\partial p}{\partial V_m}\right)_{T_c}=\frac{-RT_c}{(V_m-b)^2}+\frac{2a}{V_m^3}=0$$

$$\left(\frac{\partial^2 p}{\partial V_m^2}\right)_{T_c}=\frac{2RT_c}{(V_m-b)^3}-\frac{6a}{V_m^4}=0$$

由此解得 $V_{m,c}=3b$，$T_c=\dfrac{8a}{27Rb}$，$p_c=\dfrac{a}{27b^2}$。反过来　　(1.4.3)

$$a=\frac{27}{64}\frac{R^2T_c^2}{p_c}, \quad b=\frac{RT_c}{8p_c} \tag{1.4.4}$$

即从临界参数可以计算范德华常数。由于$V_{m,c}$较难测准，一般不用$b=V_{m,c}/3$计算范德华常数。

1.4.6 对比状态和对比状态定律

将以临界参数表示的 a、b 值代回范德华方程，R 值也以临界参数表示，$R=(8/3)p_cV_{m,c}/T_c$。

$$\left(p+\frac{3p_cV_{m,c}^2}{V_m^2}\right)\left(V_m-\frac{V_{m,c}}{3}\right)=\frac{8}{3}\times\frac{p_cV_{m,c}}{T_c}T$$

两边同除以 $p_cV_{m,c}$，得到

$$\left[\frac{p}{p_c}+3\left(\frac{V_{m,c}}{V_m}\right)^2\right]\left(\frac{V_m}{V_{m,c}}-\frac{1}{3}\right)=\frac{8}{3}\times\frac{T}{T_c} \tag{1.4.5}$$

引入新变量，定义

$$p_r=p/p_c,\quad V_r=V_m/V_{m,c},\quad T_r=T/T_c \tag{1.4.6}$$

定义中 p_r称为对比压力；V_r称为对比体积；T_r称为对比温度。代入式(1.4.5) 得

$$\left(p_r+\frac{3}{V_r^2}\right)(3V_r-1)=8T_r \tag{1.4.7}$$

式(1.4.7) 称为 van der Waals 对比状态方程式，式中不含因物质而异的常数，且与物质的量无关。是一个较普适性的方程式。公式告诉我们，在相同的对比温度和对比压力下就有相同的对比体积。此时，各物质的状态称为对比状态。这个关系称为对比状态定律。

实验数据证明，凡是组成、结构、分子大小相近的物质都能比较严格地遵守对比状态定律。当这类物质处于对比状态时，它们的许多性质如压缩性、膨胀系数、逸度系数、黏度、折射率等之间具有简单关系。这个定律能比较好地确定结构相近的物质的某种性质，反映了不同物质间的内部联系，把个性和共性统一起来了。但需要说明的是 van der Waals 对比状态方程式是把不同气体的特性隐含在了对比参数之中，方程的准确性绝不会超出范德华方程的水平。

【例 1.4.1】 N_2 的临界温度是 126.21K，临界压力是 3390kPa。试由范德华方程计算压力为 2457kPa、体积为 $1dm^3$ 的 1mol N_2 的温度。

解 先由式(1.4.4) 求出范德华常数 a 和b，再根据范德华方程计算 N_2 的温度。

$$a=\frac{27}{64}\times\frac{R^2T_c^2}{p_c}=\frac{27\times(8.314)^2\times(126.21)^2}{64\times3390\times10^3}\text{Pa}\cdot\text{m}^6\cdot\text{mol}^{-2}=0.1370\text{Pa}\cdot\text{m}^6\cdot\text{mol}^{-2}$$

$$b=\frac{RT_c}{8p_c}=\frac{8.314\times126.21}{8\times3390\times10^3}\text{m}^3\cdot\text{mol}^{-1}=3.87\times10^{-5}\text{m}^3\cdot\text{mol}^{-1}$$

$$T=\frac{1}{R}\left(p+\frac{a}{V_m^2}\right)(V_m-b)$$

$$=\left[\frac{1}{8.314}\times\left(2457\times10^3+\frac{0.137}{(1\times10^{-3})^2}\right)\times(1\times10^{-3}-3.87\times10^{-5})\right]\text{K}=299.93\text{K}$$

1.5 压缩因子图——实际气体的有关计算

1.5.1 临界压缩因子

将对比参数引入压缩因子，有

$$Z=\frac{pV_{\mathrm{m}}}{RT}=\frac{p_{\mathrm{c}}V_{\mathrm{m,c}}}{RT_{\mathrm{c}}}\times\frac{p_{\mathrm{r}}V_{\mathrm{r}}}{T_{\mathrm{r}}}=Z_{\mathrm{c}}\frac{p_{\mathrm{r}}V_{\mathrm{r}}}{T_{\mathrm{r}}}\tag{1.5.1}$$

式中，Z_c 称为临界压缩因子。实验表明，大多数气体的临界压缩因子近似为常数($Z_c\approx 0.27\sim0.29$)，所以不管何种气体，只要 p_r、V_r、T_r相同时，Z 大致相同。选 T_r和 p_r为变量，$Z=f(p_r,T_r)$适用于所有实际气体。

1.5.2　普遍化压缩因子图

荷根(Hongen O A)及华德生(Watson K M)在 20 世纪 40 年代通过大量实际气体的实验数据取平均值，做出 $Z=f(p_r,T_r)$的关系图，称为普遍化压缩因子图，如图 1.5.1。这种图能较好地通用于各种实际气体。

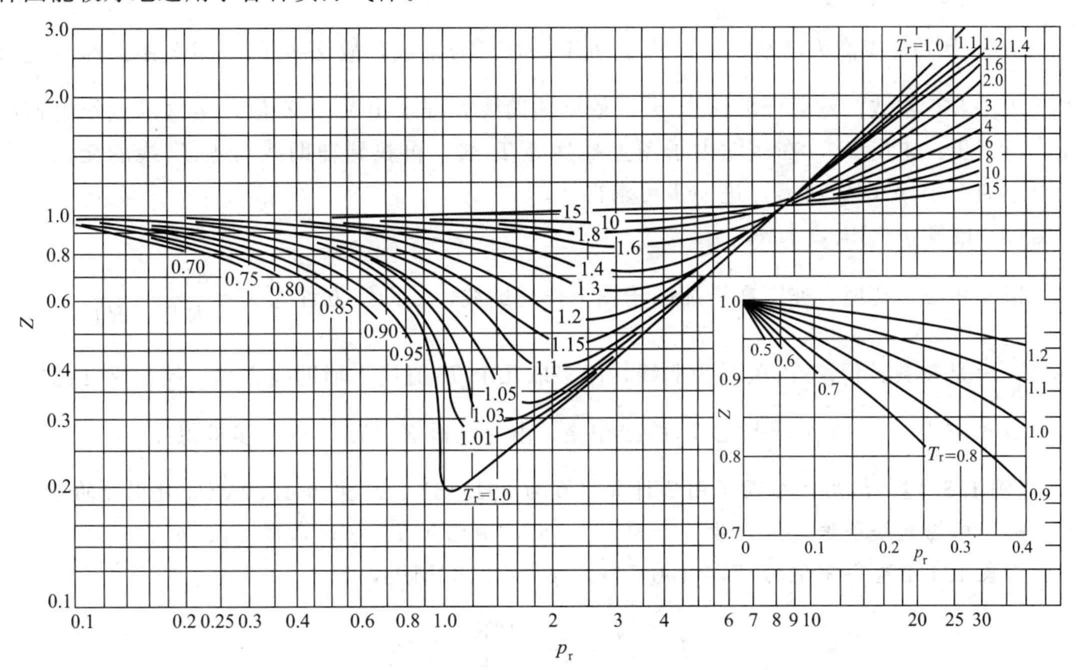

图 1.5.1　双参数普遍化压缩因子图

普遍化压缩因子图由若干条等 T_r线构成，每条等 T_r线描绘出气体在等 T_r时的 Z-p_r关系。由图可看出：

(1) $p_r\rightarrow0$，$Z\rightarrow1$，符合理想气体模型；

(2) $T_r<1$ 时，加压可使气体液化，所以等温线都很短；

(3) $T_r>1$ 时，随 p_r增加，Z 先降后升，反映出气体低压易压缩，高压难压缩；

(4) $T_r=1$ 且 $p_r=1$ 时，Z 偏离最远，表明在临界温度 T_c时气体偏离理想气体的程度最大。

实践表明，对于 H_2、He 和 Ne 三种气体，使用普遍化压缩因子图时，对比压力和对比温度采用下面的定义式可以获得更符合实际的结果

$$p_{\mathrm{r}}=\frac{p}{p_{\mathrm{c}}+8.1p^{\ominus}}\tag{1.5.2}$$

$$T_{\mathrm{r}}=\frac{T}{T_{\mathrm{c}}+8\mathrm{K}}\tag{1.5.3}$$

式中 $p^{\ominus}=10^5\,\mathrm{Pa}$。压缩因子图法计算气体的 p、V、T 性质适用范围宽，特别在高压时较常

使用。

1.5.3 压缩因子图的应用

使用压缩因子图法计算气体的 p、V、T 性质，通常会遇到三种情况。

(1) 已知 T、p，求 V_m

第一步：查出 T_c、p_c，由已知 T、p，求得 T_r、p_r。第二步：由 T_r、p_r读图，在图上找到 Z 值。第三步：由 $pV_m=ZRT$ 求得 V_m 值。

(2) 已知 T、V_m，求 p

第一步：查出 T_c、p_c。第二步：在压缩因子图上作辅助线，辅助线方程为 $Z=\dfrac{pV_m}{RT}=\dfrac{p_cV_m}{RT}p_r$，因 T、V_m 为已知，所以式中 p_cV_m/RT 为常数，故 Z-p_r为直线关系。即首先求出 p_cV_m/RT 常数，然后任取两个 p_r，依据辅助线方程求出两个 Z 值，由这两点作出辅助线。第三步：求出 T_r，在压缩因子图上找到等 T_r线，再找到辅助线与等 T_r线的交点，交点对应的 Z 和 p_r即为所需，进一步可求得 p。

(3) 已知 p、V_m，求 T

情况和(2) 类似，亦需在压缩因子图上作辅助线，辅助线方程为 $Z=\dfrac{pV_m}{RT}=\dfrac{pV_m}{RT_c}\times\dfrac{1}{T_r}$，虽然$\dfrac{pV_m}{RT_c}$是常数，但 Z-T_r关系为曲线，应多取几个 T_r值代入辅助线方程，绘出 Z-T_r曲线，再由 p 值求出 p_r，等 p_r线与 Z-T_r曲线相交，由交点得 Z、T_r，进一步求得 T。

【例 1.5.1】 试用压缩因子图法计算温度为 291.15K、压力为 15.0MPa 时甲烷的密度。

解 根据题给条件，第一步：查出 T_c、p_c，由已知 T、p，求得 T_r、p_r。

由表 1.4.2 查得甲烷的 $T_c=190.56\text{K}$，$p_c=4.599\text{MPa}$，则

$$T_r=\frac{T}{T_c}=\frac{291.15\text{K}}{190.56\text{K}}=1.53$$

$$p_r=\frac{p}{p_c}=\frac{15.0\times10^6\,\text{Pa}}{4.599\times10^6\,\text{Pa}}=3.26$$

第二步：查压缩因子图。由 T_r、p_r读图，在图上找到 Z 值，得

$$Z=0.77$$

第三步：由 $pV_m=ZRT$ 求得 V_m 值。

$$V_m=\frac{ZRT}{p}=\frac{0.77\times8.314\times291.15}{15.0\times10^6}\text{m}^3=1.24\times10^{-4}\,\text{m}^3$$

$$\rho=\frac{M}{V_m}=\frac{16.04\times10^{-3}}{1.24\times10^{-4}}\text{kg}\cdot\text{m}^{-3}=129.35\text{kg}\cdot\text{m}^{-3}$$

【例 1.5.2】 1mol CO_2 在 320K 时体积为 $9.8\times10^{-5}\,\text{m}^3$，试分别用理想气体状态方程和压缩因子图计算 CO_2 的压力。并将所得结果与实验值 10130kPa 进行比较。

解 (1) 用理想气体状态方程进行计算

$$p=\frac{RT}{V_m}=\frac{8.314\times320}{9.8\times10^{-5}}\text{Pa}=27.148\times10^6\text{Pa}=27148\text{kPa}$$

（2）用压缩因子图计算，由表1.4.2查出CO_2的$T_c=304.13\text{K}$，$p_c=7.375\text{MPa}$

$$T_r=\frac{T}{T_c}=\frac{320}{304.13}=1.052$$

求压力需要使用辅助线，辅助线方程为

$$Z=\frac{p_cV_m}{RT}p_r=\frac{7375\times10^3\times9.8\times10^{-5}}{8.314\times320}p_r=0.272p_r$$

在压缩因子图上作$Z=0.272p_r$辅助线，并与$T_r=1.052$等对比温度线相交，由交点查得$Z=0.38$，$p_r=1.40$，所以可求得

$$p=p_rp_c=1.40\times7375\text{kPa}=10325\text{kPa}$$

用理想气体状态方程计算的相对误差为

$$\frac{27148-10130}{10130}\times100\%=167.99\%$$

用压缩因子图法计算的相对误差为

$$\frac{10325-10130}{10130}\times100\%=1.92\%$$

计算结果说明，对于较高压力下的CO_2气体，用压缩因子图计算更符合实际。

本章要求

1. 掌握理想气体状态方程，掌握分压力、分体积的概念及计算。
2. 了解真实气体与理想气体的偏差，理解压缩因子的意义。
3. 理解范德华方程，能用范德华方程对中压范围内真实气体进行计算。
4. 了解真实气体的液化及临界现象；理解饱和蒸气压概念；了解对比状态参数和对比状态原理，会用压缩因子图对高压真实气体进行简单计算。

思考题

1. 你对理想气体是怎样理解的？

2. 理想气体符合什么样的微观特征？

3. 理想混合气体中B组分的分压力$p_B=py_B$是否等于B组分单独存在于混合气体的温度、体积条件下的压力？真实混合气体中B组分的分压力$p_B=py_B$是否等于B组分单独存在于混合气体的温度、体积条件下的压力？

4. 在一个封闭容器中，装有某种理想气体，如果保持它的压强和体积不变，温度能否改变？在两个封闭容器中，装有同一种理想气体，它们的压强、体积相同，温度是否一定相同？

5. 理想气体在低温下加压能被液化吗？

6. 实际气体在任何温度下加压都能被液化吗?

7. 为什么在秋天的清晨容易在绿色植物上结露水?夏天则不会?

8. A 气体和 B 气体的临界温度分别用 $T_c(A)$和 $T_c(B)$表示，临界压力分别用 $p_c(A)$和 $p_c(B)$表示。已知 $T_c(A)>T_c(B)$,$p_c(A)<p_c(B)$，试问:

(1) 何种气体的范德华常数 a 较大?

(2) 何种气体的范德华常数 b 较大?

(3) 何种气体的临界体积 $V_{m,c}$较大?

(4) 何种气体更易于液化?

(5) 在同温同压下何种气体的压缩因子 Z 更接近于 1?

9. 实际气体在高温低压时较接近于理想气体，那么在什么情况下实际气体偏离理想气体程度最大呢?

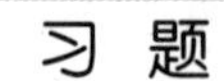

习题

1.1 一体积为 1.6dm^3 的容器中，装有 2.40g 的氧，试计算温度为 25℃时的压力。

1.2 物质的膨胀系数 α 和等温压缩系数 κ 分别由下面二式来定义

$$\alpha=\frac{1}{V}\left(\frac{\partial V}{\partial T}\right)_p, \quad \kappa=-\frac{1}{V}\left(\frac{\partial V}{\partial p}\right)_T$$

试计算 0℃、101.325kPa 下理想气体的膨胀系数 α 和等温压缩系数 κ。

1.3 将两个体积相同的烧瓶用玻管相通，通入 0.66mol 氮气后，使整个系统密封。开始时，两瓶的温度相同，都是 280K，压力为 50kPa。今若将一个烧瓶浸入 380K 的油浴中，另一烧瓶的温度保持不变，试计算两瓶中各有氮气的量和温度为 380K 的烧瓶中气体的压力。

1.4 在室温下，某氮气钢瓶内的压力为 538kPa，若放出压力为 100kPa 的氮气 160dm^3，钢瓶内的压力降为 132kPa，试估计钢瓶的体积。设气体近似作为理想气体处理。

1.5 0℃时氩(Ar)在各种压力下测定的密度值如下:

p/kPa	25.331	50.663	75.994	101.325
ρ/kg·m^{-3}	0.4458	0.8918	1.3381	1.7846

设氩是由一个原子组成的分子，计算氩的原子量。

1.6 在 25℃时，容器中装有 10.0dm^3 被水饱和了的湿空气，压力为 101.325kPa。已知 25℃时水的饱和蒸气压为 3.168kPa。设空气中 O_2(g)和 N_2(g)的体积分数分别为 0.21 和 0.79，试求:(1) H_2O(g)、O_2(g)和 N_2(g)的分体积;(2)O_2(g)和 N_2(g)在湿空气中的分压力。

1.7 将题 1.6 所述湿空气冷到 10℃，水的饱和蒸气压降为 1.228kPa。试问:(1) 此时会有多少克水从湿空气中冷凝出来?(2) 容器的压力变为多少?

1.8 在氯乙烯、氯化氢及乙烯构成的混合气体中，各组分的摩尔分数分别为 0.89、0.09 及 0.02。于恒定压力 101.325kPa 下，用水吸收其中的氯化氢，所得混合气体中增加了分压力为 2.670kPa 的水蒸气。试求洗涤后的混合气体中 C_2H_3Cl 及 C_2H_4 的分压力。

1.9 一密闭刚性容器中充满了空气，并有少量的水存在。当容器在300K条件下达平衡时，容器内压力为101.325kPa。若把该容器移至373.15K的沸水中，试求容器中达到新的平衡时应有的压力。设容器中始终有水存在，且可忽略水的体积的任何变化。已知300K时水的饱和蒸气压为3.567kPa。

1.10 已知CO_2(g)的临界温度、临界压力和临界摩尔体积分别为：$T_c=304.13K$，$p_c=73.75\times10^5Pa$，$V_{m,c}=0.0957dm^3\cdot mol^{-1}$，试计算：

(1) CO_2(g)的范德华常数a、b的值；

(2) 313K时，在容积为$0.005m^3$的容器内含有0.1kg CO_2(g)，用van der Waals方程计算气体的压力；

(3) 在与(2)相同的条件下，用理想气体状态方程计算气体的压力。

1.11 范德华方程可以整理为$pV_m=RT\left(1-\frac{b}{V_m}\right)^{-1}-\frac{a}{V_m}$。数学中，当$|x|<1$时，$\frac{1}{1-x}=1+x+x^2+x^3+\cdots$。试根据数学关系将范德华气体方程展开成维里型方程，并求第二、第三维里系数B'、C'。

1.2 贝塞罗(Berthelot)对范德华气体状态方程进行修正，修正后的方程为$\left(p+\frac{a}{TV_m^2}\right)(V_m-b)=RT$，试由波义耳温度$T_B$的定义式，证明贝塞罗气体的$T_B$可表示为

$$T_B=\left(\frac{a}{Rb}\right)^{1/2}$$

式中，a、b为范德华常数。

1.13 在100℃、101.325kPa下水蒸气的密度为$0.5963g\cdot dm^{-3}$。计算：(1) 在这种情况下，水蒸气的摩尔体积是多少？(2) 当假定水蒸气为理想气体时，其摩尔体积又是多少？(3) 压缩因子是多少？

1.14 用理想气体状态方程和压缩因子图法计算51.1g NH_3气在254℃、22.7MPa下的体积。

1.15 已知H_2的临界参数为$T_c=32.97K$，$p_c=1.293MPa$，$V_c=65\times10^{-6}m^3\cdot mol^{-1}$。现有2mol H_2，当温度为0℃时，体积为$0.15dm^3$。分别用理想气体状态方程、范德华方程、压缩因子图和对比状态方程计算该气体的压力。

第2章　热力学第一定律

热力学是研究自然界中与热现象有关的各种状态变化和能量转化规律的一门科学。热力学的基础是三件事实：

① 不能制出无需外界供给能量却能连续不断地对外做功的机器；

② 不能使一个自发的过程完全复原而不产生其他变化；

③ 不能得到绝对零度。

这就是热力学第一、第二和第三定律，是无数实验结果的总结。由热力学可以解决化学过程及其与化学密切相关的物理过程中的能量转换问题，也可以判断在某一条件下，指定的热力学过程如化学反应、相变化等的变化方向，以及可能达到的最大限度。

热力学研究物质的宏观性质，不考虑物质的微观结构；热力学只考虑变化的方向和变化前后的净结果，不考虑变化过程的细节和时间。这两个特点决定了热力学研究的优缺点。优点是在严格导出的热力学结论中没有任何假想的成分，所得结论是绝对可靠的。而缺点是不考虑物质的微观结构就不能对现象有更深刻的理解，不考虑变化细节和时间也就不知道变化机理和速率，而这些要在量子力学、统计热力学和动力学中得到补充。

虽然热力学研究只知其然而不知其所以然，只讲可能性而不讲现实性，但它仍不失为一种非常有用的理论工具。当合成一个新产品时，有必要先用热力学方法判断一下，该反应在所给条件下能否进行，若热力学判断不能进行，就没必要再去浪费精力了。对于能够进行的反应，热力学能给出反应的限度，即最高产率。这些对指导科学研究和生产实践无疑是有重要意义的。

2.1　热力学基本概念

2.1.1　系统和环境

进行热力学研究时，必须首先确定研究对象，把要研究的内容与其余的部分分开。这种被划定的研究对象，就称为系统(system)，而与系统密切相联系的外界，则称为环境(surroundings)。系统与环境之间分隔的界面可以是实际的，也可以是虚拟的。

根据系统与环境之间联系情况的不同，可将系统分为三类。

(1) 隔离系统

系统与环境之间既无物质交换，又无能量交换的系统。隔离系统也称为孤立系统。

(2) 封闭系统

系统与环境之间没有物质交换，但有能量交换的系统。一般常见的定量的物质与周围环境间有功、热交换时皆属封闭系统。封闭系统是热力学中研究最多的系统，若非特别说明，一般都是指封闭系统。

（3）敞开系统

系统与环境之间既有物质交换，又有能量交换的系统。敞开系统也称为开放系统，情况比较复杂，在基础物理化学中很少涉及。

系统是研究者为了解决问题而经过调查研究后自己划定的。如在一个房间里，有电源和一台工作的空调，若研究房间的保暖性，则应把房间及内部的空气选作系统，而房间外部及电源和空调都可视为环境，如果房间门窗的密闭性较好，系统可看作是封闭系统，其中有空调(环境）向房间(系统）供热，也有房间(系统）向外部(环境）散热；若研究空调的性能，则应把空调选作系统，而房间和电源可视为环境，这也是一个封闭系统，此时系统与环境之间既有功的交换，也有热的交换。有时为了研究的需要，也会把封闭系统及与其密切相联系的环境合在一起，当作隔离系统来处理。系统不同，描述它们的变量会不同，其所适用的热力学公式也有所不同。

关于环境，可以是自然环境，也可以是人工环境。人工环境是通过人的力量在相对小的系统外部制造出的一个非自然的环境。

2.1.2 系统的宏观性质

描述热力学系统本质、特点和变化规律的一些物理量如温度、压力、体积、密度、热容、质量、组成等称为系统的热力学性质，简称性质。在热力学性质中，有些性质如温度、压力、体积、密度等可以通过实验直接测定，称为可测量；另一些性质不能由实验直接测量，如热力学能、焓、熵等，称为不可测量。

系统的性质按它们是否与系统的数量有关可分为两类。

（1）广度性质

其数值与系统物质的量成正比的性质，称为广度性质(也称为容量性质)。例如体积、质量、熵和热力学能等。广度性质具有加和性，即整个系统的某个广度性质是系统中各部分该种性质的总和。

（2）强度性质

其数值取决于系统自身的特性，而与系统的数量无关的性质，称为强度性质。强度性质不具有加和性，如温度、压力和密度等。

两个广度性质相除，或将某广度性质除以系统的物质的量，就得到强度性质。例如，质量除以体积，就得到密度，体积除以系统的物质的量，就得到摩尔体积。各种广度性质的摩尔量均是强度性质。

2.1.3 状态和状态函数

热力学用系统所有的性质来描述它所处的状态，即系统所有的性质确定后，系统就处于确定的状态。反之，系统状态确定后，系统所有的性质也均有各自确定的值。系统的性质改变了(不一定所有的性质都变)，系统的状态也就变了。

系统的许多性质之间是有一定联系的，也就是说，这许多性质并非都是独立的。一个常见的系统，需要指定几个独立的性质才处于定态呢？大量的实验事实证明，对于一个封闭的均匀物质(也称为均相）系统，只需要指定两个独立的性质就可以确定系统的状态。热力学中一般用 T、p，T、V 或 p、V 等常见性质来确定系统的状态。用常见性质来确定系统的状态及关系的方程即**状态方程**。

系统的性质只决定它当时的状态，而与其历史无关。系统的状态发生变化时，系统的性质随之改变，其改变量只取决于系统的始态和终态，而与变化所经历的具体途径无关。如系统从状态 1 变化到状态 2，性质 T、V、p 的变化值分别为 $\Delta T=T_2-T_1$，$\Delta V=V_2-V_1$，$\Delta p=p_2-p_1$。不管系统经历了多么复杂的状态变化，只要系统恢复到原始状态，所有的性质也都复原。鉴于状态与性质之间的这种关系和特点，所以系统的性质又称作**状态函数**。状态函数是状态的单值函数，也称作状态参数或状态变量。

状态函数的特点可以用两句话来描述：①异途同归，值变相等；②周而复始，数值还原。用数学语言来归纳状态函数的特点则是：①状态函数的微变是数学中的全微分，其标志为二阶偏导数与求导顺序无关；②积分只与始末状态有关，与变化途径无关。

2.1.4 热力学平衡态

在热力学中，通常研究宏观静止无整体运动的系统，并且不考虑外力场的影响。当系统的各种性质不再随时间而变，就称系统处于热力学平衡状态，简称平衡态。前面所讨论的状态，指的皆是平衡态。对平衡态，一般应满足如下要求。

① 热平衡　系统内部无绝热壁时，系统的各部分温度相等。

② 力平衡　系统的各部分压力相等。如果系统中有一刚性壁存在，即使双方压力不等，也能维持力学平衡。

③ 相平衡　一个多相系统达平衡后，宏观上各相的组成和数量不再随时间变化。

④ 化学平衡　宏观上系统内的化学反应已经停止，组成和数量不再随时间变化。

还有一些特殊的系统需要满足特殊的平衡状态，如电化学系统平衡时需满足电化学平衡态，表面效应较强的系统在平衡时需满足表面化学平衡态，这些已经超出了热力学平衡的要求。

2.1.5 过程和途径

在一定环境条件下，系统发生由始态到终态的任何变化均称为热力学过程，简称为过程。

按系统的性质变化来区分过程，通常分为物理变化过程和化学变化过程。物理变化过程又分为 p、V、T 变化过程和相变化过程。

按系统变化时遵循的条件来区分过程，常将过程分为以下几种。

① 恒温过程　系统变化时系统的温度恒定不变且与环境温度相等的过程，即 $T_1=T_2=T=T_{环}=$定值，$T_{环}$ 表示环境的温度，有时也写为 T_{sur}。

② 恒压过程　系统变化时系统的压力恒定不变且与环境压力相等的过程，即 $p_1=p_2=p=p_{环}=$定值，$p_{环}$表示环境的压力，有时也写为 p_{sur}。

③ 恒外压过程　系统变化时系统的压力可变但环境压力保持不变的过程，即 $p_{环}=p_2=$定值。

④ 恒容过程　系统变化时系统的体积恒定不变的过程，即 $V_1=V_2=V=$定值。

⑤ 绝热过程　系统变化时和环境之间没有热交换的过程。有时变化太快(如燃烧反应、爆炸反应）而与环境间来不及热交换或热交换量极少可近似看作绝热过程。

⑥ 循环过程　系统从始态出发，经历一系列变化后又回到初始状态，这样的过程即为循环过程。在循环过程中，系统各种性质的变化值为零，即所有状态函数的改变量为零。

⑦ 可逆过程　系统的任何变化过程都需要有推动力。这种推动力是系统与环境间的某种强度性质差，如传热过程的推动力是系统与环境间的温度差，气体膨胀或压缩过程的推动力是系统与环境间的压力差。变化的最终结果是推动力趋向等于零，系统与环境间的这种强度性质相等，系统与环境间达到平衡。实际变化过程的推动力都是宏观量的，但为了热力学研究上的需要，将推动力无限小、系统内部及系统与环境之间在无限接近平衡的条件下进行的过程，称为**可逆过程**。关于可逆过程的特点，还将在本章 2.5 节中做进一步讨论。

通过上述各种过程的描述可知，系统发生的任何热力学过程都是在环境条件的约束下系统与环境之间相互作用的结果。

系统由始态到终态的变化可以经由一个或多个不同的步骤来完成，这种具体的步骤即称为途径。

例如，1mol 理想气体由始态（101325Pa，$0.0224m^3$，273.15K）变到终态（101325Pa，$0.0448m^3$，546.3K），可通过两条不同的途径来实现，如下图所示：

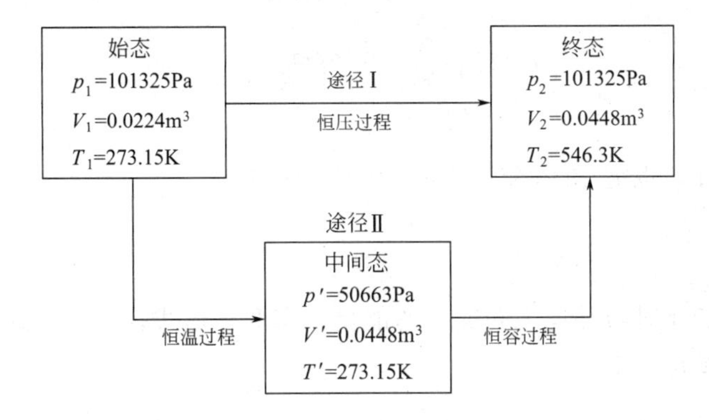

途径Ⅰ仅由恒压过程组成，途径Ⅱ则由恒温和恒容两个过程组合而成。在这两个变化途径中，系统状态函数的变化值是相同的，不会因途径的不同而改变。

2.2　热力学第一定律

2.2.1　热力学能

一个系统在某定态下的总能量由三部分组成：系统整体运动的动能、系统在外力场（如电磁场、重力场等）中的势能和系统的热力学能。在热力学中，通常研究宏观静止的系统，无整体运动，并且不考虑外力场的影响，因此只考虑热力学能。后面所说系统的能量都是指系统的热力学能。

热力学系统由大量微观粒子组成，系统的热力学能是指系统内部所有粒子全部能量的总和。它包括系统内分子的平动、转动、分子内部各原子间的振动、电子运动、核运动的能量以及分子之间相互作用的势能等。

热力学能以符号 U 表示，单位为 J 或 kJ，热力学能是系统的广度性质。

前面提到，对于一个封闭的均匀物质系统，只要指定两个独立的性质就可以确定系统的状态。系统的状态确定了，系统的热力学能也就确定了。也就是说，如果选定两个独立的性质是温度和压力，则封闭系统的热力学能是温度和压力的函数，即 $U=U(T,p)$；如果选定两个独立的性质是温度和体积，则封闭系统的热力学能是温度和体积的函数，即 $U=U(T,V)$。根据热力学能的特点，通常用温度和体积作为热力学能的变量，若系统发生一个微变，则热力学能的微变可用全微分表示为

$$\mathrm{d}U=\left(\frac{\partial U}{\partial T}\right)_V\mathrm{d}T+\left(\frac{\partial U}{\partial V}\right)_T\mathrm{d}V \tag{2.2.1}$$

理想气体分子之间没有相互作用力，因而没有分子之间相互作用的势能，所以理想气体的热力学能仅由两部分组成：分子的动能和分子内部的能量。因为分子的动能仅是温度的函数，而分子内部的能量在不发生化学反应的情况下为定值，所以封闭系统中理想气体的热力学能只是温度的函数，与体积、压力无关，即

$$U=U(T)$$

因此有

$$\left(\frac{\partial U}{\partial V}\right)_T=0,\qquad \left(\frac{\partial U}{\partial p}\right)_T=0$$

理想气体的这一特性，也被 1843 年的 Joule 实验所证实。

2.2.2 热和功

封闭系统发生变化时与环境之间交换的能量只有两种形式，一种形式称作热，另一种形式称为功。它们的单位为 J 或 kJ。

(1) 热

热是系统与环境之间由于存在温度差所交换的能量。交换这种能量时，以系统内部分子的无序运动为微观特征。

热以符号 Q 表示。热力学规定：系统从环境吸热，$Q>0$；系统向环境放热，$Q<0$。

热是系统与环境之间交换的能量，与系统变化经历的途径有关，所以热不是系统的性质，也就不是状态函数，即在状态 1 时不存在 Q_1，在状态 2 时不存在 Q_2，系统从状态 1 变化到状态 2 时与环境交换的热用 Q 表示而不用 ΔQ 表示，微量热用 δQ 表示而不用 $\mathrm{d}Q$ 表示，δQ 也不是全微分。

在物理化学中，讨论的热主要有三种：系统发生化学反应时吸收或放出的热，称为化学反应热；系统发生相变化时吸收或放出的热，称为相变热；系统不发生化学反应和相变化，仅发生 p、V、T 变化时吸收或放出的热，T 变化时称为变温热或显热，T 不变时称为等温热。

变温热的特征是系统与环境之间存在**宏观温度差**，结果是使系统的始末状态有温度变化，如果系统无化学反应和相变化，则变温热可表示为

$$\delta Q=C\mathrm{d}T \tag{2.2.2}$$

式中，C 是系统的热容。热容随变化条件的不同有不同的表现形式。

等温热的特征是系统与环境之间存在的温度差趋于零，即存在**微观温度差**，热量可传递，但系统温度在宏观上没有变，等温热不能用式(2.2.2) 计算，但可用后面给出的热力学第一定律表达式计算。在等温可逆变化时，可由热力学第二定律给出的 $\delta Q=T\mathrm{d}S$ 公式计

算，公式将在下一章详细介绍。

（2）功

当系统在广义力的作用下，产生了广义的位移时，就做了广义的功。功是系统与环境之间交换能量的另一种形式，以系统内部分子的有序运动为微观特征。

功以符号 W 表示。规定：系统从环境得功，$W>0$；系统对环境做功，$W<0$。

在物理化学中，功分为体积功与非体积功。由于系统体积变化而与环境交换的功，称为体积功。除体积功外，其他各种形式的功统称为非体积功，非体积功以 W' 表示，如电功、表面功等。物理化学中经常讨论的是体积功，只在电化学部分讨论电功，表面化学部分讨论表面功，故在后面各章节中如不特别指明，提到的功一般均指体积功。

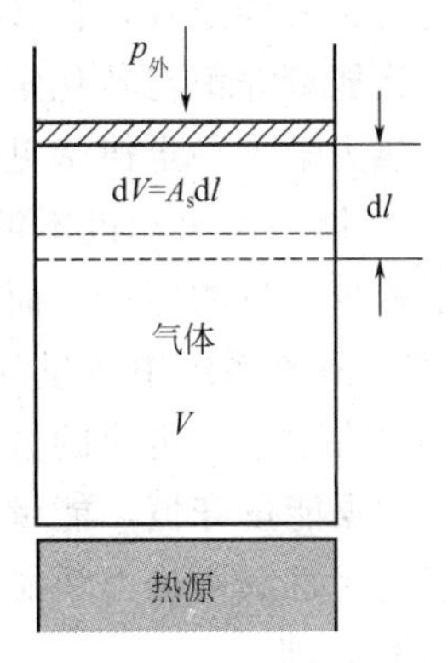

图 2.2.1 体积功示意图

功与热一样，与系统变化经历的途径有关，不是系统的性质，不是状态函数，一定量的功用 W 表示而不用 ΔW 表示，微量功用 δW 表示而不用 dW 表示，δW 也不是全微分。

体积功的定义式：体积功示意如图 2.2.1。设有一气缸，其上有一面积为 A_s、无质量且与气缸壁无摩擦的活塞，气缸内装有体积等于 V 的气体为系统。现让气缸与一热源接触，气体受热后膨胀了 dV，相应使活塞产生位移 dl。系统膨胀时反抗外力 F 对环境所做的机械功为

$$-\delta W = F \times dl = p_{外} A_s dl = p_{外} dV$$

转化后得

$$\delta W = -p_{外} dV \tag{2.2.3}$$

式(2.2.3)即体积功定义式。由式(2.2.3)可见，系统膨胀时 $dV>0$，$\delta W<0$，系统对环境做功，能量减少；系统被压缩时，$dV<0$，$\delta W>0$，环境对系统做功，能量增加。

当气体向真空自由膨胀时，$p_{外}=0$，$\delta W=0$，系统与环境没有体积功交换。

当气体发生宏观变化，体积从 V_1 变到 V_2 时，系统与环境交换的体积功为

$$W = -\int_{V_1}^{V_2} p_{外} dV \tag{2.2.4}$$

对于恒外压过程，$p_{外}=p_2=$定值，有

$$W = -p_{外}(V_2 - V_1) = -p_{外}\Delta V \quad (恒外压) \tag{2.2.5}$$

对于恒压过程，$p_1=p_2=p=p_{外}=$定值，有

$$W = -p(V_2 - V_1) = -p\Delta V \quad (恒压) \tag{2.2.6}$$

对于可逆过程，$p_{外}=p \pm dp$，有

$$\delta W_r = -p_{外} dV = -(p \pm dp) dV = -p dV \quad (二阶无穷小被忽略) \tag{2.2.7a}$$

$$W_r = -\int_{V_1}^{V_2} p dV \tag{2.2.7b}$$

2.2.3 热力学第一定律

能量守恒与转化定律是最重要的自然规律之一，是人们长期经验的总结，是经验规律，

其内容可以表述为：自然界的一切物质都具有能量，能量有各种不同形式，能够从一种形式转化为另一种形式，在转化中，能量的总值不变。

将能量守恒与转化定律应用于宏观热力学系统，就形成了热力学第一定律。

热力学第一定律常见的两种表述如下。

① 第一类永动机不可能制造成功。所谓第一类永动机，是一种既不需要外界供给能量，又不减少自身的能量，而能连续不断地对外做功的机器。

② 隔离系统中能量的形式可以互相转化，但热力学能总值不变。

热力学第一定律的数学表达式：任意的封闭系统发生变化时，与环境之间可以有能量交换。依据能量守恒，能量不能自生，也不能自灭，只能转化。转化形式只有两种，功和热。所以封闭系统中热力学能的变化值 ΔU 一定等于系统从环境吸收的热 Q 加上从环境中得到的功 W，即

$$\Delta U=Q+W \tag{2.2.8a}$$

对于微小的变化，有

$$dU=\delta Q+\delta W \tag{2.2.8b}$$

上述两式即热力学第一定律在封闭系统中的数学表达式。

【例 2.2.1】 如图 2.2.2 所示在一绝热容器内装有水，将一电炉丝浸入其中，接上电源通电一段时间，当选择该装置的不同部分作为系统时，试判断这一过程的 Q、W 和 ΔU 值是大于零、小于零还是等于零？

(1) 以水为系统；(2) 以电炉丝为系统；(3) 以电源为系统；(4) 以水和电炉丝为系统；(5) 以电源和电炉丝为系统；(6) 以水、电炉丝和电源为系统。

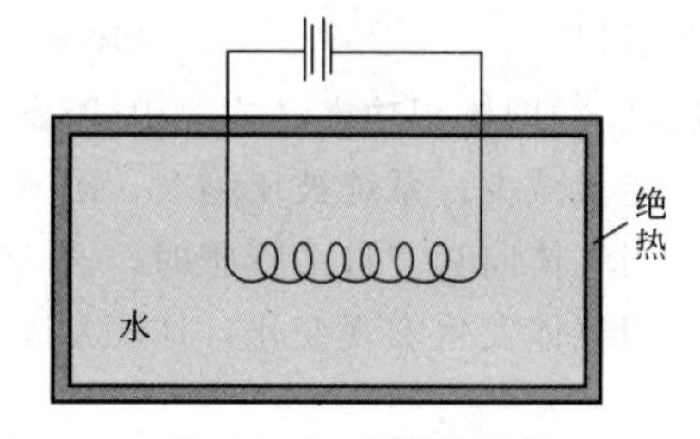

图 2.2.2 系统的选择

解 (1) 水从电炉丝得到热，使自身的热力学能升高，无任何功的交换。

$$Q>0,\ W=0,\ \Delta U>0$$

(2) 电源对电炉丝做功，电炉丝将功全部转化为热传给水。

$$Q<0,\ W>0,\ \Delta U=0$$

(3) 电源对电炉丝做功，自身的热力学能减少，无热量交换。

$$Q=0,\ W<0,\ \Delta U<0$$

(4) 以水和电炉丝为系统时，从电源获得功，使自身的热力学能升高。系统内部的热交换不考虑。

$$Q=0,\ W>0,\ \Delta U>0$$

(5) 以电源和电炉丝为系统时，将热传给水，使自身的热力学能减少。系统内部的功交换不考虑。

$$Q<0,\ W=0,\ \Delta U<0$$

(6) 以水、电炉丝和电源为系统时，系统成为隔离系统，系统内部的功、热交换不考虑。

$$Q=0,\ W=0,\ \Delta U=0$$

此例说明系统是可以根据研究对象的不同而任意选定的。系统不同，系统与环境之间能量的交换形式就会有所变化，有时只有功的交换，有时只有热的交换，有时两者兼而有之。

【例 2.2.2】 在 273K 时，有 10mol 理想气体，从始态：$p_1=100\text{kPa}$、$V_1=0.227\text{m}^3$，分别经下列不同过程，恒温膨胀到终态：$p_2=10\text{kPa}$、$V_2=2.27\text{m}^3$。求下列各过程系统所做的膨胀功。

(1) 在一设计好的容器内，向真空自由膨胀至终态；

(2) 在外压为 10kPa 的条件下，一次膨胀至终态；

(3) 分两步膨胀，第一步在外压为 50kPa 时膨胀到平衡，然后在外压为 10kPa 时膨胀到终态。

解 (1) 向真空自由膨胀，$p_外=0$，所以

$$W_1=-\int p_外 \mathrm{d}V=0$$

(2) 一次等外压膨胀，$p_外=10\text{kPa}$

$$W_2=-p_外(V_2-V_1)=-10\text{kPa}\times(2.27-0.227)\text{m}^3=-20.43\text{kJ}$$

(3) 分两步膨胀，先要求出第一步膨胀达平衡时的体积，以 V' 表示，因恒温

$$\begin{aligned}V'&=p_1V_1/50\text{kPa}=100\text{kPa}\times0.227\text{m}^3/50\text{kPa}=0.454\text{m}^3\\W_3&=-p_{外,1}(V'-V_1)-p_{外,2}(V_2-V')\\&=-50\text{kPa}\times(0.454-0.227)\ \text{m}^3-10\text{kPa}\times(2.27-0.454)\ \text{m}^3\\&=-11.35\text{kJ}-18.16\text{kJ}=-29.51\text{kJ}\end{aligned}$$

此例计算看出，虽然始态及终态相同，但途径不同，系统对环境所做的功也不同。说明功是途径函数，而不是状态函数。

2.3 恒容热、恒压热和焓

在化学实验和化工生产中，经常遇到没有非体积功的恒容过程和恒压过程，下面对这两种典型过程中系统与环境交换的热进行讨论。

2.3.1 恒容热

系统在没有非体积功的恒容过程中与环境交换的热量称为恒容热，用符号 Q_V 表示。

在没有非体积功的恒容过程中，$W=-\int p_外 \mathrm{d}V+W'=0$，由热力学第一定律 $\Delta U=Q+W$ 得

$$Q_V=\Delta U \tag{2.3.1a}$$

对一个微小的没有非体积功的恒容过程有

$$\delta Q_V = \mathrm{d}U \tag{2.3.1b}$$

式(2.3.1)表明过程的恒容热在数值上等于系统的热力学能变。

2.3.2 恒压热和焓

系统在没有非体积功的恒压过程中与环境交换的热量称为恒压热，用符号 Q_p 表示。

对于恒压过程，$p_1=p_2=p=p_{外}=$定值，在没有非体积功的恒压过程中，有

$$W=-\int p_{外}\mathrm{d}V+W'=-p_{外}(V_2-V_1)=-p(V_2-V_1)=p_1V_1-p_2V_2 \tag{2.3.2}$$

由热力学第一定律

$$Q_p=\Delta U-W=(U_2+p_2V_2)-(U_1+p_1V_1) \tag{2.3.3}$$

U、p、V 均是状态函数，$U+pV$ 组合也应是状态函数，为简便起见，将这个状态函数用 H 表示，即

$$H \xlongequal{\mathrm{def}} U+pV \tag{2.3.4}$$

H **称为焓**，具有能量单位(J)。由于 H 是状态函数，所以它是系统的性质，和热力学能 U 一样，是广度性质，没有绝对值。热力学能有明确的物理意义，焓没有明确的物理意义，它只是为了热力学研究方便而人为定义的一个重要的物理量。

将式(2.3.4)代入式(2.3.3)，得

$$Q_p=H_2-H_1=\Delta H \tag{2.3.5a}$$

对一个微小的没有非体积功的恒压过程有

$$\delta Q_p=\mathrm{d}H \tag{2.3.5b}$$

式(2.3.5)表明过程的恒压热在数值上等于系统的焓变。

注意，式(2.3.4)中的 pV 不是功，在系统发生微小变化时

$$\mathrm{d}H=\mathrm{d}U+p\mathrm{d}V+V\mathrm{d}p \tag{2.3.6}$$

而系统发生宏观变化，从状态 1 变到状态 2 时

$$\Delta H=\Delta U+\Delta(pV)=\Delta U+(p_2V_2-p_1V_1) \tag{2.3.7}$$

如果系统是理想气体时

$$\Delta H=\Delta U+\Delta(nRT)$$

理想气体的热力学能仅是温度的函数，因此理想气体的焓也仅是温度的函数，即

$$H=H(T),\quad \left(\frac{\partial H}{\partial V}\right)_T=0,\quad \left(\frac{\partial H}{\partial p}\right)_T=0$$

如果系统是固相或液相等凝聚态时，$\Delta(pV)$值较小，近似有

$$\Delta H\approx\Delta U$$

2.3.3　$Q_V=\Delta U$ 和 $Q_p=\Delta H$ 关系式的意义

两关系式有如下两方面的意义：一是在特定条件下，将不可测量热力学能和焓与可测量热联系在一起，使得在热力学系统发生变化时可以计算热力学能和焓的变化；二是在特定条件下，使不具备状态函数特征的热在上述两个特定条件下有了“仅与始末态有关，而与途径无关”的特征。这两方面在热力学系统发生变化，特别是在化学反应中，进行热、能关系计算时具有重要意义。

2.4　热容与变温过程热的计算

2.4.1　热容

对没有相变化、化学变化且不做非体积功的均相封闭系统，系统升高单位热力学温度时所吸收的热，称为系统的热容，用符号 C 表示。即

$$C(T)\overset{\text{def}}{=\!=\!=}\frac{\delta Q}{\mathrm{d}T} \tag{2.4.1}$$

热容的单位是 $\mathrm{J\cdot K^{-1}}$。

首先，热容与系统自身的性质有关，即与系统是何种物质有关；其次，热容与系统所含的物质的量及升温的条件有关，于是就有比热容、摩尔热容、等压热容和等容热容等不同的热容；再者，热容还与温度和压力有关，同一个系统在 300K 时升高 1K 与在 1000K 时升高 1K 所需的热量一般是不一样的，所以用 $C(T)$表示热容是温度的函数。在一般温度变化范围较小的计算中，可以近似地假定热容与温度无关。

(1) 不同条件下的热容

比热容 $c(T)$是指单位质量的物质升高单位热力学温度时所吸收的热，即

$$c(T)\overset{\text{def}}{=\!=\!=}\frac{1}{m}C(T)=\frac{1}{m}\frac{\delta Q}{\mathrm{d}T} \tag{2.4.2}$$

比热容的单位是 $\mathrm{J\cdot K^{-1}\cdot kg^{-1}}$ 或 $\mathrm{J\cdot K^{-1}\cdot g^{-1}}$。

摩尔热容 $C_{\mathrm{m}}(T)$是指单位物质的量的物质升高单位热力学温度时所吸收的热，即

$$C_{\mathrm{m}}(T)\overset{\text{def}}{=\!=\!=}\frac{1}{n}C(T)=\frac{1}{n}\frac{\delta Q}{\mathrm{d}T} \tag{2.4.3}$$

恒容热容 $C_V(T)$是指系统在变化过程中保持体积不变，升高单位热力学温度时所吸收的热，即

$$C_V(T)=\frac{\delta Q_V}{\mathrm{d}T}=\left(\frac{\partial U}{\partial T}\right)_V \tag{2.4.4}$$

同理，**恒压热容** $C_p(T)$为

$$C_p(T)=\frac{\delta Q_p}{\mathrm{d}T}=\left(\frac{\partial H}{\partial T}\right)_p \tag{2.4.5}$$

如果系统所含的是单位物质的量，则上述两种热容称为**摩尔恒容热容** $C_{V,\mathrm{m}}(T)$ 和**摩尔恒压热容** $C_{p,\mathrm{m}}(T)$，即

$$C_{V,\mathrm{m}}(T)=\frac{1}{n}\frac{\delta Q_V}{\mathrm{d}T}=\left(\frac{\partial U_\mathrm{m}}{\partial T}\right)_V \tag{2.4.6}$$

$$C_{p,\mathrm{m}}(T)=\frac{1}{n}\frac{\delta Q_p}{\mathrm{d}T}=\left(\frac{\partial H_\mathrm{m}}{\partial T}\right)_p \tag{2.4.7}$$

在实验室或实际生产中，系统经常是多组分的混合物，所以在计算中需要**混合物的摩尔恒压热容** $C_{p,\mathrm{m}}(\mathrm{mix})$ 数据。

$$C_{p,\mathrm{m}}(\mathrm{mix})=\sum_\mathrm{B} y_\mathrm{B} C_{p,\mathrm{m}}(\mathrm{B}) \tag{2.4.8}$$

式中，y_B 是混合物中组分 B 的物质的量分数；$C_{p,\mathrm{m}}(\mathrm{B})$ 是混合物中组分 B 的**摩尔恒压热容**。

(2) $C_{p,\mathrm{m}}$ 与 $C_{V,\mathrm{m}}$ 的关系

由 $C_{p,\mathrm{m}}$ 与 $C_{V,\mathrm{m}}$ 的定义，可以导出两者之间的关系

$$\begin{aligned} C_{p,\mathrm{m}}-C_{V,\mathrm{m}}&=\left(\frac{\partial H_\mathrm{m}}{\partial T}\right)_p-\left(\frac{\partial U_\mathrm{m}}{\partial T}\right)_V=\left[\frac{\partial(U_\mathrm{m}+pV_\mathrm{m})}{\partial T}\right]_p-\left(\frac{\partial U_\mathrm{m}}{\partial T}\right)_V \\ &=\left(\frac{\partial U_\mathrm{m}}{\partial T}\right)_p+p\left(\frac{\partial V_\mathrm{m}}{\partial T}\right)_p-\left(\frac{\partial U_\mathrm{m}}{\partial T}\right)_V \end{aligned}$$

为求式中 $\left(\frac{\partial U_\mathrm{m}}{\partial T}\right)_p$ 与 $\left(\frac{\partial U_\mathrm{m}}{\partial T}\right)_V$ 间的关系，可以将 U_m 表示成 T 和 V_m 的函数，即 $U_\mathrm{m}=U(T, V_\mathrm{m})$，则

$$\mathrm{d}U_\mathrm{m}=\left(\frac{\partial U_\mathrm{m}}{\partial T}\right)_V\mathrm{d}T+\left(\frac{\partial U_\mathrm{m}}{\partial V_\mathrm{m}}\right)_T\mathrm{d}V_\mathrm{m}$$

将上式两边在恒压条件下除以 $\mathrm{d}T$，可得

$$\left(\frac{\partial U_\mathrm{m}}{\partial T}\right)_p=\left(\frac{\partial U_\mathrm{m}}{\partial T}\right)_V+\left(\frac{\partial U_\mathrm{m}}{\partial V_\mathrm{m}}\right)_T\left(\frac{\partial V_\mathrm{m}}{\partial T}\right)_p$$

将此结果代入 $C_{p,\mathrm{m}}-C_{V,\mathrm{m}}$ 的推导式中，得

$$C_{p,\mathrm{m}}-C_{V,\mathrm{m}}=\left[\left(\frac{\partial U_\mathrm{m}}{\partial V_\mathrm{m}}\right)_T+p\right]\left(\frac{\partial V_\mathrm{m}}{\partial T}\right)_p \tag{2.4.9}$$

此式不仅表示了 $C_{p,\mathrm{m}}$ 与 $C_{V,\mathrm{m}}$ 之间的关系，而且还可以说明二者的不同之处。恒容过程中无体积功，系统在此过程中吸收的热全部变成了系统热力学能的增加。而在恒压过程中，系统升温的同时伴随着体积的膨胀，$\left(\frac{\partial V_\mathrm{m}}{\partial T}\right)_p$ 就是 1mol 物质恒压升温 1K 时体积的增大值，体积增大将引起两种后果。首先是体积增大要克服分子之间的引力，使系统的热力学能增加，式中前一项 $\left(\frac{\partial U_\mathrm{m}}{\partial V_\mathrm{m}}\right)_T\left(\frac{\partial V_\mathrm{m}}{\partial T}\right)_p$ 就是这部分热力学能增加而从环境吸收的热量。其次，体积增大对环境做功消耗系统的热力学能，式中后一项 $p\left(\frac{\partial V_\mathrm{m}}{\partial T}\right)_p$ 就是由于体积增大对环境做功而从环境吸收的热量，以补充系统消耗的热力学能。由于多消耗了这两部分能量，所以 $C_{p,\mathrm{m}}$ 总比 $C_{V,\mathrm{m}}$ 大。

在推导式(2.4.9) 时没有引入什么限制条件，所以此式适用于任何没有相变化、化学变

化且不做非体积功的均相封闭系统。

对于理想气体，由于无分子间相互作用势能，理想气体的 U_m 只是温度的函数，故 $\left(\dfrac{\partial U_m}{\partial V_m}\right)_T=0$，而$\left(\dfrac{\partial V_m}{\partial T}\right)_p=\dfrac{R}{p}$，代入式(2.4.9) 得

$$C_{p,m}-C_{V,m}=R \tag{2.4.10}$$

由气体分子运动论或统计热力学都可导出理想气体的 $C_{p,m}$ 和 $C_{V,m}$。单原子分子理想气体 $C_{V,m}=\dfrac{3}{2}R$，$C_{p,m}=\dfrac{5}{2}R$。双原子分子理想气体 $C_{V,m}=\dfrac{5}{2}R$，$C_{p,m}=\dfrac{7}{2}R$。

(3) 热容与温度及压力的关系

热容与温度的关系。物质的摩尔恒压热容是用得最多的热容数据。$C_{p,m}(T)$与温度的关系可以表示为

$$\left.\begin{aligned}C_{p,m}&=a+bT+cT^2\\C_{p,m}&=a+bT+c'T^{-2}\end{aligned}\right\} \tag{2.4.11}$$

式中，a、b、c、c'为经验常数，由各物质自身性质决定，其数值在热力学数据表或手册中可以查到，但在使用时要注意温度范围。

热容与压力的关系。物质的摩尔恒压热容在恒温下随压力的变化关系可以表示为

$$\left(\frac{\partial C_{p,m}}{\partial p}\right)_T=-T\left(\frac{\partial^2 V_m}{\partial T^2}\right)_p \tag{2.4.12}$$

该式可以用第 3 章的知识加以证明。对理想气体，将状态方程 $V_m=RT/p$ 代入上式右边并整理，得$\left(\dfrac{\partial C_{p,m}}{\partial p}\right)_T=0$，说明理想气体的 $C_{p,m}$与 p 无关。低压实际气体也可按理想气体处理，近似认为 $C_{p,m}\approx C_{p,m}^{\ominus}$。对凝聚态物质，上式右边也近似为零，也可以忽略 p 的影响。

2.4.2 变温过程热的计算

(1) 恒容变温过程热的计算

由式(2.4.6) 可得

$$\delta Q_V=\mathrm{d}_V U=nC_{V,m}(T)\mathrm{d}T \tag{2.4.13a}$$

积分，有

$$Q_V=\Delta_V U=\int_{T_1}^{T_2}nC_{V,m}\mathrm{d}T \tag{2.4.13b}$$

对物质的量一定的封闭系统，若 $C_{V,m}$为定值，则 $Q_V=\Delta_V U=nC_{V,m}(T_2-T_1)$ (2.4.13c)

由式(2.4.13b) 和式(2.4.13c) 即可计算物质在恒容变温过程中吸收或放出的热量。

【例 2.4.1】 CO_2 的摩尔恒压热容为 $C_{p,m}=[26.8+42.7\times10^{-3}(T/\mathrm{K})-14.6\times10^{-6}(T/\mathrm{K})^2]\ \mathrm{J\cdot mol^{-1}\cdot K^{-1}}$，试计算 10.0mol CO_2 在一刚性容器中从 298K 恒容加热到 573K 所吸收的热量(将 CO_2 近似为理想气体)。

解 由式(2.4.13b)

$$Q_V = n\int_{T_1}^{T_2} C_{V,\mathrm{m}} \mathrm{d}T$$

$C_{V,\mathrm{m}} = C_{p,\mathrm{m}} - R$

$= [(26.8 - 8.314) + 42.7 \times 10^{-3}(T/\mathrm{K}) - 14.6 \times 10^{-6}(T/\mathrm{K})^2]\mathrm{J \cdot mol^{-1} \cdot K^{-1}}$

$Q_V = 10.0\mathrm{mol} \times \int_{298}^{573} \{[18.486 + 42.7 \times 10^{-3}(T/\mathrm{K}) -$

$14.6 \times 10^{-6}(T/\mathrm{K})^2]\mathrm{J \cdot mol^{-1} \cdot K^{-1}}\}\mathrm{d}(T/\mathrm{k})$

$= 10.0 \times [18.486 \times (573 - 298) + (1/2) \times 42.7 \times 10^{-3} \times (573^2 - 298^2) -$

$(1/3) \times 14.6 \times 10^{-6} \times (573^3 - 298^3)]\mathrm{J}$

$= 94107\mathrm{J} = 94.107\mathrm{kJ}$

即 10.0mol CO_2 在此恒容过程中吸收热量为 94.107kJ。

(2) 恒压变温过程热的计算

由式(2.4.7)可得

$$\delta Q_p = \mathrm{d}_p H = nC_{p,\mathrm{m}}(T)\mathrm{d}T \qquad (2.4.14\mathrm{a})$$

积分得

$$Q_p = \Delta_p H = \int_{T_1}^{T_2} nC_{p,\mathrm{m}} \mathrm{d}T \qquad (2.4.14\mathrm{b})$$

对物质的量一定的封闭系统，若 $C_{p,\mathrm{m}}$ 为定值，则

$$Q_p = \Delta_p H = nC_{p,\mathrm{m}}(T_2 - T_1) \qquad (2.4.14\mathrm{c})$$

由式(2.4.14b) 和式(2.4.14c) 即可计算物质在恒压变温过程中吸收或放出的热量。

【例 2.4.2】 5.00mol O_2 从 300K、150kPa 的始态先恒容冷却，再恒压加热，终态为 225K、75.0kPa，$C_{p,\mathrm{m}}(O_2) = 29.1\mathrm{J \cdot mol^{-1} \cdot K^{-1}}$，求整个过程的热 Q。

解 系统的状态变化如框图所示

5.00mol O_2, T_1=300K, p_1=150kPa —($\mathrm{d}V=0$, Q_V)→ 5.00mol O_2, $V_2=V_1$, $p_2=p_3$ —($\mathrm{d}p=0$, Q_p)→ 5.00mol O_2, T_3=225K, p_3=75kPa

第一步为恒容过程，首先要把中间状态的温度求出，因为 $V_2 = V_1$，所以 $p_2/p_1 = T_2/T_1$，则

$$T_2 = T_1 \frac{p_2}{p_1} = 300 \times \frac{75.0}{150}\mathrm{K} = 150\mathrm{K}$$

将氧气按理想气体处理

$Q_V = nC_{V,\mathrm{m}}(T_2 - T_1) = n(C_{p,\mathrm{m}} - R)(T_2 - T_1) = [5.00 \times (29.1 - 8.314) \times (150 - 300)]\mathrm{J}$

$= -15590\mathrm{J} = -15.59\mathrm{kJ}$

第二步为恒压过程

$$Q_p = nC_{p,\mathrm{m}}(T_3 - T_2) = [5.00 \times 29.1 \times (225 - 150)]\mathrm{J} = 10.91\mathrm{kJ}$$

整个过程的热 $\qquad Q = Q_V + Q_p = (-15.59 + 10.91)\mathrm{kJ} = -4.68\mathrm{kJ}$

即整个过程放热 4.68kJ。

【例 2.4.3】 某混合气体的组成为 $y(H_2)=40.0\%$，$y(CO)=60.0\%$，生产上将$1.00\times10^4 m^3$(标准状况下) 此混合气体恒压从 973K 冷却到 353K，求最多可回收的热量。已知

$$C_{p,m}(H_2)/J\cdot mol^{-1}\cdot K^{-1}=29.1-0.837\times10^{-3}(T/K)+2.01\times10^{-6}(T/K)^2$$

$$C_{p,m}(CO)/J\cdot mol^{-1}\cdot K^{-1}=27.6+5.02\times10^{-3}(T/K)$$

解 先求出 $C_{p,m}(\text{mix})$

$$\begin{aligned}C_{p,m}(\text{mix})&=y(H_2)C_{p,m}(H_2)+y(CO)C_{p,m}(CO)\\&=[(0.400\times29.1+0.600\times27.6)+(0.600\times5.02-0.400\times0.837)\times\\&\quad 10^{-3}(T/K)+0.400\times2.01\times10^{-6}(T/K)^2]J\cdot mol^{-1}\cdot K^{-1}\\&=[28.2+2.68\times10^{-3}(T/K)+0.804\times10^{-6}(T/K)^2]J\cdot mol^{-1}\cdot K^{-1}\end{aligned}$$

混合气的物质的量

$$n=\frac{pV}{RT}=\frac{101325\times1.00\times10^4}{8.314\times273.15}mol=446175mol$$

$$\begin{aligned}Q_p&=446175\times\int_{973}^{353}\{[28.2+2.68\times10^{-3}(T/K)+0.804\times\\&\quad 10^{-6}(T/K)^2]\ J\cdot mol^{-1}\cdot K^{-1}\}d(T/K)\\&=446175\times[28.2\times(353-973)+(1/2)\times2.68\times10^{-3}\\&\quad (353^2-973^2)+(1/3)\times0.804\times10^{-6}(353^3-973^3)]J\\&=-8.40\times10^9J=-8.40\times10^6kJ\end{aligned}$$

混合气体在此冷却过程中最多可回收的热量为 8.40×10^6kJ。

2.5 热力学第一定律对理想气体的应用

2.5.1 理想气体的热力学能与焓

前面已经提到，在封闭系统中理想气体的热力学能只是温度的函数，与体积、压力无关，即

$$U=U(T),\quad \left(\frac{\partial U}{\partial V}\right)_T=0,\quad \left(\frac{\partial U}{\partial p}\right)_T=0$$

1843 年，焦耳(J. P. Joule) 将两个较大而容量相等的导热容器，放在水浴中，它们之间由旋塞连接，其一装满干空气，另一抽为真空，见图 2.5.1。打开旋塞，气体自然地从原容器中膨胀到真空容器中，待两边压力平衡时，焦耳发现水温没有变化。这个实验称为焦耳实验。

现用热力学第一定律对焦耳实验进行分析。

气体向真空膨胀时，$p_{外}=0$，则 $W=0$，过程中水浴温度没变，说明气体温度在膨胀过程中也没有变，即系统与环境没有热交换 $Q=0$，按热力学第一定律，$\Delta U=0$，即焦耳实验中气体的热

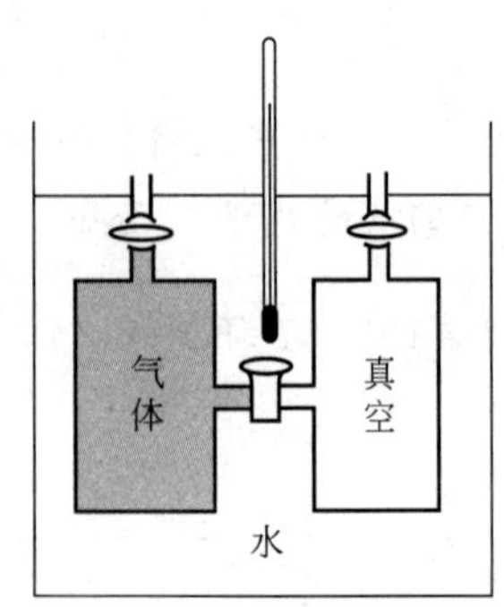

图 2.5.1 焦耳实验

力学能不变。这就是说，对于焦耳实验中的气体，当进行一个无限小过程时，$dT=0$，$dV>0$，$dp<0$，$dU=0$，即$\left(\frac{\partial U}{\partial V}\right)_T=0$，$\left(\frac{\partial U}{\partial p}\right)_T=0$。实验中采用的是低压气体，因而可看作理想气体。严格地讲，焦耳实验是不够精确的，因为水浴中水的热容量很大，即使气体膨胀时与水交换了一点热量，水温的变化在当时的条件下也未必能够测得出来。但是，可以认为，焦耳实验中气体的压力越小，越接近理想气体，所得结论越正确，即最终的结论是“理想气体的热力学能仅仅是温度的函数”完全正确。

所以，理想气体在单纯 p、V、T 变化时有

$$dU=\left(\frac{\partial U}{\partial T}\right)_V dT$$

由式(2.4.4)可知，$\left(\frac{\partial U}{\partial T}\right)_V=C_V(T)=nC_{V,m}(T)$，故

$$dU=nC_{V,m}dT \tag{2.5.1a}$$

当温度从 T_1 变到 T_2 时，则

$$\Delta U=\int_{T_1}^{T_2} nC_{V,m}dT \tag{2.5.1b}$$

理想气体 $C_{V,m}$ 为定值且 n 一定时

$$\Delta U=nC_{V,m}(T_2-T_1) \tag{2.5.1c}$$

同理，理想气体的焓也只是温度的函数，与体积、压力无关，即

$$H=H(T),\quad \left(\frac{\partial H}{\partial V}\right)_T=0,\quad \left(\frac{\partial H}{\partial p}\right)_T=0$$

在单纯 p、V、T 变化时有

$$dH=\left(\frac{\partial H}{\partial T}\right)_p dT$$

由式(2.4.5)可知$\left(\frac{\partial H}{\partial T}\right)_p=C_p(T)=nC_{p,m}(T)$，得

$$dH=nC_{p,m}dT \tag{2.5.2a}$$

当温度从 T_1 变到 T_2 时，则

$$\Delta H=\int_{T_1}^{T_2} nC_{p,m}dT \tag{2.5.2b}$$

理想气体 $C_{p,m}$ 为定值且 n 一定时

$$\Delta H=nC_{p,m}(T_2-T_1) \tag{2.5.2c}$$

2.5.2 理想气体恒容、恒压过程

(1) 恒容过程

理想气体在单纯 p、V、T 变化时 $W'=0$，恒容过程 $dV=0$，故 $W=0$，$Q_V=\Delta U$，$\Delta U=nC_{V,m}(T_2-T_1)$，$\Delta H=nC_{p,m}(T_2-T_1)$。

(2) 恒压过程

理想气体恒压过程，$p_1=p_2=p=p_{外}=$定值，可由式(2.2.5)计算功

$$W=-p(V_2-V_1)$$

或将理想气体的 p、V、T 关系代入，得

$$W=-nR(T_2-T_1)$$

而 $Q_p=\Delta H$，$\Delta U=nC_{V,m}(T_2-T_1)$，$\Delta H=nC_{p,m}(T_2-T_1)$。

2.5.3 理想气体恒温过程

对于理想气体恒温过程，$dU=0$，$dH=0$，根据热力学第一定律 $Q=-W$，此热量是典型的恒温热，不能用变温热公式计算，只能先计算功，再由 $Q=-W$，得此恒温热。下面对理想气体恒温过程的功及其特点作简单讨论。

(1) 恒温恒外压不可逆过程

对于恒外压过程，$p_{外}=p_2=$定值，直接用式(2.2.5)计算，有

$$W=-p_{外}(V_2-V_1)=-p_2\left(\frac{nRT_2}{p_2}-\frac{nRT_1}{p_1}\right)=-nRT\left(1-\frac{p_2}{p_1}\right)$$

(2) 恒温可逆过程

对于可逆过程，环境压力与系统压力相差无限小，直接用式(2.2.7b)计算，有

$$W_r=-\int_{V_1}^{V_2}p\,dV$$

对于理想气体恒温可逆过程，将 $p=nRT/V$ 代入积分式，得

$$W_{T,r}=-nRT\ln\frac{V_2}{V_1}=nRT\ln\frac{p_2}{p_1} \tag{2.5.3}$$

(3) 可逆与不可逆过程的比较及可逆过程的特点

这里以一定量的理想气体在气缸内恒温膨胀和恒温压缩过程为例来对可逆与不可逆过程做一比较，并讨论可逆过程的特点。

设有一导热性很好的气缸，其上有一无质量且与缸壁无摩擦的理想活塞。缸内装有 1mol 理想气体作为系统。整个气缸置于温度为 T 的恒温热源中。现在讨论系统通过三种不同的过程由始态(T，$3p_0$，V_0)膨胀到终态(T、p_0、$3V_0$)时的做功情况(p_0为大气压力)。

过程 a：一次恒外压膨胀

初始状态为活塞上有两只砝码，每只砝码产生的压力与大气压力 p_0相同，再加上大气压力，初始压力为 $3p_0$。过程中将两只砝码一次拿掉，则外压骤降至 p_0，系统在反抗大气压力 p_0下体积由 V_0 直接膨胀至 $3V_0$，此过程系统对环境做功为

$$W_a=-p_0(3V_0-V_0)=-2p_0V_0$$

因是理想气体，所以 $3p_0V_0=RT$，因此 $p_0V_0=\frac{1}{3}RT$，代入上式得

$$W_a=-\frac{2}{3}RT$$

此功如图 2.5.2(a) 中阴影部分面积所示。

过程 b：分两次恒外压膨胀

过程中先取走第一只砝码，外压骤降至 $2p_0$，系统在反抗 $2p_0$ 压力的情况下膨胀至平衡，平衡时的体积按理想气体状态方程计算为 $1.5V_0$，即体积从 V_0 一次直接膨胀至 $1.5V_0$；接下来再取走第二只砝码，外压最终骤降至 p_0，系统在反抗 p_0 压力的情况下膨胀至平衡，体积从 $1.5V_0$ 最终膨胀至 $3V_0$，此过程系统对环境做功为

$$W_b=-2p_0(1.5V_0-V_0)-p_0(3V_0-1.5V_0)=-2.5p_0V_0=-\frac{2.5}{3}RT$$

此功如图 2.5.2(b) 中阴影部分面积所示。

过程 c：无限多次膨胀

将活塞上的两只砝码换成一堆等重的细沙，使初始压力仍为 $3p_0$。本过程为每次取走一粒细沙，使外压降低一个 dp，气体体积膨胀一个 dV 后重新达到平衡。以此类推，直至细沙被取完，外压降到 p_0，气体体积膨胀到 $3V_0$。此过程无论是系统内部，还是系统与环境之间，均是在无限接近平衡的条件下进行的，因而可认为是可逆过程，系统对环境做功符合式(2.2.7b)，故

$$W_c=-\int_{V_0}^{3V_0}p\,dV=-\int_{V_0}^{3V_0}\frac{RT}{V}dV=-RT\ln 3$$

此功如图 2.5.2(c)中阴影部分面积所示。

上述三过程，过程 a、b 是不可逆过程，过程 c 是可逆过程，比较过程的功，有 $|W_a|<|W_b|<|W_c|$，说明系统恒温膨胀时可逆功最小，系统对环境做功最大。

为了进一步理解可逆过程与不可逆过程的区别，现将上述系统由终态再按类似的三个过程压缩回到始态，观察其做功情况。

过程 a′：一次恒外压压缩

过程中将两只砝码一次加到活塞上，使系统在反抗 $3p_0$ 外压下体积由 $3V_0$ 一次压缩至 V_0，则此过程环境对系统做功为

$$W_{a'}=-3p_0(V_0-3V_0)=6p_0V_0=2RT$$

此功如图 2.5.2(a′)中阴影部分面积所示。

过程 b′：分两次恒外压压缩

过程中先加上第一只砝码，外压为 $2p_0$，系统在 $2p_0$ 压力的情况下被压缩至平衡，平衡时的体积为 $1.5V_0$，即体积从 $3V_0$ 一次被压缩至 $1.5V_0$；接下来再加上第二只砝码，外压增至 $3p_0$，系统在 $3p_0$ 压力的情况下再被压缩至平衡，体积从 $1.5V_0$ 最终压缩至 V_0，此过程环境对系统做功为

$$W_{b'}=-2p_0(1.5V_0-3V_0)-3p_0(V_0-1.5V_0)=4.5p_0V_0=1.5RT$$

此功如图 2.5.2(b′) 中阴影部分面积所示。

过程 c′：无限多次压缩

本过程为将与两只砝码等重的细沙，再一粒一粒地加到活塞上去。每次加上一粒细沙，使外压增加一个 dp，气体体积被压缩一个 dV 后重新达到平衡。以此类推，直至细沙被加完，外压增到 $3p_0$，气体体积被压缩到 V_0。此过程也是可逆过程，环境对系统做功按式

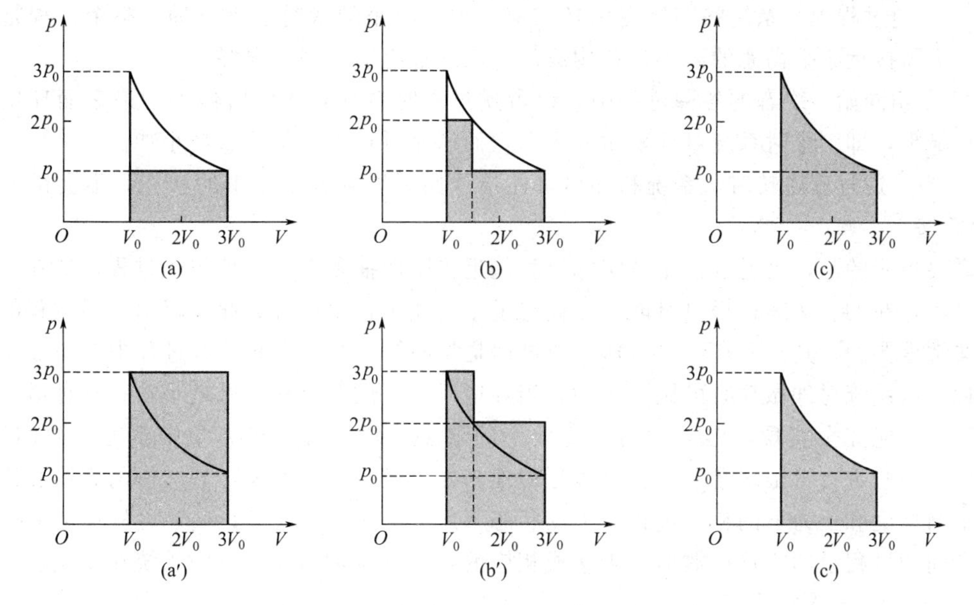

图 2.5.2 可逆与不可逆过程体积功的比较

(2.2.7b)，得

$$W_{c'}=-\int_{3V_0}^{V_0}p\,\mathrm{d}V=RT\ln 3$$

此功如图 2.5.2(c′)中阴影部分面积所示。

比较三个被压缩过程功的大小，有 $W_{a'}>W_{b'}>W_{c'}$，说明系统恒温被压缩时可逆功最小。

现将上述各膨胀过程与相应的各压缩过程的功相加，得到各途径进行一次循环(从始态到终态，再从终态回到始态) 后的总功为

a+a′途径的总功：$W=W_a+W_{a'}=\dfrac{4}{3}RT$

b+b′途径的总功：$W=W_b+W_{b'}=\dfrac{2}{3}RT$

c+c′途径的总功：$W=W_c+W_{c'}=0$

可逆循环 c+c′途径的结果是总功 $W=0$，又因经循环途径后 $\Delta U=0$，由热力学第一定律表明，该可逆循环途径的 $Q=0$，这表明系统经可逆膨胀后是沿着原路通过可逆压缩完成这一循环的，总的结果是：系统与环境既没有得功，也没有失功，既没有吸热也没有放热。系统与环境完全复原，没有留下任何“能量痕迹”，这正是“可逆”二字的含义所在。

对不可逆循环 a+a′和 b+b′的结果是总功 $W\neq 0$，因循环后 $\Delta U=0$，故 $Q=-W\neq 0$，说明虽然系统复原了，但环境的功转化为等量的热，留下了“能量痕迹”。另外，对不可逆过程，是由平衡的初始状态，在推动力的作用下，经历一系列无法描述的非平衡的“瞬态”而最后到达平衡终态的。而返回始态的途径，也肯定不是“原路”。a+a′和 b+b′的区别在于“能量痕迹”的差别，一般来说，“能量痕迹”越大，不可逆程度越大。

通过对理想气体恒温膨胀和恒温压缩过程做功的比较，可以加深对可逆与不可逆过程概念的理解。实际上任何其他变化也有可逆过程与不可逆过程之分。从普遍意义上可将一切可逆过程的共同特点概括如下。

① 可逆过程中，系统状态的变化是在推动力无限小的状况下进行的，整个过程是由无限多个无限接近于平衡态的微小过程构成的，因此过程进行得无限慢。

② 在相同始、终态的各种过程中，以可逆过程时系统对环境所做的功最多而环境对系统做功最少，即膨胀时系统对环境做最大功，而压缩时环境对系统做最小功。

③ 当可逆过程逆转时，系统和环境都能沿原路返回到各自原来的状态，不会留下任何“能量痕迹”。

需要指明的是，可逆过程是从实际过程趋近极限而抽象出来的理想化过程，它在客观世界中是不存在的。实际过程只可能无限地趋近于可逆过程。尽管如此，提出可逆过程的概念还是非常重要的，其意义在于：(a) 可逆过程是相同始、终态之间所有过程中效率最高的一种过程，当系统对外做功时可做最大功，当环境对系统做功时只需做最小功；这种最高效率的过程虽不能完全实现，但它指明了高效率的限度；(b) 由于热力学中不考虑时间因素，故可以将一些进行得很缓慢的实际过程近似地当做可逆过程来处理，如缓慢的膨胀和传热过程，平衡温度和压力下的相变过程，平衡状态下发生的化学反应等；(c) 可从理论上把两平衡状态间的过程量功或热在数值上表达成相应的状态变量，如第 3 章中系统在变化过程中有 $Q_r = T\Delta S$、$W_r = \Delta A_T$ 等。

2.5.4 理想气体绝热过程（可逆过程与不可逆过程）

在绝热过程中 $Q=0$，根据热力学第一定律 $W=\Delta U$。ΔU 和 ΔH 仍然利用式(2.5.1c)和式(2.5.2c)计算，计算的关键是依据绝热过程的条件求出终态温度 T_2。

(1) 绝热恒外压不可逆过程

将恒外压过程计算功的式(2.2.5)和计算理想气体热力学能变的式(2.5.1c)代入 $W=\Delta U$，得

$$-p_{外}(V_2-V_1)=nC_{V,\mathrm{m}}(T_2-T_1)$$

由理想气体状态方程有 $V_2=nRT_2/p_2$，$V_1=nRT_1/p_1$，平衡后 $p_{外}=p_2$，代入整理后得

$$T_2=T_1[C_{V,\mathrm{m}}+R(p_2/p_1)]/C_{p,\mathrm{m}} \tag{2.5.4}$$

求出终态温度 T_2，可进一步求绝热恒外压不可逆过程的 W、ΔU 和 ΔH。

(2) 绝热可逆过程

可逆过程是由无限多个无限接近于平衡态的微小过程所构成的，对每个无限接近于平衡态的微小绝热过程 $\delta Q_r=0$，应用热力学第一定律 $\mathrm{d}U=\delta W_r$，将计算理想气体热力学能变的式(2.5.1a)和计算可逆功的式(2.2.7a)代入得

$$nC_{V,\mathrm{m}}\mathrm{d}T=-p\mathrm{d}V$$

再将理想气体状态方程 $p=nRT/V$ 代入上式，得

$$nC_{V,\mathrm{m}}\mathrm{d}T=-(nRT/V)\mathrm{d}V$$

该式可写成

$$\frac{C_{V,\mathrm{m}}}{T}\mathrm{d}T=-\frac{R}{V}\mathrm{d}V$$

因 $C_{V,\mathrm{m}}$ 为常数，对整个过程，当理想气体由始态(p_1,V_1,T_1)绝热可逆变化到终态(p_2,V_2,T_2)时，积分上式得

$$C_{V,\mathrm{m}}\ln\frac{T_2}{T_1}=R\ln\frac{V_1}{V_2}$$

写成指数式

$$\frac{T_2}{T_1}=\left(\frac{V_1}{V_2}\right)^{R/C_{V,\mathrm{m}}} \tag{2.5.5a}$$

将$\frac{V_1}{V_2}=\frac{T_1}{T_2}\times\frac{p_2}{p_1}$代入上式得

$$\frac{T_2}{T_1}=\left(\frac{p_2}{p_1}\right)^{R/C_{p,\mathrm{m}}} \tag{2.5.5b}$$

以上两式合并后得

$$\left(\frac{p_2}{p_1}\right)=\left(\frac{V_1}{V_2}\right)^{C_{p,\mathrm{m}}/C_{V,\mathrm{m}}} \tag{2.5.5c}$$

上述三式描述了理想气体绝热可逆过程中，p、V、T 三个状态变量之间的关系，所以把它们称为理想气体绝热可逆过程方程式。在式(2.5.5c) 中，令其指数部分$\frac{C_{p,\mathrm{m}}}{C_{V,\mathrm{m}}}=\gamma$，称为理想气体热容比或理想气体绝热指数，则上述绝热可逆过程方程式可写成如下形式

$$\frac{T_2}{T_1}=\left(\frac{V_1}{V_2}\right)^{\gamma-1} \quad 或 \quad TV^{\gamma-1}=常数 \tag{2.5.5d}$$

$$\frac{T_2}{T_1}=\left(\frac{p_1}{p_2}\right)^{\frac{1-\gamma}{\gamma}} \quad 或 \quad Tp^{\frac{1-\gamma}{\gamma}}=常数 \tag{2.5.5e}$$

$$\left(\frac{p_2}{p_1}\right)=\left(\frac{V_1}{V_2}\right)^{\gamma} \quad 或 \quad pV^{\gamma}=常数 \tag{2.5.5f}$$

将理想气体可逆绝热过程方程式中的 p、V 关系描绘到 p-V 图上，所得曲线称为理想气体可逆绝热线。

根据理想气体绝热可逆过程方程式，求出终态温度 T_2后，即可求出绝热可逆过程的 W、ΔU 和 ΔH。

理想气体绝热可逆过程的功也可以通过可逆功计算式(2.2.7b) 结合过程方程式(2.5.5f) 求得

$$W_{\mathrm{a,r}}=\frac{p_1V_1^{\gamma}}{\gamma-1}\left(\frac{1}{V_2^{\gamma-1}}-\frac{1}{V_1^{\gamma-1}}\right) \tag{2.5.6}$$

直接用该式计算较烦琐，简化后相对简单些，简化后的式子为

$$W_{\mathrm{a,r}}=\frac{p_2V_2-p_1V_1}{\gamma-1} \tag{2.5.7}$$

【例 2.5.1】 某双原子理想气体 2mol，在 200kPa、300K 时，分别经绝热可逆、绝热恒外压膨胀至压力为 50kPa。计算两个过程的 Q、W、ΔU 和 ΔH。

解 (1) 绝热可逆过程

首先 $Q_1=0$，据式(2.5.5e) 计算终态温度 T_2。

$$T_2=T_1\left(\frac{p_1}{p_2}\right)^{\frac{1-\gamma}{\gamma}}$$

$$\gamma=\frac{C_{p,\mathrm{m}}}{C_{V,\mathrm{m}}}=\left(\frac{5}{2}R+R\right)\Big/\left(\frac{5}{2}R\right)=1.4$$

故
$$T_2=300\mathrm{K}\times(200/50)^{\frac{1-1.4}{1.4}}=201.89\mathrm{K}$$

$$W_1=\Delta U_1=nC_{V,\mathrm{m}}(T_2-T_1)=\left[2\times\frac{5}{2}\times8.314\times(201.89-300)\right]\mathrm{J}=-4078\mathrm{J}$$

$$\Delta H_1=nC_{p,\mathrm{m}}(T_2-T_1)=\left[2\times\frac{7}{2}\times8.314\times(201.89-300)\right]\mathrm{J}=-5710\mathrm{J}$$

(2) 绝热恒外压膨胀过程

$Q_2=0$，根据式(2.5.4) 计算恒外压膨胀终态温度 T_2'

$$T_2'=T_1\left[C_{V,\mathrm{m}}+R(p_2/p_1)\right]/C_{p,\mathrm{m}}$$
$$=300\mathrm{K}\times\left[\frac{5}{2}\times8.314+8.314\times(50/200)\right]\Big/\left(\frac{7}{2}\times8.314\right)=235.71\mathrm{K}$$

$$W_2=\Delta U_2=nC_{V,\mathrm{m}}(T_2'-T_1)=\left[2\times\frac{5}{2}\times8.314\times(235.71-300)\right]\mathrm{J}=-2673\mathrm{J}$$

$$\Delta H_2=nC_{p,\mathrm{m}}(T_2'-T_1)=\left[2\times\frac{7}{2}\times8.314\times(235.71-300)\right]\mathrm{J}=-3742\mathrm{J}$$

由本题的计算可以看出，从同一始态出发，经绝热可逆和绝热不可逆两过程，不能达到同一终态。若达到相同的终态压力，则终态温度和终态体积不同；若达到相同的终态体积，则终态温度和终态压力不同。

【例 2.5.2】 2mol 某理想气体 $C_{p,\mathrm{m}}=3.5R$。由始态 100kPa、50dm^3，先恒容加热使压力升高至 200kPa，再恒压冷却使体积缩小至 25dm^3。求整个过程的 W、Q、ΔU 和 ΔH。

解 过程表示如下

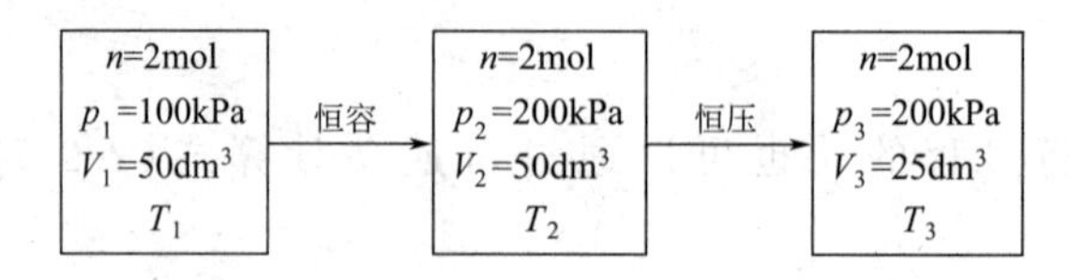

解法 1 对恒容加热过程

$$T_1=\frac{p_1V_1}{nR}=\frac{100\times50}{2\times8.314}\mathrm{K}=300.7\mathrm{K},\quad T_2=\frac{p_2V_2}{nR}=\frac{200\times50}{2\times8.314}\mathrm{K}=601.4\mathrm{K}$$

$$W_1=0,\ Q_1=\Delta U_1=nC_{V,\mathrm{m}}(T_2-T_1)=\left[2\times(3.5-1)\times8.314\times(601.4-300.7)\right]\mathrm{J}=12500\mathrm{J}$$

$$\Delta H_1=nC_{p,\mathrm{m}}(T_2-T_1)=\left[2\times3.5\times8.314\times(601.4-300.7)\right]\mathrm{J}=17500\mathrm{J}$$

对恒压冷却过程

$$T_3=\frac{p_3V_3}{nR}=\frac{200\times25}{2\times8.314}\mathrm{K}=300.7\mathrm{K}$$

$$W_2=-p_2(V_3-V_2)=[-200\times10^3\times(25\times10^{-3}-50\times10^{-3})]\text{J}=5000\text{J}$$

$$\Delta U_2=nC_{V,\text{m}}(T_3-T_2)=[2\times(3.5-1)\times8.314\times(300.7-601.4)]\text{J}=-12500\text{J}$$

$$Q_2=\Delta H_2=nC_{p,\text{m}}(T_3-T_2)=[2\times3.5\times8.314\times(300.7-601.4)]\text{J}=-17500\text{J}$$

整个过程 $W=W_1+W_2=5000\text{J}$，$Q=Q_1+Q_2=12500\text{J}-17500\text{J}=-5000\text{J}$

$$\Delta U=\Delta U_1+\Delta U_2=0,\ \Delta H=\Delta H_1+\Delta H_2=0$$

解法 2 因 $p_1V_1=p_3V_3$，故

$$T_1=T_3=\frac{p_1V_1}{nR}=\frac{100\times50}{2\times8.314}\text{K}=300.70\text{K}$$

又因理想气体的 $U=f(T)$，$H=f(T)$，故

$$\Delta U=0,\ \Delta H=0$$

$$W=W_1+W_2=0+[-p_2(V_3-V_2)]=[-200\times10^3\times(25\times10^{-3}-50\times10^{-3})]\text{J}=5000\text{J}$$

$$Q=\Delta U-W=-5000\text{J}$$

第一种解法分步骤计算，虽然步骤清晰，但计算工作量较大，容易出错。第二种解法，首先计算出始末态的 p、V、T 数据，然后由始末态的 p、V、T 数据可直接计算状态函数的变化量，这相当于把多个步骤简化成一个步骤进行计算，大大节省了计算工作量，也不容易出错。计算途径函数功和热时，要根据实际途径，哪个容易算就先算哪个，另一个由热力学第一定律求出。对 p、V、T 变化过程中步骤较多的习题，推荐用第二种解法。

2.6 节流膨胀与实际气体

2.6.1 节流过程

理想气体由于没有分子间作用力，因此其热力学能与焓只决定于温度，与压力和体积无关。但实际气体就不同了。

1852 年，焦耳和汤姆逊(W. Thomson) 做了一个实验，图 2.6.1 是实验装置的示意图。绝热圆筒中的气体用一个多孔塞分成两部分，左边压力 p_1 大于右边压力 p_2。将左方活塞徐徐推进，使 V_1 体积的气体在恒压下流入右方，同时右方活塞将被缓缓推出，并维持原来压力，推出的体积为 V_2。多孔塞的作用是使气体流过后不至于引起强烈湍动，维持两边恒定的压差。因此，这样的过程称为节流过程。实验中直接测定两边气体的温度，结果发现，两边气体的温度不等，即气体经节流过程后，温度改变了。这种现象称为焦耳-汤姆逊效应或节流效应。

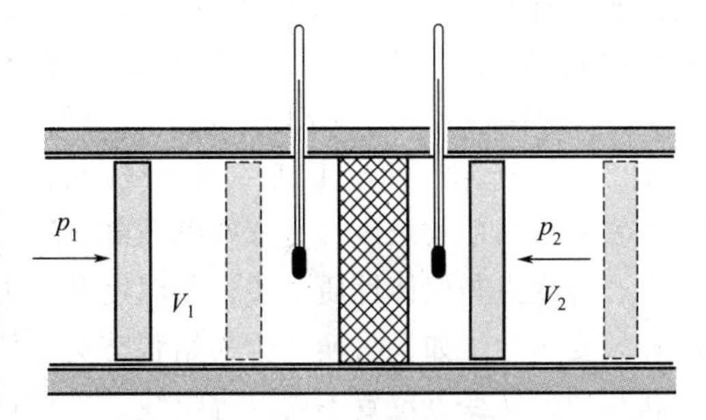

图 2.6.1 焦耳-汤姆逊实验

2.6.2 节流过程的热力学分析

节流过程绝热，有

$$Q=0$$

过程的功由两部分组成：多孔塞左方活塞推进时环境对气体做功 $W_1=-p_1(0-V_1)=p_1V_1$，同时多孔塞右方活塞被缓缓推出时气体对环境也做了功 $W_2=-p_2(V_2-0)=-p_2V_2$，故整个节流过程的功为

$$W=p_1V_1-p_2V_2$$

根据热力学第一定律，有

$$U_2-U_1=\Delta U=Q+W=W=p_1V_1-p_2V_2$$

整理得 $$U_2+p_2V_2=U_1+p_1V_1$$

所以有 $$H_2=H_1 \quad 或 \quad \Delta H=0$$

即节流过程是恒焓过程。

上述处理已将节流过程理想化了，即忽略了气体穿过多孔塞时实际存在的湍流现象，而将气体的状态看作为平衡态。然而这样处理并不影响对节流过程本质的讨论。如果绝热圆筒中的气体是理想气体，焓不变，温度也不会改变。而实际的节流过程是气体的温度变了，焓没有变，这说明实际气体的焓不仅决定于温度，还与压力和体积有关。同样，热力学能也应该如此。

实验发现，多数实际气体经节流过程后温度下降，产生制冷效应；而氢、氦等少数气体经节流过程后温度升高，产生致热效应。为了描述气体经节流过程后制冷或致热能力的大小，定义焦耳-汤姆逊系数 $\mu_{J\text{-}T}$ 为

$$\mu_{J\text{-}T} \overset{\text{def}}{=\!=} \left(\frac{\partial T}{\partial p}\right)_H \tag{2.6.1}$$

因节流过程 $dp<0$，所以若 $\mu_{J\text{-}T}>0$，则 $dT<0$，气体经节流后温度必然降低，产生制冷效应。反之，若 $\mu_{J\text{-}T}<0$，则 $dT>0$，气体经节流后温度必然升高，产生致热效应。$|\mu_{J\text{-}T}|$ 越大，表明其制冷或制热效应能力越强。

2.6.3 转化曲线

$\mu_{J\text{-}T}$ 是系统的强度性质，和系统的其他强度性质一样，它是 T、p 的函数。表 2.6.1 列出几种气体在 0℃、100kPa 下的 $\mu_{J\text{-}T}$ 值。为了进一步讨论 $\mu_{J\text{-}T}$ 随 T、p 变化的规律，设想从一定温度 T_1、压力 p_1 的气体开始，节流膨胀到 T_2、p_2，再进一步节流膨胀到 T_3、p_3，…，这样可在 T-p 图上得到一系列的点，将这些点连成一条光滑的曲线，即为等焓线，如图 2.6.2 所示。曲线上任一点切线的斜率 $(\partial T/\partial p)_H$ 即为该状态的焦耳-汤姆逊系数 $\mu_{J\text{-}T}$。对于实际气体的等焓线，一般在低压部分 $\mu_{J\text{-}T}>0$，在高压部分 $\mu_{J\text{-}T}<0$，$\mu_{J\text{-}T}=0$ 时的点称为转变点，转变点与气体性质有关，与温度和压力有关。转变点对应的温度和压力分别称为转变温度和转变压力。如果另换一个初始状态的气体，同样做一系列的节流膨胀实验，又可得到一条形状相似但转变点位置不同的等焓线。如此可以做出若干条等焓线，把各等焓线上的转变点连接起来，就成为转变曲线，如图 2.6.3 中虚线所示。图 2.6.4 指明不同的气体有不同的转变曲

线。转变曲线把气体的 T-p 图分成两个区，内区 $\mu_{J\text{-}T}>0$，是制冷区；外区 $\mu_{J\text{-}T}<0$，是致热区。

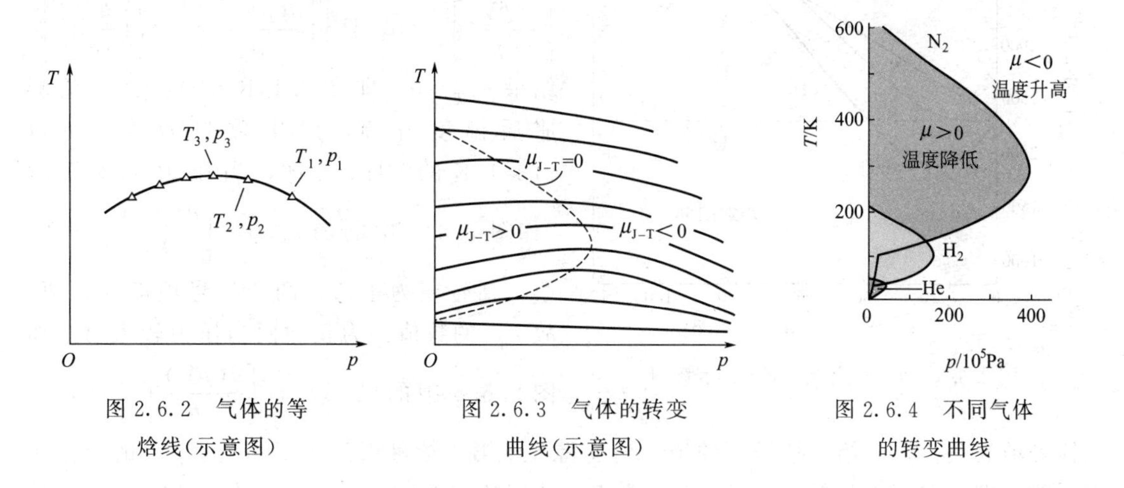

图 2.6.2 气体的等焓线(示意图)

图 2.6.3 气体的转变曲线(示意图)

图 2.6.4 不同气体的转变曲线

焦耳-汤姆逊效应在工业上的重要应用是制冷和气体的液化。

表 2.6.1 几种气体在 0℃、100kPa 下的 $\mu_{J\text{-}T}$ 值

气体	He	Ar	N_2	CO	CO_2	空气
$10^6\mu_{J\text{-}T}/K\cdot Pa^{-1}$	−0.62	4.31	2.67	2.95	12.90	2.75

2.6.4 $\mu_{J\text{-}T}$正负号的分析*

设想在焦耳-汤姆逊实验中的一个无限小过程中，压力的变化为 dp，温度的变化为 dT，焓的变化为

$$dH=\left(\frac{\partial H}{\partial T}\right)_p dT+\left(\frac{\partial H}{\partial p}\right)_T dp=0$$

根据焦耳-汤姆逊系数 $\mu_{J\text{-}T}$的定义

$$\mu_{J\text{-}T}=\left(\frac{\partial T}{\partial p}\right)_H=-\frac{\left(\frac{\partial H}{\partial p}\right)_T}{\left(\frac{\partial H}{\partial T}\right)_p}=-\frac{\left(\frac{\partial(U+pV)}{\partial p}\right)_T}{C_p}=\left\{-\frac{1}{C_p}\left(\frac{\partial U}{\partial p}\right)_T\right\}+\left\{-\frac{1}{C_p}\left[\frac{\partial(pV)}{\partial p}\right]_T\right\} \tag{2.6.2}$$

从式(2.6.2)可以看到，$\mu_{J\text{-}T}$的数值由两个括号项内的数值所决定。

对理想气体，由于$\left(\frac{\partial U}{\partial p}\right)_T=0$，$\left[\frac{\partial(pV)}{\partial p}\right]_T=0$，所以理想气体的 $\mu_{J\text{-}T}=0$。

对实际气体，在通常温度、压力下，因气体分子之间表现为引力，在等温时，要减小压力，必须吸收能量以克服分子之间的引力，所以热力学能增加，即$\left(\frac{\partial U}{\partial p}\right)_T<0$，又因 C_p 大于

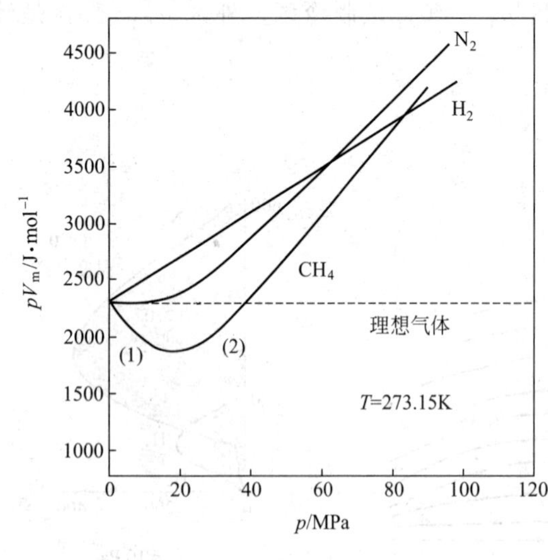

图 2.6.5 实际气体的 pV_m-p 示意图

零，故第一括号项总是正值。在第二括号项中，$\left[\frac{\partial(pV)}{\partial p}\right]_T$ 的数值可由各种气体的 pV_m-p 等温线得出。如图 2.6.5，对 273.15K 的 H_2，$\left[\frac{\partial(pV)}{\partial p}\right]_T>0$，且 $\left|\left[\frac{\partial(pV)}{\partial p}\right]_T\right|>\left|\left(\frac{\partial U}{\partial p}\right)_T\right|$，结果 $\mu_{J\text{-}T}<0$，即 273.15K 的 H_2 经节流膨胀后温度升高，产生致热效应。而对 273.15K 的 CH_4 气体，当压力不太大时［如图 2.6.5 中的(1)段］，$\left[\frac{\partial(pV)}{\partial p}\right]_T<0$，第二括号项为正值，两个括号项都为正值，故 $\mu_{J\text{-}T}$的数值必为正。而当压力较大时［如图 2.6.5 中的(2)段］，$\left[\frac{\partial(pV)}{\partial p}\right]_T>0$，第二括号项为负值，当第二括号项的绝对值变得大于第一括号项的绝对值时，$\mu_{J\text{-}T}$的数值成为负值。即随着压力从低到高，$\mu_{J\text{-}T}$的数值也从正值变为零，再变为负值。如果将 H_2 的温度降到 200K 以下，再做节流膨胀实验，所得结果基本上和 273.15K 的 CH_4 气体一样。即任何气体的 pV_m-p 曲线都存在最低点，但有的气体在常温下就能看到最低点，而有的气体需在低温下才能看到最低点。实际上每种气体 pV_m-p 曲线的最低点都对应一个压力，当这个压力趋于零时所对应的那个温度，就是该气体的波义耳温度。

2.6.5 实际气体的 ΔU 和 ΔH *

热力学能 U 和焓 H 都是状态函数，对于定量的气体可以写成 $U=U(T,V)$ 和 $H=H(T,p)$，所以

$$dU=\left(\frac{\partial U}{\partial T}\right)_V dT+\left(\frac{\partial U}{\partial V}\right)_T dV$$

$$dH=\left(\frac{\partial H}{\partial T}\right)_p dT+\left(\frac{\partial H}{\partial p}\right)_T dp$$

在下一章中，借助于关系式，可以导出如下两个重要公式，即

$$\left(\frac{\partial U}{\partial V}\right)_T=T\left(\frac{\partial p}{\partial T}\right)_V-p \tag{2.6.3}$$

$$\left(\frac{\partial H}{\partial p}\right)_T=V-T\left(\frac{\partial V}{\partial T}\right)_p \tag{2.6.4}$$

将这两个公式代入上面两个式子，得

$$dU=C_V dT+\left[T\left(\frac{\partial p}{\partial T}\right)_V-p\right]dV \tag{2.6.5}$$

$$\mathrm{d}H=C_p\mathrm{d}T+\left[V-T\left(\frac{\partial V}{\partial T}\right)_p\right]\mathrm{d}p \tag{2.6.6}$$

式(2.6.5)和式(2.6.6)即计算实际气体在 p、V、T 变化时热力学能变和焓变的微分公式。如有一气体，状态方程为 $V=\frac{nRT}{p}+nb$，b 是一大于零的常数，则

$$\left(\frac{\partial p}{\partial T}\right)_V=\frac{nR}{V-nb},\quad \left[T\left(\frac{\partial p}{\partial T}\right)_V-p\right]=0$$

$$\left(\frac{\partial V}{\partial T}\right)_p=\frac{nR}{p},\quad \left[V-T\left(\frac{\partial V}{\partial T}\right)_p\right]=nb$$

将此结果代入式(2.6.5)和式(2.6.6)进行积分，可得

$$\Delta U=n\int_{T_1}^{T_2}C_{V,\mathrm{m}}\mathrm{d}T$$

$$\Delta H=n\int_{T_1}^{T_2}C_{p,\mathrm{m}}\mathrm{d}T+nb(p_2-p_1)$$

2.6.6 对焦耳实验的重新思考*

焦耳实验中使用的应该是实际气体，对实际气体，$U=U(T,V)$，则发生 p、V、T 变化时有

$$\mathrm{d}U=\left(\frac{\partial U}{\partial T}\right)_V\mathrm{d}T+\left(\frac{\partial U}{\partial V}\right)_T\mathrm{d}V$$

在焦耳实验中，$Q=0$，$W=0$，$\mathrm{d}U=0$，上式成为

$$\left(\frac{\partial U}{\partial T}\right)_V\mathrm{d}T=-\left(\frac{\partial U}{\partial V}\right)_T\mathrm{d}V$$

或

$$\left(\frac{\partial T}{\partial V}\right)_U=-\frac{(\partial U/\partial V)_T}{(\partial U/\partial T)_V}=-\frac{(\partial U/\partial V)_T}{C_V}$$

由气体的 $(\partial U/\partial V)_T$ 值可以判断实际气体经焦耳实验后的温度变化情况。例如符合范德华方程的气体，$\left(\frac{\partial U}{\partial V}\right)_T=\frac{a}{V_\mathrm{m}^2}$，$\left(\frac{\partial T}{\partial V}\right)_U=-\frac{a/V_\mathrm{m}^2}{C_V}<0$，经焦耳实验后，$\mathrm{d}V>0$，$\mathrm{d}T<0$，温度降低。

2.7 热力学第一定律对相变化的应用

2.7.1 相变

系统中物理性质和化学性质完全相同的均匀部分称为**相**。如在一密闭容器中有温度为 T、压力为 p 的水和水蒸气组成的平衡共存系统，尽管水和水蒸气化学组成相同，但其密

度、热力学能等物理性质却不同。而水和水蒸气各自为性质完全相同的均匀部分，故水是一相，水蒸气是另外一个相。

系统中的同一种物质在不同相之间的转变称为**相变化**，简称相变。

对纯物质，较常遇到的相变化是不同聚集状态间的转化如液体的蒸发(vaporization)、凝固，固体的熔化(fusion)、升华(sublimation)，气体的凝结、凝华和固体的晶型转变(transformation)，如图 2.7.1 中(a)、(b)所示。这类相变化称为一级相变(在后面将给出物质化学势的概念，若在相变化中物质的化学势相等，但化学势的一级偏微分不相等，这种相变即称为一级相变)，其特点是相变化过程中均伴随着相变焓、熵和体积的改变。

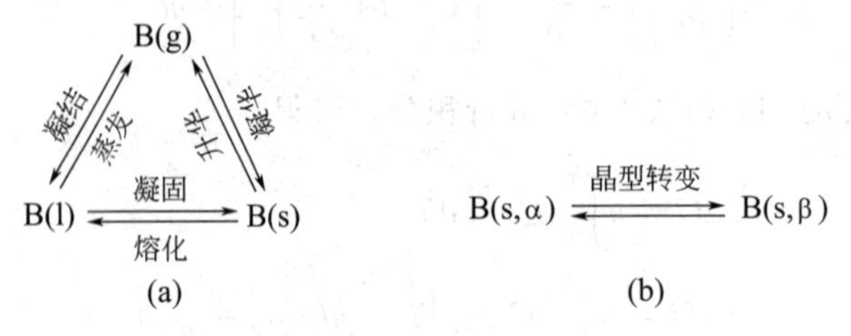

图 2.7.1 常见的相变化过程

还有一类只有专业研究人员使用仪器才能察觉的相变化，如某些含铁合金从铁磁体转变为顺磁体的过程、某些金属从一般导体转变为超导体的过程及某些合金在特定温度下结构由有序变为无序的过程等，其特点是相变化过程中没有相变热和体积的改变，但是有摩尔热容 $C_{p,\mathrm{m}}$、膨胀系数 $\alpha\left(=\frac{1}{V_\mathrm{m}}\left(\frac{\partial V_\mathrm{m}}{\partial T}\right)_p\right)$ 及压缩系数 $\kappa\left(=-\frac{1}{V_\mathrm{m}}\left(\frac{\partial V_\mathrm{m}}{\partial p}\right)_T\right)$ 的改变。人们把这一类相变化称为二级相变(在相变化中物质的化学势相等，化学势的一级偏微分相等，但化学势的二级偏微分不相等)。

本书中所涉及的相变化只限于一级相变。

2.7.2 摩尔相变焓

1mol 纯物质在恒定温度 T 及该温度的平衡压力下发生相变时对应的焓变，称为该物质在温度 T 时的**摩尔相变焓**，记作 $\Delta_{相变}H_\mathrm{m}$ 或 $\Delta_\alpha^\beta H_\mathrm{m}$，符号中 α 代表相变的初始相态，β 代表相变的终了相态，单位为 $\mathrm{J\cdot mol^{-1}}$ 或 $\mathrm{kJ\cdot mol^{-1}}$。

摩尔相变焓的特点如下。

① 在讨论可逆过程时已经说明，热力学研究中不考虑时间，对平衡温度和压力下发生的相变按可逆过程处理，由定义可知摩尔相变焓是**可逆相变**的焓变。温度 T 确定了，该温度下的平衡压力也就确定，故摩尔相变焓仅是温度的函数，即 $\Delta_{相变}H_\mathrm{m}(T)$。

② 定义中的相变过程为恒压且无非体积功，所以摩尔相变焓在量值上等于摩尔相变热，即 $\Delta_{相变}H_\mathrm{m}=Q_{p,\mathrm{m}}$。

③ 由焓的状态函数性质可知，同一种物质，相同条件下互为相反的两种相变过程，其摩尔相变焓量值相等，符号相反，即

$$\Delta_\alpha^\beta H_\mathrm{m}=-\Delta_\beta^\alpha H_\mathrm{m} \tag{2.7.1}$$

如水在相同条件下的摩尔蒸发焓与摩尔凝结焓、摩尔熔化焓与摩尔凝固焓、摩尔升华焓与摩尔凝华焓等均有上述关系。

2.7.3 摩尔相变焓随温度的变化

从前面知道，摩尔相变焓仅是温度的函数，现推导摩尔相变焓随温度变化的具体关系。

若纯物质B在平衡温度和压力 T_1、p_1 下从 α 相变成 β 相的摩尔相变焓为 $\Delta_\alpha^\beta H_m(T_1)$，在另一平衡温度和压力 T_2、p_2 下的摩尔相变焓为 $\Delta_\alpha^\beta H_m(T_2)$。这两个相变条件下的始、终态间的关系可用如下框图连接表示

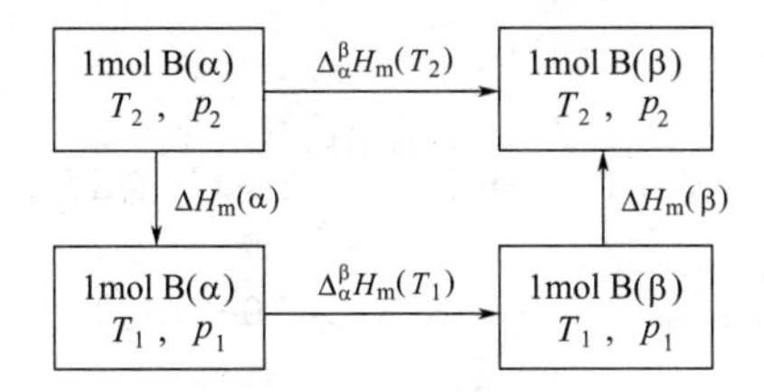

焓是状态函数，其变化值与途径无关，故

$$\Delta_\alpha^\beta H_m(T_2)=\Delta H_m(\alpha)+\Delta_\alpha^\beta H_m(T_1)+\Delta H_m(\beta)$$

计算 $\Delta H_m(\alpha)$ 和 $\Delta H_m(\beta)$ 时，不论 α，β 是气态、液态还是固态若为气态可视为理想气体，若为液、固态，则液、固态的焓随压力的微小变化可忽略不计，均有

$$\Delta H_m(\alpha)=\int_{T_2}^{T_1} C_{p,m}(\alpha)\mathrm{d}T=-\int_{T_1}^{T_2} C_{p,m}(\alpha)\mathrm{d}T$$

$$\Delta H_m(\beta)=\int_{T_1}^{T_2} C_{p,m}(\beta)\mathrm{d}T$$

代入前式并整理，得

$$\Delta_\alpha^\beta H_m(T_2)=\Delta_\alpha^\beta H_m(T_1)+\int_{T_1}^{T_2}[C_{p,m}(\beta)-C_{p,m}(\alpha)]\mathrm{d}T$$

式中，$C_{p,m}(\beta)-C_{p,m}(\alpha)$ 为相变终态与始态摩尔定压热容之差，以 $\Delta_\alpha^\beta C_{p,m}$ 表示，即

$$\Delta_\alpha^\beta C_{p,m}=C_{p,m}(\beta)-C_{p,m}(\alpha) \tag{2.7.2}$$

所以摩尔相变焓随温度变化的关系为

$$\Delta_\alpha^\beta H_m(T_2)=\Delta_\alpha^\beta H_m(T_1)+\int_{T_1}^{T_2}\Delta_\alpha^\beta C_{p,m}\mathrm{d}T \tag{2.7.3}$$

将文献给出的某平衡温度和压力下的摩尔相变焓作为 $\Delta_\alpha^\beta H_m(T_1)$，若知道相变终态与始态摩尔定压热容差，由式(2.7.3)即可求出 T_2 温度下的摩尔相变焓 $\Delta_\alpha^\beta H_m(T_2)$。

将式(2.7.3)写成微分式

$$\frac{\mathrm{d}\Delta_\alpha^\beta H_m(T)}{\mathrm{d}T}=\Delta_\alpha^\beta C_{p,m} \tag{2.7.4}$$

由微分式可以分析摩尔相变焓的数值随温度变化的趋势。如水蒸发为蒸汽，气体热容小于液体热容，$\Delta_\alpha^\beta C_{p,m}$ 小于零，温度升高，水的摩尔蒸发焓的数值减小；再如水凝固为冰，冰的

热容小于水的热容，$\Delta_{\alpha}^{\beta}C_{p,m}$小于零，温度降低，水的摩尔凝固焓增加，因为水的摩尔凝固焓是负值，即绝对值减小。

【例 2.7.1】 乙醇的正常沸点为 78.4℃，在此温度下 $\Delta_{vap}H_m=39.47kJ\cdot mol^{-1}$，液态乙醇和乙醇蒸气的定压摩尔热容分别为 $C_{p,m}(l)=111.46J\cdot K^{-1}\cdot mol^{-1}$ 和 $C_{p,m}(g)=78.15J\cdot K^{-1}\cdot mol^{-1}$。试计算 25℃时乙醇的摩尔蒸发焓 $\Delta_{vap}H_m$。

解 由式(2.7.2) 得

$$\begin{aligned}\Delta_{vap}C_{p,m}&=C_{p,m}(g)-C_{p,m}(l)=(78.15-111.46)J\cdot K^{-1}\cdot mol^{-1}\\&=-33.31J\cdot K^{-1}\cdot mol^{-1}\end{aligned}$$

再由式(2.7.3)

$$\begin{aligned}\Delta_{vap}H_m(25℃)&=\Delta_{vap}H_m(78.4℃)+\int_{351.55K}^{298.15K}\Delta_{vap}C_{p,m}dT\\&=\left[39.47+\int_{351.55}^{298.15}(-33.31\times10^{-3})d(T/K)\right]kJ\cdot mol^{-1}\\&=41.25kJ\cdot mol^{-1}\end{aligned}$$

2.7.4 相变化过程的焓变、热力学能变、功和热

(1) 在平衡温度、压力下的相变(可逆相变)

因任意物质的量的可逆相变过程恒压

$$\Delta H=n\Delta_{\alpha}^{\beta}H_m=Q_p \tag{2.7.5}$$

$$W=-p(V_2-V_1)$$

$$\Delta U=\Delta H-\Delta(pV)=\Delta H-p(V_2-V_1)$$

对蒸发或升华过程，若相变中的气体视为理想气体，且液、固体的体积可忽略不计，则

$$W\approx-nRT,\ \Delta U\approx\Delta H-nRT$$

同理，对凝结或凝华过程有

$$W\approx nRT,\ \Delta U\approx\Delta H+nRT$$

对凝聚相之间的相变化过程

$$W\approx0,\ \Delta U\approx\Delta H$$

(2) 在非平衡温度、压力下的相变(不可逆相变)

根据不可逆相变的具体条件可先按式(2.2.2)求出功 W，然后求焓变 ΔH 和热力学能变 ΔU，最后根据热力学第一定律或恒压热与焓变的关系求热。由于 H 和 U 是状态函数，所以可在不可逆相变的始态与终态间设计一可逆途径来求取二者的变化量。在设计的可逆途径中应含有已知的可逆相变和容易计算的纯 p、V、T 变化。

【例 2.7.2】 已知水(H_2O, l)在 100℃时的摩尔蒸发焓 $\Delta_{vap}H_m=40.67kJ\cdot mol^{-1}$，水和水蒸气在 25～100℃间的平均摩尔定压热容分别为 $C_{p,m}(H_2O,l)=75.75J\cdot mol^{-1}\cdot K^{-1}$ 和 $C_{p,m}(H_2O,g)=33.76J\cdot mol^{-1}\cdot K^{-1}$。求在 25℃和 100kPa 下 1mol 水蒸发为蒸汽过程的 Q、W、ΔU、ΔH。计算中假定蒸气符合理想气体，液体体积相对于气体体积可忽略不计。

解 该过程为不可逆相变，焓是状态函数，所以可在不可逆相变的始态与终态间设计一可逆途径来求取它的变化量。设计途径的框图如下

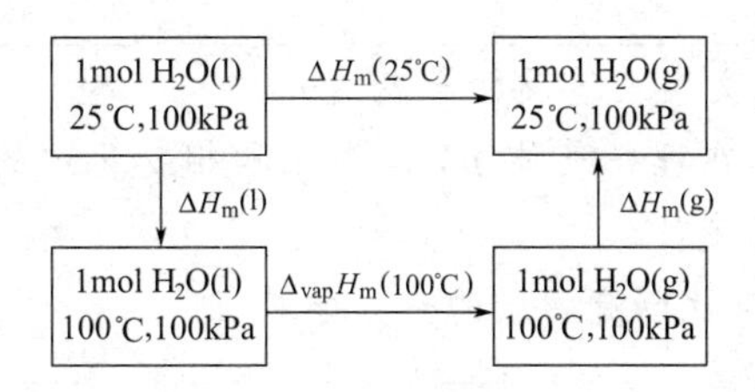

由设计途径得

$\Delta H_m(25℃)=\Delta H_m(l)+\Delta_{vap}H_m(100℃)+\Delta H_m(g)$

$\Delta H_m(l)=C_{p,m}(H_2O,l)(373.15K-298.15K)=(75.75\times 75)J\cdot mol^{-1}=5681J\cdot mol^{-1}$

$\Delta H_m(g)=C_{p,m}(H_2O,g)(298.15K-373.15K)=[33.76\times(-75)]J\cdot mol^{-1}=-2532J\cdot mol^{-1}$

$\Delta H_m(25℃)=(5681\times 10^{-3}+40.67-2532\times 10^{-3})kJ\cdot mol^{-1}=43.819kJ\cdot mol^{-1}$

因蒸气符合理想气体，液体体积相对于气体体积可忽略不计，故

$\Delta U\approx \Delta H-nRT=43.819kJ\cdot mol^{-1}-(1\times 8.314\times 298.15)\times 10^{-3}kJ\cdot mol^{-1}=41.340kJ\cdot mol^{-1}$

$W\approx -nRT=-(1\times 8.314\times 298.15)\times 10^{-3}kJ\cdot mol^{-1}=-2.479kJ\cdot mol^{-1}$

压力恒定过程

$$Q=\Delta H_m(25℃)=43.819kJ\cdot mol^{-1}$$

【例 2.7.3】 将100℃、50kPa的水蒸气100dm^{3}在恒温及恒定外压$p_{外}=100kPa$下压缩至压力为100kPa，体积为10dm^3。已知水在100℃的摩尔蒸发焓$\Delta_{vap}H_m=40.67kJ\cdot mol^{-1}$，求此过程的$Q$、$W$、$\Delta U$、$\Delta H$。

解　该过程水蒸气视为理想气体，始态$p_1V_1=(50\times 100)J=5000J$，终态$p_2V_2=(100\times 10)J=1000J$，过程恒温，但$p_1V_1\neq p_2V_2$，说明在压缩过程中发生了相变，有一部分水蒸气已凝结成水。若忽略液体水的体积，则转化为水的水蒸气为

$$\begin{aligned}n(l)&=n_1(g)-n_2(g)=p_1V_1/(RT_1)-p_2V_2/(RT_2)\\&=[5000/(8.314\times 373.15)-1000/(8.314\times 373.15)]mol\\&=1.289mol\end{aligned}$$

整个过程焓变由两部分组成，一部分由可逆相变组成

$$\Delta_{相变}H=n(l)(-\Delta_{vap}H_m)=-(1.289\times 40.67)kJ=-52.42kJ$$

另一部分由理想气体的恒温压缩组成

$$\Delta_{理气}H_T=0$$

即

$$\Delta H=\Delta_{相变}H+\Delta_{理气}H_T=-52.42kJ+0=-52.42kJ$$

$\Delta U=\Delta H-\Delta(pV)=\Delta H-(p_2V_2-p_1V_1)=[-52.42-(1000-5000)\times 10^{-3}]kJ=-48.42kJ$

实际过程为恒温恒外压压缩，故

$$\begin{aligned}W&=-p_{外}(V_2-V_1)=-[100\times 10^3\times(10\times 10^{-3}-100\times 10^{-3})\times 10^{-3}]kJ\\&=9.0kJ\end{aligned}$$

$$Q=\Delta U-W=(-48.42-9.0)kJ=-57.42kJ$$

本章要求

1. 了解系统与环境，系统的性质，过程与途径等概念。

2. 理解平衡态，状态函数，途径函数，可逆过程，功、热、内能、焓、热容、相变焓等概念。

3. 掌握热力学第一定律文字表述及数学表达式。

4. 掌握热力学第一定律在理想气体 pVT 变化和相变化中的应用，会计算各种过程中的功、热、热力学能变和焓变。

5. 了解焦耳-汤姆逊效应及节流膨胀的热力学特征。

思考题

1. 下列物理量中哪些是强度量？哪些是广度量？哪些不是状态函数？

U_m、H、Q、T、V、p、V_m、W、H_m、μ、U、ρ、C_p、$C_{p,m}$。

2. 根据道尔顿分压定律 $p=\sum_B p_B$ 可知，压力具有加和性，属于广度性质。此结论正确吗？为什么？

3. 下列说法是否正确？

(1) 系统的温度越高，所含的热量越多。

(2) 系统的温度越高，向外传递的热量越多。

(3) 一个绝热的刚性容器一定是隔离系统。

(4) 系统向外放热，则其热力学能一定减少。

(5) 隔离系统内发生的任何变化过程，其 ΔU 必定为零。

4. 可逆过程有哪些基本特征？识别下列过程是否可逆？若为不可逆过程，请把它设计为可逆过程。

(1) 298K，101.325kPa 下，一杯水蒸发为同温同压的水蒸气；

(2) 373K，101.325kPa 下，一杯水蒸发为同温同压的水蒸气。

5. 气缸内有一定量理想气体，反抗一定外压绝热膨胀，则 $Q_p=\Delta H=0$，此结论对吗？为什么？

6. 判断下列说法是否正确？

(1) 状态确定后，状态函数都确定。

(2) 状态函数改变后，状态一定改变。

(3) 状态改变后，状态函数一定都改变。

7. 下列说法中，哪种说法不正确？

(1) 绝热封闭系统就是隔离系统。

(2) 不做功的封闭系统未必是隔离系统。

(3) 吸热又做功的系统是封闭系统。

(4) 与环境有化学作用的系统是敞开系统。

8. 一封闭系统当始末态确定后，下列说法正确吗？

(1) 经历一个绝热过程，则功有定值。

(2) 经历一个恒容过程(设 $W'=0$)，则 Q 有定值。

(3) 经历一个等温过程，则热力学能有定值。

9. 在一个绝热箱内有一隔板将绝热箱分为 A、B 两部分，问：(1) 若 A 内有气体，B 为真空，当隔板抽出后，Q、W、ΔU 变化如何？(2) 若 A、B 内都有气体，但压力不等，当隔板抽出后，Q、W、ΔU 又将如何变化？

10. 在炎热的夏天，有人提议打开室内正在运行中的电冰箱的门(设室内门窗紧闭且墙壁门窗均不传热)，以降低室温，你认为此建议可行吗？

11. 1mol 某理想气体由相同的始态 p_1、V_1，分别经历下列途径达到具有相同体积 V_2 的末态：(1) 绝热可逆膨胀；(2) 系统反抗恒定外压绝热膨胀至平衡态。试问两过程的末态温度是否相等？为什么？

12. 1mol 理想气体从同一始态 A 出发经三种不同途径到达不同末态，经等温可逆 $A\to B$，经绝热可逆 $A\to C$，经绝热不可逆 $A\to D$，(1) 若末态体积相同，问 D 点位于 BC 线上什么位置？(2) 若末态压力相同，问 D 点位于 BC 线上什么位置？

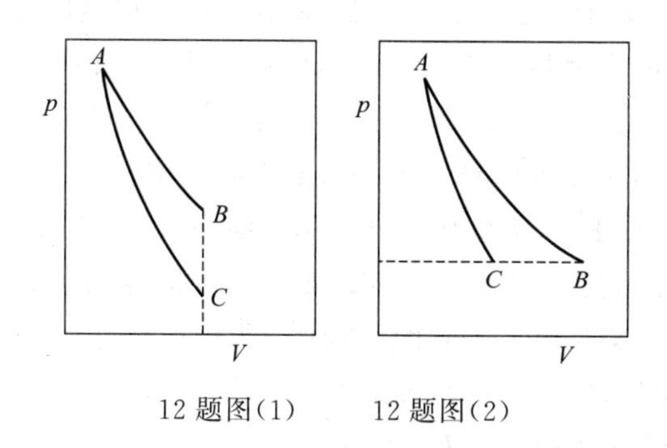

12 题图(1)　　12 题图(2)

13. 对 1mol 理想气体，$\delta Q = \mathrm{d}U - \delta W$，过程可逆时，$\delta Q_r = C_V \mathrm{d}T + p\mathrm{d}V$，两边除以 T 得：$\delta Q_r/T = (C_V/T)\ \mathrm{d}T + (p/T)\ \mathrm{d}V$，求证 δQ_r 不是全微分；$\delta Q_r/T$ 是全微分。

习 题

2.1 在 300K 时，体积为 12.3dm^3 的理想气体做恒温膨胀，其压力从 1013.25kPa 降至 101.325kPa，计算该过程所做的最大功。

2.2 在 100℃、101.325kPa 下，1mol 水蒸发成水蒸气。分别按以下两种情况计算此过程的功：

(1) 已知在 100℃、101.325kPa 下水蒸气的密度及水的密度分别为 0.5963kg·m^{-3} 和 958.77kg·m^{-3}。

(2) 如果缺少该条件下水蒸气及水的密度或体积方面的数据，这时水的体积与蒸气体积相比可略去不计，蒸气视为理想气体。

2.3 某家客厅的体积是 150m^3，室温是 10℃，气压是 101.325kPa。现欲用空调将温度提升到 20℃，需热多少？设空气的 $C_{p,\mathrm{m}} = 29\mathrm{J\cdot K^{-1}\cdot mol^{-1}}$。

2.4 在 18℃和 101.325kPa 下，1mol Zn(s) 溶于足量稀盐酸中，置换出 1mol H_2(g)，并放热 152kJ。若以 Zn 和盐酸为系统，求该反应所做的功及系统热力学能的变化。

2.5 系统由相同的始态经过不同的途径达到相同的末态。若途径 a 的 $Q_a = 2.078\mathrm{kJ}$，$W_a = -4.157\mathrm{kJ}$，而途径 b 的 $W_b = -1.387\mathrm{kJ}$，求 Q_b。

2.6 有 5mol 理想气体，温度从 298K 升到 338K，求焓变与热力学能变的差值$\Delta H - \Delta U$。

2.7 CO_2 的摩尔等压热容为 $C_{p,m}=[26.8+42.7\times10^{-3}(T/K)-14.6\times10^{-6}(T/K)^2]$ $J\cdot mol^{-1}\cdot K^{-1}$，试计算 10.0mol CO_2 从 298K 恒压加热到 573K 所吸收的热量。

2.8 现有某理想气体 10mol，$C_{V,m}=1.5R$，恒容升温 50℃，求过程的 W、Q、ΔU、ΔH。

2.9 10mol 某理想气体 $C_{V,m}=2.5R$，恒压降温 40℃，求过程的 W、Q、ΔU、ΔH。

2.10 试计算 5mol 单原子理想气体的 $(\partial H/\partial T)_V$ 值。

2.11 在 308K 时，有 4mol $N_2(g)$，始态体积为 $30dm^3$，保持温度不变，经下列三个过程膨胀到终态体积为 $100dm^3$，计算各过程的 ΔU、ΔH、W 和 Q 的值。设气体为理想气体。

(1) 自由膨胀；(2) 反抗恒定外压 100kPa 膨胀；(3) 可逆膨胀。

2.12 某理想气体的起始压力为 202.65kPa，在等温条件下体积从 V_1 可逆膨胀到 $10V_1$，对外做了 41.84kJ 的功。(1) 求 V_1；(2) 若气体的量为 7mol，试求系统的温度。

2.13 某理想气体的 $C_{V,m}=1.5R$，现有 1mol 该气体由始态 100kPa，$25dm^3$，(1) 先恒容加热使压力升高到 200kPa，再恒压冷却使体积缩小至 $12.5dm^3$。求整个过程的 W、Q、ΔU、ΔH。(2) 先恒压冷却使体积缩小至 $12.5dm^3$，再恒容加热使压力升高到 200kPa。求整个过程的 W、Q、ΔU、ΔH。(3) 试比较两种结果有何不同，说明了什么？

2.14 某单原子理想气体 2mol，始态温度 $T_1=400K$，压力 $p_1=200kPa$，试计算下述两过程的末态温度 T_2 及过程的 W、ΔU、ΔH。

(1) 令该气体绝热反抗恒外压 100kPa 膨胀到平衡态；(2) 令该气体绝热可逆膨胀到 100kPa 的平衡态。

2.15 2mol $N_2(g)$，在 27℃和 100kPa 压力下，经可逆绝热压缩到 $20dm^3$。试计算(设气体为理想气体)：$N_2(g)$ 最后的温度、压力以及需做多少功。

2.16 1mol 单原子理想气体，经环程 A(绝热)、B(恒压)、C(恒容) 三步，从态 1 ($p_1=200kPa$，$V_1=20dm^3$) 经态 2($p_2=100kPa$，V_2)、态 3(p_3,V_3)又回到态 1，假设均为可逆过程。已知该气体的 $C_{V,m}=\frac{3}{2}R$。试计算各个过程的 Q、W、ΔU、ΔH 数值及总过程的 Q、W、ΔU、ΔH 数值。

2.17 1mol 单原子分子理想气体，从始态 $p_1=202650Pa$，$T_1=273K$ 沿着 $p/V=$常数的途径可逆变化到终态为 $p_2=405300Pa$。求该过程的 ΔU,、ΔH、W 和 Q。

2.18 对一定量物质的 p,V,T 关系可以表示为 $f(p,V,T)=0$，试证明 $\left(\frac{\partial T}{\partial V}\right)_p\left(\frac{\partial V}{\partial p}\right)_T\left(\frac{\partial p}{\partial T}\right)_V=-1$ 成立。

2.19 试证明，在恒压过程中，系统的热力学能变化可用 $dU=\left[C_p-p\left(\frac{\partial V}{\partial T}\right)_p\right]dT$ 表示。

证明对于理想气体，该式可变为 $dU=C_VdT$。

2.20 设 $\mu_{J\text{-}T}$、C_p 都为常数，试证 $H=C_pT-\mu_{J\text{-}T}C_pp+C$。式中，$C$ 为常数。

2.21 试写出将范德华气体在恒温下从体积 V_1 可逆压缩到体积 V_2 所做功的计算式。

2.22 甲醇(CH_3OH)在101.325kPa下的沸点(正常沸点)为64.65℃，在此条件下的摩尔蒸发焓$\Delta_{vap}H_m=35.32kJ\cdot mol^{-1}$。求在上述温度、压力条件下，5mol液态甲醇全部蒸发成为甲醇蒸气时的Q、W、ΔU及ΔH。假设甲醇蒸气可视作理想气体。

2.23 已知水在100℃、101.325kPa下的摩尔蒸发焓$\Delta_{vap}H_m=40.668kJ\cdot mol^{-1}$，试分别计算下列两过程的$Q$、$W$、$\Delta U$及$\Delta H$。假设水蒸气可视作理想气体。

(1) 在100℃、101.325kPa条件下，10mol水蒸发为水蒸气；

(2) 100℃、101.325kPa下，10mol水在真空容器中蒸发，最终变为100℃、101.325kPa的水蒸气。

2.24 冰(H_2O,s)在101.325kPa下的熔点为0℃，其摩尔熔化焓$\Delta_{fus}H_m=6.012kJ\cdot mol^{-1}$。已知在$-10\sim0$℃范围内过冷水($H_2O$,l)和冰的摩尔定压热容分别为$C_{p,m}(H_2O,l)=76.28J\cdot mol^{-1}\cdot K^{-1}$和$C_{p,m}(H_2O,s)=37.20J\cdot mol^{-1}\cdot K^{-1}$。求101.325kPa、$-10$℃下1kg过冷水结冰所放出的热量。

2.25 工厂里用蒸汽锅炉生产水蒸气是连续生产过程。现向蒸汽锅炉中注入25℃的水，将其加热并蒸发成150℃，饱和蒸气压为476.0kPa的水蒸气。计算生产500kg水蒸气所需要的热量。已知水在100℃、101.325kPa下的摩尔蒸发焓$\Delta_{vap}H_m=40.668kJ\cdot mol^{-1}$，水在25～100℃间的平均摩尔定压热容为$C_{p,m}(H_2O,l)=75.75J\cdot mol^{-1}\cdot K^{-1}$，水蒸气的摩尔定压热容与温度的关系为：

$$C_{p,m}(H_2O,g)/J\cdot mol^{-1}\cdot K^{-1}=29.16+14.49\times10^{-3}(T/K)-2.022\times10^{-6}(T/K)^2$$

2.26 已知水在100℃、101.325kPa下的摩尔蒸发焓$\Delta_{vap}H_m=40.668kJ\cdot mol^{-1}$，水和水蒸气在25～100℃间的平均摩尔定压热容分别为$C_{p,m}(H_2O,l)=75.75J\cdot mol^{-1}\cdot K^{-1}$和$C_{p,m}(H_2O,g)=33.79J\cdot mol^{-1}\cdot K^{-1}$。求水在25℃时的摩尔蒸发焓。

第3章 热力学第二定律

热力学第一定律告诉我们，自然界中发生的任何宏观过程中的能量在不同的形式之间可以相互转化，但能量必须守恒。但是，热力学第一定律不能告诉我们，不违反热力学第一定律的过程是否都能发生呢？在一定的条件下，什么过程能够发生？什么过程不能发生？能发生的过程达到的限度是什么？事实是，自然界中发生的任何宏观过程在一定的条件下都有确定的方向和限度，这是自然界发生宏观变化遵循的又一普遍性规律，这就是热力学第二定律。也就是说，热力学第二定律可以解答上述问题。

对于简单变化过程，人们可以很容易地判断变化的方向和限度。例如在两个钢瓶中分别装有高压气体和低压气体，当仅用管道连通两个钢瓶时，气体必定从高压处流向低压处；待两边压力相等，就达到限度，气体停止流动；而在这种仅以管道相通的条件下，要使气体自动地从低压处流向高压处，则是不可能的。

对于复杂些的变化过程，判断变化的方向和限度就不那么容易了。例如合成氨反应 $N_2+3H_2 = 2NH_3$，生产上在用铁系催化剂时选用的温度和压力条件是 500℃、30MPa，进入合成塔的气体成分为 N_2 20.5%，H_2 61.5%，NH_3 3%，惰性气体 15%。现在的问题是，为什么在这样的条件下反应的方向是氨的合成而不是氨的分解？在这样的条件下，反应进行到什么程度为止(即反应物的最大转化率或产物的最大产率是多少)？还有，化学反应所放的热，能否转化为机械功或者电功，有哪些条件和限制？而这些问题是科学研究和生产过程十分关注的问题。解决这些问题只凭简单的经验是不行的，需要研究各类典型变化过程的方向和限度，从中总结规律，给出一套科学的判断方法，这将是热力学第二定律的主要内容和任务。

热力学第二定律是人类长期大量实践经验的总结，它和热力学第一定律一样不需要由其他的定理所证明，它是人类在社会和生产实践中反复证明了的事实。蒸汽机的出现，特别是人们对蒸汽机效率的研究使热力学第二定律得以提出并不断完善。在研究热机效率的过程中，Carnot(卡诺）于 1824 年提出了著名的卡诺定理，Clausius(克劳修斯）和 Kelvin(开尔文）分别在 1850 年和 1851 年在此基础上提出了热力学第二定律。

3.1 自发变化及其定义和不可逆变化的本质

3.1.1 自发变化

在自然界和人类的生产实践过程中经常会发生这样的变化过程，如：热总是自动地从高温物体传向低温物体；水总是自动地由高处流向低处；气体总是自动地从高压容器向低压容器中膨胀；溶液总是自动地自高浓度扩散至低浓度；电流总是自动地自高电势处流向低电势处……这些现象揭示了人们所关心的方向与限度问题，故人们把这些变化过程称之为自发变化或自发过程。总结这些变化过程存在某些共同的特点：①在发生变化物质之间或发生变化物质与外界之间存在变化的推动力，如温度差、高度差、压力差、浓度差、电势差等强度性质差；②变化过程向着推动力减小的方向进行，其对外界有做功的能力，推动力与做功能力呈正比，但有的变化过程可能需要一个非常小的引发才能开始；③变化的最终结果是推动力趋于零并达到各自的平衡态；④在原来的内、外部条件不改变的情况下，如果没有外界给予新的外力帮助，上述变化反方向的变化过程是不能发生的。

热力学研究上述问题时必须指定系统与环境，即把研究对象指定为系统，把与之相关联的其余部分看做环境。我们以热传导为例，把高温物体看做一部分，把低温物体看做另一部分。因为系统是可以任意指定的，所以系统与环境的划分会有三种情况。

第一种情况是把两部分放在一起指定为系统，两部分以外的是环境。因系统内两部分有温度差，显然热从高温物体传递至低温物体是自发过程，反向的热传递不能发生，变化的最终结果是系统内两部分温度相同而达平衡。

第二种情况是把高温物体部分指定为系统，低温物体部分看做环境，则高温物体把热传给低温环境，高温物体系统部分的降温是自发的，反向的热传递也不能发生，若环境足够大，变化的最终结果是系统温度降到与环境温度相同而达平衡。

第三种情况是把低温物体部分指定为系统，高温物体部分看做环境，则高温环境把热传给低温物体，低温物体部分的升温是自发的，反向的热传递同样不能发生，若环境足够大，变化的最终结果是系统温度升高到与环境温度相同而达平衡。

自发变化最重要的特征就是它的单向性即不可逆性反向过程在原来的系统和环境条件下不可能自动发生。如果环境能给予系统新的帮助，则自发变化的反向过程还是有可能发生的，变化系统也有可能恢复原状，但必定给环境留下不可逆转的影响。为了与原自发变化相区分，把这种需借助环境新帮助才发生的变化叫做非自发变化或非自发过程。

非自发变化的特点：①非自发过程发生在原自发过程相同的系统中，且与原自发过程反向；②非自发过程的发生需要有推动力；③非自发过程的推动力来自于环境直接输入系统的有做功能力的各类能量，向系统中引入一种新的不平衡因素迫使旧的平衡与变化方向反转；④非自发过程把环境直接输入系统有做功能力的各类能量用于不断地生产出某些相关的“产品”（即系统变化成有做功能力的新状态，这其实是系统在积累做功能力），剩余部分则消耗于环境而转化为无做功能力的能量，整个过程符合热力学第一定律。

需要注意的是自发和非自发变化是个相对的概念，二者既对立又统一。所谓“相对”的含义有两层。第一层：同样的变化，相对于系统1可能是自发变化，但相对于系统2有可能就是非自发变化；如水被电解成氢气和氧气是典型的非自发变化，但是把该反应系统与送电的直流电源（环境）合在一起就构成了一个新的系统，相对新系统，水变成氢气和氧气这个过程是不是就成了自发变化？第二层：还是同样的变化，相对于环境1可能是自发变化，但相对于环境2则有可能是非自发变化。如两烧杯中各有200ml、5℃的水，现把一杯水放入30℃的房间，另一杯水放入5℃的房间，并令两杯水都能升温到25℃，试问两杯水的升温会有区别吗？显然30℃房间的水不用管它，升温是自发的；但5℃房间的水没有外界的能量帮助是不能升温的，有了外界帮助的升温是非自发的。这些概念实际上是说明自发过程和非自发过程在系统与环境的选择与确定上是相对的，但二者的不可逆性是相同的。

再举一个例子，一辆无驱动装置的四轮车（看作系统）放在平直的路面上（看作环境），由于其在垂直于水平方向上的力都处于平衡，所以它应该不运动而处于平衡状态。但若把它放在有坡度的路面上（另一环境），其在垂直方向的重力将有一部分分解为与坡度平行且方向指向坡下的力，当这个力大于车辆滚动的摩擦力时，该车将自动地从坡上驶向坡下，这就发生了自发过程。如果给该车装上驱动装置(外力帮助)，该车不仅可以在平直的路面上行驶，甚至还可以从坡下驶向坡上，这样的行驶相对于无驱动装置的四轮车而言显然是非自发的，这就是非自发过程。一个非自发过程发生后，在维持原外力帮助(方向与数值不变)的前提下，该车不会再沿着原路线退回原位。车辆的驱动装置常见的有畜力驱动、风力驱动、热力驱动、电力驱动等。畜力驱动和风力驱动是对车直接做功，热力驱动是先将燃料燃烧产生热，再将热转换成功，如蒸汽机、柴油机和汽油机等。电力驱动是通过电池获得电能，再将电能转换成功，电池又有化学电池、蓄电池和太阳能电池等。也就是说外力帮助可以是机械能、风能、热能、化学能、电能、太阳能等，但是这些能量都要转换成对车做功，这其实是反抗车运行时应对不同环境而产生的各类阻力而做的功，即这些能量都应具有一种通性——相对于环境有做功的能力。现在把系统变一下，就是把装了驱动装置的车整体地指定为系统，这样刚才的非自发过程现在就成了自发过程，直至储存在驱动装置中的有做功能力的能量也耗尽为止。所以自发过程和非自发过程与指定的系统有关，与所处的环境有关，与二者的相互作用有关。在自发过程中二者的相互作用是在划定时就存在的。而在非自发过程中二者的相互作用在划定时不一定存在，更强调的是划定后环境给予系统新的能量作用。

如果非要从热力学角度给自发过程下一个定义的话，指定系统在一定环境的条件下无需外界再输入有做功能力的能量就有可能自动发生的过程称为自发过程。

3.1.2 不可逆变化的本质

自发变化的推动力实际上是系统在变化之初就具备做功能力的能量，自发变化的过程就是消耗这种能量的过程。同理，非自发的变化过程也是消耗这种能量的过程，但是非自发变化是系统在始态时往往不具备这种有做功能力的能量，需要外界提供。所谓借助外力使自发变化逆转，就是环境给予系统这种能量，让系统有逆转的推动力并将逆转维持下去。总之，有做功能力的能量不管是在自发的或是非自发的变化中(即在不可逆变化中)，都可能是一部分被利用，其余部分将转化为无做功能力的能量，这既符合热力学第一定律，也是热力学第二定律的结果，这就是不可逆变化的本质。

在自然界中，各种变化过程虽然千差万别，各式各样，但它们都是不可逆过程，它们的不可逆性都是一致的。有人在不可逆变化中对环境与系统之间的相互作用中出现的环境向系统输入新的能量就说是非自发变化，而在系统与环境直接接触时环境将能量传给系统就是自发变化感到不好理解，难以分辨。其实，根据自发与非自发的反向特点，有一简易的分辨方法：对一个给定的变化过程，先确定系统，则其余部分为环境。尝试去掉这个给定的变化，看所确定的系统与环境间还能发生何种变化。若能发生一个与给定变化同方向的变化，则给定变化是自发变化；若去掉这个给定的变化后系统与环境间什么变化也不会发生或发生的是一个反向的变化，则所给定的变化是非自发的变化。

根据可逆过程的定义，系统在无限接近平衡状态下进行的过程才可能是可逆过程，系统要无限接近于平衡状态，只能是变化无限缓慢。因此，自然界中，只要是人类所能观察到的变化都已经不是无限缓慢了，就都是不可逆的了。不可逆过程都具有方向性、有限度。这就有可能在各种不同的变化过程之间建立起统一的、普遍适用的判断方向和限度的热力学判据，并且可以根据热力学判据，去判断那些比较复杂的、仅凭经验判断不了的变化过程的方向和限度。热力学方向和限度判据解决两类问题，一类是给出的变化过程能否发生，能发生的变化区分自发与非自发的问题；另一类是平衡问题。

系统发生变化，系统与环境之间交换能量的方式有很多种，如热能、电能、光能、机械能等，但被人们归纳成两种最基本的形式，一种形式称为热，另一种形式称为功。经验告诉我们，功可以全部转化为热，功转化为热是无条件的、自发的；热不能自发地全部转化为功，热转化为功是有条件的、非自发的。这可以从微观的角度得到解释，热是系统内部分子做无序运动时与环境交换的能量，功则是系统内部分子做有序运动时与环境交换的能量，分子从有序运动到无序运动是自发的，所以功可以自发地全部转化为热，而分子从无序运动到有序运动是非自发的，所以热不能自发地全部转化为功。由此可见系统发生自发变化和非自发变化的不可逆性都可以归结为热功转换的不可逆性。正是由于人们对热功转换的研究，特别是对热机效率的研究，最终提出和完善了热力学第二定律。

3.2 卡诺循环与热力学第二定律

3.2.1 热机及热机效率

热机就是将热转化为功的一类机器。最早的热机是蒸汽机，出现于18世纪，它的工作原理是：有一个绝热性较好的汽缸，汽缸里有活塞，汽缸两端都开有进气阀和排气阀，进气阀与高温高压锅炉中的水蒸气相连，排气阀与冷凝器相连，活塞则与曲轴相连，用于对外做功。设开始工作时活塞在右端，打开右端的进气阀及左端的排气阀，让高温高压水蒸气冲入，高压水蒸气推动活塞向左运动，运动到左端时，打开左侧进气阀和右侧排气阀，向汽缸左侧冲入高压水蒸气，使汽缸中的活塞向右运动，如此循环往复。排出的气体经冷却后变为液态水再打回到锅炉中，经燃料加热后变为高压水蒸气继续使用。把这个循环过程总结抽象出来就是，蒸汽机通过工作介质（水，亦是系统）从高温热源（锅炉）吸热（Q_1），这些热的一部分对外做了功（$-W$），没有做功的另一部分（Q_2）放给低温热源（冷凝器）。

热机效率是指热机对外所做的功与从高温热源所吸热量的比值，用 η 表示

$$\eta=\frac{-W}{Q_1} \tag{3.2.1}$$

热机的出现，把人们从繁重的体力劳动中解放出来，使人类的生产活动出现了革命性的变化。但是，当时的热机效率很低，不足5%，让机器工作时，燃料消耗很大，劳动成本很高。为此，人们展开了长期的一系列提高热机效率的研究，并引出第二类永动机的概念。所谓第二类永动机是一种从单一热源吸热且能全部转化为功并可以循环工作的机器，这种机器的热机效率是1。那么，热机的效率和哪些因素有关，到底可以有多高，第二类永动机能否实现？人类经过长期实践得到的热力学第二定律回答了这个问题。

3.2.2 卡诺循环

法国工程师卡诺（N. L. Sadi Carnot）提出了一种理想热机。通过对理想热机的研究，卡诺得出热机效率有一个极限。卡诺的理想热机其实就是可逆热机，进一步的推论表明可逆热机的工作介质可以是任何物质，工作过程可以包括任意的变化过程。这一研究为进一步解决任意宏观变化过程的可能或不可能以及变化限度的问题提供了突破口。

卡诺的理想热机也是在两个不同的热源之间运转，其中高温热源的温度为 $\theta_{环,1}$，低温热源的温度为 $\theta_{环,2}$，这里温度符号不用 T 是因为当时热力学温标还尚未建立。理想热机的特点是卡诺设计了四个可逆步骤的循环，如图 3.2.1 所示，取热机的工作介质作系统，它们依次是**恒温可逆膨胀** 1→2，为系统自高温热源吸热($Q_{r,1}>0$)，$\theta_1=\theta_{环,1}$；**绝热可逆膨胀** 2→3，系统温度自 θ_1 降至 θ_2；**恒温可逆压缩** 3→4，为系统放热($Q_{r,2}<0$) 给低温热源，$\theta_2=\theta_{环,2}$；绝热可逆压缩 4→1，系统温度自 θ_2 升至 θ_1。完成一个循环后，系统对环境做出功($W_r<0$)。由热力学第一定律可知

$$Q_{r,1}+Q_{r,2}+W_r=0 \tag{3.2.2}$$

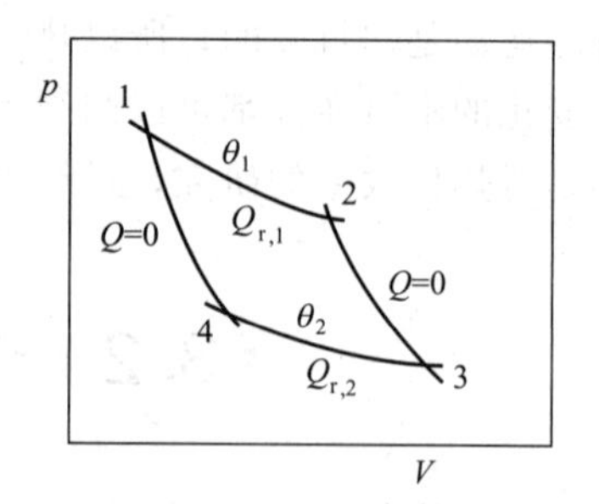

图 3.2.1　卡诺循环

热机工作的每一步都是可逆步骤的热机称为可逆热机。这四步组成的循环被后人称为卡诺循环，利用卡诺循环工作的热机称为卡诺热机。按式(3.2.1)卡诺热机的热机效率 η_r 为

$$\eta_r=\frac{-W_r}{Q_{r,1}}=\frac{Q_{r,1}+Q_{r,2}}{Q_{r,1}} \tag{3.2.3}$$

3.2.3　卡诺定理

“在两不同温度的热源间工作的所有热机，以可逆热机的热机效率为最高”，这就是 1824 年卡诺在一篇题为《论火的动力》的论文中给出的结论，即热机效率有一个极限，后来称为卡诺定理。但是，他在证明这个结论时用了人们正在逐渐抛弃的“热质说”，故当时并未引起人们的重视。在十几年乃至二十几年后才相继被克拉佩龙(Clapeyron)、开尔文(Kelvin)和克劳修斯(Clausius)等人所了解和重视。开尔文认为卡诺的证明方法虽然是错误的，但其结论是正确的。为了获得正确的证明方法，克劳修斯和开尔文在研究卡诺定理的基础上先后分别提出了热力学第二定律。

3.2.4　热力学第二定律的克劳修斯说法和开尔文说法

克劳修斯说法：**“不可能把热从低温物体传到高温物体而不引起其他变化”**。

开尔文说法：**“不可能从单一热源吸热使之全部转变为功而不产生其他变化”**。

这两种说法虽然不同，但本质是一样的。可以证明，一个成立则另一个也成立，违反一个则必然违反另一个。下面用反证法证明这两种说法的等效性。

假设有违反克劳修斯说法的结果成立，将会存在一种“自动吸热装置”。令这种“自动吸热装置”与正常运行的热机配合，即让“自动吸热装置”把热机从高温热源吸热做功后排放到低温热源的热量再自动地吸回到高温热源，二者配合的总结果就是热机从高温热源吸热全部转变成了功，这不就是第二类永动机吗？这显然违反了开尔文的说法。

再假设有违反开尔文说法的第二类永动机存在，将其与一个逆向运行的热机(即制冷机)配合，则第二类永动机从高温热源吸热全部做功，此功驱动逆向运行的热机从低温热源吸热流向高温热源，二者配合的总结果是热自动地从低温热源流向了高温热源，即成为“自动吸热装置”，这同样违反了克劳修斯说法。

由此证明，这两种说法是等效的。

热力学第二定律也可以表述为“第二类永动机是不可能实现的”。如果第二类永动机能够实现的话，浩瀚的海洋就可以作为单一热源，其所释放的能量足以解决人类面临的能源危

机问题。

总结热力学第二定律的典型表述有如下几层含义。

① 自然界中任何变化都有方向性。热会自动地从高温物体流向低温物体；功可以自动地转变为热。

② 在环境和条件不变的情况下，如果系统发生了与自发变化反方向的变化过程，该变化过程一定是在外界帮助下进行的，否则是不可能发生的，这样发生的变化是非自发变化。

③ 不管是自发变化还是非自发变化，都属于不可逆变化。

3.2.5 卡诺定理的证明与推论

设在高温(θ_1) 热源和低温(θ_2) 热源间有一可逆热机 r(如卡诺热机) 和一任意热机 i。现假设任意热机的热机效率 η_i 大于可逆热机的热机效率 η_r，即 $\eta_i > \eta_r$，任意热机正向运行，可逆热机逆向运行(如图 3.2.2 所示)，调整两个热机各自循环一周时所做的功相等，即 $|W_i| = |W_r|$，任意热机从高温热源吸热 $Q_{1,i}$，向低温热源放热 $Q_{2,i} = Q_{1,i} - |W_i|$ (或 $Q_{1,i} = Q_{2,i} + |W_i|$)，其效率为 $\eta_i = |W_i| / Q_{1,i}$ 可逆热机从高温热源吸热 $Q_{1,r}$，向低温热源放热 $Q_{2,r} = Q_{1,r} - |W_r|$ (或 $Q_{1,r} = Q_{2,r} + |W_r|$)，其效率为 $\eta_r = |W_r| / Q_{1,r}$。

因为假设 $\eta_i > \eta_r$，即 $\dfrac{|W_i|}{Q_{1,i}} > \dfrac{|W_r|}{Q_{1,r}}$，则高温热源部分有

$$Q_{1,r} > Q_{1,i}$$

由第一定律，上式可写为 $Q_{2,r} + |W_r| > Q_{2,i} + |W_i|$，低温热源部分亦有

$$Q_{2,r} > Q_{2,i}$$

故当两个热机循环工作一周，且 $|W_i| = |W_r|$ 时，高温热源得到的热量是 $Q_{1,r} - Q_{1,i} > 0$，从低温热源吸出的热量是 $Q_{2,r} - Q_{2,i} > 0$。该假设所得净结果是：热从低温物体传到高温物体而没有引起其他变化，这也成了一个自动吸热装置，违反了热力学第二定律的克劳修斯说法，因此假设 $\eta_i > \eta_r$ 是不成立的，所以只能有

$$\eta_i \leqslant \eta_r \tag{3.2.4}$$

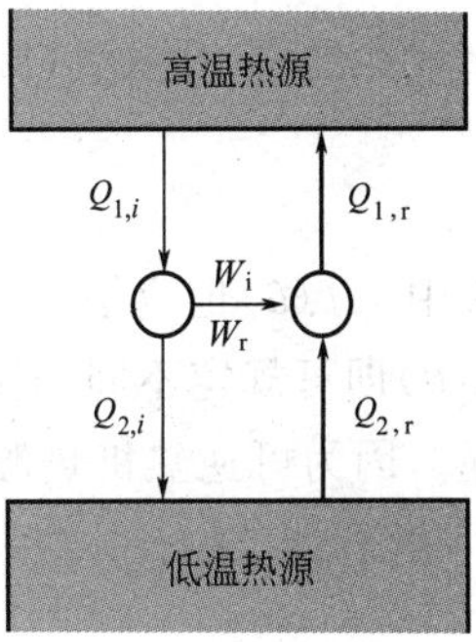

这就证明了卡诺定理。

高温热源

$Q_{1,i}$ $Q_{1,r}$ W_i W_r $Q_{2,i}$ $Q_{2,r}$

低温热源

图 3.2.2 卡诺定理的证明

卡诺定理的推论：“所有工作于两个一定温度的热源间的可逆热机，无论是何种工作介质以及经历了何种变化，其热机效率都相同，且有最大值 η_r，而 η_r 仅取决于两个热源的温度” 证明：设在高温热源和低温热源间有两个卡诺热机 r_1 和 r_2。先认定 r_2 是可逆机，则由式(3.2.4)可知 $\eta_{r_1} \leqslant \eta_{r_2}$；再认定 r_1 是可逆机，则有 $\eta_{r_2} \leqslant \eta_{r_1}$；但实际上二者都是可逆机，这两种情况都必须满足，因此必有 $\eta_{r_2} = \eta_{r_1}$。

3.2.6 卡诺热机效率与热力学温标

由卡诺定理及其推论可知，可逆热机的热机效率 η_r 最大，η_r 值仅决定于两个热源的温度 θ_1 和 θ_2，与工作物质的性质无关。这使开尔文意识到“存在着一种可以完全独立于测温物质性质之外的温标”。或者说卡诺定理为热力学温标的建立提供了基础。可逆热机效率 η_r 如何得到？开尔文是如何建立新温标的呢？

设有卡诺热机 A 在温度 θ_1 和 θ_2 两个热源之间工作，交换的热量分别为 $Q_{r,1}$ 和 $Q_{r,2}$，按式(3.2.3)与卡诺定理的推论

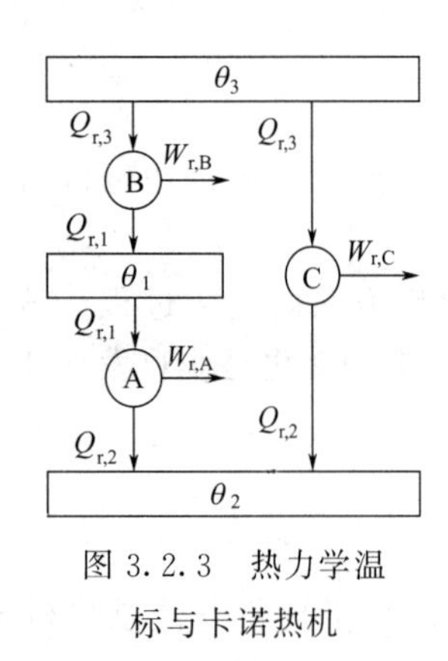

图 3.2.3 热力学温标与卡诺热机

$$-\frac{Q_{r,2}}{Q_{r,1}}=1-\eta_r=g(\theta_2,\theta_1) \tag{3.2.5}$$

式中，$g(\theta_2,\theta_1)$应是与工作物质的性质无关、正值且只与两个热源温度 θ_1 和 θ_2 相关的普适函数。若在两个温度 θ_1 和 θ_2 的热源以外再引入一个温度为 θ_3 的热源，置另外两部卡诺热机 C、B 分别工作于热源 θ_3 和 θ_2 及热源 θ_3 和 θ_1 之间，对应交换的热量分别为 $Q_{r,3}$ 和 $Q_{r,2}$ 以及 $Q_{r,3}$ 和 $Q_{r,1}$（如图 3.2.3 所示）。按式(3.2.5)同样有 $-\frac{Q_{r,2}}{Q_{r,3}}=g(\theta_2,\theta_3)$ 和 $-\frac{Q_{r,1}}{Q_{r,3}}=g(\theta_1,\theta_3)$，考虑到运行时有 $-Q_{r,1B}=Q_{r,1A}$，因此

$$\frac{-Q_{r,2}/Q_{r,3}}{-Q_{r,1B}/Q_{r,3}}=\frac{-Q_{r,2}/Q_{r,3}}{Q_{r,1A}/Q_{r,3}}=-\frac{Q_{r,2}}{Q_{r,1A}}$$

即

$$g(\theta_2,\theta_1)=\frac{g(\theta_2,\theta_3)}{g(\theta_1,\theta_3)} \tag{3.2.6}$$

式(3.2.6)的左边既然只是温度 θ_1 和 θ_2 的普适函数，与温度 θ_3 无关，那么该式的右边也应如此，也就是说在分子和分母上的 θ_3 一定能消除掉。因此，式(3.2.6)可写作

$$g(\theta_2,\theta_1)=\frac{f(\theta_2)}{f(\theta_1)} \tag{3.2.7}$$

将式(3.2.7)代入式(3.2.5)有

$$-\frac{Q_{r,2}}{Q_{r,1}}=1-\eta_r=\frac{f(\theta_2)}{f(\theta_1)} \tag{3.2.8}$$

式中，$f(\theta)$也应是一个只与温度相关的普适函数，与工作物质的性质无关。取不同的函数 $f(\theta)$即可规定不同的温标，开尔文规定 $f(\theta)$与热力学温度 T 成正比，据此制定了热力学温标。因为可逆热机热源温度既是环境温度，也是系统温度，所以式(3.2.8)成为

$$\eta_r=\frac{T_{环1}-T_{环2}}{T_{环1}}=\frac{T_1-T_2}{T_1} \tag{3.2.9}$$

式(3.2.9)告诉人们，卡诺热机的热机效率仅取决于两热源的温度。两热源的温差越大，热机效率就越高，但其必然小于 1。另外，$\frac{T_2}{T_1}=1-\eta_r$，热力学温度之比可由卡诺热机的热机效率单值决定，因此指定任一特殊点的热力学温度的数值，温标就完全确定。后来国际计量大会规定水的三相点的热力学温度为 273.16K，K 是热力学温度的单位，称为开尔文，简称开。这样的规定使热力学温标和理想气体温标的数值和单位一致。

3.2.7 制冷机

卡诺热机是可逆热机，把它倒着开时，它的状态可以沿原来的途径逆转，这时它就变成了制冷机。当逆循环一周时，环境对系统做功 $W'(W'=-W)$，同时系统从低温热源吸热 $Q_2'(Q_2'=-Q_2)$，而向高温热源放热 $Q_1'(Q_1'=-Q_1)$。定义这个过程中系统从低温热源吸的热与环境对系统做的功之比为冷冻系数(或制冷效率)，用 β 表示

$$\beta_r = \frac{Q_2'}{W'} = \frac{Q_2}{Q_1+Q_2} = \frac{T_2}{T_1-T_2} \tag{3.2.10}$$

它表示，施加单位数量的功时制冷机可以从低温热源提取的热量。显然，它的数值越大，制冷机的制冷效果就越好，它代表了制冷机的制冷效率。式(3.2.10)还表明，两个热源的温度越接近制冷效率也越高。对于倒着开的不可逆热机

$$\beta = \frac{Q_2'}{W'} = \frac{Q_2}{Q_1+Q_2} \tag{3.2.11}$$

因为可逆机效率大于不可逆机效率，所以 $\beta_r > \beta$。

3.2.8 热泵

对于一台倒着开的热机，如上所述，当人们关心的是它能从低温热源提取多少热量时，人们称它为制冷机。一台同样倒着开的热机，当人们关心的是它能向高温热源提供多少热量时，人们称它为热泵。作为一种节能的制热技术，热泵已经得到了普遍应用。作为低温热源，可以是空气、土壤、地下水、海洋等。热泵的制热效率为系统向高温热源提供的热量与环境对系统做的功之比，用 ω 表示

$$\omega = \frac{Q_1'}{W'} = \frac{Q_1}{Q_1+Q_2} \tag{3.2.12}$$

对于可逆热泵的制热效率

$$\omega_r = \frac{Q_1'}{W'} = \frac{Q_1}{Q_1+Q_2} = \frac{T_1}{T_1-T_2} \tag{3.2.13}$$

同样的道理，可逆热泵的制热效率大于普通热泵的制热效率，即 $\omega_r > \omega$。假设用倒着开的卡诺热机作为冬季取暖的热泵，以室外空气为低温热源，设为－10℃，室内温度设为 20℃，由式(3.2.13)，这台热泵的最大制热效率为

$$\omega_r = \frac{Q_1'}{W'} = \frac{T_1}{T_1-T_2} = \frac{293.15}{293.15-263.15} = 9.77$$

即热泵消耗 1J 电功，就会有 9.77J 的热被送到高温热源。而如果直接用电来加热房间的话，房间要得到 9.77J 的热就要消耗 9.77J 的电功。商品热泵的制热效率要低一些，通常在 2～7 之间。电功的主要来源有热电、水电和核电，热泵的低温热源的能量来源主要是太阳能(阳光加热空气，也可称之为空气能）和地热等，在传统能源日益减少，环境问题日益严重的今天，热泵为有效地利用清洁能源太阳能和地热等提供了一种可选的手段。

3.3 熵与热力学第二定律的熵表达

3.3.1 熵

由卡诺循环得到

$$\frac{Q_1}{T_1}+\frac{Q_2}{T_2}=0$$

对于任意可逆循环，如图 3.3.1 所示，在这个可逆循环对应的区域引入很多条绝热可逆线和等温可逆线，则可将这个可逆循环分割成许多小的卡诺循环，虚线部分为两个相邻的小卡诺循环共有，并且其代表的状态变化在前一个卡诺循环中如果是绝热可逆膨胀的话，在后一个卡诺循环中则代表的是一个反方向的轨迹完全相同的绝热可逆压缩，两个相邻的卡诺循环变化的净结果就好像系统没有经历虚线部分所代表的状态变化一样，因此，所有这些小的卡诺循环组合起来所形成的净结果就是闭合折线所代表的状态变化。如果卡诺循环无限多时，闭合折线就和任意可逆循环的闭合曲线重合了。即任意一个可逆循环都可以用无数个小的卡诺循环所代替。这相当于让热机和无数个热源不断接触，并且每次吸放热都是可逆的。

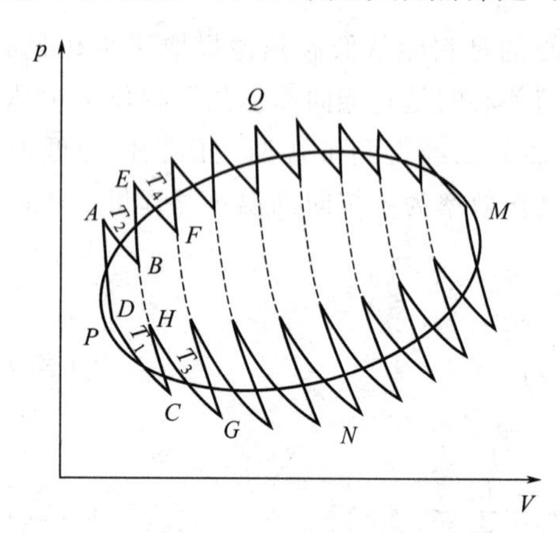

图 3.3.1 任意可逆循环分割为许多小卡诺循环

对于每一个小的卡诺循环，其过程的热温商之和为零，即

$$\frac{\delta Q_1}{T_1}+\frac{\delta Q_2}{T_2}=0$$

$$\frac{\delta Q_3}{T_3}+\frac{\delta Q_4}{T_4}=0$$

……

上述各式相加得

$$\frac{\delta Q_1}{T_1}+\frac{\delta Q_2}{T_2}+\frac{\delta Q_3}{T_3}+\frac{\delta Q_4}{T_4}+\cdots=0$$

或

$$\sum_i\left(\frac{\delta Q_i}{T_i}\right)_{\mathrm{r}}=0$$

式中，T_i 代表热源（环境）的温度，因为是可逆过程，所以它也是系统的温度；δQ_i 代表系统和环境交换的微小可逆热；下标 r 代表可逆。

在极限的情况下，上式可以表示为

$$\oint\left(\frac{\delta Q}{T}\right)_{\mathrm{r}}=0$$

即在任何可逆循环过程中，其可逆热温商的环积分为零。

根据高等数学中有关曲线积分的相关定理，在一定区域内(这里相当于在可逆条件下)，如果某曲线积分沿任意封闭路线的积分为零，则该曲线积分在该区域内任意指定两点间的积分值与在该区域内的积分路径无关，并且其积分表达式对应于一个全微分。

依据上述数学定理，在任意可逆循环中，对于系统在两个任意状态 A 和 B 之间有

$$\int_A^B\left(\frac{\delta Q}{T}\right)_{\mathrm{r}_1}=\int_A^B\left(\frac{\delta Q}{T}\right)_{\mathrm{r}_2}$$

其中，r_1 和 r_2 分别表示 A、B 间任意的两条可逆途径（见图 3.3.2）。

具有上述性质的积分表达式$\left(\frac{\delta Q}{T}\right)_{\mathrm{r}}$是一个全微分，如果将这个全微分记为 $\mathrm{d}S$，则 S 是这个全微分的一个原函数，即有

$$\mathrm{d}S=\left(\frac{\delta Q}{T}\right)_{\mathrm{r}} \tag{3.3.1}$$

$$\Delta S = S_2 - S_1 = \int_1^2 \mathrm{d}S = \int_1^2 \left(\frac{\delta Q}{T}\right)_\mathrm{r} \tag{3.3.2}$$

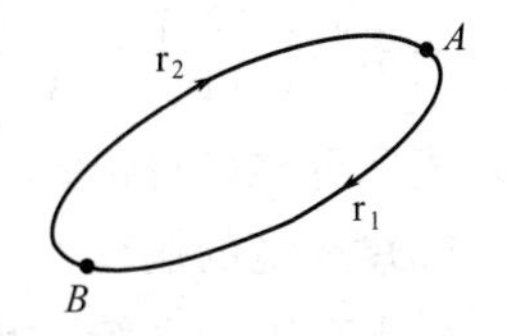

图 3.3.2 任意可逆循环

由于 $\int_1^2 \left(\frac{\delta Q}{T}\right)_\mathrm{r}$ 与路径无关，所以 S 是状态函数，克劳修斯将其定义为**熵**。式(3.3.1) 和式(3.3.2) 都是熵的定义式。熵的单位是 $\mathrm{J \cdot K^{-1}}$。

由于过程中传递的热是与系统所包含的物质的量成正比的，因此熵也与物质的量成正比，即熵是广度量。

(1) 系统的熵变

系统从一个状态出发变到另一个状态，可以经历可逆过程(理想过程)，也可以经历不可逆过程(实际过程)，尽管两种过程都存在热温商，**但只有可逆过程的热温商之和才等于系统的熵变**。熵是状态函数，是系统的性质，系统在任一热力学状态，都对应存在确定的熵值。因此，从一个始态出发变到另一个终态，不管经历可逆过程还是不可逆过程，其熵变是相同的。当用途径函数热量来求不可逆过程的熵变时，都需要(设计)一个具有相同始终态的可逆过程的热量来求得。

在热力学第一定律中曾介绍，可逆过程是在数值上把途径函数表达成相应的状态函数变的理想过程。显然对于计算熵变，这种表达是非常必要的。在没有非体积功的变化中，功可以表达为压力与体积变的乘积，即 $\delta W_\mathrm{r} = -p\mathrm{d}V$；由式(3.3.1)，热可以表达为温度与熵变的乘积，即 $\delta Q_\mathrm{r} = T\mathrm{d}S$。这样热力学第一定律就可表达为

$$\mathrm{d}U = T\mathrm{d}S - p\mathrm{d}V \tag{3.3.3}$$

该式中的物理量只涉及状态函数，不涉及途径函数，所以使用该式时并不需要考虑系统变化所经历的途径；该式中的一个状态变量与另外两个状态变量相联系，说明该式适用于双变量系统。常见的双变量系统有纯物质的单相系统和组成不变的多组分均相系统，故该式适用于上述系统在两任意状态之间的变化。将式(3.3.3)变形并积分可得

$$\Delta S = \int_1^2 \frac{\mathrm{d}U + p\mathrm{d}V}{T} \tag{3.3.4}$$

将 $U = H - pV$ 代入式(3.3.4)又得到

$$\Delta S = \int_1^2 \frac{\mathrm{d}H - V\mathrm{d}p}{T} \tag{3.3.5}$$

式(3.3.2)、式(3.3.4)和式(3.3.5)都是计算系统熵变的基本公式。式(3.3.2)是定义式，式(3.3.4)和式(3.3.5)用起来更方便，其应用条件与式(3.3.3)相同。

对于绝热可逆过程，δQ_r 为零，所以 $\Delta S = 0$，即绝热可逆过程为恒熵过程。

对于双变量系统，还可以把状态函数熵的变化写成 T、V 的函数或 T、p 的函数。即

$$\mathrm{d}S = \left(\frac{\partial S}{\partial T}\right)_V \mathrm{d}T + \left(\frac{\partial S}{\partial V}\right)_T \mathrm{d}V$$

$$\mathrm{d}S = \left(\frac{\partial S}{\partial T}\right)_p \mathrm{d}T + \left(\frac{\partial S}{\partial p}\right)_T \mathrm{d}p$$

式中的系数$\left(\frac{\partial S}{\partial T}\right)_V$、$\left(\frac{\partial S}{\partial V}\right)_T$、$\left(\frac{\partial S}{\partial T}\right)_p$和$\left(\frac{\partial S}{\partial p}\right)_T$待本章学习完热力学基本方程及麦克斯韦关系式后可推导得出。

(2) 环境的熵变

对于有限的系统，环境一般都比系统大很多很多，可看作是很大的热源和功源，不管系统的变化是否可逆，与之相关的环境的温度和压力变化总是无限小的，可以近似认为是可逆的。它与系统交换的实际热就是可逆热，伴随着系统的状态由 1→2，环境的状态由 1′→2′，根据熵的定义式，环境的熵变为

$$\Delta S_{\text{sur}}=\int_{1'}^{2'}\frac{\delta Q_{\text{sur, r}}}{T_{\text{sur}}}=\int_{1'}^{2'}\frac{\delta Q_{\text{sur}}}{T_{\text{sur}}}=\frac{Q_{\text{sur}}}{T_{\text{sur}}}=\frac{-Q_{\text{sys}}}{T_{\text{sur}}} \tag{3.3.6}$$

3.3.2 熵的物理意义

根据熵的定义，熵是状态函数，是广度量，它和热力学能和焓一样是描述系统热力学状态的一种宏观物理性质，后面的统计热力学对熵的微观性质进行了详细描述，这里只做简单说明。统计热力学的玻尔兹曼关系式给出

$$S=k\ln\Omega \tag{3.3.7}$$

式中，k 为玻尔兹曼常数；Ω 是系统总的微观状态数，它代表着系统混乱的程度。由上式可知，系统的微观状态数愈多，系统愈混乱，系统的熵值就愈大。由此可以看出熵的物理意义：**熵是系统混乱程度的标志。**

从一些简单的例子中也能看出熵的这种性质。例如，一种排列完美的晶体在其熔点加热熔融，系统在熔融后的液体状态比晶体状态混乱程度增大。根据熵的定义式 $\mathrm{d}S=\left(\frac{\delta Q}{T}\right)_{\mathrm{r}}$，温度 T 总是正值，吸热时 δQ_{r} 也为正值，即系统吸热后系统的混乱程度增大，熵值也增大。

3.3.3 克劳修斯不等式——热力学第二定律的数学表达式

根据熵的定义，可逆过程的热温商等于系统的熵变，那么，对于不可逆过程又将如何呢?

卡诺定理指出：工作于高温(T_1) 热源和低温(T_2) 热源间的任意热机 i 和可逆热机 r，其热机效率有下述关系：

$$\eta_i\leqslant\eta_{\mathrm{r}}\quad\begin{pmatrix} < & \text{表示 } i \text{ 为可能发生的不可逆过程,系统处于非平衡态} \\ = & \text{表示 } i \text{ 为可逆过程,系统处于平衡态}\end{pmatrix}$$

不存在 $\eta_i>\eta_{\mathrm{r}}$的过程。上述关系亦可表示为

$$\frac{Q_1+Q_2}{Q_1}\leqslant\frac{T_1-T_2}{T_1}\quad\begin{pmatrix}\text{不可逆}\\ \text{可　逆}\end{pmatrix}$$

整理得

$$\frac{Q_1}{T_1}+\frac{Q_2}{T_2}\leqslant 0\quad\begin{pmatrix}\text{不可逆}\\ \text{可　逆}\end{pmatrix}$$

若系统和若干个热源接触完成一个循环，则

$$\sum_i\frac{\delta Q_i}{T_i}\leqslant 0\quad\begin{pmatrix}\text{不可逆}\\ \text{可　逆}\end{pmatrix}$$

在与热源的接触过程中，只要有一次接触是不可逆的，则整个循环就是不可逆的，上式就要使用不等号(<)。

对于任意循环，则有

$$\oint \frac{\delta Q}{T} \leqslant 0 \begin{pmatrix} \text{不可逆} \\ \text{可 逆} \end{pmatrix} \tag{3.3.8}$$

这里要特别注意，T 是热源(环境)的温度，对于可逆过程的部分，它也是系统的温度，但对于不可逆过程的部分，T 只能是环境的温度。

设有任一不可逆循环，如图 3.3.3 所示，从 A 到 B 的 IR 段为不可逆过程，从 B 到 A 的 R 段为可逆过程。对于该循环

$$\oint \frac{\delta Q}{T} < 0$$

因此有

$$\oint \frac{\delta Q}{T} = \int_A^B \left(\frac{\delta Q}{T}\right)_{\mathrm{IR}} + \int_B^A \left(\frac{\delta Q}{T}\right)_{\mathrm{R}} < 0 \tag{3.3.9}$$

因为从 B 到 A 的 R 段为可逆过程，因此

$$\int_B^A \left(\frac{\delta Q}{T}\right)_{\mathrm{R}} = -\int_A^B \left(\frac{\delta Q}{T}\right)_{\mathrm{R}} \tag{3.3.10}$$

将式(3.3.10)代入式(3.3.9)得

$$\oint \frac{\delta Q}{T} = \int_A^B \left(\frac{\delta Q}{T}\right)_{\mathrm{IR}} - \int_A^B \left(\frac{\delta Q}{T}\right)_{\mathrm{R}} = \int_A^B \left(\frac{\delta Q}{T}\right)_{\mathrm{IR}} - \Delta S < 0$$

即

$$\int_A^B \left(\frac{\delta Q}{T}\right)_{\mathrm{IR}} < \Delta S \tag{3.3.11}$$

上式表明：系统从 A 态转化到 B 态时，如果是不可逆过程，其热温商之和小于系统的熵变。综合式(3.3.11)和熵的定义式(3.3.1)，可得

$$\Delta S \geqslant \int_A^B \frac{\delta Q}{T} \begin{pmatrix} \text{不可逆} \\ \text{可 逆} \end{pmatrix} \tag{3.3.12a}$$

对于微小变化则有

$$\mathrm{d}S \geqslant \frac{\delta Q}{T} \begin{pmatrix} >, \text{不可逆}, T\text{ 为环境温度} \\ =, \text{可 逆}, T\text{ 为环境和系统温度} \end{pmatrix} \tag{3.3.12b}$$

以上两式称为克劳修斯不等式。式中的不等号表明了过程进行的方向，即：A 和 B 两个状态间的熵变是一定的，如果在一定条件下从 A 到 B 所设计的过程的热温商之和小于两状态间的熵变时，过程能发生，大于时过程不能发生。如果上式中等号成立，表明所设计的过程为可逆过程，系统从宏观上达到平衡，即达到了给定条件下的极限。热力学第二定律就是要解决过程的方向和限度问题的，因此克劳修斯不等式也被认为是热力学第二定律的数学表达式。在后面的章节中将由此式出发给出熵判据，并讨论如何判断过程的方向和限度问题，进一步引出 Helmholtz 函数(A)判据、Gibbs 函数(G)判据和做功能力判据。

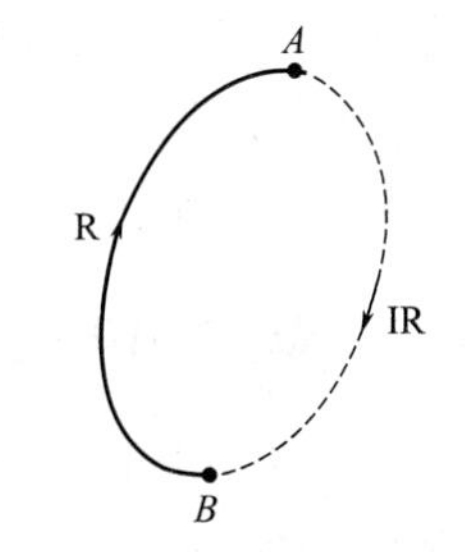

图 3.3.3 不可逆循环

3.3.4 熵增加原理

对于绝热过程，$\delta Q=0$，由式(3.3.12)可知

$$dS_{绝热}\geqslant 0\begin{pmatrix}不可逆\\可\quad逆\end{pmatrix} \tag{3.3.13}$$

即在绝热过程中系统的熵只能增加或不变，不可能减少。这一结论称为**熵增加原理**。

将熵增加原理用于隔离系统中进行的过程，$\delta Q=0$，亦得到

$$dS_{iso}\geqslant 0\begin{pmatrix}不可逆\\可\quad逆\end{pmatrix} \tag{3.3.14}$$

即隔离系统的熵也不可能减少，这也是**熵增加原理的一种说法**。在真正的隔离系统中系统与环境之间没有任何联系，系统中发生的不可逆变化必然是自发的。一个系统如果已经达到平衡状态，则系统在维持平衡状态的情况下在其中发生的任何过程都一定是可逆的。但遗憾的是真正的隔离系统少之又少。

把克劳修斯不等式(3.3.12b)中的热温商项从不等号的右侧移至左侧，即 $dS-\dfrac{\delta Q}{T_{sur}}\geqslant 0$。如果承认环境变化相对于有限的系统变化而言是可逆的，由式(3.3.6)可知，$-\dfrac{\delta Q}{T_{sur}}=dS_{sur}$，因此克劳修斯不等式可写作 $dS_{sys}+dS_{sur}\geqslant 0$。人们把系统的熵变与环境的熵变之和称作总熵变，用 dS_{tot} 表示，即

$$dS_{tot}=dS_{sys}+dS_{sur}\geqslant 0 \qquad \begin{pmatrix}不可逆\\可\quad逆\end{pmatrix} \tag{3.3.15}$$

这是克劳修斯不等式的另一种形式。该式表明系统与环境的总熵也不可能减少，这也是**熵增加原理**，或称作**总熵判据**。由于该表达式可用于任意的有限系统，所以系统发生的不可逆变化不一定像隔离系统变化时那样都是自发变化。或者说其中的不可逆过程，既可能是自发过程，也可能是非自发过程。

3.4 熵变的计算

这一节讨论不同过程时系统熵变的计算。不同过程系统熵变的计算可分为三种情况，分别是单纯 pVT 变化过程熵变的计算、相变化过程和化学变化过程熵变的计算。这里只介绍单纯 pVT 变化过程熵变的计算和相变化过程熵变的计算，化学变化过程熵变的计算将在后面的章节中介绍。

3.4.1 单纯 pVT 变化过程熵变的计算

对于只发生单纯 pVT 变化的纯物质系统，显然被包含进了在两平衡态之间变化的无组成改变的任意的均匀系统中，式(3.3.4)和式(3.3.5)都可用来计算系统熵变。若把热力学能 U 看作是 T、V 的函数，使用式(3.3.4)就是把熵也看作了 T、V 的函数。同理，若把焓 H

看作是 T、p 的函数，使用式(3.3.5)就是把熵也看作了 T、p 的函数。两式是等价的，只是形式不同而已。

(1) 理想气体单纯 pVT 变化过程熵变的计算

理想气体是不能液化的，因此不存在相的变化，在单纯的 pVT 变化中，其 $C_{V,\mathrm{m}}$ 和 $C_{p,\mathrm{m}}$ 是常数，将理想气体状态方程代入式(3.3.4)和式(3.3.5)后积分可得

$$\Delta S = nC_{V,\mathrm{m}}\ln\frac{T_2}{T_1} + nR\ln\frac{V_2}{V_1} \tag{3.4.1}$$

$$\Delta S = nC_{p,\mathrm{m}}\ln\frac{T_2}{T_1} + nR\ln\frac{p_1}{p_2} \tag{3.4.2}$$

将 $\frac{T_2}{T_1}=\frac{p_2V_2}{p_1V_1}$ 及 $C_{p,\mathrm{m}}=C_{V,\mathrm{m}}+R$ 代入式(3.4.2)可得

$$\Delta S = nC_{p,\mathrm{m}}\ln\frac{V_2}{V_1} + nC_{V,\mathrm{m}}\ln\frac{p_2}{p_1} \tag{3.4.3}$$

利用以上三式可进行理想气体单纯 pVT 变化的任何过程熵变的计算。熵是状态函数，其变化量与途径无关，因此上述三式与实际过程的可逆与否无关。另外，从公式的推导过程可知，上述三式是等效的，根据已知条件，可以选取其中任意一个进行理想气体状态变化过程熵变的计算。

对于理想气体的绝热可逆过程$(p_1,V_1,T_1)\rightarrow(p_2,V_2,T_2)$，$\Delta S=0$，代入式(3.4.1)～式(3.4.3) 后分别可得

$$T_1V_1^{\gamma-1}=T_2V_2^{\gamma-1}, T_1^{\gamma}p_1^{1-\gamma}=T_2^{\gamma}p_2^{1-\gamma}, p_1V_1^{\gamma}=p_2V_2^{\gamma}$$

即，由热力学第二定律也可以推出理想气体绝热可逆过程方程式。

对于理想气体的绝热不可逆过程$(p_1,V_1,T_1)\rightarrow(p'_2,V_2,T'_2)$或$(p_1,V_1,T_1)\rightarrow(p_2,V''_2,T''_2)$，根据热力学第二定律，$\Delta S>0$，则由上面的公式推导过程可知

$$T'_2V_2^{\gamma-1}>T_1V_1^{\gamma-1}=T_2V_2^{\gamma-1}$$

$$T''_2p_2^{(1-\gamma)/\gamma}>T_1p_1^{(1-\gamma)/\gamma}=T_2p_2^{(1-\gamma)/\gamma}$$

以上两式说明，理想气体从同一个始态出发，分别经历绝热可逆和绝热不可逆过程到达同一个终态体积或同一终态压力时，不可逆过程的终态温度(T'或 T'')比可逆过程的终态温度高。亦即，理想气体从同一个始态出发，分别经历绝热可逆过程和绝热不可逆过程，不可能有相同的终态。因此在理想气体绝热不可逆过程的始终态间设计可逆过程时必然有一步是不绝热的，这和理想气体绝热不可逆过程的熵变 $\Delta S\neq0$ 是一致的。在计算理想气体绝热不可逆过程的熵变时直接使用式(3.4.1)～式(3.4.3)即可。

【例 3.4.1】 1.00mol 双原子理想气体，从始态 $T_1=450\mathrm{K}$、$p_1=210\mathrm{kPa}$ 经绝热反抗恒定环境压力 $p_2=120\mathrm{kPa}$ 膨胀到平衡态，求该过程系统的熵变 ΔS。

解 已知终态性质(p_2,V_2,T_2) 中的 p_2，为求 ΔS 要首先求出另外两个状态性质中的一个，根据本题其他已知条件，求出终态温度即可。

因为过程绝热恒压外，$Q=0$，$W=-p_2(V_2-V_1)$，根据热力学第一定律得

$$\Delta U=W=-p_2(V_2-V_1)$$

因为理想气体的热力学能只与温度有关，该过程的热力学能变亦可表示为

$$\Delta U=nC_{V,\mathrm{m}}(T_2-T_1)$$

所以
$$nC_{V,\mathrm{m}}(T_2-T_1)=-p_2(V_2-V_1)=-nRT_2+\frac{nRT_1}{p_1}p_2$$

将题给已知条件及双原子理想气体的 $C_{V,\mathrm{m}}=\frac{5}{2}R$ 代入上式可求得

$$T_2=395\mathrm{K}$$

将此结果和其他已知条件代入式(3.4.2)

$$\begin{aligned}\Delta S&=nC_{p,\mathrm{m}}\ln\frac{T_2}{T_1}+nR\ln\frac{p_1}{p_2}\\&=\left(1.00\times3.5\times8.314\times\ln\frac{395}{450}+1.00\times8.314\times\ln\frac{210}{120}\right)\mathrm{J\cdot K^{-1}}=0.859\mathrm{J\cdot K^{-1}}\end{aligned}$$

(2) 非理想气体单纯 pVT 变化过程熵变的计算

非理想气体状态方程比理想气体状态方程复杂得多，代入式(3.3.3)和式(3.3.4)后积分求熵变要复杂很多，有时甚至无法积分，所以往往要另辟蹊径求算。待本章学习完热力学基本方程及麦克斯韦关系式后，很容易从 $S=S(T,V)$ 和 $S=S(T,p)$经推导得出下述关系式

$$\mathrm{d}S=\frac{C_V}{T}\mathrm{d}T+\left(\frac{\partial p}{\partial T}\right)_V\mathrm{d}V \tag{3.4.4}$$

$$\mathrm{d}S=\frac{C_p}{T}\mathrm{d}T-\left(\frac{\partial V}{\partial T}\right)_p\mathrm{d}p \tag{3.4.5}$$

对于非理想气体熵变的计算，只要将其状态方程和热容代入式(3.4.4)和式(3.4.5)后积分即可。将理想气体状态方程和热容代入上述两式积分后同样可得到式(3.4.1)～式(3.4.3)。

(3) 组成不变的凝聚态系统单纯 pVT 变化过程熵变的计算

① 恒容过程　对于不做非体积功的封闭系统的恒容过程，由式(3.3.4)可得

$$\Delta S=n\int_{T_1}^{T_2}\frac{C_{V,\mathrm{m}}\mathrm{d}T}{T}$$

若在这个温度区间上 $C_{V,\mathrm{m}}$ 是常数，则

$$\Delta S=nC_{V,\mathrm{m}}\ln\frac{T_2}{T_1}$$

② 恒压过程　对于不做非体积功的封闭系统的恒压过程，由式(3.3.5) 可得

$$\Delta S=n\int_{T_1}^{T_2}\frac{C_{p,\mathrm{m}}\mathrm{d}T}{T}$$

若在这个温度区间上 $C_{p,\mathrm{m}}$是常数，则

$$\Delta S=nC_{p,\mathrm{m}}\ln\frac{T_2}{T_1}$$

③ 非恒容恒压过程　一般压力下，当液体或固体的温度发生变化时，体积虽然变化不大，但也不能当成恒容过程，因为，要想使液体或固体保持绝对的恒容，则在变温过程中对体系施加的压力变化巨大，式(3.4.4)中$\left(\dfrac{\partial p}{\partial T}\right)_V \mathrm{d}V$项不能忽略。从熵的物理意义上亦可得出此结论，即液体或者固体所受的压力发生非常大的变化时，物体的内部结构发生变化，体系的混乱度(熵)也将发生变化。

由于固体或液体的性质受压力的影响较小，当过程中不恒压，但压力变化不是太大时，可以近似按恒压过程处理，在这种情况下，式(3.4.5)中的$\left(\dfrac{\partial V}{\partial T}\right)_p \mathrm{d}p$项可以忽略。这一点也可以从熵的物理意义得到理解。

(4) 理想气体、凝聚态物质的混合或传热过程的熵变

对理想气体混合，指的是两种或两种以上不同理想气体的混合。计算熵变的原则是先分别计算各组成部分的熵变，然后求和。如果涉及传热，原则是内部传热，对环境绝热。

①不同理想气体恒温、恒压混合过程　这种过程是指各组分在混合前的温度和压力相同并且等于混合后气体的温度和压力。

【例 3.4.2】 在一个内部由隔板隔开的容器中，一边有n_{N_2}的氮气，一边有n_{O_2}的氧气，温度都为T，压力为p，抽去隔板后气体发生混合，求这一过程的熵变$\Delta_{mix}S$。气体视为理想气体。

解　由于混合前两部分的温度和压力都相等，则混合过程中温度和压力不发生变化。则

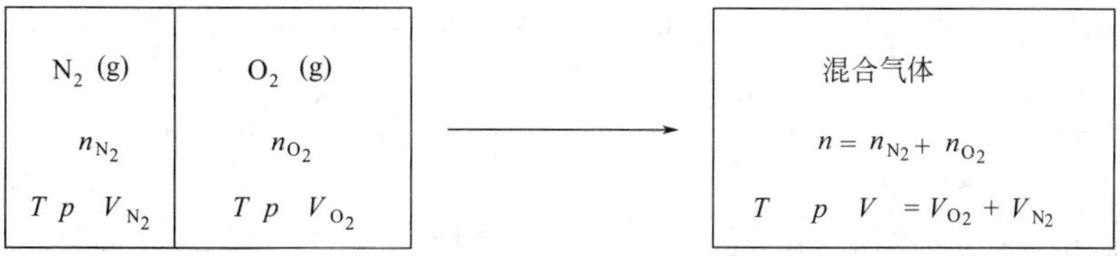

N_2 (g)	O_2 (g)	→	混合气体
n_{N_2}	n_{O_2}		$n = n_{N_2} + n_{O_2}$
T p V_{N_2}	T p V_{O_2}		T p $V = V_{O_2} + V_{N_2}$

对于每一个组分，相当于一个恒温变容过程(或恒温变压过程：混合后各组分的分压与初始压力不同)。由式(3.4.1)可知

对于 N_2(g)　$\Delta S_{N_2} = n_{N_2} R\ln\dfrac{V}{V_{N_2}} = -n_{N_2} R\ln\dfrac{V_{N_2}}{V} = -n_{N_2} R\ln y_{N_2}$

对于 O_2(g)　$\Delta S_{O_2} = n_{O_2} R\ln\dfrac{V}{V_{O_2}} = -n_{O_2} R\ln y_{O_2}$

$$\Delta_{mix}S = \Delta S_{N_2} + \Delta S_{O_2} = n_{N_2} R\ln\frac{V}{V_{N_2}} + n_{O_2} R\ln\frac{V}{V_{O_2}} = -R(n_{N_2}\ln y_{N_2} + n_{O_2}\ln y_{O_2})$$

式中，y是某组分的摩尔分数。

由上式可知$\Delta_{mix}S>0$，又由于恒温恒压的理想气体的混合过程中，系统和环境之间没有热和功的交换，系统可看作隔离系统，所以这个过程是不可逆过程。

② 不同理想气体的变温混合过程

【例 3.4.3】 在一个绝热容器中有一隔板，将容器分成两部分，一边有 2.00mol、0℃的氧气，一边有 3.00mol、100℃的氩气，压力都为 100kPa，气体视为理想气体。求：在恒压绝热条件下混合达平衡时过程的ΔS、W和ΔU。

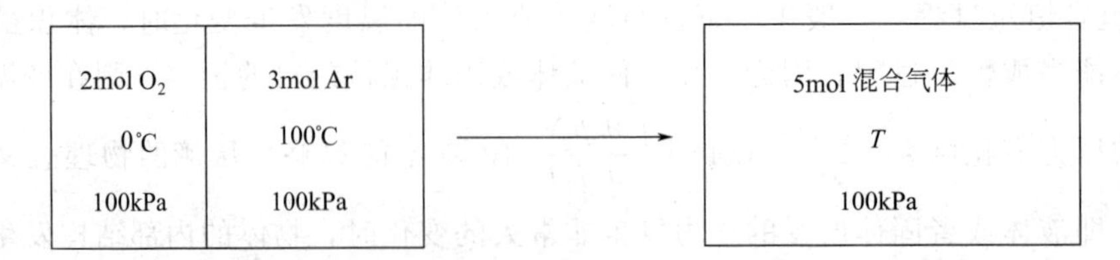

解 由于系统由理想气体组成，只要知道每种理想气体在变化过程中的熵变，就可求得整个过程的熵变，为此必须求得系统的终态。由于过程恒压、绝热，所以

$$\Delta H = Q_p = 0$$

$$\begin{aligned}\Delta H &= n_{O_2} C_{p,m,O_2}(T - T_{0,O_2}) + n_{Ar} C_{p,m,Ar}(T - T_{0,Ar}) \\ &= 2.00 \times \frac{7}{2} R(T - 273) + 3.00 \times \frac{5}{2} R(T - 373) = 0\end{aligned}$$

解得终态温度 $T = 325\text{K}$

终态混合气体中$O_2(g)$的分压为 $p_{O_2} = y_{O_2} p = \frac{2}{5} \times 100\text{kPa}$

Ar(g)的分压为 $p_{Ar} = y_{Ar} p = \frac{3}{5} \times 100\text{kPa}$

由式(3.4.2) 可知，过程的总熵变为

$$\begin{aligned}\Delta S &= \Delta S_{O_2} + \Delta S_{Ar} \\ &= \left(n_{O_2} C_{p,m,O_2} \ln \frac{T}{T_{0,O_2}} + n_{O_2} R \ln \frac{p_{0,O_2}}{p_{O_2}}\right) + \left(n_{Ar} C_{p,m,Ar} \ln \frac{T}{T_{0,Ar}} + n_{Ar} R \ln \frac{p_{0,Ar}}{p_{Ar}}\right) \\ &= \left(2.00 \times \frac{7}{2} \times 8.314 \times \ln \frac{325}{273} + 2.00 \times 8.314 \times \ln \frac{5}{2}\right) \text{J} \cdot \text{K}^{-1} + \\ &\quad \left(3.00 \times \frac{5}{2} \times 8.314 \times \ln \frac{325}{373} + 3.00 \times 8.314 \times \ln \frac{5}{3}\right) \text{J} \cdot \text{K}^{-1} = 29.53 \text{J} \cdot \text{K}^{-1}\end{aligned}$$

$\Delta S > 0$，过程绝热，环境熵变为零，所以过程是不可逆的。

$$\begin{aligned}W &= \Delta U = \Delta U_{O_2} + \Delta U_{Ar} = n_{O_2} C_{V,m,O_2}(T - T_{0,O_2}) + n_{Ar} C_{V,m,Ar}(T - T_{0,Ar}) \\ &= \left[2.00 \times \frac{5}{2} \times 8.314 \times (325 - 273) + 3.00 \times \frac{3}{2} \times 8.314 \times (325 - 373)\right] \text{J} = 366\text{J}\end{aligned}$$

③ 不同状态的同种液态物质的混合过程　通常是相同压力不同温度、不同体积的同一种物质的混合。

【例 3.4.4】 在 100kPa 的绝热条件下，将 2.00mol、280K 的水(1) 与 5.00mol、360K 的水(2) 混合，求该过程的熵变。已知 $C_{p,m,H_2O(l)} = 75.29 \text{ J} \cdot \text{mol}^{-1} \cdot \text{K}^{-1}$。

解 因为是同种物质的混合，它相当于1、2 两部分的简单接触，两部分间有热量传递。因为对环境绝热，所以，

$$\Delta H = Q_p = 0$$

$$\begin{aligned}\Delta H &= n_1 C_{p,m,1}(T - T_{0,1}) + n_2 C_{p,m,2}(T - T_{0,2}) \\ &= 2.00 \times 75.29 \times (T - 280) + 5.00 \times 75.29 \times (T - 360) = 0\end{aligned}$$

解得 $T = 337\text{K}$。总熵变等于两部分熵变的和。

$$\Delta S=\Delta S_1+\Delta S_2=n_1C_{p,\mathrm{m}}\ln\frac{T}{T_{0,1}}+n_2C_{p,\mathrm{m}}\ln\frac{T}{T_{0,2}}$$

$$=\left(2.00\times75.29\times\ln\frac{337}{280}+5.00\times75.29\times\ln\frac{337}{360}\right)\mathrm{J\cdot K^{-1}}=3.05\mathrm{J\cdot K^{-1}}$$

在这个绝热过程中，$\Delta S>0$，所以过程是不可逆的。

两不同温度的固体接触传热引起的熵变，计算方法与此例相同，即只考虑两固体接触传热后温度变化引起的熵变。

两热源之间传热熵变计算，先单独计算每个热源的熵变，然后求和即可。

3.4.2　相变过程熵变的计算

相变过程熵变的计算分两种情况，即：可逆相变过程熵变的计算和不可逆相变过程熵变的计算。

(1) 可逆相变过程

根据可逆过程的定义，系统在无限接近平衡态下的相变过程为可逆相变过程，即系统在某温度所对应的饱和蒸气压下进行的恒温恒压相变是可逆相变。例如，水在100℃时的饱和蒸气压是101.325kPa，则液态水在100℃、101.325kPa下变为水蒸气或者100℃的水蒸气在101.325kPa下变为液态水都是可逆相变。根据熵的定义，可逆相变过程的熵变为

$$\Delta_\alpha^\beta S=\frac{Q_\mathrm{r}}{T}=\frac{n\Delta_\alpha^\beta H_\mathrm{m}}{T}\tag{3.4.6}$$

式中，$\Delta_\alpha^\beta H_\mathrm{m}$为物质的摩尔相变焓。

【例3.4.5】 1.00mol水蒸气在373.15K、101.325kPa下凝结为水，求过程的熵变。查热力学数据表知水在373.15K、101.325kPa下的摩尔汽化热$\Delta_\mathrm{vap}H_\mathrm{m}=4.06\times10^4\mathrm{J\cdot mol^{-1}}$。

解　题给过程是可逆相变过程，所以过程的熵变为

$$\Delta_\mathrm{g}^\mathrm{l}S=\frac{n\Delta_\mathrm{g}^\mathrm{l}H_\mathrm{m}}{T}=\frac{-n\Delta_\mathrm{vap}H_\mathrm{m}}{T}=\frac{-1.00\times4.06\times10^4}{373.15}\mathrm{J\cdot K^{-1}}=-109\mathrm{J\cdot K^{-1}}$$

如果缺少要求温度下的相变焓数据时，可以用上一章所介绍的方法，利用已知温度下的相变焓以及相变物质在对应温度区间的热容数据，计算要求温度下的相变焓，然后再用上述方法计算熵变。

(2) 不可逆相变过程

所谓不可逆相变是指相变过程中系统的状态不是无限接近于平衡态。例如，101.325kPa下，105℃的过热水蒸发为水蒸气、95℃的过饱和水蒸气凝结为水、−10℃的过冷水凝固为冰等过程都是不可逆相变过程。计算不可逆过程的熵变时，需要在始终态间设计一个可逆途径。

【例3.4.6】 101.325kPa下，2.00mol、268.15K的过冷水凝固为同温度下的冰，求过程的熵变和环境的熵变。已知水的热容$C_{p,\mathrm{m,H_2O(l)}}=75.3\mathrm{J\cdot K^{-1}\cdot mol^{-1}}$，冰的热容$C_{p,\mathrm{m,H_2O(s)}}=37.6\mathrm{J\cdot K^{-1}\cdot mol^{-1}}$，101.325kPa下水的凝固热为$\Delta_\mathrm{l}^\mathrm{s}H_\mathrm{m}(273.15)=-6.02\mathrm{kJ\cdot mol^{-1}}$。

解　题中所给相变为不可逆相变，为求得过程的ΔS，根据题中所给条件，在始终态间设计一条可逆途径。

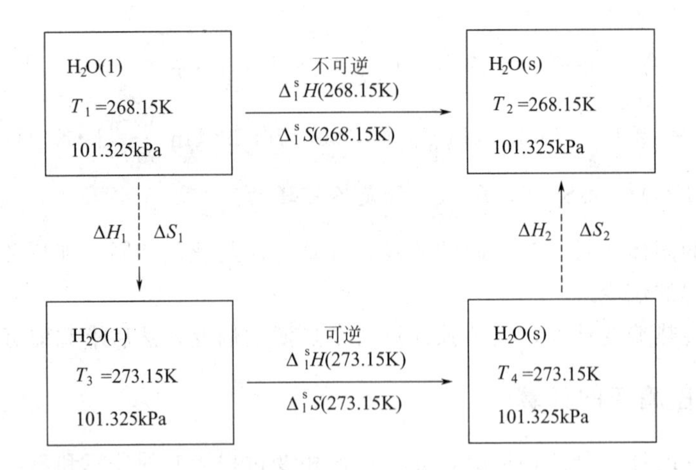

由状态函数的性质可知 $\Delta_l^s S(268.15\text{K})=\Delta S_1+\Delta_l^s S(273.15\text{K})+\Delta S_2$

$$\Delta S_1=nC_{p,\text{m},H_2O(l)}\ln\frac{T_3}{T_1}=\left(2.00\times75.3\times\ln\frac{273.15}{268.15}\right)\text{J}\cdot\text{K}^{-1}=2.78\ \text{J}\cdot\text{K}^{-1}$$

$$\Delta_l^s S(273.15\text{K})=\frac{n\Delta_l^s H_\text{m}}{T}=\left(\frac{2.00\times(-6.02)}{273.15}\right)\text{kJ}\cdot\text{K}^{-1}=-44.1\ \text{J}\cdot\text{K}^{-1}$$

$$\Delta S_2=nC_{p,\text{m},H_2O(s)}\ln\frac{T_2}{T_4}=\left(2.00\times37.6\times\ln\frac{268.15}{273.15}\right)\text{J}\cdot\text{K}^{-1}=-1.38\ \text{J}\cdot\text{K}^{-1}$$

所以
$$\Delta_l^s S(268.15\text{K})=-42.7\ \text{J}\cdot\text{K}^{-1}。$$

此过程系统熵变为负值是由于液体水变冰的过程，系统的混乱度降低、有序度增加了。

环境熵变为

$$\Delta S_\text{sur}=\frac{-Q_\text{sys}}{T}=\frac{-\Delta_l^s H(268.15\text{K})}{T}$$

$$\begin{aligned}\Delta_l^s H(268.15\text{K})&=\Delta H_1+\Delta_l^s H(273.15\text{K})+\Delta H_2\\&=n[C_{p,\text{m},H_2O(l)}(T_3-T_1)+\Delta_l^s H_\text{m}(273.15\text{K})+C_{p,\text{m},H_2O(s)}(T_2-T_4)]\\&=[2.00\times(75.3\times5.00-6.02\times10^3-37.6\times5.00)]\text{J}\\&=-11.7\times10^3\ \text{J}\end{aligned}$$

$$\Delta S_\text{sur}=\frac{11.7\times10^3}{268.15}\text{J}\cdot\text{K}^{-1}=43.6\text{J}\cdot\text{K}^{-1}$$

过程的总熵变为 $\Delta S_\text{tot}=\Delta S_\text{sys}+\Delta S_\text{sur}=(-42.7+43.6)\text{J}\cdot\text{K}^{-1}=0.9\text{J}\cdot\text{K}^{-1}>0$，说明该过程是不可逆过程。

3.5 Helmholtz 函数和 Gibbs 函数

总熵判据只能判断变化是否可逆，不能判断变化是否自发。通常相变化是在恒温、恒压条件下进行的，化学反应也是在恒温、恒压或恒温、恒容条件下进行的。亥姆霍兹(Helmholtz) 和吉布斯(Gibbs) 在上述条件下定义了两个新状态函数，用系统自身这两个状态函数(即系统自身的性质)的变化可以很方便地判断这些过程的方向和限度。

3.5.1 亥姆霍兹(Helmholtz)函数

设有一个系统从温度为 T_{sur} 的环境中吸热 δQ，则根据热力学第二定律

$$dS \geqslant \frac{\delta Q}{T_{sur}} \quad \begin{pmatrix} > & \text{不可逆} \\ = & \text{可 逆} \end{pmatrix}$$

由封闭系统热力学第一定律 $\delta Q = dU - \delta W$，代入上式可得

$$dU - T_{sur} dS \leqslant \delta W$$

如果过程恒温，即 $T = T_1 = T_2 = T_{sur}$，则

$$d(U - TS) \leqslant \delta W \tag{3.5.1}$$

定义

$$A = U - TS \tag{3.5.2}$$

A 称为亥姆霍兹(Helmholtz)函数。由于 U、T 和 S 都是状态函数，因此 A 也是状态函数，是一个广度量，具有能量的量纲。将式(3.5.2)代入式(3.5.1)可得

$$dA \leqslant \delta W \quad \begin{pmatrix} < & \text{不可逆} \\ = & \text{可 逆} \end{pmatrix} \tag{3.5.3}$$

或

$$-dA \geqslant -\delta W \quad \begin{pmatrix} > & \text{不可逆} \\ = & \text{可 逆} \end{pmatrix} \tag{3.5.4}$$

此式的物理意义是，在恒温过程中，封闭系统所做的最大功等于系统亥姆霍兹函数的减少，因此亥姆霍兹函数可理解为恒温过程中系统做功的能力。在恒温可逆过程中，系统亥姆霍兹函数的减少等于系统对外所做的功，若过程是不可逆的，则系统所做的功小于其亥姆霍兹函数的减少，在恒温条件下，不可能发生系统对外所做的功大于其亥姆霍兹函数减少的过程。式(3.5.3)与式(3.5.4)是等价的。上两式也同时说明，在恒温可逆过程中系统对环境做最大功，环境对系统做最小功。

式(3.5.3)中的功 δW 是体积功 $-p_{sur}dV$ 和非体积功 $\delta W'$ 的加和。对于封闭系统的恒温、恒容过程，体积功为零，则 $\delta W = \delta W'$，式(3.5.3)变为

$$dA_{T,V} \leqslant \delta W' \quad \begin{pmatrix} < & \text{不可逆} \\ = & \text{可 逆} \end{pmatrix} \tag{3.5.5}$$

在恒温、恒容的条件下，式(3.5.5)亦可做出类似于式(3.5.3)和式(3.5.4)的讨论。

3.5.2 吉布斯(Gibbs)函数

式(3.5.1)中的功 δW 可以表示为 $\delta W = -p_{sur}dV + \delta W'$，则在恒温条件下有

$$d(U - TS) \leqslant -p_{sur}dV + \delta W'$$

如果过程同时又恒压，即 $p_1 = p_2 = p = p_{sur}$，则上式可写为

$$d(U - TS + pV) \leqslant \delta W'$$

或

$$d(H - TS) \leqslant \delta W' \quad \begin{pmatrix} < & \text{不可逆} \\ = & \text{可 逆} \end{pmatrix} \tag{3.5.6}$$

定义 $$G=H-TS \tag{3.5.7}$$

G 称为Gibbs函数，由于 H、T 和 S 都是状态函数，因此 G 也是状态函数，是一个广度量，具有能量的量纲。将式(3.5.7)代入式(3.5.6)可得

$$\mathrm{d}G \leqslant \delta W' \quad \begin{pmatrix} < & \text{不可逆} \\ = & \text{可　逆} \end{pmatrix} \tag{3.5.8}$$

或 $$-\mathrm{d}G \geqslant -\delta W' \quad \begin{pmatrix} > & \text{不可逆} \\ = & \text{可　逆} \end{pmatrix} \tag{3.5.9}$$

式(3.5.9)的物理意义是，在恒温、恒压过程中，封闭系统所做的最大非体积功等于系统吉布斯函数的减少。在恒温、恒压可逆过程中，系统吉布斯函数的减少等于系统对外所做的非体积功，而过程不可逆时，系统所做的非体积功小于其吉布斯函数的减少，在恒温、恒压条件下，不可能发生系统对外所做的非体积功大于其吉布斯函数减少的过程。式(3.5.8)与式(3.5.9)是等价的。

因为大多数的化学反应都是在恒温、恒压下进行的，因此，吉布斯函数比亥姆霍兹函数用的更多。

3.5.3 ΔA 和 ΔG 的计算

根据亥姆霍兹和吉布斯函数的定义式

$$A=U-TS$$

$$G=H-TS=U+pV-TS=A+pV$$

则 $$\mathrm{d}A=\mathrm{d}U-\mathrm{d}(TS)=\mathrm{d}U-T\mathrm{d}S-S\mathrm{d}T \tag{3.5.10}$$

$$\mathrm{d}G=\mathrm{d}H-\mathrm{d}(TS)=\mathrm{d}H-T\mathrm{d}S-S\mathrm{d}T \tag{3.5.11}$$

$$\mathrm{d}G=\mathrm{d}A+\mathrm{d}(pV)=\mathrm{d}A+p\mathrm{d}V+V\mathrm{d}p \tag{3.5.12}$$

根据不同过程的特点，选择上式进行积分即可计算出系统发生宏观变化时的 ΔA 和 ΔG。另外，因为 ΔA 和 ΔG 都是状态函数的增量，只与始终态有关，因此，如果所给途径不容易求算时，可以在始终态间设计新的途径进行求算。不容易求算的途径通常是不可逆途径，而新设计的途径通常是可逆途径。

(1) 恒温、无非体积功的单纯 pVT 变化(无相变和化学变化)

由式(3.5.3)可知，当 $\delta W'=0$ 时，$\mathrm{d}A=\delta W_\mathrm{r}=-p\mathrm{d}V$(r表示可逆)，将此式代入式(3.5.12)可得

$$\mathrm{d}G=-p\mathrm{d}V+p\mathrm{d}V+V\mathrm{d}p=V\mathrm{d}p$$

$$\Delta G=\int_{p_1}^{p_2} V\mathrm{d}p \tag{3.5.13}$$

此式适用于物质的各种状态。例如，对于理想气体

$$\Delta G=\int_{p_1}^{p_2} V\mathrm{d}p=\int_{p_1}^{p_2}\frac{nRT}{p}\mathrm{d}p=nRT\ln\frac{p_2}{p_1}=nRT\ln\frac{V_1}{V_2} \tag{3.5.14}$$

对于理想气体，在一定温度下 $d(pV)=0$，由式(3.5.12)可知 $dG=dA$，亦有 $\Delta G=\Delta A$。

对于凝聚态物质的变压过程，在一定温度下，压力变化不是很大时，其体积可以看作常数，所以 $\Delta G=\int_{p_1}^{p_2} V\mathrm{d}p\approx V\Delta p$，又由于凝聚态物质的体积较小，对于有气体参与的系统，凝聚态物质的 ΔG 可以忽略。系统的亥姆霍兹函数的变化为 $\Delta A=-\int_{V_1}^{V_2} p\mathrm{d}V$，由于 $V_2\approx V_1$，所以，$\Delta A=-\int_{V_1}^{V_2} p\mathrm{d}V\approx 0$。但是，凝聚态物质在恒温变容时，容积的微小变化都必须有非常大的压力的改变，系统的性质将发生非常大的变化，所以，此时吉布斯函数和亥姆霍兹函数都有较大的变化。

(2) 恒温、恒压的可逆相变

可逆相变过程没有非体积功，且恒温恒压，由式(3.5.8)可知，此过程

$$\Delta G=0$$

由式(3.5.3)可知，$\mathrm{d}A=\delta W_r=-p\mathrm{d}V$，积分可得

$$\Delta A=W_r=-p(V_2-V_1)=-p\Delta V$$

对于物质的凝聚态间的相变过程，$\Delta V\approx 0$，所以，$\Delta A\approx 0$。

对于汽化或者是升华过程，$V_2\gg V_1$，$\Delta A=-pV_2$，如果压力不高，气体可看作理想气体时

$$\Delta A=-pV_2=-n_gRT$$

(3) 恒温、恒压的不可逆相变

对于恒温恒压不可逆相变，要设计一个包括可逆相变的新途径，如例3.4.6那样，然后先求得过程的 ΔH 和 ΔS，再通过 $\Delta G=\Delta H-\Delta(TS)=\Delta H-T\Delta S$ 求得 ΔG。

【例 3.5.1】 标准压力下，1.00mol 氮气从25℃加热到225℃，求过程的 ΔH、ΔS 及 ΔG，已知氮气的 $S_m^{\ominus}(298.15\mathrm{K})=191.61\mathrm{J\cdot K^{-1}\cdot mol^{-1}}$，氮气可看作理想气体。

解 氮气看作双原子理想气体时，其 $C_{p,m}=\frac{7}{2}R$

$$\Delta H=nC_{p,m}(T_2-T_1)=[1.00\times\frac{7}{2}\times 8.314\times(498-298)]\mathrm{J}=5.82\times 10^3\mathrm{J}$$

由式(3.4.2)可知，在恒压条件下

$$\Delta S=nC_{p,m}\ln\frac{T_2}{T_1}=(1.00\times\frac{7}{2}\times 8.314\times\ln\frac{498}{298})\mathrm{J\cdot K^{-1}}=14.9\mathrm{J\cdot K^{-1}}$$

由 G 的定义式 $G=H-TS$ 可得

$$\Delta G=\Delta H-\Delta(TS)=\Delta H-(T_2S_2-T_1S_1)$$

$$S_2=S_1+\Delta S=(1.00\times 191.61+14.9)\mathrm{J\cdot K^{-1}}=206.5\mathrm{J\cdot K^{-1}}$$

所以 $\Delta G=[5.82\times 10^3-(498\times 206.5-298\times 191.61)]\mathrm{J}=-39.9\times 10^3\mathrm{J}$

【例 3.5.2】 101.325kPa 下，2.00mol、268.15K 的过冷水凝固为同温度下的冰，求过

程的 ΔG。已知条件同例 3.4.6。

解 像例 3.4.6 那样设计一个包含可逆相变的新途径，并求得

$$\Delta_{\mathrm{l}}^{\mathrm{s}}H(268.15\mathrm{K})=-11.7\times10^{3}\mathrm{J},\quad \Delta_{\mathrm{l}}^{\mathrm{s}}S(268.15\mathrm{K})=-42.7\mathrm{J\cdot K^{-1}}$$

则

$$\Delta G=\Delta H-T\Delta S=[-11.7\times10^{3}-268.15\times(-42.7)]\mathrm{J}=-250\mathrm{J}$$

3.6 组成不变的封闭系统的热力学关系式

到此，已经介绍了多个热力学状态函数，其中有的可直接测量其数值，如 p、V、T、$C_{V,\mathrm{m}}$、$C_{p,\mathrm{m}}$，有的则无法测量其数值(绝对值)，如 U、H、S、A、G。在后面这五个函数中，U 和 S 直接用于热力学第一定律和第二定律中，是主要函数，H、A 和 G 则是为了解决问题方便而人为定义的，是辅助函数。同样作为状态函数，它们之间有着许多联系，为了更好地利用这些函数进行能量转换的运算和变化方向的判定，下面对这些函数间的关系做进一步推导，尤其是要找出可测函数与不可测函数之间的关系。

3.6.1 热力学基本方程

前面第三小节将热力学第一定律与热力学第二定律结合，给出了不做非体积功且组成不变的封闭系统发生状态变化时的热力学能变关系式

$$\mathrm{d}U=T\mathrm{d}S-p\mathrm{d}V \tag{3.6.1}$$

公式中所有的变量都变成了状态函数或者其增量了，这些量只与始末状态有关，而与途径无关，因此式(3.6.1)被看作是热力学基本关系式之一。式(3.6.1)适用于没有非体积功参与且组成不变的封闭系统所发生的过程。这是因为它是 $U=U(S,V)$ 的全微分，$U=U(S,V)$ 中不包括组成变量，如果封闭系统的组成随着状态的变化而变化，如有不平衡的化学反应或相变化，热力学能将会受到组成变化的影响，$U=U(S,V)$ 式中将会增加表示组成项，式(3.6.1)中也需增加组成项。

由焓的定义式 $H=U+pV$ 可得，$\mathrm{d}H=\mathrm{d}U+p\mathrm{d}V+V\mathrm{d}p$，将式(3.6.1)代入此式可得

$$\mathrm{d}H=T\mathrm{d}S+V\mathrm{d}p \tag{3.6.2}$$

由亥姆霍兹函数定义式 $A=U-TS$ 可得 $\mathrm{d}A=\mathrm{d}U-T\mathrm{d}S-S\mathrm{d}T$，将式(3.6.1)代入此式可得

$$\mathrm{d}A=-S\mathrm{d}T-p\mathrm{d}V \tag{3.6.3}$$

由吉布斯函数定义式 $G=H-TS$ 可得 $\mathrm{d}G=\mathrm{d}H-T\mathrm{d}S-S\mathrm{d}T$，将式(3.6.2)代入此式可得

$$\mathrm{d}G=-S\mathrm{d}T+V\mathrm{d}p \tag{3.6.4}$$

式(3.6.1) ~ 式(3.6.4) 四个公式称为热力学基本方程，它们的适用条件和式(3.6.1) 相同。从这四个基本方程出发可以导出许多有用的热力学关系式。

3.6.2 对应系数关系和吉布斯-亥姆霍兹方程

(1) 对应系数关系

对于不做非体积功且组成不变的封闭系统，热力学能可以表示为$U=U(S, V)$，此式的全微分为

$$\mathrm{d}U=\left(\frac{\partial U}{\partial S}\right)_V \mathrm{d}S+\left(\frac{\partial U}{\partial V}\right)_S \mathrm{d}V$$

将此式和式(3.6.1) 比较，对应项应该相等，则有

$$\left(\frac{\partial U}{\partial S}\right)_V=T, \quad \left(\frac{\partial U}{\partial V}\right)_S=-p \tag{3.6.5}$$

式(3.6.5) 也可以按如下方式得到，即在 V 一定的条件下，在式(3.6.1) 两边同除以 $\mathrm{d}S$ 得 $\left(\frac{\partial U}{\partial S}\right)_V=T$，在 S 一定的条件下，两边同除以 $\mathrm{d}V$ 得$\left(\frac{\partial U}{\partial V}\right)_S=-p$。

同理，由式(3.6.2) ~ 式(3.6.4) 可得

$$\left(\frac{\partial H}{\partial S}\right)_p=T, \quad \left(\frac{\partial H}{\partial p}\right)_S=V \tag{3.6.6}$$

$$\left(\frac{\partial A}{\partial T}\right)_V=-S, \quad \left(\frac{\partial A}{\partial V}\right)_T=-p \tag{3.6.7}$$

$$\left(\frac{\partial G}{\partial T}\right)_p=-S, \quad \left(\frac{\partial G}{\partial p}\right)_T=V \tag{3.6.8}$$

以上八个关系式称为对应系数关系式。由这些关系式可以获得许多信息，如：由 $\left(\frac{\partial G}{\partial p}\right)_T=V$ 可知，因为 V 总为正值，所以一定温度下，压力增加系统的吉布斯函数增大，并且系统的体积越大，其吉布斯函数受压力的影响就越大。例如，对于一定量的物质，其气态的吉布斯函数在一定温度下受压力的影响较大，而凝聚态则受压力的影响较小。又由 $\left(\frac{\partial G}{\partial T}\right)_p=-S$ 可知，因为 S 总为正值，所以一定压力下，温度越高，系统的吉布斯函数越小。除了有这样的物理意义外，对应系数关系式还对推导其他热力学关系式有帮助，如下面将要介绍的吉布斯-亥姆霍兹方程。

(2) 吉布斯-亥姆霍兹方程

G 和 A 都是状态函数，与温度有关，如果知道了 G 和 A 与温度的关系，就可以由一个温度下的 ΔG 或 ΔA 求得另一个温度下的 ΔG 或 ΔA。

一种 G 与 T 之间的关系可以表示为$\left[\frac{\partial (G/T)}{\partial T}\right]_p$，则

$$\left[\frac{\partial(G/T)}{\partial T}\right]_p=\frac{1}{T}\left(\frac{\partial G}{\partial T}\right)_p-\frac{G}{T^2}=-\frac{S}{T}-\frac{G}{T^2}=-\frac{TS+G}{T^2}=-\frac{H}{T^2} \quad (3.6.9)$$

同理可得

$$\left[\frac{\partial(A/T)}{\partial T}\right]_V=-\frac{U}{T^2} \quad (3.6.10)$$

将其用于物理或化学变化的 ΔG 或 ΔA，在温度变化时则有

$$\left[\frac{\partial(\Delta G/T)}{\partial T}\right]_p=-\frac{\Delta H}{T^2} \quad (3.6.11)$$

$$\left[\frac{\partial(\Delta A/T)}{\partial T}\right]_V=-\frac{\Delta U}{T^2} \quad (3.6.12)$$

积分这两个式子，便可求得其他温度下发生的物理或化学变化的 ΔG 或 ΔA。

以上四式均称为吉布斯-亥姆霍兹方程。这些方程将在后续章节讨论温度对化学平衡的影响时使用。

3.6.3 麦克斯韦（Maxwell）关系式、循环公式及其应用

(1) 麦克斯韦(Maxwell) 关系式

在数学上，状态函数具有全微分的性质。设 $z=f(x, y)$ 是状态函数，则其全微分为

$$dz=\left(\frac{\partial z}{\partial x}\right)_y dx+\left(\frac{\partial z}{\partial y}\right)_x dy=M dx+N dy$$

上式中 $M=\left(\frac{\partial z}{\partial x}\right)_y$ 和 $N=\left(\frac{\partial z}{\partial y}\right)_x$ 也是 x 与 y 的函数，则有

$$\left(\frac{\partial M}{\partial y}\right)_x=\frac{\partial^2 z}{\partial x \partial y},\quad \left(\frac{\partial N}{\partial x}\right)_y=\frac{\partial^2 z}{\partial y \partial x}$$

所以

$$\left(\frac{\partial M}{\partial y}\right)_x=\left(\frac{\partial N}{\partial x}\right)_y \quad (3.6.13)$$

将式(3.6.13) 应用到式(3.6.1) ～ 式(3.6.4) 可得

$$\left(\frac{\partial T}{\partial V}\right)_S=-\left(\frac{\partial p}{\partial S}\right)_V \quad (3.6.14)$$

$$\left(\frac{\partial T}{\partial p}\right)_S=\left(\frac{\partial V}{\partial S}\right)_p \quad (3.6.15)$$

$$\left(\frac{\partial S}{\partial V}\right)_T=\left(\frac{\partial p}{\partial T}\right)_V \quad (3.6.16)$$

$$\left(\frac{\partial S}{\partial p}\right)_T=-\left(\frac{\partial V}{\partial T}\right)_p \quad (3.6.17)$$

式(3.6.14) ～ 式(3.6.17) 称为麦克斯韦(Maxwell) 关系式。这些式子的一个作用是用

容易由实验测量的偏微分表示不容易由实验测量的偏微分。例如最后两个关系式中，等号左侧不易由实验直接测定，而右侧则是容易测定的。

（2）循环公式

对于组成不变的封闭系统，任意两个独立的状态函数确定后，系统的状态就完全确定了，如温度和压力确定后，体积自然就确定了，亦即，任意一个状态函数可以表示为其他两个状态函数的函数，也就是说，系统只有两个独立的状态函数，所谓独立是说在维持系统组成不变这个前提下，两者可以任意变动。设 x、y、z 为系统的状态函数，则有，$z=z(x,y)$，其全微分为

$$\mathrm{d}z=\left(\frac{\partial z}{\partial x}\right)_y\mathrm{d}x+\left(\frac{\partial z}{\partial y}\right)_x\mathrm{d}y$$

恒 z 下两边同除以 $\mathrm{d}y$ 得 $\left(\frac{\partial x}{\partial y}\right)_z=-\frac{(\partial z/\partial y)_x}{(\partial z/\partial x)_y}$，恒 x 下两边同除以 $\mathrm{d}z$ 得 $\left(\frac{\partial y}{\partial z}\right)_x=\frac{1}{(\partial z/\partial y)_x}$，所以有

$$\left(\frac{\partial z}{\partial x}\right)_y\left(\frac{\partial x}{\partial y}\right)_z\left(\frac{\partial y}{\partial z}\right)_x=-1$$

上式称为循环公式。即对于函数 $z=z(x,y)$，其三个变量的顺序求偏导的积为 -1。如，对于函数 $p=p(T,V)$ 有

$$\left(\frac{\partial p}{\partial T}\right)_V\left(\frac{\partial T}{\partial V}\right)_p\left(\frac{\partial V}{\partial p}\right)_T=-1 \tag{3.6.18}$$

循环公式在热力学关系的推导中也经常被使用。

（3）麦克斯韦（Maxwell）关系式的应用

① 热力学能 U 与可测量 p、V、T 间的关系　前已述及，对于组成不变的封闭系统，只要系统的两个独立的状态函数确定后，系统的状态就确定了，因此，热力学能可以表示为 $U=U(T,V)$，其全微分为

$$\mathrm{d}U=\left(\frac{\partial U}{\partial T}\right)_V\mathrm{d}T+\left(\frac{\partial U}{\partial V}\right)_T\mathrm{d}V=nC_{V,\mathrm{m}}\mathrm{d}T+\left(\frac{\partial U}{\partial V}\right)_T\mathrm{d}V$$

由热力学基本方程 $\mathrm{d}U=T\mathrm{d}S-p\mathrm{d}V$ 可得

$$\left(\frac{\partial U}{\partial V}\right)_T=T\left(\frac{\partial S}{\partial V}\right)_T-p$$

将麦克斯韦关系式 $\left(\frac{\partial S}{\partial V}\right)_T=\left(\frac{\partial p}{\partial T}\right)_V$ 代入上式可得

$$\left(\frac{\partial U}{\partial V}\right)_T=T\left(\frac{\partial p}{\partial T}\right)_V-p \tag{3.6.19}$$

所以

$$\mathrm{d}U=nC_{V,\mathrm{m}}\mathrm{d}T+\left[T\left(\frac{\partial p}{\partial T}\right)_V-p\right]\mathrm{d}V \tag{3.6.20}$$

至此，系统状态变化时热力学能的改变量就完全由可测量的物理量表达了。

对于理想气体，由其状态方程 $p=\frac{nRT}{V}$ 可求得 $\left(\frac{\partial p}{\partial T}\right)_V=\frac{nR}{V}$，代入式(3.6.19)可得

$$\left(\frac{\partial U}{\partial V}\right)_T=T\frac{nR}{V}-p=0$$

即，在一定温度下，理想气体的热力学能与体积无关。

对于一定量的理想气体，如果温度一定，压力的改变不会改变理想气体的热力学能。这一点也可以做如下的数学证明。

由数学上的链关系式可知 $\left(\frac{\partial U}{\partial p}\right)_T=\left(\frac{\partial U}{\partial V}\right)_T\left(\frac{\partial V}{\partial p}\right)_T$，将式(3.6.19)代入此式可得

$$\left(\frac{\partial U}{\partial p}\right)_T=\left[T\left(\frac{\partial p}{\partial T}\right)_V-p\right]\left(\frac{\partial V}{\partial p}\right)_T=T\left(\frac{\partial p}{\partial T}\right)_V\left(\frac{\partial V}{\partial p}\right)_T-p\left(\frac{\partial V}{\partial p}\right)_T$$

压力可以表示为 $p=p(T,V)$，其对应的循环公式为 $\left(\frac{\partial p}{\partial T}\right)_V\left(\frac{\partial T}{\partial V}\right)_p\left(\frac{\partial V}{\partial p}\right)_T=-1$，所以 $\left(\frac{\partial p}{\partial T}\right)_V\left(\frac{\partial V}{\partial p}\right)_T=-\left(\frac{\partial V}{\partial T}\right)_p$，代入上式可得

$$\left(\frac{\partial U}{\partial p}\right)_T=-T\left(\frac{\partial V}{\partial T}\right)_p-p\left(\frac{\partial V}{\partial p}\right)_T \tag{3.6.21}$$

此式适用于组成不变的封闭系统。将理想气体方程代入此式可知结果为零，因此，理想气体的热力学能与压力无关。

对于范德华气体，由其状态方程 $p=\frac{nRT}{V-nb}-\frac{n^2a}{V^2}$ 可得 $\left(\frac{\partial p}{\partial T}\right)_V=\frac{nR}{V-nb}$，代入式(3.6.19)可得

$$\left(\frac{\partial U}{\partial V}\right)_T=T\frac{nR}{V-nb}-p=\frac{n^2a}{V^2}$$

因为范德华常数 $a>0$，所以 $\left(\frac{\partial U}{\partial V}\right)_T>0$，即在一定温度下，体积增加(也就是让气体分子间的距离增加时)，系统的热力学能增加，这说明范德华气体分子间存在吸引力。

② 焓 H 与可测量 p、V、T 间的关系　用类似于(1)中的处理方法，可以推导出(推导过程从略)

$$\left(\frac{\partial H}{\partial p}\right)_T=V-T\left(\frac{\partial V}{\partial T}\right)_p \tag{3.6.22}$$

$$\left(\frac{\partial H}{\partial V}\right)_T=T\left(\frac{\partial p}{\partial T}\right)_V+V\left(\frac{\partial p}{\partial V}\right)_T \tag{3.6.23}$$

$$\mathrm{d}H=nC_{p,\mathrm{m}}\mathrm{d}T+\left[V-T\left(\frac{\partial V}{\partial T}\right)_p\right]\mathrm{d}p \tag{3.6.24}$$

将理想气体方程代入式(3.6.22)和式(3.6.23)两式，结果为零，说明理想气体的焓也只是温度的函数，与压力及体积无关。

③ 熵 S 与可测量 p、V、T 间的关系　和热力学能一样，对于组成不变的系统，熵可以表示为其他任意两个独立的状态函数的函数，如 $S=S(T, p)$，其全微分为

$$\mathrm{d}S=\left(\frac{\partial S}{\partial T}\right)_p \mathrm{d}T+\left(\frac{\partial S}{\partial p}\right)_T \mathrm{d}p \tag{3.6.25}$$

而由热力学基本方程 $\mathrm{d}H=T\mathrm{d}S+V\mathrm{d}p$ 或熵的定义式可得

$$\left(\frac{\partial S}{\partial T}\right)_p=\frac{1}{T}\left(\frac{\partial H}{\partial T}\right)_p=\frac{nC_{p,\mathrm{m}}}{T} \tag{3.6.26}$$

将麦克斯韦关系 $\left(\frac{\partial S}{\partial p}\right)_T=-\left(\frac{\partial V}{\partial T}\right)_p$ 和式(3.6.26)代入式(3.6.25)得

$$\mathrm{d}S=\frac{nC_{p,\mathrm{m}}}{T}\mathrm{d}T-\left(\frac{\partial V}{\partial T}\right)_p \mathrm{d}p \tag{3.6.27}$$

通过上式，就可以用可测物理量计算系统的熵变。此外还可以用麦克斯韦关系式(3.6.16)和式(3.6.17)进行求算。

④ 定温下，摩尔恒压热容 $C_{p,\mathrm{m}}$ 与 p 的关系　由式(3.6.26)可知

$$C_{p,\mathrm{m}}=T\left(\frac{\partial S_{\mathrm{m}}}{\partial T}\right)_p$$

在恒温下对 p 求偏导数可得

$$\left(\frac{\partial C_{p,\mathrm{m}}}{\partial p}\right)_T=T\left[\frac{\partial(\partial S_{\mathrm{m}}/\partial T)_p}{\partial p}\right]_T=T\left[\frac{\partial(\partial S_{\mathrm{m}}/\partial p)_T}{\partial T}\right]_p$$

将麦克斯韦关系式 $\left(\frac{\partial S_{\mathrm{m}}}{\partial p}\right)_T=-\left(\frac{\partial V_{\mathrm{m}}}{\partial T}\right)_p$ 代入上式可得

$$\left(\frac{\partial C_{p,\mathrm{m}}}{\partial p}\right)_T=-T\left[\frac{\partial(\partial V_{\mathrm{m}}/\partial T)_p}{\partial T}\right]_p=-T\left(\frac{\partial^2 V_{\mathrm{m}}}{\partial T^2}\right)_p \tag{3.6.28}$$

对于理想气体，$V_{\mathrm{m}}=\frac{RT}{p}$，则 $\left(\frac{\partial^2 V_{\mathrm{m}}}{\partial T^2}\right)_p=0$，所以 $\left(\frac{\partial C_{p,\mathrm{m}}}{\partial p}\right)_T=0$，亦有 $\left(\frac{\partial C_p}{\partial p}\right)_T=0$，即理想气体的恒压热容与压力无关。

以下是麦克斯韦关系式其他应用举例。

【例 3.6.1】 已知标准压力下 25.0℃ 时纯水的体胀系数 $\alpha_V=[(\partial V/\partial T)_p]/V=2.08\times10^{-4}\mathrm{K}^{-1}$，密度 $\rho=0.9971\mathrm{g\cdot cm^{-3}}$，设外压改变时水的体积不变，求 25.0℃ 时，压力从标准压力变为 1.00MPa 时 $H_2O(l)$ 的 ΔU_{m}、ΔH_{m}、ΔS_{m}、ΔA_{m} 和 ΔG_{m}。

解 根据麦克斯韦关系式的式(3.8.17)$\left(\frac{\partial S}{\partial p}\right)_T=-\left(\frac{\partial V}{\partial T}\right)_p$ 可得 $dS_m=-\left(\frac{\partial V_m}{\partial T}\right)_p dp$

由膨胀系数的定义可知，$\left(\frac{\partial V_m}{\partial T}\right)_p=\alpha_V V_m$

所以
$$dS_m=-\left(\frac{\partial V_m}{\partial T}\right)_p dp=-\alpha_V V_m dp$$

$$\Delta S_m=-\int_{p_1}^{p_2}\alpha_V V_m dp$$

因假设 V_m 不随压力的改变而改变，所以

$$\Delta S_m=-\alpha_V V_m(p_2-p_1)=-\alpha_V\frac{M_{H_2O}}{\rho}(p_2-p_1)$$
$$=\left[-2.08\times10^{-4}\times\frac{18.015}{0.9971}\times10^{-6}\times(1.00-0.10)\times10^6\right]J\cdot mol^{-1}\cdot K^{-1}$$
$$=-3.38\times10^{-3}J\cdot mol^{-1}\cdot K^{-1}$$

依据题给条件，并由热力学基本方程可得

$$\Delta A_m=-\int_{V_1}^{V_2}p\,dV_m=0$$

$$\Delta G_m=\int_{p_1}^{p_2}V_m dp=V_m(p_2-p_1)$$
$$=\left[\frac{18.015}{0.9971}\times10^{-6}\times(1.00-0.10)\times10^6\right]J\cdot mol^{-1}\cdot K^{-1}$$
$$=16.3J\cdot mol^{-1}$$

$$\Delta U_m=\int_{S_1}^{S_2}T\,dS_m=T\Delta S_m=[298.15\times(-3.38\times10^{-3})]J\cdot mol^{-1}\cdot K^{-1}$$
$$=-1.01J\cdot mol^{-1}$$

$$\Delta H_m=\int_{S_1}^{S_2}T\,dS_m+\int_{p_1}^{p_2}V_m dp=T\Delta S_m+V_m(p_2-p_1)$$
$$=-1.01J\cdot mol^{-1}+16.3J\cdot mol^{-1}=15.3J\cdot mol^{-1}$$

ΔU_m 和 ΔH_m 还可以通过 $\Delta A_m=\Delta U_m-T\Delta S_m$，$\Delta G_m=\Delta H_m-T\Delta S_m$ 求得。

3.7 热力学过程的方向与平衡判据

关于热力学过程的方向判据，说的是指定系统始末状态下的变化在一定环境条件下能否发生，是自发的还是需要外力帮助的非自发；在一定环境条件下不能发生的变化，改变环境条件或给予外力帮助后可否发生。对于自发变化，其最终结果是达到平衡，平衡判据就是平衡时的要求(标志)是什么？

3.7.1 熵判据

对于真正的隔离系统，系统与环境间没有任何能量与物质的交换，即 $dU=0$，$dV=0$，

$\delta W'=0$，若其内部发生不可逆过程，那一定是自发过程，不可逆过程的方向也就是自发过程的方向。而可逆过程则是始终处于平衡状态的过程。所以有

$$dS_{iso}=dS_{U,V,W'=0}\geqslant 0\begin{pmatrix}\text{自} & \text{发}\\ \text{平} & \text{衡}\end{pmatrix} \tag{3.7.1}$$

该式称为隔离系统自发与平衡的熵判据。

3.7.2 总熵判据和做功能力判据

在第三节中提到，总熵判据公式就是克劳修斯不等式，其中的不可逆过程应是系统中一切能发生的实际过程，文献[化学通报,2013,76(5):471]将其称为能发生过程。能发生过程既包含开始时存在推动力的自发过程，也包含开始时不存在推动力而靠外界帮助提供推动力才发生的非自发过程。所以总熵判据应该写作

$$dS_{tot}=dS_{sys}+dS_{sur}\geqslant 0\begin{pmatrix}>\text{能发生}\\ =\text{平 衡}\end{pmatrix} \tag{3.7.2}$$

总熵判据中自发与否的区别要看有没有外界帮助，没有外界帮助的是自发过程，有外界帮助的是非自发过程。可以看出，如果不把有无外界帮助写入判据式中，总熵判据自身这样简单的形式没有判断自发与否的能力。有人把总熵变看成是隔离系统的熵变，若简单地按隔离系统理解，结果是那些非自发过程都会“被自发”。如何才能获得像总熵判据那样应用范围宽泛，又具有判断自发与否的能力呢？只需将克劳修斯不等式与热力学第一定律结合，在无任何约束条件的情况下即可整理得出一种能体现做功能力的判据新形式，该形式则具有判断自发与否的能力[大学化学,2016,31(7):83]。不难理解，克劳修斯不等式与封闭系统热力学第一定律结合，所得判据的新形式适用于封闭系统；克劳修斯不等式与敞开系统热力学第一定律结合，所得判据的新形式适用于敞开系统。本节只讨论前者。

具体的导出过程是将封闭系统第一定律 $\delta Q_{sys}=dU-\delta W=dU+p_{sur}dV-\delta W'$ 代入式(3.3.12b)整理得

$$dU+p_{sur}dV-T_{sur}dS\leqslant\delta W'\begin{pmatrix}<\text{不可逆}\\ =\text{可逆}\end{pmatrix} \tag{3.7.3}$$

关于式(3.7.3)的讨论：

① $dU+p_{sur}dV-T_{sur}dS=\delta W'_r$ 中 $dU+p_{sur}dV-T_{sur}dS$ 表示系统在任意条件下发生变化时对环境(T_{sur}、p_{sur})所能做出的最大非体积功，故可称之为系统对环境的做功能力(能转换成 $\delta W'_r$ 并用其来衡量的能量)。等式的另一层意义就是其代表系统能量守恒的第一定律，即系统发生变化后其总能量变化(dU)减掉因变化而产生的能量损耗($-p_{sur}dV+T_{sur}dS$)等于系统对环境的做功能力。在能量损耗中，$-p_{sur}dV$ 表示系统因体积变化而消耗于环境中的体积功，$T_{sur}dS$ 表示系统因熵变化而消耗于环境中的热量。在工程热力学中，把损耗于环境中的这部分能量称为不可用能量，把有做功能力的能量称为可用能量。

② $\delta W'\leqslant 0$ 时，$dU+p_{sur}dV-T_{sur}dS<0$。即在实际发生的过程中，不管系统对环境做出或不做出非体积功，都使系统对环境的做功能力减少，同时也说明环境没有给予系统帮助，这样的过程是自发过程。一般来说，常见的普通系统在自发过程中是不会向环境

做出非体积功的，只有那些含有特殊做功能力(存在能直接做出非体积功的某些性质或包含使用了某种能做功的器具)的系统才有可能向环境做出非体积功。若普通系统的热力学能变用 dU' 表示，任意系统的热力学能变(更确切应该是总能量变化)用 dU 表示，则第一类(普通)系统的特点是 $\delta W'=0$，$dU=dU'$。第二类(任意)系统的特点是系统性质中包含有特殊做功能力项，系统在自发过程中能向环境做出非体积功，即 $\delta W'<0$，在可逆过程中 $\delta W'_{r}=-\sum X\mathrm{d}Y$，$dU=dU'+\sum X\mathrm{d}Y$，其中 X 代表系统的(亦可能是外力场的)某强度性质，Y 代表系统的某广度性质。

③ $\delta W'>0$ 时，$\mathrm{d}U+p_{\mathrm{sur}}\mathrm{d}V-T_{\mathrm{sur}}\mathrm{d}S>0$。若 $\delta W'>\mathrm{d}U+p_{\mathrm{sur}}\mathrm{d}V-T_{\mathrm{sur}}\mathrm{d}S$，即对于环境向系统输入有做功能力的任何能量的实际过程，将使系统对环境做有用功的能力增加，这样的过程是非自发过程。

在非自发过程中，人们往往会碰到系统需要帮助时，需要的是有做功能力的热量(如需把温度为环境温度 20℃ 的一定量的水升温到 80℃)或体积功(如需把环境压力下的某定量气体压缩至 2 倍环境压力)，这时，只要直接输入这些能量就可以，因为给予系统这些直接的帮助以完成系统要达到的目标是天经地义的事情。那么为什么在做功能力判据中，外界给予系统的帮助是非体积功呢？这其实不难理解，因为非体积功的做功能力是百分之一百，它可以自发地无条件地转化为体积功或热量。如很多的加热器、制冷器和气体压缩机不都是电能驱动吗？所以用非体积功可以代表一切有做功能力的能量。即应该把判据中的非体积功理解为衡量系统做功能力的一个标尺，而并非实际过程中环境与系统之间必须要交换非体积功。

④ $\mathrm{d}U+p_{\mathrm{sur}}\mathrm{d}V-T_{\mathrm{sur}}\mathrm{d}S=0$，(可逆，平衡) 微观可逆对应着宏观上的平衡。系统的平衡有两类，第一类是普通系统的平衡，系统平衡性质中不包含特殊做功能力项，系统从自发到平衡一般不会向环境做出非体积功，常见的如热平衡、力平衡、相平衡和化学平衡。第二类是特殊系统的平衡，系统平衡性质中包含有特殊做功能力项，系统从自发到平衡可以向环境做出非体积功，常见的如电化学平衡和表面化学平衡。还需要说明的是，所指平衡虽然是系统的平衡，但环境因素的改变会引起系统平衡的变化。这是因为我们研究的是封闭系统而不是隔离系统，或者说这种平衡是系统与环境的共同平衡。

综合上述分析，其结果与本章开篇时对自发过程定义的分析一致。为此把以做功能力为表现形式的新判据简称为**做功能力判据**，具体可写为

$$\mathrm{d}U+p_{\mathrm{sur}}\mathrm{d}V-T_{\mathrm{sur}}\mathrm{d}S\leqslant\delta W'\begin{pmatrix}<\text{能发生}\\=\text{平 衡}\end{pmatrix}\tag{3.7.4}$$

可区分为

$$\delta W'\leqslant 0\text{ 时},\mathrm{d}U+p_{\mathrm{sur}}\mathrm{d}V-T_{\mathrm{sur}}\mathrm{d}S\leqslant 0\begin{pmatrix}<\text{自发}\\=\text{平衡}\end{pmatrix}\tag{3.7.5}$$

$$\delta W'>\mathrm{d}U+p_{\mathrm{sur}}\mathrm{d}V-T_{\mathrm{sur}}\mathrm{d}S>0\qquad(\text{非自发})\tag{3.7.6}$$

和总熵判据一样，做功能力判据既要考虑系统性质的变化，又要考虑环境的性质。二者形式不同，作用也会有所不同，可以说各有自己的特点。两判据之间，应该是相互依存互为补充的关系。做功能力判据在 U、V 恒定和 $\delta W'=0$ 条件下可转化为隔离系统熵判据，在其他条件下可转化为其他相应的判据。

3.7.3 亥姆霍兹函数判据

在恒温恒容条件下，式(3.7.4)转变成式(3.5.5)，做功能力判据转化为亥姆霍兹函数判据

$$\mathrm{d}A_{T,V} \leqslant \delta W' \quad \begin{pmatrix} < \text{能发生} \\ = \text{平　衡} \end{pmatrix} \tag{3.7.7}$$

即在恒温恒容条件下，系统的做功能力是亥姆霍兹函数变。方向与平衡的判据变为

$$\delta W' \leqslant 0 \text{ 时}, \mathrm{d}A_{T,V} \leqslant 0 \quad \begin{pmatrix} < \text{自发} \\ = \text{平衡} \end{pmatrix} \tag{3.7.8}$$

$$\delta W' > \mathrm{d}A_{T,V} > 0 \qquad (\text{非自发}) \tag{3.7.9}$$

3.7.4 吉布斯函数判据

在恒温恒压条件下，式(3.7.4)转变成式(3.5.8)，做功能力判据转化为吉布斯函数判据

$$\mathrm{d}G_{T,p} \leqslant \delta W' \quad \begin{pmatrix} < \text{能发生} \\ = \text{平　衡} \end{pmatrix} \tag{3.7.10}$$

即在恒温恒压条件下，系统的做功能力是吉布斯函数变。方向与平衡的判据变为

$$\delta W' \leqslant 0 \text{ 时}, \mathrm{d}G_{T,p} \leqslant 0 \quad \begin{pmatrix} < \text{自发} \\ = \text{平衡} \end{pmatrix} \tag{3.7.11}$$

$$\delta W' > \mathrm{d}G_{T,p} > 0 \qquad (\text{非自发}) \tag{3.7.12}$$

亥姆霍兹函数判据和吉布斯函数判据虽然只考虑系统的性质即可，但它们是有约束条件的判据，做功能力判据无约束条件，所以适用范围更宽广，可以让人们以更宽泛的视野来观察和理解自发过程。

【例 3.7.1】 证明普通热机和普通制冷机所发生的过程都是 $\Delta S_{\text{sys}} + \Delta S_{\text{sur}}$ 大于零的过程，但普通热机是热量从高温热源传向低温热源并做出非体积功，而普通制冷机则是由外界给予的非体积功驱动使热量从低温热源流向高温热源。

证明(1) 热机运行过程的 $\Delta S_{\text{sys}} + \Delta S_{\text{sur}}$ 大于零。

约定热机从高温热源吸热 Q_1，做功 W，把余热 Q_2 放给低温热源，热机循环运行一周，$\Delta S_{\text{sys}} = 0$，$Q_1 + Q_2 + W = \Delta U = 0$

环境熵变是两热源熵变之和

$$\Delta S_{\text{sur}} = -\frac{Q_1}{T_1} - \frac{Q_2}{T_2} = -\frac{Q_1}{T_1} - \frac{-Q_1 - W}{T_2} = \frac{Q_1}{T_2}\left(\frac{T_1 - T_2}{T_1}\right) + \frac{W}{T_2}$$

由热机效率 $\eta = \dfrac{-W}{Q_1}$ 得 $W = -Q_1\eta$，可逆热机效率 $\eta_{\text{r}} = (T_1 - T_2)/T_1$，代入环境熵变式

$$\Delta S_{\text{sur}}=\frac{Q_1}{T_2}\eta_{\text{r}}+\frac{-Q_1\eta}{T_2}=\frac{Q_1}{T_2}(\eta_{\text{r}}-\eta)$$

因为 $\eta_{\text{r}}>\eta$，所以 $\Delta S_{\text{sur}}>0$，故 $\Delta S_{\text{sys}}+\Delta S_{\text{sur}}$ 大于零。

(2) 制冷机运行过程的 $\Delta S_{\text{sys}}+\Delta S_{\text{sur}}$ 也大于零。

制冷机运行时，传热方向与热机相反，环境对系统做功 $W'(W'=-W)$，同时系统从低温热源吸热 $Q'_2(Q'_2=-Q_2)$，而向高温热源放热 $Q'_1(Q'_1=-Q_1)$，当逆循环一周时，仍 $\Delta S'_{\text{sys}}=0$，$Q'_1+Q'_2+W'=\Delta U'=0$，$\Delta S'_{\text{sur}}=-\frac{Q'_1}{T_1}-\frac{Q'_2}{T_2}=-\frac{Q_2}{T_2}-\frac{-Q'_2-W'}{T_1}=\frac{Q'_2}{T_1}\left(\frac{T_2-T_1}{T_2}\right)+\frac{W'}{T_1}$，由制冷系数 $\beta=\frac{Q'_2}{W'}$ 得 $W'=\frac{Q'_2}{\beta}$，由可逆机制冷系数 $\frac{T_1-T_2}{T_2}=\frac{1}{\beta_{\text{r}}}$，代入环境熵变式 $\Delta S'_{\text{sur}}=\frac{Q'_2}{T_1}\left(-\frac{1}{\beta_{\text{r}}}\right)+\frac{Q'_2}{T_1}\frac{1}{\beta}=\frac{Q'_2}{T_1\beta_{\text{r}}\beta}(\beta_{\text{r}}-\beta)$，因为系统从低温热源吸热 Q'_2 是正值，又因为 $\beta_{\text{r}}>\beta$，所以 $\Delta S'_{\text{sur}}>0$，证得 $\Delta S'_{\text{sys}}+\Delta S'_{\text{sur}}$ 大于零。

3.7.5 做功能力判据在变温过程中的应用

将做功能力判据用在变温过程中，自发变化对应系统做功能力小于零，因此

$$dU+p_{\text{sur}}dV-T_{\text{sur}}dS\leqslant 0$$

即 $dU+p_{\text{sur}}dV<T_{\text{sur}}dS$(自发)，$dU+p_{\text{sur}}dV=T_{\text{sur}}dS$(平衡)。

① 变温恒压时 $p_{\text{sur}}=p$，$dU+pdV=dH$

$$dH-T_{\text{sur}}dS\leqslant 0$$

即有 $dH<T_{\text{sur}}dS$(自发)，$dH=T_{\text{sur}}dS$(平衡)。

② 变温恒容时 $dV=0$

$$dU-T_{\text{sur}}dS\leqslant 0$$

即有 $dU<T_{\text{sur}}dS$(自发)，$dU=T_{\text{sur}}dS$(平衡)。

③ 对于均相无组成变化的封闭系统，将 $dU=TdS-pdV$ 代入判据中得 $TdS-pdV+p_{\text{sur}}dV-T_{\text{sur}}dS\leqslant 0$，不管是恒压时 $p_{\text{sur}}=p$，还是恒容时 $dV=0$，都得

$$TdS\leqslant T_{\text{sur}}dS$$

当系统温度升高时，熵变大于零，$T<T_{\text{sur}}$(自发)，$T=T_{\text{sur}}$(平衡)。即当系统温度低于环境温度时，系统会自发地升温；如果想使系统温度高于环境温度，则需外界为系统提供能量(热量)的帮助才行，没有环境提供有用能量的帮助是不能实现的(如冬天使用供暖器材为房间供暖)，有了环境提供有用能量的帮助实现了的变化是非自发。

当系统温度降低时，熵变小于零，$T>T_{\text{sur}}$(自发)，$T=T_{\text{sur}}$(平衡)。即当系统温度高于环境温度时，系统会自发地降温；如果想使系统温度低于环境温度，亦需外界为系统提供能量(冷量)的帮助才行，没有环境提供有用能量的帮助也是不能实现的(如夏天使用空调为房间降温)，有了环境提供有用能量的帮助实现了的变化是非自发。

结果是不管是哪种情况，自发的方向都是热量从高温部分流向低温部分，两部分温度相等后达到平衡。两部分温度相等是热平衡的标志。结果还说明在非环境温度下系统与环境间传递的热量是有做功能力的。

3.7.6 做功能力判据在变压过程中的应用

将做功能力判据用在变压过程中，类似于变温过程，即

$$dU + p_{sur}dV - T_{sur}dS \leqslant 0 \quad \begin{pmatrix} \text{自} & \text{发} \\ \text{平} & \text{衡} \end{pmatrix}$$

如气体在等温下的膨胀与压缩，将 $dU = TdS - pdV$ 代入判据中得 $TdS - pdV + p_{sur}dV - T_{sur}dS \leqslant 0$，恒温时 $T_{sur} = T$，得 $p_{sur}dV \leqslant pdV$。

气体膨胀时，体积变化大于零，$p_{sur} < p$(自发)，$p_{sur} = p$(平衡)。即系统压力大于环境压力时，气体会自发地膨胀；反之，若想要系统压力小于环境压力时，就需要给系统减压，这需要外界的能量帮助。

气体压缩时，体积变化小于零，$p_{sur} > p$(自发)，$p_{sur} = p$(平衡)。即环境压力大于系统压力时，气体会自发地被压缩；反之，若想要系统压力大于环境压力时，就需要给系统增压，这同样需要外界的能量帮助。

总之，不管气体是膨胀还是被压缩，自发的方向总是气体从高压流向低压，双方压力相等后达到平衡。双方压力相等是力平衡的标志。该结果还说明，在非环境压力下系统与环境间传递的体积功也是有做功能力的。

自然界中的任何变化，一方面与变化主体(系统)及其始末态和变化条件有关，另一方面就是与其所处的环境有关。研究系统一般情况下都是有限的，而与系统有联系的环境，虽然人们只关心有联系的部分，但事实上若与有限的系统相比，环境往往是无限的。系统内的任何变化，实际上都是受控于环境的。环境可以是自然的环境，也可以是人造的环境。人造的环境与自然的环境相比虽然有些微不足道，但它仍可临时地影响系统的变化与变化方向。因此，在一定条件下不能发生的过程可以直接给予有做功能力的能量使其得以发生；也可以通过人为的环境改变使其得以发生，当然人为地改变环境也是需要能量的。

【例 3.7.2】 在常压下将 1mol、80℃ 的水放在 25℃ 的环境中达到平衡。求过程中系统(水)的熵变 ΔS_{sys}、环境的熵变 ΔS_{sur} 及总熵变 ΔS_{tot}，并判断自发性。再将 1mol、25℃ 的水在常压及 25℃ 的环境下用电能加热(设电能的利用效率为 80%)到 80℃。求反过程中系统(水)的熵变 ΔS_{sys}、环境的熵变 ΔS_{sur} 及总熵变 ΔS_{tot}，并判断自发性。

解 过程 $W = 0$，$Q = \Delta U = \Delta H = nC_{p,m}\Delta T = [1 \times 75.3 \times (298.15 - 353.15)]\text{J} = -4141.5\text{J}$

$$\Delta S_{sys} = nC_{p,m}\ln\frac{T_2}{T_1} = [1 \times 75.3 \times \ln(298.15/353.15)]\text{J}\cdot\text{K}^{-1} = -12.75\text{J}\cdot\text{K}^{-1}$$

$$\Delta S_{sur} = -Q_{sys}/T_{sur} = [-(-4141.5)/298.15]\text{J}\cdot\text{K}^{-1} = 13.89\text{J}\cdot\text{K}^{-1}$$

$$\Delta S_{tot} = \Delta S_{sys} + \Delta S_{sur} = (-12.75 + 13.89)\text{J}\cdot\text{K}^{-1} = 1.14\text{J}\cdot\text{K}^{-1}$$

恒压下，$dU + p_{sur}dV - T_{sur}dS = dH - T_{sur}dS$

$$\Delta H - T_{sur}\Delta S = -4141.5\text{J} - 298.15\text{K} \times (-12.75)\text{J}\cdot\text{K}^{-1} = -340.1\text{J}$$

总熵变大于零，计算得系统的做功能力减少，这是能发生过程的自发情况。典型的自发过程。反过程为外界向系统施加电能，一部分转变为系统的热力学能增加，另一部分转变为热量损失于环境之中。

$$\Delta U=\Delta H=nC_{p,\mathrm{m}}\Delta T=[1\times 75.3\times(353.15-298.15)]\mathrm{J}=4141.5\mathrm{J}$$

知电能的利用效率为80%，则电能需向系统做功为

$$W'=\Delta U/80\%=4141.5\mathrm{J}/80\%=5176.88\mathrm{J}$$

损失于环境的热量

$$Q=\Delta U-W'=4141.5\mathrm{J}-5176.88\mathrm{J}=-1035.38\mathrm{J}$$

$$\Delta S_{\mathrm{sys}}=nC_{p,\mathrm{m}}\ln\frac{T_2}{T_1}=[1\times 75.3\times\ln(353.15/298.15)]\mathrm{J\cdot K^{-1}}=12.75\mathrm{J\cdot K^{-1}}$$

$$\Delta S_{\mathrm{sur}}=-Q_{\mathrm{sys}}/T_{\mathrm{sur}}=[-(-1035.38)/298.15]\mathrm{J\cdot K^{-1}}=3.47\mathrm{J\cdot K^{-1}}$$

$$\Delta S_{\mathrm{tot}}=\Delta S_{\mathrm{sys}}+\Delta S_{\mathrm{sur}}=(12.75+3.47)\mathrm{J\cdot K^{-1}}=16.22\mathrm{J\cdot K^{-1}}$$

$$\Delta H-T_{\mathrm{sur}}\Delta S=4141.5\mathrm{J}-298.15\mathrm{K}\times(12.75)\mathrm{J\cdot K^{-1}}=340.1\mathrm{J}$$

总熵变大于零，但计算可知系统的做功能力增加，且 $W'=5176.88\mathrm{J}>\Delta H-T_{\mathrm{sur}}\Delta S=340.1\mathrm{J}>0$，这是能发生过程的非自发情况。

【例 3.7.3】 10mol 300K 和 100kPa(环境压力) 的 N_2，在恒温条件下用压缩机压缩到200kPa，设气体为理想气体。计算系统熵变 ΔS_{sys}、环境熵变 ΔS_{sur} 及总熵变 ΔS_{tot}，并用做功能力判据判断自发性。

解 气体为理想气体，气缸恒温 $\Delta U=0$

$$W=-p_{环}(V_2-V_1)=-p_{环}nRT(1/p_2-1/p_1)=24942\mathrm{J},\ Q=-W=-24942\mathrm{J}$$

$$\Delta S_{\mathrm{sys}}=-nR\ln\frac{p_2}{p_1}=\left(-10\times 8.314\times\ln\frac{200}{100}\right)\mathrm{J\cdot K^{-1}}=-57.63\mathrm{J\cdot K^{-1}}$$

$$\Delta S_{\mathrm{sur}}=-\frac{Q_{\mathrm{sys}}}{T_{\mathrm{sur}}}=-\frac{-24942\mathrm{J}}{300\mathrm{K}}=83.14\mathrm{J\cdot K^{-1}}$$

$$\Delta S_{\mathrm{tot}}=\Delta S_{\mathrm{sys}}+\Delta S_{\mathrm{sur}}=(-57.63+83.14)\mathrm{J\cdot K^{-1}}=25.51\mathrm{J\cdot K^{-1}}$$

此过程是相对于100kPa环境的压缩过程，也是压缩机消耗电能的过程，故

$$\Delta U+p_{\mathrm{sur}}(V_2-V_1)-T_{\mathrm{sur}}\Delta S=p_{\mathrm{sur}}(V_2-V_1)-T_{\mathrm{sur}}\Delta S=[-12471-300\times(-57.63)]\mathrm{J}=4818\mathrm{J}$$

总熵变大于零，本题的功，既是系统得到的压缩功，又属于环境对系统的帮助，计算得系统做功能力增加，总结果是 $W'=W>\Delta U+p_{\mathrm{sur}}\Delta V-T_{\mathrm{sur}}\Delta S>0$，这是能发生过程的非自发情况。

【例 3.7.4】 101.325kPa 下，2.00mol，268.15K 的过冷水凝固为同温度下的冰。已知水的热容 $C_{p,\mathrm{m},H_2O(l)}=75.3\mathrm{J\cdot K^{-1}\cdot mol^{-1}}$，冰的热容 $C_{p,\mathrm{m},H_2O(s)}=37.6\mathrm{J\cdot K^{-1}\cdot mol^{-1}}$，101.325kPa 下水的凝固热为 $\Delta_{\mathrm{l}}^{\mathrm{s}}H_{\mathrm{m}}(273.15)=-6.02\mathrm{kJ\cdot mol^{-1}}$。用做功能力判据判断下述三种环境条件下上述过程能否自发进行。

(1) 环境温度为 268.15K；(2) 环境温度为 273.15K；(3) 环境温度为 274.15K。

解 题中所给相变为等压不可逆相变，在例 3.4.6 中已经求得

$$\Delta S=\Delta_{\mathrm{l}}^{\mathrm{s}}S(268.15\mathrm{K})=-42.7\mathrm{J\cdot K^{-1}},\ \Delta H=\Delta_{\mathrm{l}}^{\mathrm{s}}H(268.15\mathrm{K})=-11.7\times 10^3\mathrm{J}$$

(1) 环境温度为 268.15K 时

$$\Delta H - T_{\mathrm{sur}}\Delta S = -11.7 \times 10^3 \mathrm{J} - 268.15\mathrm{K} \times (-42.7)\mathrm{J \cdot K^{-1}} = -250\mathrm{J}$$

计算得系统的做功能力减少，说明在 268.15K 环境条件下上述过程能自发进行。

(2) 环境温度为 273.15K 时

$$\Delta H - T_{\mathrm{sur}}\Delta S = -11.7 \times 10^3 \mathrm{J} - 273.15\mathrm{K} \times (-42.7)\mathrm{J \cdot K^{-1}} = -36.5\mathrm{J}$$

计算得系统的做功能力减少，说明在 273.15K 环境条件下上述过程也能自发进行。

(3) 环境温度为 274.15K 时

$$\Delta H - T_{\mathrm{sur}}\Delta S = -11.7 \times 10^3 \mathrm{J} - 274.15\mathrm{K} \times (-42.7)\mathrm{J \cdot K^{-1}} = 6.2\mathrm{J}$$

计算得系统的做功能力增加，说明在 274.15K 环境条件下上述过程已不能自发进行。这可以分两步来理解，第一步是自发变化可以得到冰，但温度会高于 268.15K；第二步是还需将其再冷回到 268.15K，冷冻过程要消耗能量，是非自发。两步综合为非自发。

【例 3.7.5*】 有一座山，山的一侧是一个斜坡，另一侧是一陡直的悬崖，为了把一无动力的四轮车从山脚拉上山顶，有人在山顶安装了一个定滑轮，通过滑轮用一根绳子把一个吊于悬崖且重于四轮车的重物与四轮车相连，试图把四轮车从山脚拉上山顶(如图 3.7.1 所示)。试从热力学角度分析用滑轮吊重物拉四轮车上山的过程中发生各类变化情况时所要求的条件。

解 把四轮车视为系统，吊于悬崖的重物视为环境的一部分。在山坡上的四轮车由于自身的重力有向环境做功的能力，吊于悬崖的重物亦有向系统做功的能力。重物升与降所反映出的做功情况也是系统与环境之间功的交换情况。设四轮车质量为 m，吊于悬崖重物的质量为 M，使用做功能力判据为

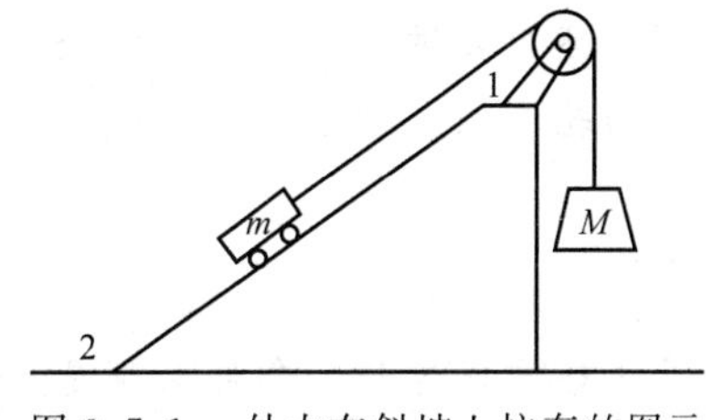

图 3.7.1 外力在斜坡上拉车的图示

$$\mathrm{d}U + p_{\mathrm{sur}}\mathrm{d}V - T_{\mathrm{sur}}\mathrm{d}S \leqslant \delta W' \quad \begin{pmatrix} < \text{能发生} \\ = \text{平衡} \end{pmatrix}$$

则此系统的热力学能变为

$$\mathrm{d}U = T\mathrm{d}S - p\mathrm{d}V + mg\mathrm{d}h$$
$$\delta W' = -Mg\mathrm{d}h'$$

且有 $\mathrm{d}h' = -\mathrm{d}h$，将二式代入判据之中，在恒温恒压条件下得

$$mg\mathrm{d}h \leqslant Mg\mathrm{d}h \quad \begin{pmatrix} < \text{能发生} \\ = \text{平衡} \end{pmatrix}$$

当四轮车从 1 到 2 时，$\mathrm{d}h = h_2 - h_1 < 0$ 时有 $\mathrm{d}h' > 0$，$\delta W' = -Mg\mathrm{d}h' < 0$，系统对环境做了功，说明环境没有给予系统帮助，如果过程发生了，应是自发过程，上述判据成为

$$m \geqslant M \quad \begin{pmatrix} > \text{自发} \\ = \text{平衡} \end{pmatrix}$$

即发生上述自发过程的条件是四轮车的质量必须大于重物的质量。

当四轮车从2到1时，$dh=h_1-h_2>0$，则$dh'<0$，$\delta W'=-Mg\,dh'>0$，环境对系统做功，说明环境给予了系统帮助，如果过程发生了，应是非自发过程，上述判据成为

$$M \geqslant m \quad \begin{pmatrix} > \text{非自发} \\ = \text{平\quad 衡} \end{pmatrix}$$

即发生上述非自发过程的条件是重物的质量必须大于四轮车的质量。

下面再把四轮车与吊于悬崖的重物共同视为系统进行讨论。此时系统的热力学能变为

$$dU = T\,dS - p\,dV + mg\,dh + Mg\,dh'$$

$$\delta W' = 0$$

仍有$dh'=-dh$，将二式代入做功能力判据之中，虽然系统内部有功的交换，但系统与环境之间没有功的交换，故在恒温恒压条件下得

$$mg\,dh \leqslant Mg\,dh \quad \begin{pmatrix} < \text{自发} \\ = \text{平衡} \end{pmatrix}$$

当四轮车从1到2，$dh=h_2-h_1<0$时有

$$m \geqslant M \quad \begin{pmatrix} > \text{自发} \\ = \text{平衡} \end{pmatrix}$$

即发生上述自发过程的条件是四轮车的质量必须大于重物的质量。

当四轮车从2到1，$dh=h_1-h_2>0$时，则

$$m \leqslant M \quad \begin{pmatrix} < \text{自发} \\ = \text{平衡} \end{pmatrix}$$

即发生上述自发过程的条件必须是重物的质量大于四轮车的质量。因为$\delta W'=0$，所以没有非自发过程。

这是有重力场存在的一个例题。在使用做功能力判据分析问题时，需把所研究系统的热力学能变(或总能量变化)表达式代入判据，再把相关约束条件拿来进行比较分析，一般即可获得所需结果。关于做功能力判据在第二类系统中的应用，本书还将在相关章节进一步讨论。

本章要求

1. 了解自发变化及其特征，明确热力学第二定律的意义。

2. 掌握S、A、G等热力学函数的定义及物理意义。

3. 以热力学第二定律为依据，通过对卡诺循环的讨论，导出卡诺定理、克劳修斯不等式、熵增原理(熵判据)，并掌握其应用。了解能发生过程熵的判据。

4. 掌握系统恒温过程及变温过程熵变的计算，掌握相变过程熵变的计算。

5. 能够以能发生过程总熵判据为依据，导出恒温恒容条件下的亥姆霍兹函数判据和恒温恒压条件下的吉布斯函数判据，能够用其判断常见恒温恒容或恒温恒压变化过程的方

向和限度。

6. 掌握理想气体等温变化过程和物质相变化过程 ΔG 的计算。

7. 根据热力学第一、第二定律，推出四个热力学基本公式、热力学基本关系式、麦克斯韦关系式、吉布斯-亥姆霍兹公式；初步掌握这些关系式的应用。

8. 了解做功能力及其判据，能用做功能力判据判断常见非恒温恒容和非恒温恒压变化过程的方向和限度。

思考题

1. 理想气体等温膨胀过程中 $\Delta U=0$，故有 $Q=-W$，即膨胀过程中系统所吸收的热全部变成了功，这是否违反了热力学第二定律？为什么？

2. 以理想气体作为卡诺热机的工作物质，导出在 T_1 与 T_2 两热源间工作时的热机效率为 $\eta_r=\dfrac{T_1-T_2}{T_1}$。

3. 理想气体等温膨胀过程 $\Delta S=nR\ln\dfrac{V_2}{V_1}$，因为 $V_2>V_1$，所以 $\Delta S>0$。但是根据熵增原理，可逆过程 $\Delta S=0$，这两个结论是否矛盾？为什么？

4. 理想气体自由膨胀过程 $\Delta T=0$，$Q=0$，因此 $\Delta S=\dfrac{Q}{T}=0$，此结论对吗？

5. 在恒定压力下，用酒精灯加热某物质，使其温度由 T_1 上升至 T_2，此间，没有物质的相变化，则此过程的熵变为 $\Delta S=\int_{T_1}^{T_2}\dfrac{nC_{p,\mathrm{m}}\mathrm{d}T}{T}$，对吗？如果此间物质发生了相变化，过程熵变应该怎样计算？

6.“所有能发生过程一定是不可逆的，所以不可逆过程也一定是能发生过程。”这种说法是否正确？为什么？

7.“自然界存在着温度降低但是熵值增加的过程。”的结论是否正确？为什么？举例说明(绝热不可逆膨胀)。

8.“不可逆过程的熵不能减小”对吗？为什么？

9.“熵值不可能是负值”的结论对吗？

10.“在绝热系统中发生一个从状态A→B的不可逆过程，无论用什么方法，系统再也不能回到原来的状态。”结论对吗？为什么？

11. 1mol 双原子理想气体经历下列不同过程，体积变为原来体积的2倍，其熵变相等吗？(a) 等温可逆膨胀；(b) 等温自由膨胀；(c) 绝热可逆膨胀；(d) 绝热自由膨胀。

12. 1mol $H_2O(l)$ 在 100℃、101.325kPa 下，在真空容器中蒸发成 1mol、100℃、101.325kPa 的水蒸气。此过程的 ΔG 是多少？可否根据 ΔG 判断此过程是否可逆？

13. 1mol $H_2O(l)$(298K，101.325kPa) $\xrightarrow{101.325\text{kPa}}$ 1mol $H_2O(g)$(298K，101.325kPa)

上述过程 ΔG 大于零还是小于零，此过程能否自发进行？

14. 当系统的 T、p 一定时，$\Delta G>0$ 的过程不能发生，这种说法正确吗？

15. 在以下反应中：(a) 氢气和氧气在绝热的钢瓶中发生反应生成水；(b) 液态水在 100℃、101.325kPa 下缓慢蒸发为水蒸气。系统的 ΔA 是大于零、小于零还是等于零。

16. 1mol 理想气体经一反抗恒外压的等温过程从 p_1，T_1，V_1 变化到 p_2，T_2，V_2，可否用下式计算 ΔG：$\Delta G=\int_{p_1}^{p_2}V\mathrm{d}p$，为什么？

17. 卡诺循环过程在 S-T 图上如何表示？

18. 节流膨胀的热力学特征是什么？

19. 总结在热力学第一、二定律的学习过程中，讨论过的典型的不可逆过程。

习 题

3.1 请指出对于理论效率为 30% 的一个热机，其低温热源 T_2 是高温热源 T_1 的百分之几？

3.2 某汽车发动机工作在 $T_1=2600\mathrm{K}$ 的高温热源和 $T_2=1600\mathrm{K}$ 的低温热源间，则这台发动机的最高效率不会超过多少？当发动机以可逆热机效率 80% 的效率做功 100kJ 时，需从高温热源吸取的热量及向低温热源放出的热量为多少？

3.3 如果用空气源热泵为室内供热，保持室内温度为 20℃，室外空气的温度为 0℃，则理想热泵的制热效率为多少？如果用地源热泵为同样温度的室内供热，地源温度为 10℃，则理想热泵的制热效率又为多少？如果实际热泵的制热效率为理想热泵的 80% 时，消耗 1kJ 的电功开动热泵，则能从地热水中提取多少热量？

3.4 当用下列两种不同的热机，从温度为 800K 的高温热源吸取 100kJ 的热量，做功后的剩余热量传给温度为 400K 的低温热源时，求两热源的总熵变(注：热源可看作无限大)。

(1) 可逆热机；(2) 不可逆热机(效率 $\eta=0.30$)。

3.5 一绝热的容器被可导热的隔板分成体积相等的两部分，一部分装有 1mol 10℃ 的 $N_2(g)$，另一部分装有 1mol 20℃ 的 $O_2(g)$，如果气体均可看作理想气体时，求：(1) 两边温度相等时的总熵变；(2) 撤去隔板后的总熵变；(3) 如果两边都是 $N_2(g)$，撤去隔板后的总熵变。

3.6 在 25℃ 下，有一个刚性的导热性良好的容器中有一个位置固定的刚性隔板将容器隔开，一边装有 0.4mol、压力为 20kPa 的 He(g)，另一边装有 0.6mol、压力为 40kPa 的 $O_2(g)$，气体可认为是理想气体。求：(1) 撤去隔板后体系的熵变；(2) 当容器绝热、气体的初始温度为 25℃，撤去隔板后体系的熵变。

3.7 有 2mol He(g) 从 127℃、0.2MPa 经下列不同途径膨胀至同温度、0.1MPa，求过程的 Q、W、ΔU、ΔH、ΔS。He(g) 可看作理想气体。(1) 恒温可逆膨胀；(2) 恒外压膨胀；(3) 向真空膨胀。

3.8 有 2mol、300K、40kPa 的双原子理想气体在绝热条件下反抗恒定外压 20kPa 膨胀至平衡态，求过程的 Q、W、ΔU、ΔH 和 ΔS。

3.9 已知，标准压力下 $O_2(g)$ 的摩尔定压热容与温度的关系为

$$C_{p,m}=[28.17+6.297\times10^{-3}(T/K)-0.7494\times10^{-6}(T/K)^2]J\cdot mol^{-1}\cdot K^{-1}$$

在标准压力下，将 0.5mol、400K 的 O_2(g)，(1) 可逆地加热至 1000K 时，求过程的 Q、ΔS_{sys} 和 ΔS_{sur}。(2) 直接和 1000K 的热源接触达平衡时过程的 Q、ΔS_{sys}、ΔS_{sur} 和过程(1)相同吗？为什么？(3) 先和 600K 的热源接触达平衡，再和 1000K 的热源接触达平衡，求过程的 Q、ΔS_{sys}、ΔS_{sur}。

3.10 已知液态水在常压下的平均定压比热容 $\overline{c}_p=4.184J\cdot g^{-1}\cdot K^{-1}$，在常压下将 1kg、20℃ 的水经下列不同的过程加热到 80℃ 时，求各过程中系统熵变 ΔS_{sys}、环境熵变 ΔS_{sur} 及总熵变 ΔS_{tot}。

(1) 系统与 80℃ 的热源接触至平衡；(2) 系统先与 50℃ 的热源接触至平衡，再与 80℃ 的热源接触至平衡。

3.11 在常压下将 100g、20℃ 的水和 200g、30℃ 的水在绝热容器中混合，求混合过程的熵变。已知常压下水的平均定压比热容 $\overline{c}_p=4.184J\cdot g^{-1}\cdot K^{-1}$。

3.12 冰的正常熔点为 0℃，摩尔熔化焓为 $\Delta_{fus}H_m=6004J\cdot mol^{-1}$，水和冰的摩尔定压热容为 $C_{p,m}(H_2O,l)=75.37J\cdot mol^{-1}\cdot K^{-1}$，$C_{p,m}(H_2O,s)=37.70J\cdot mol^{-1}\cdot K^{-1}$。若常压下绝热容器中开始时有 5mol、25℃ 的水和 3mol、－10℃ 的冰，求系统达到平衡态后过程的 ΔS。

3.13 将 2mol O_2(g) 从 298K、100kPa 经下列不同的过程压缩至 200kPa，求各过程的 Q、W、ΔU、ΔH、ΔS、ΔA、ΔG 和 ΔS_{sur}。(1) 绝热可逆过程；(2) $pT=$常数的可逆过程。

已知 298K 时 $S_m^{\ominus}(O_2,g)=205.1J\cdot K^{-1}\cdot mol^{-1}$，设 O_2(g) 可看作理想气体。

3.14 2mol 水在其正常沸点(101.325kPa 下的沸点)100℃ 下全部蒸发为蒸汽，求该过程的 Q、W、ΔU、ΔH、ΔS、ΔA、ΔG。已知在此条件下水的摩尔蒸发焓为 $\Delta_{vap}H_m=40.668kJ\cdot mol^{-1}$，水蒸气可看作理想气体。

3.15 80℃、101.325kPa 下 2mol 过饱和的水蒸气变为同温同压下的液态水，求此过程的 Q、W、ΔU、ΔH、ΔS、ΔA、ΔG。已知 80℃ 时水的饱和蒸气压为 47.373kPa，水的摩尔蒸发焓为 $41.549kJ\cdot mol^{-1}$。水蒸气可看作理想气体。相对于蒸气，液态水的体积可以忽略不计。

3.16 冰的正常熔点为 0℃，摩尔熔化焓为 $\Delta_{fus}H_m=6.004kJ\cdot mol^{-1}$，水和冰的摩尔定压热容为 $C_{p,m}(H_2O,l)=75.37J\cdot mol^{-1}\cdot K^{-1}$，$C_{p,m}(H_2O,s)=37.70J\cdot mol^{-1}\cdot K^{-1}$。求－5℃101325Pa 下 2mol 的过冷水凝固成同温的冰的 Q、W、ΔU、ΔH、ΔS、ΔA、ΔG，设凝固过程的体积功可忽略。

3.17 在－3℃ 时，冰的蒸气压为 475.4Pa，水的蒸气压为 489.2Pa。求在－3℃、101.325kPa 下 3mol 过冷水变为冰这一过程的 ΔG。

3.18 求证：对于组成不变的封闭系统，(1) $\left(\frac{\partial H}{\partial p}\right)_T=V-T\left(\frac{\partial V}{\partial T}\right)_p$，对于理想气体 $\left(\frac{\partial H}{\partial p}\right)_T=0$；(2) $\left(\frac{\partial H}{\partial V}\right)_T=T\left(\frac{\partial p}{\partial T}\right)_V+V\left(\frac{\partial p}{\partial V}\right)_T$，对于理想气体 $\left(\frac{\partial H}{\partial V}\right)_T=0$；(3) $dH=nC_{p,m}dT+\left[V-T\left(\frac{\partial V}{\partial T}\right)_p\right]dp$。

3.19 求证：对于组成不变的封闭系统，(1)$\left(\frac{\partial U}{\partial V}\right)_T=T\left(\frac{\partial p}{\partial T}\right)_V-p$；对于理想气体$\left(\frac{\partial U}{\partial V}\right)_T=0$，对于范德华气体$\left(\frac{\partial U}{\partial V}\right)_T=\frac{a}{V_m^2}$；(2)$\left(\frac{\partial U}{\partial p}\right)_T=-T\left(\frac{\partial V}{\partial T}\right)_p-p\left(\frac{\partial V}{\partial p}\right)_T$，对于理想气体$\left(\frac{\partial U}{\partial p}\right)_T=0$；(3)$dU=nC_{V,m}dT+\left[T\left(\frac{\partial p}{\partial T}\right)_V-p\right]dV$。

3.20 求证：对于组成不变的封闭系统，(1)$dS=\frac{nC_{p,m}}{T}dT-\left(\frac{\partial V}{\partial T}\right)_p dp$，对于理想气体，$dS=nC_{p,m}\mathrm{d}\ln T-nR\,\mathrm{d}\ln p$；(2)$dS=\frac{nC_{V,m}}{T}dT+\left(\frac{\partial p}{\partial T}\right)_V dV$，对于理想气体，$dS=nC_{V,m}\mathrm{d}\ln T+nR\,\mathrm{d}\ln V$；(3)$dS=\frac{nC_{V,m}}{T}\left(\frac{\partial T}{\partial p}\right)_V dp+\frac{nC_{p,m}}{T}\left(\frac{\partial T}{\partial V}\right)_p dV$，对于理想气体 $dS=nC_{V,m}\mathrm{d}\ln p+nC_{p,m}\mathrm{d}\ln V$。

3.21 求证：焦耳-汤姆逊系数$\mu_{J\text{-}T}=\frac{1}{C_{p,m}}\left[T\left(\frac{\partial V_m}{\partial T}\right)_p-V_m\right]$，对于理想气体，$\mu_{J\text{-}T}=0$。

3.22 某实际气体的状态方程为$pV_m=RT+ap$，其中a为常数，物质的量为n的该气体在恒定温度T下，经可逆过程由p_1变为p_2，试用n、T、p_1、p_2表示过程的Q、W、ΔU、ΔH、ΔS、ΔA、ΔG。

3.23 已知液态水在常压下的平均摩尔定压热容$C_{p,m}=75.3\mathrm{J\cdot mol^{-1}\cdot K^{-1}}$。在常压下将1mol、温度为25℃的水与一个80℃的热源接触至平衡，求过程中系统(水)的熵变ΔS_{sys}、环境的熵变ΔS_{sur}及总熵变ΔS_{tot}，并用做功能力判据判断自发性。

3.24 在常压和25℃环境下将100mol、25℃的水放入一电热水壶中，通电几分钟后，水被加热到80℃，求过程中系统(水)的焓变和熵变，并用做功能力判据判断自发性。

3.25 在常压下将1mol温度为25℃的水与5℃的冷源接触至平衡，水被冷却到5℃时，求过程中系统(水)的焓变和熵变，并用做功能力判据判断自发性。

3.26 1mol 300K和200kPa的N_2，在恒温的气缸中膨胀至环境压力100kPa，设气体为理想气体。计算系统的熵变ΔS_{sys}，并判断自发性。

3.27 1mol 300K、100kPa的N_2，设气体为理想气体，向一真空容器中膨胀，平衡后压力为50kPa。计算系统的热力学能变和熵变，并用做功能力判据判断自发性。

3.28 在25℃、101325Pa时，石墨转变为金刚石的$\Delta_{trs}H_m=1895\mathrm{J\cdot mol^{-1}}$，$\Delta_{trs}S_m=-3.363\mathrm{J\cdot K^{-1}\cdot mol^{-1}}$，石墨和金刚石的密度分别为$2260\mathrm{kg\cdot m^{-3}}$和$3513\mathrm{kg\cdot m^{-3}}$。

(1) 求25℃、101325Pa下，石墨转变为金刚石的$\Delta_{trs}G_m$；

(2) 在这种条件下，哪种晶型比较稳定；

(3) 增加压力能否使两种晶型的稳定性发生转变？如可能，则至少要加多大的压力才能实现这种转变？假设密度不随压力而变。

第4章　多组分系统热力学

热力学第一定律、热力学第二定律两章所研究的都是组成恒定的封闭系统，但实际化工生产中涉及的绝大部分系统都是多种物质参与的开放系统，化学反应的进行可引起组成及相态的变化，从一个反应器到另一个反应器、从一个相到另一个相都有物物的交换，因此要运用热力学原理解决实际问题，还要进一步研究组成可变的多组分系统的热力学规律。

4.1　多组分系统分类及组成表示方法

由两种或两种以上物质（组分）构成的系统称为多组分系统。多组分系统可以是单相的，也可以是多相的，多相系统可以分成若干单相系统来研究，因此本章主要讨论多组分单相系统。

4.1.1　多组分系统分类

按照国际标准和国家标准，多组分单相系统根据热力学处理方法不同，可分为两种类型：混合物和溶液。

① **混合物**　是指含有两种或两种以上组分的均相系统，混合物可以为气相、液相或固相。在热力学研究中，对混合物不区分溶剂或溶质，所有组分均选用相同的标准态并按相同的方法研究，只需任选其中任一组分B做研究对象。

② **溶液**　同样是指含有两种或两种以上组分的均相系统，但将其中一种组分称为溶剂(A)，其余组分称为溶质(B)。在热力学研究中，两者选用不同标准态且按不同的方法研究。

混合物与溶液的具体分类见图4.1.1。本章主要讨论液态混合物和液态溶液。

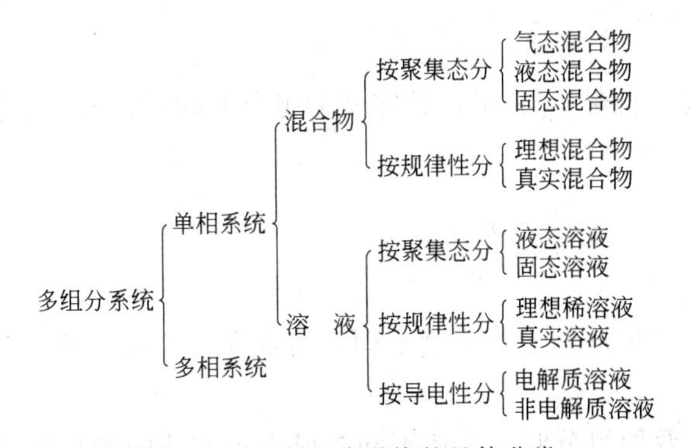

图4.1.1　多组分系统的具体分类

4.1.2　组成表示方法

对于多组分系统，要确定系统的状态，除了系统温度、压力、体积外，还需要确定系统各组分的组成，多组分系统的组成表示方法主要有以下几种。

(1) 物质的量分数

组分B的物质的量分数用符号x_B(用于液、固相)或y_B(用于气相)表示，其定义为组分B的物质的量n_B与系统总的物质的量n之比，也称为摩尔分数，其量纲为1。

$$x_B=\frac{n_B}{n} \tag{4.1.1}$$

由定义式可知，$\sum_B x_B=1$。

(2) 质量摩尔浓度

组分B的质量摩尔浓度用符号b_B表示，其定义为组分B的物质的量n_B与溶剂的质量m_A之比，单位为$mol \cdot kg^{-1}$。

$$b_B=\frac{n_B}{m_A} \tag{4.1.2}$$

采用质量摩尔浓度表示组成的优点在于，可以用准确的称重法来配制溶液，不受温度影响，因此在电化学研究中常用。

(3) 物质的量浓度

组分B的物质的量浓度用符号c_B表示，其定义为组分B的物质的量n_B与系统总体积V之比，单位为$mol \cdot m^{-3}$或$mol \cdot dm^{-3}$。

$$c_B=\frac{n_B}{V} \tag{4.1.3}$$

(4) 质量分数

组分B的质量分数用符号w_B表示，其定义为组分B的质量m_B与系统总质量m之比，其量纲为1。

$$w_B=\frac{m_B}{m} \tag{4.1.4}$$

(5) 质量浓度

组分B的质量浓度用符号ρ_B表示，其定义为组分B的质量m_B与系统总体积V之比。其单位为$kg \cdot m^{-3}$。

$$\rho_B=\frac{m_B}{V} \tag{4.1.5}$$

需要注意，溶质质量浓度与溶液密度不同，溶液密度为溶液质量与溶液体积之比，符号为ρ。

当系统只有A、B两种组分时，上述不同组成表示方法间的换算关系为

$$x_B=\frac{n_B}{n_A+n_B}=\frac{M_A w_B}{M_B w_A+M_A w_B}=\frac{M_A b_B}{1+M_A b_B}=\frac{M_A c_B}{\rho+c_B(M_A-M_B)}$$

【例 4.1.1】 恒温恒压下，10.0g 苯与 90.0g 甲苯混合形成混合物，试计算苯的质量分数、物质的量分数及质量摩尔浓度。

解 苯的摩尔质量为 78.12g·mol^{-1}，甲苯的摩尔质量为 92.14g·mol^{-1}。

$$w_{苯}=\frac{m_{苯}}{m_{苯}+m_{甲苯}}=\frac{10.0}{10.0+90.0}=0.100$$

$$x_{苯}=\frac{n_{苯}}{n_{甲苯}+n_{苯}}=\frac{\dfrac{m_{苯}}{M_{苯}}}{\dfrac{m_{苯}}{M_{苯}}+\dfrac{m_{甲苯}}{M_{甲苯}}}=\frac{\dfrac{10.0}{78.12}}{\dfrac{10.0}{78.12}+\dfrac{90.0}{92.14}}=0.116$$

$$b_{苯}=\frac{n_{苯}}{m_{甲苯}}=\frac{m_{苯}/M_{苯}}{m_{甲苯}}=\frac{\dfrac{10.0\text{g}}{78.12\text{g}\cdot\text{mol}^{-1}}}{90.0\text{g}}=1.42\text{mol}\cdot\text{kg}^{-1}$$

【例 4.1.2】 20℃ 时，硫酸水溶液中硫酸的质量分数 $w_B=0.100$，溶液密度 $\rho=1.07\times10^3\text{kg}\cdot\text{m}^{-3}$。试计算此溶液中硫酸的摩尔分数、物质的量浓度、质量摩尔浓度。

解 硫酸(B) 的摩尔质量为 98.08g·mol^{-1}，水(A) 的摩尔质量为 18.015g·mol^{-1}。

$$x_B=\frac{n_B}{n_A+n_B}=\frac{\dfrac{w_Bm}{M_B}}{\dfrac{w_Bm}{M_B}+\dfrac{w_Am}{M_A}}=\frac{\dfrac{0.100}{98.08}}{\dfrac{0.100}{98.08}+\dfrac{0.900}{18.015}}=0.0200$$

$$c_B=\frac{n_B}{V}=\frac{w_Bm/M_B}{m/\rho}=\frac{0.100\times1.07\times10^3\text{kg}\cdot\text{m}^{-3}}{98.08\text{g}\cdot\text{mol}^{-1}}=1.09\text{mol}\cdot\text{dm}^{-3}$$

$$b_B=\frac{n_B}{m_A}=\frac{w_Bm/M_B}{m-w_Bm}=\frac{\dfrac{0.100}{98.08\text{g}\cdot\text{mol}^{-1}}}{1-0.100}=1.13\text{mol}\cdot\text{kg}^{-1}$$

4.2 拉乌尔定律与亨利定律

一定温度下，纯液体与自身蒸气平衡共存时对应的蒸气压力为饱和蒸气压。若向其中加入少量其他组分形成稀溶液时，则溶液中各组分在气相中的平衡压力会发生相应的变化。拉乌尔定律和亨利定律就是描述稀溶液中溶剂及挥发性溶质的蒸气压与溶液组成之间关系的两个重要的经验定律。

4.2.1 拉乌尔定律

很早以前人们就发现，在溶剂中加入非挥发性溶质后，溶剂的蒸气压会下降。1887年，法国化学家拉乌尔(F. M. Raoult) 根据实验结果总结出了溶剂蒸气压与溶液组成之间的定量关系，称为拉乌尔定律："稀溶液中溶剂的蒸气压等于同温度下纯溶剂的蒸气压与溶液中溶剂的摩尔分数的乘积"。公式表达为

$$p_A = p_A^* x_A \tag{4.2.1}$$

式中，p_A 为溶剂 A 在气相中的平衡分压；p_A^* 为纯溶剂 A 在相同温度下的饱和蒸气压；x_A 为溶液中溶剂 A 的摩尔分数。

若溶液中只有 A、B 两组分，则 $x_A + x_B = 1$，那么就有

$$p_A = p_A^* x_A = p_A^* (1 - x_B)$$

$$\frac{p_A^* - p_A}{p_A^*} = x_B \tag{4.2.2}$$

即稀溶液中溶剂的蒸气压小于纯溶剂的蒸气压，其下降值 $\Delta p = p_A^* - p_A$ 与纯溶剂蒸气压 p_A^* 之比等于溶质的摩尔分数，与溶质的种类无关。

若溶质是不挥发的，则溶液蒸气总压 $p = p_A$，也就是说溶液蒸气压必然下降；若溶质是挥发性的，则 p_A 是溶剂 A 的蒸气分压，溶液蒸气总压为溶剂及溶质蒸气压的加和 $p = p_A + p_B$，还需计算溶质的平衡分压 p_B，此时溶液蒸气总压可能大于，也可能小于纯溶剂的饱和蒸气压。

稀溶液中溶剂的蒸气压下降只与 x_A 或 x_B 有关，而与溶质的种类无关的原因可解释如下。液体蒸气压的大小代表着液体的蒸发能力，它取决于液体分子间的作用力和单位表面上的分子数目。当溶剂 A 中加入溶质 B 构成稀溶液时，会出现与 A-A 分子间作用力不同的 A-B 分子间的作用力，但由于稀溶液中溶质 B 分子数目很少，这种作用力的差别可忽略不计，即 p_A 只与 A-A 的作用力有关，而与 A-B 分子间的作用力无关，也就与溶质 B 的物质种类无关。只是由于溶质 B 分子的存在使单位液面上 A 的分子数目占液面分子总数目的分数由 1 减小为 x_A，单位表面上 A 分子目数相对减少了，所以 A 的蒸气压会低于其饱和蒸气压。

拉乌尔定律是根据稀溶液的实验结果总结出来的，因此只有稀溶液中的溶剂才遵循拉乌尔定律。所谓稀溶液是指溶质浓度很小、溶剂的摩尔分数趋近于 1 的溶液，即 $x_A \to 1$、$x_B \to 0$ 的溶液。相对而言，A、B 两种分子的大小、结构越相近，其适用的浓度范围越大。如甘露糖醇水溶液的 x_B 在 0 ～ 0.0158 的范围内均可适用拉乌尔定律。另外，在使用拉乌尔定律时还需注意，无论溶剂 A 在液相是否发生缔合或解离，溶剂 A 的摩尔质量应具与气态分子 A 形式相同的摩尔质量。

拉乌尔定律是溶液性质中最基本的定律，是溶液其他性质的基础。

4.2.2 亨利定律

1803 年，英国化学家亨利(W. Henry)通过研究气体在液体中的溶解度，提出了有关稀溶液中挥发性溶质的浓度与其蒸气压之间关系的经验性定律 —— 亨利定律：“在一定温度和平衡状态下，稀溶液中挥发性溶质 B 在气相中的分压 p_B 与其在溶液中的摩尔分数 x_B 成正比”。其公式表达式为

$$p_B = k_{x,B} x_B \tag{4.2.3}$$

式中，$k_{x,B}$ 为比例系数，称为亨利常数。

亨利常数的数值决定于系统温度、压力以及溶质、溶剂的性质。究其原因为，挥发性溶质 B 溶在溶剂 A 中形成稀溶液，B 分子周围几乎完全由溶剂 A 分子包围，因此溶质 B 在气相

中的平衡压力不仅取决于单位液面上B的分子数，还取决于A、B间的相互作用力，即与溶质、溶剂的性质有关，这也是亨利常数不同于纯B的饱和蒸气压 p_B^* 的原因。

使用亨利定律时需注意如下事项。

① 当系统组成采用不同形式表示时，亨利定律表达式及亨利系数也不相同，如表4.2.1所示。

表 4.2.1 不同组成表示时亨利定律表达式

组成表示	亨利定律形式	亨利常数	亨利常数的单位
x_B	$p_B = k_{x,B}x_B$	$k_{x,B}$	Pa
b_B	$p_B = k_{b,B}b_B$	$k_{b,B}$	$Pa \cdot kg \cdot mol^{-1}$
c_B	$p_B = k_{c,B}c_B$	$k_{c,B}$	$Pa \cdot m^3 \cdot mol^{-1}$

② 亨利定律适用于稀溶液中的挥发性溶质。当几种气体溶于同一种溶剂中，且压力不大时，每一种气体分别适用于亨利定律，此时可近似认为与其他气体的分压无关。比如：空气溶于水中，O_2、N_2 可分别适用亨利定律，也就是说，计算 O_2 溶解在水中的浓度与其在气相中的平衡压力时，不必考虑 N_2 及其他气体的存在。

③ 溶质在气相和在溶液中的分子形态必须是相同的。如HCl溶于水中变为 H^+ 和 Cl^-，而在气相中是HCl分子，此时就不能适用亨利定律。而HCl溶于苯中时，液相和气相中均为HCl分子，则可适用。

④ 一般对于大多数溶于水中的气体而言，溶解度随温度的升高而降低，因此温度升高或压力下降，均会使溶液更稀，从而对亨利定律的服从性更好。而对于化工生产中液体溶剂对气体的吸收过程来说，增大气体压力或降低温度对吸收更有利。

【例 4.2.1】 试计算370.26K时乙醇质量分数为0.0200的乙醇水溶液的蒸气总压。已知370.26K时乙醇溶于水的亨利常数为930.5kPa，水的饱和蒸气压为91.3kPa。

解 乙醇(B)溶于水(A)形成稀溶液，溶剂水服从拉乌尔定律，溶质乙醇服从亨利定律。

$$x_B = \frac{n_B}{n_A + n_B} = \frac{\frac{w_B m}{M_B}}{\frac{w_B m}{M_B} + \frac{w_A m}{M_A}} = \frac{\frac{0.0200}{46.07}}{\frac{0.0200}{46.07} + \frac{0.980}{18.01}} = 7.91 \times 10^{-3}$$

$$p = p_A + p_B = p_A^* x_A + k_{xB} x_B$$

$$p = 91.3\text{kPa} \times (1 - 7.91 \times 10^{-3}) + 930.5\text{kPa} \times 7.91 \times 10^{-3} = 97.9\text{kPa}$$

【例 4.2.2】 已知20℃时压力为101.325kPa的 $CO_2(g)$ 在1kg水中可溶解1.700g，40℃时同样压力的 $CO_2(g)$ 可溶解1.000g，如果用只能承受202.65kPa的瓶子充装溶有 $CO_2(g)$ 的饮料，则在20℃充装时 $CO_2(g)$ 的最大压力为多少才能保证此瓶饮料可以在40℃下安全存放。已知水在20℃、40℃下的饱和蒸气压分别为2.335kPa、7.377kPa。

解 $CO_2(g)$ 溶于水中，水做溶剂服从拉乌尔定律，$CO_2(g)$ 服从亨利定律，即

$$p_{H_2O} = p_{H_2O}^* x_{H_2O}, \quad p_{CO_2} = k_{x,CO_2} x_{CO_2}$$

由题给条件可分别计算出20℃和40℃时的亨利常数：

$$101.325\text{kPa}=k_{x,CO_2}^{20℃}\times\frac{1.700\text{g}/M_{CO_2}}{1\text{kg}/M_{H_2O}+1.700\text{g}/M_{CO_2}}$$

$$=k_{x,CO_2}^{20℃}\times\frac{1.700/44.01}{1000/18.01+1.700/44.01}$$

解得 $$k_{x,CO_2}^{20℃}=1.457\times10^5\text{kPa}$$

$$101.325\text{kPa}=k_{x,CO_2}^{40℃}\times\frac{1.000\text{g}/M_{CO_2}}{1\text{kg}/M_{H_2O}+1.000\text{g}/M_{CO_2}}$$

$$=k_{x,CO_2}^{40℃}\times\frac{1.000/44.01}{1000/18.01+1.000/44.01}$$

解得 $$k_{x,CO_2}^{40℃}=2.477\times10^5\text{kPa}$$

求40℃、平衡压力最高为202.65kPa时充入CO_2(g)的物质的量分数，即

$$p=202.65\text{kPa}=p_{H_2O}^{*}x_{H_2O}+k_{x,CO_2}^{40℃}x_{CO_2}$$

$$202.65=7.377\times(1-x_{CO_2})+2.477\times10^5x_{CO_2}$$

解得 $$x_{CO_2}=7.883\times10^{-4}$$

即在40℃充入CO_2(g)的物质的量分数为7.88×10^{-4}时，瓶中的压力为202.65kPa，达瓶子的最大承受压力。在20℃充入同样量的CO_2(g)时瓶内的总压为

$$p=p_{H_2O}^{*}x_{H_2O}+k_{x,CO_2}^{20℃}x_{CO_2}=p_{H_2O}^{*}(1-x_{CO_2})+k_{x,CO_2}^{20℃}x_{CO_2}$$

$$p=2.335\text{kPa}\times(1-7.883\times10^{-4})+1.457\times10^5\text{kPa}\times7.883\times10^{-4}$$

解得 $$p=117.2\text{kPa}$$

即在20℃充装时CO_2(g)的最大压力不超过117.2kPa，才能保证此瓶饮料可以在40℃下安全存放。

4.3 偏摩尔量

系统的广度性质的大小与系统所含物质的量的多少有关。对纯物质而言，某广度性质的数值等于该广度性质的摩尔量与其物质的量的乘积，如$V=nV_m^*$、$H=nH_m^*$。由A、B构成的理想气体混合物系统，亦有$V=n_AV_{m,A}^*+n_BV_{m,B}^*$，$H=n_AH_{m,A}^*+n_BH_{m,B}^*$。但对于真实的多组分系统来说，系统的广度性质的数值就不一定等于系统中各组分该广度性质的摩尔量与其物质的量的乘积的加和。以水和乙醇的混合系统的体积为例，20℃、常压下，$V_{m,水}^*=18.09\text{cm}^3\cdot\text{mol}^{-1}$，$V_{m,乙醇}^*=58.35\text{cm}^3\cdot\text{mol}^{-1}$，当0.5mol水与0.5mol乙醇混合时，实验测得混合后的体积V并不等于各自摩尔体积与物质的量的乘积之和38.22cm^3，而是37.2cm^3，即混合后系统体积减小了。造成这一情况的原因是因为不同组分的分子结构不同，分子间的相互作用力也不同于每种组分处于纯态时的分子之间的作用力。因此对多组分系统必须引入新的概念——偏摩尔量来代替纯物质所用的摩尔量。偏摩尔量是多组分系统热力学中一个非常重要的概念。

4.3.1 偏摩尔量的定义

对一个单相的多组分系统，其任一广度性质X不仅是温度、压力的函数，还与系统的

组成(各组分的物质的量)有关，即

$$X=f(T,p,n_{\mathrm{B}},n_{\mathrm{C}},n_{\mathrm{D}}\cdots)$$

若系统发生一微小的变化，则

$$\mathrm{d}X=\left(\frac{\partial X}{\partial T}\right)_{p,n_{\mathrm{B}},n_{\mathrm{C}},n_{\mathrm{D}}\cdots}\mathrm{d}T+\left(\frac{\partial X}{\partial p}\right)_{T,n_{\mathrm{B}},n_{\mathrm{C}},n_{\mathrm{D}}\cdots}\mathrm{d}p$$
$$+\left(\frac{\partial X}{\partial n_{\mathrm{B}}}\right)_{T,p,n_{\mathrm{C}},n_{\mathrm{D}}\cdots}\mathrm{d}n_{\mathrm{B}}+\left(\frac{\partial X}{\partial n_{\mathrm{C}}}\right)_{T,p,n_{\mathrm{B}},n_{\mathrm{D}}\cdots}\mathrm{d}n_{\mathrm{C}}+\cdots \tag{4.3.1}$$

为简便起见，以 n_{B} 表示所有组成不变，以 $n_{\mathrm{C}}(\mathrm{C}\neq\mathrm{B})$ 表示除组分B外其他组成不变，上式可简写为：

$$\mathrm{d}X=\left(\frac{\partial X}{\partial T}\right)_{p,n_{\mathrm{B}}}\mathrm{d}T+\left(\frac{\partial X}{\partial p}\right)_{T,n_{\mathrm{B}}}\mathrm{d}p+\sum_{\mathrm{B}}\left(\frac{\partial X}{\partial n_{\mathrm{B}}}\right)_{T,p,n_{\mathrm{C}}(\mathrm{C}\neq\mathrm{B})}\mathrm{d}n_{\mathrm{B}}$$

在恒温、恒压下，则有

$$\mathrm{d}X=\sum_{\mathrm{B}}\left(\frac{\partial X}{\partial n_{\mathrm{B}}}\right)_{T,p,n_{\mathrm{C}}(\mathrm{C}\neq\mathrm{B})}\mathrm{d}n_{\mathrm{B}} \tag{4.3.2}$$

定义

$$X_{\mathrm{B}}=\left(\frac{\partial X}{\partial n_{\mathrm{B}}}\right)_{T,p,n_{\mathrm{C}}(\mathrm{C}\neq\mathrm{B})} \tag{4.3.3}$$

式中，X_{B} 称为组分B的偏摩尔量。它表示温度、压力及除组分B外其他各组分物质的量均不改变的条件下，仅由于组分B的物质的量发生微小变化引起的系统的广度性质 X 的变化率。或者在温度、压力及除组分B外其他各组分物质的量均不改变的条件下，向足够大量的系统中加入1mol B时所引起系统的广度性质的变化。

常用的偏摩尔量如：

偏摩尔体积 $V_{\mathrm{B}}=\left(\frac{\partial V}{\partial n_{\mathrm{B}}}\right)_{T,p,n_{\mathrm{C}}(\mathrm{C}\neq\mathrm{B})}$　　偏摩尔焓 $H_{\mathrm{B}}=\left(\frac{\partial H}{\partial n_{\mathrm{B}}}\right)_{T,p,n_{\mathrm{C}}(\mathrm{C}\neq\mathrm{B})}$

偏摩尔熵 $S_{\mathrm{B}}=\left(\frac{\partial S}{\partial n_{\mathrm{B}}}\right)_{T,p,n_{\mathrm{C}}(\mathrm{C}\neq\mathrm{B})}$　　偏摩尔吉布斯函数 $G_{\mathrm{B}}=\left(\frac{\partial G}{\partial n_{\mathrm{B}}}\right)_{T,p,n_{\mathrm{C}}(\mathrm{C}\neq\mathrm{B})}$

需要注意：

① 只有广度性质才有偏摩尔量；

② 只有恒温、恒压下系统的广度性质随某一组分的物质的量的变化率才是偏摩尔量，其他条件(如恒温、恒容等)下的偏导数都不能称为偏摩尔量；

③ 偏摩尔量是强度性质，其数值决定于温度、压力和组成，恒温、恒压下组成不同，偏摩尔量的数值不同，偏摩尔量可能是正值，也可能是负值；

④ 对纯物质(单组分系统)来说，偏摩尔量就是摩尔量；

⑤ 偏摩尔量的概念对混合物和溶液均适用。

将式(4.3.3)代入式(4.3.2)，得

$$\mathrm{d}X=X_{\mathrm{B}}\mathrm{d}n_{\mathrm{B}}+X_{\mathrm{C}}\mathrm{d}n_{\mathrm{C}}+X_{\mathrm{D}}\mathrm{d}n_{\mathrm{D}}+\cdots=\sum_{\mathrm{B}}X_{\mathrm{B}}\mathrm{d}n_{\mathrm{B}} \tag{4.3.4}$$

对式(4.3.4)积分，得

$$X=n_{\mathrm{B}}X_{\mathrm{B}}+n_{\mathrm{C}}X_{\mathrm{C}}+n_{\mathrm{D}}X_{\mathrm{D}}+\cdots=\sum_{\mathrm{B}}n_{\mathrm{B}}X_{\mathrm{B}} \tag{4.3.5}$$

即恒温恒压下，某一组成混合物的任一广度性质等于各组分的偏摩尔量与其物质的量的乘积之和，称为偏摩尔量加和公式。

4.3.2 偏摩尔量的测定与计算

由偏摩尔量的定义可知，要得到偏摩尔量，首先需要通过实验测定出混合物组成变化时系统的广度性质的数值变化，然后还需要经数学处理，常用的方法有分析法或图解法等。

(1) 分析法(计算法)

若系统的广度性质与组成的关系能用公式表示，则直接对公式求偏微商，就可得到偏摩尔量。

【例 4.3.1】 将不同量的 NaBr(B) 溶于 1.0kg 水(A) 中，得到水溶液的体积与溶液浓度的关系为

$$V/\mathrm{cm^3}=1002.9+23.189\frac{b_B}{\mathrm{mol\cdot kg^{-1}}}+2.197\left(\frac{b_B}{\mathrm{mol\cdot kg^{-1}}}\right)^{3/2}-0.178\left(\frac{b_B}{\mathrm{mol\cdot kg^{-1}}}\right)^2$$

试写出水(A) 和 NaBr(B) 的偏摩尔体积 V_A、V_B 随溶液浓度的函数关系，并计算 $b_B=0.20\mathrm{mol\cdot kg^{-1}}$、$b_B=0.40\mathrm{mol\cdot kg^{-1}}$ 时的 V_A、V_B。

解 溶液中 NaBr 的偏摩尔体积 V_B 为

$$V_B=\left(\frac{\partial V}{\partial n_B}\right)_{T,p,n_A}=\frac{1}{m_A}\left(\frac{\partial V}{\partial b_B}\right)_{T,p,n_A}\quad(m_A\text{ 为 1kg 溶剂})$$

$$\frac{V_B}{\mathrm{cm^3\cdot mol^{-1}}}=23.189+\frac{3}{2}\times 2.197\left(\frac{b_B}{\mathrm{mol\cdot kg^{-1}}}\right)^{1/2}-2\times 0.178\left(\frac{b_B}{\mathrm{mol\cdot kg^{-1}}}\right)$$

因为 $V=n_AV_A+n_BV_B$，所以

$$V_A=\frac{V-n_BV_B}{n_A}$$

$$\frac{V_A}{\mathrm{cm^3\cdot mol^{-1}}}=18.062-0.01978\left(\frac{b_B}{\mathrm{mol\cdot kg^{-1}}}\right)^{3/2}+3.206\times 10^{-3}\left(\frac{b_B}{\mathrm{mol\cdot kg^{-1}}}\right)^2$$

当 $b_B=0.20\mathrm{mol\cdot kg^{-1}}$ 时，$V_A=18.060\mathrm{cm^3\cdot mol^{-1}}$，$V_B=24.592\mathrm{cm^3\cdot mol^{-1}}$。

当 $b_B=0.40\mathrm{mol\cdot kg^{-1}}$ 时，$V_A=18.058\mathrm{cm^3\cdot mol^{-1}}$，$V_B=25.131\mathrm{cm^3\cdot mol^{-1}}$。

由此例也可以看出，溶液浓度不同，各组分的偏摩尔量也不相同。

(2) 图解法

若测定出混合物的某广度性质 X 随组分 B 组成的变化，则可做出 X-n_B 变化曲线，曲线某点处切线的斜率即为组分 B 在该组成下的偏摩尔量。

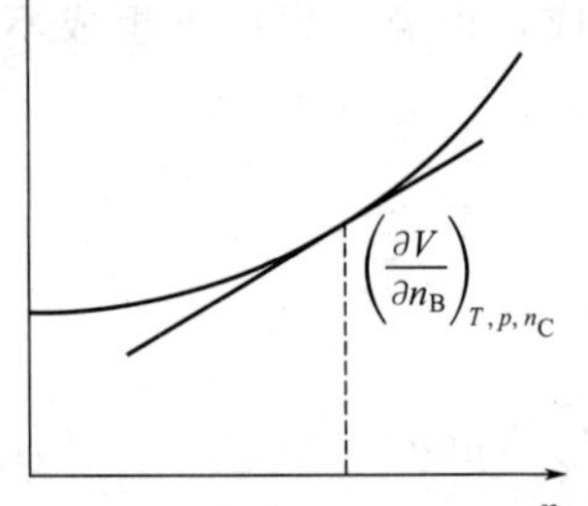

图 4.3.1 图解法计算偏摩尔量示意图

以偏摩尔体积为例。如图 4.3.1 所示，做混合物的体积随组分 B 的物质的量 n_B 变化的曲线，在某组成处做曲线的切线，此切线的斜率即为组分 B 在该组成下的偏摩尔体积。

截距法也是较常使用的一种图解法。其原理为：假设 T、p 保持不变的某混合物系统由 A、B 两组分组成，A、B 物质的量及摩尔分数分别为 n_A、n_B 及 x_A、x_B，则 n_A、n_B 的变化都会引起 x_B 的变化，为简便起见，假设 n_B

保持不变，x_B 的变化是由于 n_A 的变化而引起的。则

$$x_B = \frac{n_B}{n_A + n_B}$$

将等式两边微分，有

$$dx_B = -\frac{n_B dn_A}{(n_A + n_B)^2} = -\frac{x_B dn_A}{n_A + n_B} \tag{4.3.6}$$

定义混合物的平均摩尔体积 V_m 为

$$V_m = \frac{V}{n_A + n_B} \tag{4.3.7}$$

则

$$dV_m = \frac{dV}{n_A + n_B} - \frac{V dn_A}{(n_A + n_B)^2} \tag{4.3.8}$$

由式(4.3.6)及式(4.3.8)并考虑温度、压力等变量，有

$$\left(\frac{\partial V_m}{\partial x_B}\right)_{T,p,n_B} = -\frac{1}{x_B}\left(\frac{\partial V}{\partial n_A}\right)_{T,p,n_B} + \frac{V}{x_B(n_A + n_B)}$$

即

$$V_A = \left(\frac{\partial V}{\partial n_A}\right)_{T,p,n_B} = V_m - x_B\left(\frac{\partial V_m}{\partial x_B}\right)_{T,p,n_B}$$

同理可得

$$V_B = \left(\frac{\partial V}{\partial n_B}\right)_{T,p,n_A} = V_m - x_A\left(\frac{\partial V_m}{\partial x_A}\right)_{T,p,n_A}$$

采用截距法测定偏摩尔体积的具体过程为：由实验测得不同 x_B 时的 V_m，然后以 V_m 对 x_B 作图，如图 4.3.2 所示。在某组成点(如 $x_B = x_{B,1}$ 处)做曲线的切线，此切线的斜率与组分 A 所在坐标轴的交点($x_B = 0$)即为组分 A 在该组成下的偏摩尔体积，切线的斜率与组分 B 所在坐标轴的交点($x_B = 1$)即为组分 B 在该组成下的偏摩尔体积。由图中也可看出偏摩尔量与纯组分的摩尔量不同，而且偏摩尔量随组成变化而变化。

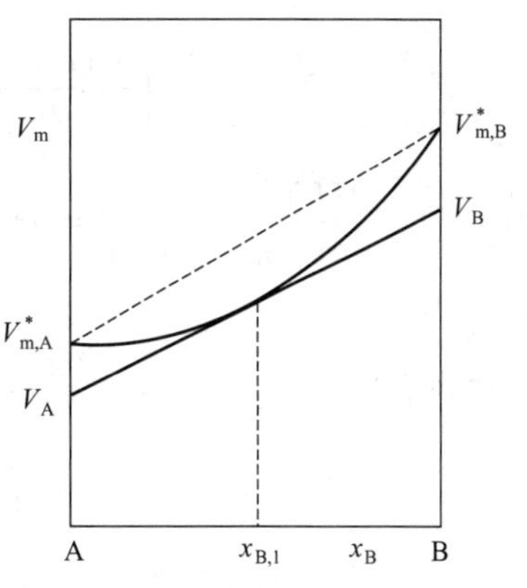

图 4.3.2　截距法测定偏摩尔量

4.3.3　吉布斯-杜亥姆(Gibbs-Duhem)方程

在恒定温度、压力下，混合物的组成发生变化时，各组分偏摩尔量变化的相互依赖关系称为吉布斯-杜亥姆方程。

在恒温恒压下，对式(4.3.5)求全微分，得

$$dX = X_B dn_B + n_B dX_B + X_C dn_C + n_C dX_C + X_D dn_D + n_D dX_D + \cdots = \sum_B X_B dn_B + \sum_B n_B dX_B$$

对比式(4.3.4)，得

$$n_B dX_B + n_C dX_C + n_D dX_D + \cdots = 0$$

即

$$\sum_B n_B dX_B = 0 \tag{4.3.9}$$

若将上式除以 $n = \sum n_B$，可得

$$\sum_B x_B dX_B = 0 \tag{4.3.10}$$

式中，x_B 为组分 B 的物质的量分数，这两个式子都称为吉布斯-杜亥姆方程。

由吉布斯-杜亥姆方程可知，在恒温恒压下混合物的组成发生变化时，各组分的偏摩尔量之间不是彼此无关的，而是具有一定的联系。若为 B、C 二组分系统，就有

$$x_B dX_B + x_C dX_C = 0$$

$$dX_B = -\frac{x_C}{x_B} dX_C$$

即恒温恒压下，当混合物的组成发生微小变化时，如果一个组分的偏摩尔量增大，则另一个组分的偏摩尔量必然减小，而且增大或减小的比例与混合物中两组分的摩尔分数成反比。

4.3.4 同一组分各偏摩尔量间的关系

偏摩尔量之间仍然符合前面讲的热力学函数关系，需要注意的是，凡是广度性质都要用偏摩尔量。如

$$H = U + pV \rightarrow H_B = U_B + pV_B$$

证明：在恒温恒压其他组成不变的条件下，将等式 $H = U + pV$ 两边分别对 n_B 求微分，得

$$\left(\frac{\partial H}{\partial n_B}\right)_{T,p,n_C(C\neq B)} = \left[\frac{\partial(U+pV)}{\partial n_B}\right]_{T,p,n_C(C\neq B)} = \left(\frac{\partial U}{\partial n_B}\right)_{T,p,n_C(C\neq B)} + p\left(\frac{\partial V}{\partial n_B}\right)_{T,p,n_C(C\neq B)}$$

因 $\left(\frac{\partial H}{\partial n_B}\right)_{T,p,n_C(C\neq B)} = H_B$，$\left(\frac{\partial U}{\partial n_B}\right)_{T,p,n_C(C\neq B)} = U_B$，$\left(\frac{\partial V}{\partial n_B}\right)_{T,p,n_C(C\neq B)} = V_B$

所以 $$H_B = U_B + pV_B$$

同样还有 $$G = H - TS \rightarrow G_B = H_B - TS_B$$

$$\left(\frac{\partial G}{\partial p}\right)_T = V \rightarrow \left(\frac{\partial G_B}{\partial p}\right)_{T,n_B} = V_B$$

$$\left(\frac{\partial G}{\partial T}\right)_p = -S \rightarrow \left(\frac{\partial G_B}{\partial T}\right)_{p,n_B} = -S_B$$

$$\left[\frac{\partial(G/T)}{\partial T}\right]_p = -\frac{H}{T^2} \rightarrow \left[\frac{\partial(G_B/T)}{\partial T}\right]_p = -\frac{H_B}{T^2}$$

4.4 化学势

对于多组分系统，另一个重要的物理量就是化学势，它是化学平衡和相平衡等其他章节公式推导的出发点。

4.4.1 化学势的定义

吉布斯将混合物或溶液中组分B的偏摩尔吉布斯函数 G_B 定义为组分B的化学势 μ_B。即

$$\mu_B = G_B = \left(\frac{\partial G}{\partial n_B}\right)_{T,p,n_C} \tag{4.4.1}$$

由化学势的定义及偏摩尔量间的关系可知

$$\left(\frac{\partial \mu_B}{\partial p}\right)_{T,n_B} = \left(\frac{\partial G_B}{\partial p}\right)_{T,n_B} = \left[\frac{\partial}{\partial p}\left(\frac{\partial G}{\partial n_B}\right)_{T,p,n_C}\right]_{T,n_B} = \left[\frac{\partial}{\partial n_B}\left(\frac{\partial G}{\partial p}\right)_{T,n_B}\right]_{T,p,n_C} = \left(\frac{\partial V}{\partial n_B}\right)_{T,p,n_C} = V_B \tag{4.4.2}$$

$$\left(\frac{\partial \mu_B}{\partial T}\right)_{p,n_B}=\left(\frac{\partial G_B}{\partial T}\right)_{p,n_B}=\left[\frac{\partial}{\partial T}\left(\frac{\partial G}{\partial n_B}\right)_{T,p,n_C}\right]_{p,n_B}=\left[\frac{\partial}{\partial n_B}\left(\frac{\partial G}{\partial T}\right)_{p,n_B}\right]_{T,p,n_C}=-\left(\frac{\partial S}{\partial n_B}\right)_{T,p,n_C}=-S_B \tag{4.4.3}$$

$$\left[\frac{\partial(\mu_B/T)}{\partial T}\right]_{p,n_B}=\frac{1}{T}\left(\frac{\partial \mu_B}{\partial T}\right)_{p,n_B}-\frac{\mu_B}{T^2}=\frac{-S_B}{T}-\frac{\mu_B}{T^2}=-\frac{TS_B+\mu_B}{T^2}=-\frac{H_B}{T^2} \tag{4.4.4}$$

4.4.2 多组分单相系统的热力学关系式

由第3章热力学基本方程可知，对组成恒定的封闭系统，吉布斯函数G可表示为温度和压力的函数。而对于均相多组分系统，其吉布斯函数G不仅是温度、压力的函数，还与系统的各组分的物质的量有关，可表示为

$$G=f(T,p,n_B,n_C,n_D,\cdots)$$

系统发生一微小的变化时有

$$dG=\left(\frac{\partial G}{\partial T}\right)_{p,n_B}dT+\left(\frac{\partial G}{\partial p}\right)_{T,n_B}dp+\sum_B\left(\frac{\partial G}{\partial n_B}\right)_{T,p,n_C(C\neq B)}dn_B \tag{4.4.5}$$

式中，$\left(\frac{\partial G}{\partial T}\right)_{p,n_B}$表示恒压、所有组成不变的条件下吉布斯函数随温度的变化率；$\left(\frac{\partial G}{\partial p}\right)_{T,n_B}$表示恒温、所有组成不变的条件下吉布斯函数随压力的变化率。因系统组成不变，所以与单组分热力学基本方程$dG=-SdT+Vdp$比较有

$$\left(\frac{\partial G}{\partial T}\right)_{p,n_B}=-S,\quad\left(\frac{\partial G}{\partial p}\right)_{T,n_B}=V$$

$\left(\frac{\partial G}{\partial n_B}\right)_{T,p,n_C(C\neq B)}$表示恒温、恒压、其他组成不变的条件下，吉布斯函数随组分B的物质的量的变化率，即化学势

$$\left(\frac{\partial G}{\partial n_B}\right)_{T,p,n_C(C\neq B)}=\mu_B$$

则式(4.4.5)可写为

$$dG=-SdT+Vdp+\sum_B\mu_B dn_B \tag{4.4.6a}$$

又

$$U=G+TS-pV \qquad dU=dG+d(TS)-d(pV)$$
$$H=G+TS \qquad dH=dG+d(TS)$$
$$A=G-pV \qquad dA=dG-d(pV)$$

将式(4.4.6a)代入，得

$$dU=TdS-pdV+\sum_B\mu_B dn_B \tag{4.4.6b}$$

$$dH=TdS+Vdp+\sum_B\mu_B dn_B \tag{4.4.6c}$$

$$dA=-SdT-pdV+\sum_B\mu_B dn_B \tag{4.4.6d}$$

这四个式子就是适用于组成变化的均相系统的普遍化的热力学基本关系式。

对于组成恒定的或已处于相平衡或化学平衡的封闭系统，其 $dn_B=0$， $\sum_B \mu_B dn_B=0$。则上面四式均还原为第 3 章的热力学基本方程。

4.4.3 化学势的广义表示式

均相多组分系统的广度性质 U、H、A 均与系统的各组分的物质的量有关，可分别表示为如下的函数关系：

$$U=f(S,V,n_B,n_C,n_D\cdots),\quad H=f(S,p,n_B,n_C,n_D\cdots),\quad A=f(T,V,n_B,n_C,n_D\cdots)$$

分别求全微分，再结合热力学基本方程，可以得到如下关系式

$$dU=TdS-pdV+\sum_B\left(\frac{\partial U}{\partial n_B}\right)_{S,V,n_C(C\neq B)}dn_B$$

$$dH=TdS+Vdp+\sum_B\left(\frac{\partial H}{\partial n_B}\right)_{S,p,n_C(C\neq B)}dn_B$$

$$dA=-SdT-pdV+\sum_B\left(\frac{\partial A}{\partial n_B}\right)_{T,V,n_C(C\neq B)}dn_B$$

对比式(4.4.6)，可得

$$\mu_B=\left(\frac{\partial U}{\partial n_B}\right)_{S,V,n_C(C\neq B)}=\left(\frac{\partial H}{\partial n_B}\right)_{S,p,n_C(C\neq B)}=\left(\frac{\partial A}{\partial n_B}\right)_{T,V,n_C(C\neq B)}=\left(\frac{\partial G}{\partial n_B}\right)_{T,p,n_C(C\neq B)} \tag{4.4.7}$$

前三个偏微分也是化学势，称为化学势的广义表示式。

关于化学势的说明：

① 化学势是状态函数，属于强度性质，其绝对值不能确定，因此无法将不同物质的化学势的大小直接进行比较；

② 使用时要注意上述四个偏微分的下角标变量均不相同，其中只有 $\left(\frac{\partial G}{\partial n_B}\right)_{T,p,n_C(C\neq B)}$ 是偏摩尔量，其余三个不是偏摩尔量(因为不是在恒温恒压条件下)。

③ 化学势是基于一个均相系统中某一组分而言的，如均相多组分系统中组分 B 的化学势，对整个系统没有化学势的概念。对于多相系统也不能笼统地说某组分的化学势。

④ 因为实际生产过程多数是在恒温恒压下进行的，因此偏摩尔吉布斯函数表示的化学势用得最多。

4.4.4 多组分多相系统的热力学关系式

多相系统可分成若干单相系统来研究。对多组分多相系统来说，因组分 B 的物质的量的变化引起的系统广度性质的变化，等于各个相中该广度性质随组分 B 的物质的量变化的加和。

假设多组分系统中有 α、β、γ… 多个相态，系统广度性质等于各相中该广度性质的加和

$$X=X^{\alpha}+X^{\beta}+X^{\gamma}+\cdots$$

则

$$dX=dX^{\alpha}+dX^{\beta}+dX^{\gamma}+\cdots$$

例如

$$S = S^{\alpha} + S^{\beta} + S^{\gamma} + \cdots$$
$$\mathrm{d}G = \mathrm{d}G^{\alpha} + \mathrm{d}G^{\beta} + \mathrm{d}G^{\gamma} + \cdots$$

对其中的α、β、γ… 每一个相，都可应用均相系统的热力学关系式(4.4.6)，如

$$\mathrm{d}G^{\alpha} = -S^{\alpha}\mathrm{d}T + V^{\alpha}\mathrm{d}p + \sum_{B}\mu_B^{\alpha}\mathrm{d}n_B^{\alpha}$$

$$\mathrm{d}G^{\beta} = -S^{\beta}\mathrm{d}T + V^{\beta}\mathrm{d}p + \sum_{B}\mu_B^{\beta}\mathrm{d}n_B^{\beta}$$

$$\cdots$$

可得 $\mathrm{d}G = -(S^{\alpha}+S^{\beta}+S^{\gamma}+\cdots)\mathrm{d}T + (V^{\alpha}+V^{\beta}+V^{\gamma}+\cdots)\mathrm{d}p + \sum_{B}\mu_B^{\alpha}\mathrm{d}n_B^{\alpha} + \sum_{B}\mu_B^{\beta}\mathrm{d}n_B^{\beta} + \cdots$

$$\mathrm{d}G = -\sum_{\alpha}S^{\alpha}\mathrm{d}T + \sum_{\alpha}V^{\alpha}\mathrm{d}p + \sum_{\alpha}\sum_{B}\mu_B^{\alpha}\mathrm{d}n_B^{\alpha}$$

$\sum_{\alpha}S^{\alpha}$为系统各相的熵值的加和，即为系统总熵值，以 S 表示。同理 $\sum_{\alpha}V^{\alpha}=V$，则上式可写为

$$\mathrm{d}G = -S\mathrm{d}T + V\mathrm{d}p + \sum_{\alpha}\sum_{B}\mu_B^{\alpha}\mathrm{d}n_B^{\alpha} \tag{4.4.8a}$$

同理有

$$\mathrm{d}U = T\mathrm{d}S - p\mathrm{d}V + \sum_{\alpha}\sum_{B}\mu_B^{\alpha}\mathrm{d}n_B^{\alpha} \tag{4.4.8b}$$

$$\mathrm{d}H = T\mathrm{d}S + V\mathrm{d}p + \sum_{\alpha}\sum_{B}\mu_B^{\alpha}\mathrm{d}n_B^{\alpha} \tag{4.4.8c}$$

$$\mathrm{d}A = -S\mathrm{d}T - p\mathrm{d}V + \sum_{\alpha}\sum_{B}\mu_B^{\alpha}\mathrm{d}n_B^{\alpha} \tag{4.4.8d}$$

这四个公式是适用于多组分多相的组成变化的系统或开放系统的热力学关系式。

4.4.5 适用于相变化和化学变化的化学势判据

在恒温恒压下，一个多组分多相系统发生相变化或化学变化时系统的吉布斯函数变化为

$$\mathrm{d}G = \mathrm{d}G^{\alpha} + \mathrm{d}G^{\beta} + \mathrm{d}G^{\gamma} + \cdots = \sum_{\alpha}\sum_{B}\mu_B^{\alpha}\mathrm{d}n_B^{\alpha}$$

由吉布斯函数判据，可得化学势判据

$$\sum_{\alpha}\sum_{B}\mu_B^{\alpha}\mathrm{d}n_B^{\alpha} \leqslant \delta W' \begin{pmatrix} <\text{能发生} \\ =\text{平衡} \end{pmatrix} \tag{4.4.9}$$

判据使用条件：恒温、恒压。

恒温、恒压、无非体积功交换时，化学势判据变为

$$\sum_{\alpha}\sum_{B}\mu_B^{\alpha}\mathrm{d}n_B^{\alpha} \leqslant 0 \begin{pmatrix} <\text{自发} \\ =\text{平衡} \end{pmatrix} \tag{4.4.10}$$

例如水在恒温恒压下发生由液相到气相的相变，转变的物质的量为 $\mathrm{d}n$，即

$$\begin{array}{ccc} H_2O(\mathrm{l}) & \xrightarrow{T,p,W'=0} & H_2O(\mathrm{g}) \\ \mu^{\mathrm{l}} & & \mu^{\mathrm{g}} \\ \mathrm{d}n^{\mathrm{l}} = -\mathrm{d}n^{\mathrm{g}} & & \mathrm{d}n^{\mathrm{g}} \end{array}$$

由化学势判据知

$$dG=\sum_{\alpha}\sum_{B}\mu_B^{\alpha}dn_B^{\alpha}=\mu^l dn^l+\mu^g dn^g=(\mu^g-\mu^l)dn^g$$

若此相变化能自发进行，则必定 $dG<0$，又因为 $dn^g>0$，所以 $\mu^g<\mu^l$；若两相处于相平衡状态，则 $dG=0$，即有 $\mu^g=\mu^l$。

由此可看出，化学势是度量物质变化与传递方向的物理量。在恒温恒压下，系统自发变化（相变化或化学变化）的方向必然是由化学势高的一方到化学势低的一方，即朝着化学势减小的方向进行；若系统处于平衡状态，则其化学势必然相等。

【例 4.4.1】 试比较水在以下各状态时化学势的大小。

(1)100℃、101.325kPa 下的液态水：μ_1　　(2)100℃、101.325kPa 下的气态水：μ_2

(3)100℃、202.65kPa 下的液态水：μ_3　　(4)100℃、202.65kPa 下的气态水：μ_4

解　水的化学势大小顺序为：$\mu_4>\mu_3>\mu_1=\mu_2$

可通过设计途径求解，过程如下：

$$\begin{array}{ccc} H_2O(100℃,101.325kPa,l)\ \mu_1 & \xrightarrow{\Delta G_1} & H_2O(100℃,101.325kPa,g)\ \mu_2 \\ \Delta G_2\downarrow & & \uparrow\Delta G_4 \\ H_2O(100℃,202.65kPa,l)\ \mu_3 & \xrightarrow{\Delta G_3} & H_2O(100℃,202.65kPa,g)\ \mu_4 \end{array}$$

μ_1 与 μ_2 的比较：因为该过程为恒温、恒压可逆相变过程，故 $\Delta G_1=0$，则 $\mu_1=\mu_2$。

μ_3 与 μ_1 的比较：$\Delta G_2=\mu_3-\mu_1=\int_{101.325kPa}^{202.65kPa}V_m^*(l)dp=(202.65kPa-101.325kPa)V_m^*(l)>0$，即

$$\mu_3>\mu_1$$

μ_3与 μ_4 比较：$\Delta G_3=\mu_4-\mu_3=\Delta G_1-\Delta G_2-\Delta G_4$，$\Delta G_1=0$，则

$$\Delta G_3=-\Delta G_2-\Delta G_4=-\int_{101.325kPa}^{202.65kPa}V_m^*(l)dp-\int_{202.65kPa}^{101.325kPa}V_m^*(g)dp$$

$$=\int_{101.325kPa}^{202.65kPa}[V_m^*(g)-V_m^*(l)]dp$$

因为 $V_m^*(g)\gg V_m^*(l)$，所以 $\Delta G_3>0$，即 $\mu_4>\mu_3$。综上可得 $\mu_4>\mu_3>\mu_1=\mu_2$。

4.5 气体混合物中各组分的化学势

由化学势判据可知，只要知道系统不同状态下的化学势的大小，就能判断自发过程的方向。但化学势是偏摩尔吉布斯函数，它的绝对值也是未知的，因此化学热力学选择标准态作为计算化学势的基准，建立化学势的表达式，从而可方便地利用化学势来判断变化过程中物质迁移的方向。

4.5.1 物质的标准态

对于系统中的物质来说，它们在某一状态下的热力学函数如热力学能U、焓H、亥姆霍兹函数A及吉布斯函数G的绝对值无法确知，所以通常只能比较上述热力学函数的某一状

态相对于另一状态的变化值 ΔU、ΔH、ΔA 或 ΔG。为了更方便地比较热力学函数的大小，我们人为选择一个统一的比较基准(类似于海拔高度以海平面为高度零点)，从而得到各物质在某状态下热力学函数的相对值。

基准的选择原则上有任意性，但必须合理，接近实际，方便使用且易为公众所接受。这个统一基准就是热力学中规定的物质的**标准状态**，简称**标准态**。处于标准态的物理量，在量的符号右上角有“$\ominus$”的标志。

标准态规定的核心内容是标准压力 $p^{\ominus}=100\text{kPa}$ 和对物质相态的描述。不同相态时的标准态规定如下。

气体的标准态：任意温度 T，标准压力 $p^{\ominus}=100\text{kPa}$ 下符合理想气体性质的纯气体。

液体和固体的标准态：任意温度 T，标准压力 $p^{\ominus}=100\text{kPa}$ 下的纯液体或纯固体。

为什么气体的标准态选择为纯理想气体呢？化学反应系统是多组分系统，则其中任一物质B的广度性质均为偏摩尔量，不仅与混合物中B的状态参数 T、p、y_B 有关，还和混合物中其他的组分有关，即不同种类、组成的分子间的相互作用是有差别的。而理想气体分子间无相互作用力，分子本身也没有体积，在 T、p、y_B 确定后，B的性质不受其他物质存在的影响，$H_B=H_m(B)$ 为摩尔量性质。所以选定这种客观世界不存在的抽象的理想气体作为统一基准，是严格的、合理的。

4.5.2 纯理想气体的化学势

理想气体的标准态规定为，温度 T、压力为标准压力 $p^{\ominus}=100\text{kPa}$ 的纯态理想气体。其处于标准态时的化学势称为标准化学势，表示为 $\mu^{\ominus}(T)$。标准化学势只是温度的函数。

对纯物质而言，化学势就是摩尔吉布斯函数。1mol 纯理想气体在温度 T、压力 p 时的化学势为 $\mu^*(T,p)$，与纯理想气体在温度 T 时的标准化学势 $\mu^{\ominus}(T)$ 相比，二者的区别仅是压力由标准压力 $p^{\ominus}$ 变到 p，则

$$d\mu^* = dG_m^* = V_m^* dp = \frac{RT}{p}dp$$

积分得

$$\int_{\mu^{\ominus}}^{\mu} d\mu^* = \int_{p^{\ominus}}^{p} \frac{RT}{p}dp$$

$$\mu^*(T,p) - \mu^{\ominus}(T) = RT\ln\frac{p}{p^{\ominus}}$$

$$\mu^*(T,p) = \mu^{\ominus}(T) + RT\ln\frac{p}{p^{\ominus}} \qquad (4.5.1)$$

这就是纯理想气体化学势的表示式，即温度 T、压力 p 时的化学势由温度 T 时的标准化学势与二者的化学势的差值之和来表示。

4.5.3 理想气体混合物中任一组分的化学势

由于理想气体分子无体积，分子间无作用力，因此理想气体混合物中组分B的分子模型与纯理想气体B相同，只是压力变为组分B的分压，所以理想气体混合物中组分B的化学势

就等于组分 B 在其分压下的纯态 B 的化学势，即

$$\mu_B(T,p)-\mu_B^{\ominus}(T)=RT\ln\frac{y_Bp}{p^{\ominus}}=RT\ln\frac{p_B}{p^{\ominus}}$$

$$\mu_B(T,p)=\mu_B^{\ominus}(T)+RT\ln\frac{p_B}{p^{\ominus}} \tag{4.5.2}$$

注意：理想气体混合物中组分 B 的标准态仍是 T、$p^{\ominus}$ 下的纯理想气体 B。

4.5.4 纯真实气体的化学势

真实气体的标准态：温度为 T、压力为 $p^{\ominus}$ 的假想的纯理想气体状态。

纯真实气体在温度 T、压力 p 时的化学势可认为是标准化学势加上由 T、$p^{\ominus}$ 的理想气体变到 T、p 的真实气体的过程的 $\Delta\mu$。因此可以设计这样一个途径：先由标准态下假想的理想气体变成压力为 p 的理想气体，再变成 $p\to 0$ 的真实气体(因为 $p\to 0$ 的真实气体可看作理想气体)，然后再变成压力为 p 的真实气体。

$$\begin{array}{ccc}
B(\text{理想气体},T,p^{\ominus}) & \xrightarrow{\Delta G_m} & B(\text{真实气体},T,p) \\
\mu^{\ominus}(g,T) & & \mu^*(g,T,p) \\
(1)\downarrow\Delta G_{m,1} & & (3)\uparrow\Delta G_{m,3} \\
B(\text{理想气体},T,p) & \xrightarrow[(2)]{\Delta G_{m,2}} & B(\text{真实气体},T,p\to 0)
\end{array}$$

$$\Delta G_m=\mu^*(g,T,p)-\mu^{\ominus}(g,T)=\Delta G_{m,1}+\Delta G_{m,2}+\Delta G_{m,3}$$

步骤(1)、步骤(2) 为理想气体恒温变压过程，步骤(3) 为真实气体恒温变压过程，因此其吉布斯函数变为

$$\Delta G_{m,1}=RT\ln\frac{p}{p^{\ominus}}\,,\quad \Delta G_{m,2}=\int_p^0\frac{RT}{p}dp=-\int_0^p\frac{RT}{p}dp\,,\quad \Delta G_{m,3}=\int_0^p V_m^*(g)dp$$

则
$$\mu^*(g,T,p)=\mu^{\ominus}(g,T)+RT\ln\frac{p}{p^{\ominus}}+\int_0^p\left[V_m^*(g,T,p)-\frac{RT}{p}\right]dp \tag{4.5.3}$$

此式即为纯真实气体在 T、p 下化学势的表示式。

4.5.5 真实气体混合物中任一组分的化学势

真实气体混合物中任一组分 B 的化学势表示式的推导方法与纯真实气体类似。其始态为 T、$p^{\ominus}$ 下的假想的纯理想气体 B，然后变成理想气体混合物总压为 p、B 的摩尔分数为 y_B 的状态，再变成 $p\to 0$ 的真实气体混合物状态，最后再变成压力为 p、B 的摩尔分数为 y_B 的真实气体混合物状态。应注意：真实气体混合态下组分 B 的体积为偏摩尔体积 V_B。

$$\begin{array}{ccc}
\text{B(理想气体}, T, p^{\ominus}) & \xrightarrow{\Delta G} & \text{B(真实气体}, T, p_{\mathrm{B}}=y_{\mathrm{B}}p) \\
\mu_{\mathrm{B}}^{\ominus}(\mathrm{g}, T) & & \mu_{\mathrm{B}}(\mathrm{g}, T, p, y_{\mathrm{B}}) \\
(1)\downarrow \Delta G_{\mathrm{B},1} & & (3)\uparrow \Delta G_{\mathrm{B},3} \\
\text{B(理想气体}, T, p_{\mathrm{B}}=y_{\mathrm{B}}p) & \xrightarrow[(2)]{\Delta G_{\mathrm{B},2}} & \text{B(真实气体}, T, p \rightarrow 0, y_{\mathrm{B}})
\end{array}$$

$$\Delta G_{\mathrm{B},1}=RT\ln\frac{p_{\mathrm{B}}}{p^{\ominus}}, \quad \Delta G_{\mathrm{B},2}=\int_{p}^{0}\frac{RT}{p}\mathrm{d}p=-\int_{0}^{p}\frac{RT}{p}\mathrm{d}p, \quad \Delta G_{\mathrm{B},3}=\int_{0}^{p}V_{\mathrm{B}}(\mathrm{g})\mathrm{d}p$$

则真实气体混合物中任一组分 B 的化学势为：

$$\mu_{\mathrm{B}}(\mathrm{g}, T, p)=\mu_{\mathrm{B}}^{\ominus}(\mathrm{g}, T)+RT\ln\frac{p_{\mathrm{B}}}{p^{\ominus}}+\int_{0}^{p}\left[V_{\mathrm{B}}(\mathrm{g})-\frac{RT}{p}\right]\mathrm{d}p \tag{4.5.4}$$

式(4.5.4)可以说是任意气体 B 在温度 T、总压 p 下化学势的严格定义式，它对于理想气体、真实气体及它们的混合物中的 B 均适用。对纯真实气体，积分项中 $V_{\mathrm{B}}=V_{\mathrm{m,B}}^{*}$，该式即为纯真实气体的化学势；对理想气体混合物，则积分项为零，该式还原为理想气体混合物的化学势；而对纯理想气体，其 $p_{\mathrm{B}}=p$，则式子还原为理想气体的化学势。

4.5.6 逸度与逸度因子

真实气体化学势表示式与理想气体化学势表示式相比多了一个积分项，要计算积分就必须代入真实气体的状态方程，但真实气体状态方程形式多样、复杂，并且不具备通用性。为了使真实气体化学势的表达式像理想气体化学势那样简便，路易斯提出了一个逸度的概念，将真实气体混合物中组分 B 的化学势表示为

$$\mu_{\mathrm{B}}(\mathrm{g}, T, p)=\mu_{\mathrm{B}}^{\ominus}(\mathrm{g}, T)+RT\ln\frac{f_{\mathrm{B}}}{p^{\ominus}} \tag{4.5.5}$$

式中，f_{B} 称为**逸度**，它是一个替代理想气体化学势中压力项 p_{B} 的物理量，相当于一个校正压力。

对比式(4.5.4)与式(4.5.7)，可知

$$f_{\mathrm{B}}=p_{\mathrm{B}}\cdot\exp\int_{0}^{p}\left[\frac{V_{\mathrm{B}}(\mathrm{g})}{RT}-\frac{1}{p}\right]\mathrm{d}p \tag{4.5.6}$$

f_{B} 与 p_{B} 的区别如图 4.5.1 所示。由图可知，理想气体的逸度就是其压力 $f=p$，其 f-p 线是通过原点的斜率为 1 的直线(如图中虚线所示)，真实气体的 f-p 线在低压下与理想气体 f-p 线重合，但随着压力增大，逐渐偏离理想气体 f-p 线。气体的标准态规定为温度 T、压力 $p^{\ominus}$ 的纯理想气体，即图中的 a 点，其化学势为 $\mu_{\mathrm{B}}^{\ominus}(T)$，而 $f=p^{\ominus}$ 时对应真实气体线上的点 b，对应压力为 p_{B}，虽然在 b 点的化学势 $\mu_{\mathrm{B}}=\mu_{\mathrm{B}}^{\ominus}(T)$，但 b 点并不是真实气体的标准态，a 点和 b 点的距离就反映了真实气体与理想气体间的差别。

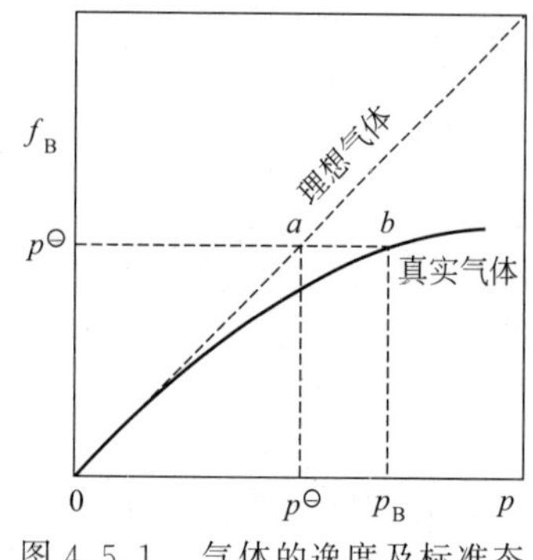

图 4.5.1　气体的逸度及标准态

逸度可理解为相对于理想气体的校正压力，其校正系数称为**逸度因子**，即气体逸度与其压力之比，用公式表示为

$$\varphi_B=\frac{f_B}{p_B}=\frac{f_B}{y_B p}\text{ 且}\lim_{p\to 0}\varphi_B=1 \tag{4.5.7}$$

逸度因子相当于压力的校正因子，理想气体 φ 恒为 1，φ 对 1 的偏离就反映了真实气体与理想气体的偏离程度，φ 决定于气体的本性和气体的温度、压力等。

则式(4.5.5)可写为

$$\mu_B(T,p)=\mu_B^{\ominus}(T)+RT\ln\frac{\varphi_B p_B}{p^{\ominus}} \tag{4.5.8}$$

对比式(4.5.6)与式(4.5.8)，可得

$$\varphi_B=\exp\left[\int_0^p\left(\frac{V_B}{RT}-\frac{1}{p}\right)dp\right] \tag{4.5.9}$$

由此可知，逸度的计算归根结底是逸度因子的计算，只要测定或计算出逸度因子，就可以很方便地确定真实气体的化学势的大小。逸度因子的求取方法有以下几种。

(1) 图解法

对纯真实气体，在恒温下测出一系列压力变化时 1mol 气体的实际体积 $V_{m,B}^*$，然后以 $V_{m,B}^*-\frac{RT}{p}$ 对 p 作图，进行图解积分，即可求出 φ。这种方法直接由实验数据求算，结果准确可靠，但较麻烦。

(2) 对比状态法

因纯物质的偏摩尔量就是其摩尔量，因此对纯真实气体，式(4.5.9)可写为

$$\varphi_B=\exp\left[\int_0^p\left(\frac{V_{m,B}^*}{RT}-\frac{1}{p}\right)dp\right]$$

由压缩因子 Z 的概念知，真实气体有 $V_{m,B}^*=\frac{ZRT}{p}$，代入上式得

$$\varphi_B=\exp\left[\int_0^p\left(\frac{Z-1}{p}\right)dp\right]$$

由对应状态原理 $p=p_c p_r$ 得

$$\varphi_B=\exp\left[\int_0^{p_r}(Z-1)\,d\ln p_r\right] \tag{4.5.10}$$

由对应状态原理，当气体具有相同的对比温度 T_r、对比压力 p_r 就有相同的 Z，代入式(4.5.10)也就有相同的 φ，因此由式(4.5.10)可求得相同 T_r、不同 p_r 下纯真实气体的逸度因子。以逸度因子 φ 对 p_r 作图，如图 4.5.2 所示，它适用于任何气体，因此称为普遍化逸度因子图。

由真实气体的温度、压力及其临界温度、临界压力可计算出对比温度、对比压力，查图 4.5.2 逸度因子图可得真实气体的逸度因子，进而可计算出逸度。该方法较方便，工程计算中常用。

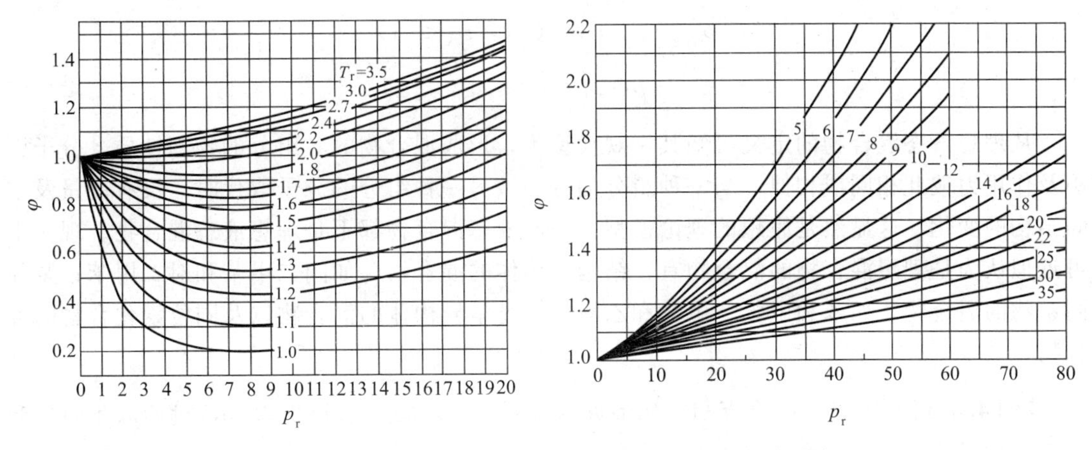

图 4.5.2 气体逸度因子与对比温度、对比压力关系图

【例 4.5.1】 已知 $O_2(g)$ 的临界温度为 -147.0℃，临界压力为 3.39MPa，试估算 $O_2(g)$ 在 3.73×10^4kPa、29.6℃ 时的逸度因子及逸度。

解 由已知条件可知 $T_r=\dfrac{T}{T_c}=\dfrac{29.6+273.15}{-147.0+273.15}=2.40$，$p_r=\dfrac{p}{p_c}=\dfrac{3.73\times10^4\text{kPa}}{3.39\times10^3\text{kPa}}=11.0$，查图 4.5.2 得 $\varphi=1.10$，则逸度

$$f=\varphi p=1.10\times3.73\times10^4\text{kPa}=4.10\times10^4\text{kPa}$$

(3) 真实气体混合物中组分 B 的逸度因子的计算

真实气体混合物中组分B逸度因子的计算可依据路易斯-兰德尔逸度规则：“真实气体混合物中组分B的逸度等于该组分在混合气体的温度和总压下单独存在时的逸度与该组分在混合物中的摩尔分数的乘积”。用公式表示为

$$f_B=\varphi_B y_B p=\varphi_B^* p y_B=f_B^* y_B \tag{4.5.11}$$

式中，f_B 为真实气体混合物中组分B的逸度；f_B^* 为组分B在混合气体的温度和总压下单独存在时的逸度，可依据上述两种方法求得。

路易斯-兰德尔逸度规则的使用条件为，不同分子间的相互作用力近似相同，即混合气体中各组分间的性质基本一致。

另外，需注意该规则是近似的，有一定的压力范围，对一些常见气体可使用到 $100p^{\ominus}$ 左右；压力再增大时，体积的加和性往往有较大的偏差。若系统中含有极性组分(如 CO_2、HCl 等)或者组分间临界温度相差较大时，偏差也很显著。

4.6 理想液态混合物

4.6.1 理想液态混合物的定义

若液态混合物中任一组分在全部浓度范围内都符合拉乌尔定律，则该混合物就称为理想液态混合物。由定义可知，对 A、B 二组分混合物系统有

$$p_A = p_A^* x_A \quad (0 \leqslant x_A \leqslant 1)$$

$$p_B = p_B^* x_B \quad (0 \leqslant x_B \leqslant 1)$$

从理想液态混合物的定义可知其微观模型为，形成混合物的各组分的物理性质、分子大小及作用力彼此相同或相似，当一种组分的分子被另一种组分的分子取代时，没有能量及空间结构的变化。这显然是假想的理论模型，一般液态混合物都不是理想液态混合物。现实中可近似认为是理想混合物的混合物有，结构异构体的混合物，如间二甲苯和对二甲苯；紧邻同系物的混合物，如苯和甲苯、甲醇和乙醇等；光学异构体的混合物以及同位素化合物的混合物。

【例 4.6.1】 甲苯(A)和苯(B)能形成理想液态混合物。已知 293.15K 时两液体的饱和蒸气压分别为 2.97kPa 和 9.96kPa。求：

(1) 混合物液相组成 $x_B = 0.250$ 时的气相组成及蒸气总压；

(2)293.15K、6.50kPa 下汽液平衡时两相的组成。

解 理想液态混合物的任一组分均服从拉乌尔定律。

(1) 由拉乌尔定律

$$p_B = p_B^* x_B = 9.96\text{kPa} \times 0.250 = 2.49\text{kPa}$$

$$p_A = p_A^* x_A = p_A^* (1 - x_B) = 2.97\text{kPa} \times 0.750 = 2.23\text{kPa}$$

则

$$p = p_A + p_B = 2.23\text{kPa} + 2.49\text{kPa} = 4.72\text{kPa}$$

$$y_B = \frac{p_B}{p} = \frac{2.49\text{kPa}}{4.72\text{kPa}} = 0.528$$

$$y_A = 1 - y_B = 0.472$$

(2) 由拉乌尔定律知

$$p = p_A + p_B = p_A^* x_A + p_B^* x_B = p_A^* + (p_B^* - p_A^*) x_B$$

$$x_B = \frac{p - p_A^*}{p_B^* - p_A^*} = \frac{6.50\text{kPa} - 2.97\text{kPa}}{9.96\text{kPa} - 2.97\text{kPa}} = 0.505$$

$$x_A = 1 - x_B = 0.495$$

$$y_B = \frac{p_B^* x_B}{p} = \frac{9.96\text{kPa} \times 0.505}{6.50\text{kPa}} = 0.774$$

$$y_A = 1 - y_B = 0.226$$

4.6.2 理想液态混合物中任一组分 B 的化学势表示式

根据任一物质在气、液两相平衡时化学势相等的原理，可用气体化学势表达式来导出理想混合物中任一组分 B 的化学势表示式。

假设温度 T 时，理想液态混合物与其蒸气平衡共存，则依据化学势判据，理想液态混合物中任一组分 B 在液相的化学势必等于该组分在气相的化学势。即

$$\mu_B(\text{l}) = \mu_B(\text{g})$$

在压力不大的条件下，与理想液态混合物平衡共存的蒸气可看作理想气体混合物，因此

$$\mu_B(\text{l}) = \mu_B(\text{g}) = \mu_B^{\ominus}(\text{g}) + RT\ln\frac{p_B}{p^{\ominus}}$$

理想液态混合物中任一组分都符合拉乌尔定律 $p_B = p_B^* x_B$，代入上式，得

$$\mu_B(l) = \mu_B^{\ominus}(g) + RT\ln\frac{p_B^* x_B}{p^{\ominus}}$$

$$\mu_B(l) = \mu_B^{\ominus}(g) + RT\ln\frac{p_B^*}{p^{\ominus}} + RT\ln x_B$$

式中，$\mu_B^{\ominus}(g) + RT\ln\frac{p_B^*}{p^{\ominus}}$ 表示气相中B的分压为液态B在温度 T 下的饱和蒸气压 p_B^* 时的化学势，即为纯液态 B 的化学势 $\mu_B^*(l)$

$$\mu_B^{\ominus}(g) + RT\ln\frac{p_B^*}{p^{\ominus}} = \mu_B^*(l)$$

所以

$$\mu_B(l) = \mu_B^*(l) + RT\ln x_B \tag{4.6.1}$$

$\mu_B^*(l)$ 对应的平衡压力为饱和蒸气压 p_B^*，而理想液态混合物中任一组分 B 的标准态规定为温度为 T、压力为 $p^{\ominus}$ 的纯液体 B，因此 $\mu_B^*(l) \neq \mu_B^{\ominus}(l)$，两者的关系为

$$\mu_B^*(l) = \mu_B^{\ominus}(l) + \int_{p^{\ominus}}^{p} V_{m,B}^* dp$$

因此

$$\mu_B(l) = \mu_B^*(l) + RT\ln x_B = \mu_B^{\ominus}(l) + \int_{p^{\ominus}}^{p} V_{m,B}^* dp + RT\ln x_B \tag{4.6.2a}$$

此式即为理想液态混合物中任一组分 B 的化学势表达式。通常情况下，p 与 $p^{\ominus}$ 相差不大，所以积分项可忽略，式(4.6.2a)可简写为

$$\mu_B(l) = \mu_B^{\ominus}(l) + RT\ln x_B \tag{4.6.2b}$$

4.6.3 理想液态混合物的通性

理想液态混合物的通性是指由纯液体在恒温、恒压下形成理想混合物的过程中广度性质 V、H、S、G 的变化。

(1) $\Delta_{mix}V = 0$

由纯液体在恒温、恒压下形成理想混合物的过程体积保持不变。

混合前系统体积等于各纯组分的物质的量与其摩尔体积乘积之和，即

$$V_{混合前} = \sum_B n_B V_{m,B}^*$$

混合后系统体积等于各组分的物质的量与其偏摩尔体积的乘积之和，即

$$V_{混合后} = \sum_B n_B V_B$$

其中

$$V_B = \left(\frac{\partial G_B}{\partial p}\right)_{T,n_B} = \left(\frac{\partial \mu_B}{\partial p}\right)_{T,n_B} = \left\{\frac{\partial(\mu_B^* + RT\ln x_B)}{\partial p}\right\}_{T,n_B}$$

$$= \left(\frac{\partial \mu_B^*}{\partial p}\right)_{T,n_B} + \left\{\frac{\partial(RT\ln x_B)}{\partial p}\right\}_{T,n_B}$$

因为混合过程恒温，且混合物组成不变，所以

$$\left\{\frac{\partial(RT\ln x_B)}{\partial p}\right\}_{T,n_B} = 0$$

则

$$V_B = \left(\frac{\partial \mu_B^*}{\partial p}\right)_{T,n_B} = V_{m,B}^*$$

$$\Delta_{\mathrm{mix}} V = V_{\text{混合后}} - V_{\text{混合前}} = \sum_{\mathrm{B}} n_{\mathrm{B}} V_{\mathrm{B}} - \sum_{\mathrm{B}} n_{\mathrm{B}} V_{\mathrm{m,B}}^{*} = \sum_{\mathrm{B}} n_{\mathrm{B}} V_{\mathrm{m,B}}^{*} - \sum_{\mathrm{B}} n_{\mathrm{B}} V_{\mathrm{m,B}}^{*} = 0$$

在恒温、恒压下纯液体混合成理想混合物时，混合物的体积等于未混合前各纯组分体积之和。也就是说，混合物的体积 $V = n_{\mathrm{A}} V_{\mathrm{m,A}}^{*} + n_{\mathrm{B}} V_{\mathrm{m,B}}^{*} + \cdots$

(2) $\Delta_{\mathrm{mix}} H = 0$

由纯液体在恒温、恒压下形成理想混合物的过程系统焓变为零。

$$H_{\text{混合前}} = \sum_{\mathrm{B}} n_{\mathrm{B}} H_{\mathrm{m,B}}^{*}，\quad H_{\text{混合后}} = \sum_{\mathrm{B}} n_{\mathrm{B}} H_{\mathrm{B}}$$

由式(4.4.4)可知

$$\left[\frac{\partial(\mu_{\mathrm{B}}/T)}{\partial T}\right]_{p, n_{\mathrm{B}}} = -\frac{H_{\mathrm{B}}}{T^2}$$

所以

$$H_{\mathrm{B}} = -T^2 \left\{\frac{\partial(\mu_{\mathrm{B}}/T)}{\partial T}\right\}_{p, n_{\mathrm{B}}}$$

将式(4.6.1)代入，得

$$\begin{aligned} H_{\mathrm{B}} &= -T^2 \left\{\frac{\partial[(\mu_{\mathrm{B}}^{*} + RT\ln x_{\mathrm{B}})/T]}{\partial T}\right\}_{p, n_{\mathrm{B}}} \\ &= -T^2 \left\{\frac{\partial(\mu_{\mathrm{B}}^{*}/T)}{\partial T}\right\}_{p, n_{\mathrm{B}}} - T^2 \left\{\frac{\partial(R\ln x_{\mathrm{B}})}{\partial T}\right\}_{p, n_{\mathrm{B}}} \\ &= -T^2 \left\{\frac{\partial(\mu_{\mathrm{B}}^{*}/T)}{\partial T}\right\}_{p, n_{\mathrm{B}}} = H_{\mathrm{m,B}}^{*} \end{aligned}$$

因此

$$\begin{aligned} \Delta_{\mathrm{mix}} H &= H_{\text{混合后}} - H_{\text{混合前}} = \sum_{\mathrm{B}} n_{\mathrm{B}} H_{\mathrm{B}} - \sum_{\mathrm{B}} n_{\mathrm{B}} H_{\mathrm{m,B}}^{*} \\ &= \sum_{\mathrm{B}} n_{\mathrm{B}} H_{\mathrm{m,B}}^{*} - \sum_{\mathrm{B}} n_{\mathrm{B}} H_{\mathrm{m,B}}^{*} = 0 \end{aligned}$$

即在恒温、恒压下纯液体混合成理想混合物过程中系统总焓值不变，混合热为零。

(3) $\Delta_{\mathrm{mix}} S > 0$

由纯液体在恒温、恒压下形成理想混合物的过程系统熵变大于零。

$$S_{\text{混合前}} = \sum_{\mathrm{B}} n_{\mathrm{B}} S_{\mathrm{m,B}}^{*}，\quad S_{\text{混合后}} = \sum_{\mathrm{B}} n_{\mathrm{B}} S_{\mathrm{B}}$$

由式(4.4.3)知

$$S_{\mathrm{B}} = -\left\{\frac{\partial \mu_{\mathrm{B}}}{\partial T}\right\}_{p, n_{\mathrm{B}}}$$

将式(4.6.1)代入得

$$S_{\mathrm{B}} = -\left\{\frac{\partial(\mu_{\mathrm{B}}^{*} + RT\ln x_{\mathrm{B}})}{\partial T}\right\}_{p, n_{\mathrm{B}}} = -\left\{\frac{\partial \mu_{\mathrm{B}}^{*}}{\partial T}\right\}_{p, n_{\mathrm{B}}} - \left\{\frac{\partial(RT\ln x_{\mathrm{B}})}{\partial T}\right\}_{p, n_{\mathrm{B}}}$$

所以

$$S_{\mathrm{B}} = S_{\mathrm{m,B}}^{*} - R\ln x_{\mathrm{B}}$$

则

$$\begin{aligned} \Delta_{\mathrm{mix}} S &= S_{\text{混合后}} - S_{\text{混合前}} \\ &= \sum_{\mathrm{B}} n_{\mathrm{B}} S_{\mathrm{B}} - \sum_{\mathrm{B}} n_{\mathrm{B}} S_{\mathrm{m,B}}^{*} = \sum_{\mathrm{B}} n_{\mathrm{B}} (S_{\mathrm{m,B}}^{*} - R\ln x_{\mathrm{B}}) - \sum_{\mathrm{B}} n_{\mathrm{B}} S_{\mathrm{m,B}}^{*} = -R \sum_{\mathrm{B}} n_{\mathrm{B}} \ln x_{\mathrm{B}} \end{aligned}$$

因为 $0<x_B<1$，所以 $\Delta_{mix}S>0$。又因为混合过程 $Q_{mix}=\Delta_{mix}H=0$，所以环境熵变等于零。则由熵判据可知，恒温、恒压下纯液体混合成理想混合物过程是系统熵增大的自发过程。

(4) $\Delta_{mix}G<0$

由纯液体在恒温、恒压下形成理想混合物的过程，系统吉布斯函数变小于零。

$$G_{混合前}=\sum_B n_B\mu_B^*$$

$$G_{混合后}=\sum_B n_B\mu_B=\sum_B n_B(\mu_B^*+RT\ln x_B)=\sum_B n_B\mu_B^*+RT\sum_B n_B\ln x_B$$

则
$$\begin{aligned}\Delta_{mix}G=G_{混合后}-G_{混合前}&=\sum_B n_B\mu_B^*+RT\sum_B n_B\ln x_B-\sum_B n_B\mu_B^*\\&=RT\sum_B n_B\ln x_B\end{aligned}$$

因为 $0<x_B<1$，所以 $\Delta_{mix}G<0$。因为混合过程恒温、恒压且非体积功为零，由吉布斯函数判据可知，恒温、恒压下纯液体混合成理想混合物过程是吉布斯函数减小的自发过程。

上述四个性质说明，在恒温、恒压下由不同纯液体混合形成理想液态混合物的过程是无热效应、无体积效应、熵增大和 Gibbs 函数减小的过程，它们是理想液态混合物的通性。

4.7 理想稀溶液

4.7.1 理想稀溶液的定义

理想稀溶液是指溶质的浓度趋于零，溶剂服从拉乌尔定律，溶质服从亨利定律的溶液。

从微观上看，理想稀溶液中溶剂与溶质分子大小及相互间作用力均不相同，只是溶质分子相距很远，溶剂分子和溶质分子的周围几乎都是溶剂分子。

从热力学角度看，确定一种溶液是不是理想稀溶液，不仅仅要看它的浓度大小，还要看溶剂和溶质是否分别服从拉乌尔定律和亨利定律，若不服从两定律，浓度很小也不能称为理想稀溶液。

因理想稀溶液区分溶剂和溶质，并且两者服从不同的规律，所以溶剂和溶质的标准态以及化学势表示式均不相同。

4.7.2 溶剂的化学势

因为溶剂符合拉乌尔定律，与理想液态混合物一样，因此溶剂 A 的化学势与理想液态混合中任一组分 B 化学势的表示式相同。即

$$\mu_A(l)=\mu_A^*(l)+RT\ln x_A=\mu_A^\ominus(l)+\int_{p^\ominus}^{p}V_{m,A}^*\,dp+RT\ln x_A \tag{4.7.1a}$$

p 与 $p^\ominus$ 相差不大忽略积分项时，可简写为

$$\mu_A(l)=\mu_A^\ominus(l)+RT\ln x_A \tag{4.7.1b}$$

式中，$\mu_A^\ominus$ (l) 是溶剂 A 的标准化学势。溶剂 A 的标准态规定是：温度为 T、压力为 $p^\ominus$ 的纯液体 A。

4.7.3 溶质的化学势

理想稀溶液中溶质化学势的表示式的导出是基于挥发性溶质在气、液两相平衡时化学势相等的原理，并假设溶质B的平衡蒸气为理想气体。

需要注意的是，溶液中溶质化学势的表示式与溶液的组成表示法有关，溶液的组成表示方法不同，其标准态及化学势的表示式也不相同。

(1) 组成表示方法不同时溶质标准态的规定

组成用质量摩尔浓度 b_B 表示时，溶质的标准态为：温度 T、标准压力 $p^{\ominus}$ 下质量摩尔浓度 $b_B=b^{\ominus}=1\text{mol}\cdot\text{kg}^{-1}$ 且服从亨利定律的假想状态的溶质。

组成用物质的量浓度 c_B 表示时，溶质的标准态为：温度 T、标准压力 $p^{\ominus}$ 下物质的量浓度 $c_B=c^{\ominus}=1\text{mol}\cdot\text{dm}^{-3}$ 且服从亨利定律的假想状态的溶质。

组成用物质的量分数 x_B 表示时，溶质的标准态规定为：温度 T、压力 $p^{\ominus}$、$x_B=1$ 且符合亨利定律的假想状态的溶质。

三种标准态的差别示于图 4.7.1。

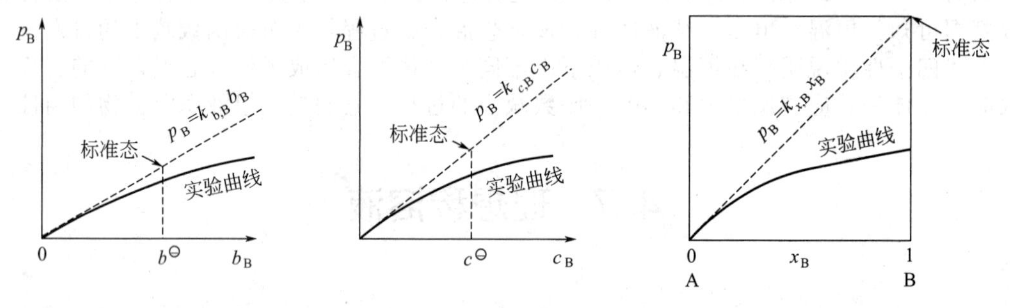

图 4.7.1 溶质标准态示意图

图中实线表示溶质的平衡分压与溶液组成的关系的实际曲线，虚线代表亨利定律。标准浓度与虚线的交叉点即为各自的标准态。虚线与实线间的距离代表了真实与假想状态的偏差，组成表示方法不同，偏差的大小也不相同。

(2) 溶液的组成用溶质的质量摩尔浓度 b_B 表示

温度T时，理想稀溶液汽液平衡共存，因挥发性溶质在气、液两相平衡时化学势相等，有

$$\mu_B(\text{l})=\mu_B(\text{g})=\mu_B^{\ominus}(\text{g})+RT\ln\frac{p_B}{p^{\ominus}} \tag{4.7.2}$$

溶质服从亨利定律 $p_B=k_{b,B}b_B$，代入式(4.7.2)，得

$$\mu_B(\text{l})=\mu_B^{\ominus}(\text{g})+RT\ln\frac{k_{b,B}b_B}{p^{\ominus}}$$

$$\mu_B(\text{l})=\mu_B^{\ominus}(\text{g})+RT\ln\frac{k_{b,B}}{p^{\ominus}}+RT\ln b_B$$

$$\mu_B(\text{l})=\mu_B^{\ominus}(\text{g})+RT\ln\frac{k_{b,B}b^{\ominus}}{p^{\ominus}}+RT\ln\frac{b_B}{b^{\ominus}}$$

式中，$\mu_B^{\ominus}(\text{g})+RT\ln\dfrac{k_{b,B}b^{\ominus}}{p^{\ominus}}$ 表示 T、p 下溶液中溶质B质量摩尔浓度为 $b^{\ominus}$ 且服从亨利定律的假想态的化学势，即 $\mu_{b,B}(T,p,b^{\ominus})$。它与溶质B的标准化学势 $\mu_{b,B}^{\ominus}(T,p^{\ominus},b^{\ominus})$ 相比，压力不同，其关系为

$$\mu_{b,\mathrm{B}}(T,p,b^{\ominus})=\mu_{b,\mathrm{B}}^{\ominus}(T,p^{\ominus},b^{\ominus})+\int_{p^{\ominus}}^{p}V_{\mathrm{B}}^{\infty}\mathrm{d}p$$

则

$$\mu_{\mathrm{B}}(\mathrm{l})=\mu_{b,\mathrm{B}}(T,p,b^{\ominus})+RT\ln\frac{b_{\mathrm{B}}}{b^{\ominus}}$$

$$\mu_{\mathrm{B}}(\mathrm{l})=\mu_{b,\mathrm{B}}(T,p^{\ominus},b^{\ominus})+\int_{p^{\ominus}}^{p}V_{\mathrm{B}}^{\infty}\mathrm{d}p+RT\ln\frac{b_{\mathrm{B}}}{b^{\ominus}}\tag{4.7.3a}$$

注意：溶质B的标准化学势$\mu_{b,\mathrm{B}}^{\ominus}(T,p^{\ominus},b^{\ominus})$不是纯物质B的标准化学势，而是$T$、$p^{\ominus}$下$b_{\mathrm{B}}=b^{\ominus}=1\mathrm{mol\cdot kg^{-1}}$时的化学势。$V_{\mathrm{B}}^{\infty}$是理想稀溶液中溶质B的偏摩尔体积，它是$T$、$p$的函数。

p与$p^{\ominus}$相差不大时积分项可忽略，可简写为

$$\mu_{\mathrm{B}}=\mu_{b,\mathrm{B}}^{\ominus}+RT\ln\frac{b_{\mathrm{B}}}{b^{\ominus}}\tag{4.7.3b}$$

（3）溶液的组成用溶质的物质的量浓度c_{B}表示

当溶液组成用c_{B}表示时亨利定律形式为$p_{\mathrm{B}}=k_{c,\mathrm{B}}c_{\mathrm{B}}$，代入式(4.7.2)，得

$$\mu_{\mathrm{B}}(\mathrm{l})=\mu_{\mathrm{B}}^{\ominus}(\mathrm{g})+RT\ln\frac{k_{c,\mathrm{B}}c_{\mathrm{B}}}{p^{\ominus}}$$

$$\mu_{\mathrm{B}}(\mathrm{l})=\mu_{\mathrm{B}}^{\ominus}(\mathrm{g})+RT\ln\frac{k_{c,\mathrm{B}}c^{\ominus}}{p^{\ominus}}+RT\ln\frac{c_{\mathrm{B}}}{c^{\ominus}}$$

式中，$\mu_{\mathrm{B}}^{\ominus}(\mathrm{g})+RT\ln\frac{k_{c,\mathrm{B}}c^{\ominus}}{p^{\ominus}}$表示$T$、$p$下溶液中溶质B物质的量浓度为$c^{\ominus}$且服从亨利定律的假想态的化学势，即$\mu_{c,\mathrm{B}}(T,p,c^{\ominus})$。而溶质的标准化学势$\mu_{c,\mathrm{B}}^{\ominus}(T,p^{\ominus},c^{\ominus})$是$T$、$p^{\ominus}$下$c_{\mathrm{B}}=c^{\ominus}=1\mathrm{mol\cdot dm^{-3}}$时的化学势，则

$$\mu_{\mathrm{B}}(\mathrm{l})=\mu_{c,\mathrm{B}}(T,p,c^{\ominus})+RT\ln\frac{c_{\mathrm{B}}}{c^{\ominus}}=\mu_{c,\mathrm{B}}^{\ominus}(T,p^{\ominus},c^{\ominus})+\int_{p^{\ominus}}^{p}V_{\mathrm{B}}^{\infty}\mathrm{d}p+RT\ln\frac{c_{\mathrm{B}}}{c^{\ominus}}\tag{4.7.4a}$$

p与$p^{\ominus}$相差不大时积分项可忽略，可简写为

$$\mu_{\mathrm{B}}=\mu_{c,\mathrm{B}}^{\ominus}+RT\ln\frac{c_{\mathrm{B}}}{c^{\ominus}}\tag{4.7.4b}$$

（4）溶液的组成用溶质的摩尔分数x_{B}表示

此时亨利定律形式为$p_{\mathrm{B}}=k_{x,\mathrm{B}}x_{\mathrm{B}}$，按同样方法可导出溶质的化学势表示式为

$$\mu_{\mathrm{B}}(\mathrm{l})=\mu_{x,\mathrm{B}}^{\ominus}(T)+\int_{p^{\ominus}}^{p}V_{\mathrm{B}}^{\infty}\mathrm{d}p+RT\ln x_{\mathrm{B}}\tag{4.7.5a}$$

p与$p^{\ominus}$相差不大时积分项可忽略，可简写为

$$\mu_{\mathrm{B}}(\mathrm{l})=\mu_{x,\mathrm{B}}^{\ominus}(T)+RT\ln x_{\mathrm{B}}\tag{4.7.5b}$$

溶质化学势的几点说明：

① 溶质化学势的三种表示式虽然是由挥发性溶质服从亨利定律推导而来，但对于非挥发性溶质同样适用；

② 严格地讲，化学势的三种表示式只适用于理想稀溶液，但对极稀溶液也可近似使用；

③ 溶质化学势三种表示式中，三种标准态不同，三种标准化学势也不相同。但对于同

一溶液，无论使用哪一种表示式，溶质化学势的数值均相等。

4.7.4 分配定律

在一定温度、压力下，当某溶质在共存的两互不相溶的液体内同时溶解并达平衡时，若所形成的溶液浓度不大，则该溶质在两液相中的浓度之比为常数。这就是能斯特分配定律。用公式表示为：

$$\frac{b_{\mathrm{B}}(\alpha)}{b_{\mathrm{B}}(\beta)}=K \tag{4.7.6}$$

式中，$b_{\mathrm{B}}(\alpha)$、$b_{\mathrm{B}}(\beta)$分别为溶质B在溶剂α和溶剂β中的质量摩尔浓度；K称为分配系数，其大小与温度、压力、溶质性质及两溶剂的性质相关。

若溶质B在溶剂α和溶剂β中的浓度以物质的量浓度表示时，分配定律形式为

$$\frac{c_{\mathrm{B}}(\alpha)}{c_{\mathrm{B}}(\beta)}=K_c \tag{4.7.7}$$

分配定律是能斯特通过实验发现的经验定律，但应用化学势的概念也可以从热力学上得到证明。

假设恒温、恒压下溶质B在共存的互不相溶的溶剂α和β中同时溶解，因溶质在两相中的浓度均不大，可认为是稀溶液，因此溶质化学势可表示为

$$\mu_{\mathrm{B}}(\alpha)=\mu_{b,\mathrm{B}}^{\ominus}(\alpha)+RT\ln\frac{b_{\mathrm{B}}(\alpha)}{b^{\ominus}}$$

$$\mu_{\mathrm{B}}(\beta)=\mu_{b,\mathrm{B}}^{\ominus}(\beta)+RT\ln\frac{b_{\mathrm{B}}(\beta)}{b^{\ominus}}$$

当溶解达平衡时，溶质B在两相的化学势必然相等，即

$$\mu_{\mathrm{B}}(\alpha)=\mu_{\mathrm{B}}(\beta)$$

$$\mu_{b,\mathrm{B}}^{\ominus}(\alpha)+RT\ln\frac{b_{\mathrm{B}}(\alpha)}{b^{\ominus}}=\mu_{b,\mathrm{B}}^{\ominus}(\beta)+RT\ln\frac{b_{\mathrm{B}}(\beta)}{b^{\ominus}}$$

$$\frac{b_{\mathrm{B}}(\alpha)}{b_{\mathrm{B}}(\beta)}=\exp\left[\frac{\mu_{b,\mathrm{B}}^{\ominus}(\beta)-\mu_{b,\mathrm{B}}^{\ominus}(\alpha)}{RT}\right]$$

温度一定时，$\exp\left[\frac{\mu_{b,\mathrm{B}}^{\ominus}(\beta)-\mu_{b,\mathrm{B}}^{\ominus}(\alpha)}{RT}\right]$具有确定的值，与溶质浓度无关，令$\exp\left[\frac{\mu_{b,\mathrm{B}}^{\ominus}(\beta)-\mu_{b,\mathrm{B}}^{\ominus}(\alpha)}{RT}\right]=K$，即

$$\frac{b_{\mathrm{B}}(\alpha)}{b_{\mathrm{B}}(\beta)}=K$$

使用分配定律有两个限制条件：①溶质在两溶剂中的浓度均不大；②溶质在两溶剂中的分子状态要相同。如果分子状态不同，要推导出具有相同分子状态时的浓度。例如，溶质B在α相以B存在，在β相以双分子形态$\mathrm{B_2}$存在，溶解达平衡时有$2\mu_{\mathrm{B}}(\alpha)=\mu_{\mathrm{B_2}}(\beta)$，则

$$\frac{b_{\mathrm{B}}(\alpha)/b^{\ominus}}{[b_{\mathrm{B_2}}(\beta)/b^{\ominus}]^{1/2}}=K$$

分配定律是萃取的理论基础，利用分配定律可以计算萃取效率。若各次加入的萃取剂的体积都相同，则有

$$m_B(n)=m_B(0)\left(\frac{K_cV_1}{K_cV_1+V_2}\right)^n \tag{4.7.8}$$

式中，$m_B(n)$ 为第 n 次萃取后原溶液中所剩余的溶质 B 的质量，kg；$m_B(0)$ 为原溶液中溶质 B 的质量，kg；V_1 为原溶液体积，m^3；V_2 为每次所加入的萃取剂的体积，m^3；n 为萃取次数；K_c 为分配系数；萃取效率 η_n 为

$$\eta_n=\frac{m_B(0)-m_B(n)}{m_B(0)}\times 100\%=\left(1-\frac{m_B(n)}{m_B(0)}\right)\times 100\%=\left[1-\left(\frac{K_cV_1}{K_cV_1+V_2}\right)^n\right]\times 100\% \tag{4.7.9}$$

【例 4.7.1】 已知 298.15K 时，碘在水和四氯化碳中的分配系数为 0.0116。现采用 $50cm^3$ 四氯化碳做萃取剂，自含 0.500g 碘的 $500cm^3$ 水溶液中萃取碘。试分别计算萃取后水溶液中剩余的碘的质量。(1) 上述萃取剂一次萃取；(2) 上述萃取剂分成两份，分两次萃取。

解 设水为 α 相，四氯化碳为 β 相，则由题给条件知

$$K_c=\frac{c_{I_2}(\alpha)}{c_{I_2}(\beta)}=\frac{m_{I_2}(\alpha)/V(\alpha)}{m_{I_2}(\beta)/V(\beta)}=0.0116$$

(1) 萃取剂一次萃取

$$K_c=\frac{m_{I_2}(\alpha)/V(\alpha)}{m_{I_2}(\beta)/V(\beta)}=\frac{m_{I_2}(\alpha)/500}{[0.500g-m_{I_2}(\alpha)]/50}=0.0116$$

解得水溶液中剩余的碘的质量 $m_{I_2}(\alpha)=0.0520g$

(2) 萃取剂分两次萃取

方法一，分步计算

第一次萃取 $$K_c=\frac{m_{I_2}(\alpha)/500}{[0.500g-m_{I_2}(\alpha)]/25}=0.0116$$

解得水溶液中剩余的碘的质量 $m_{I_2}(\alpha)=0.0942g$

第二次萃取 $$K_c=\frac{m_{I_2}(\alpha)/500}{[0.0942g-m_{I_2}(\alpha)]/25}=0.0116$$

解得水溶液中剩余的碘的质量 $m_{I_2}(\alpha)=0.0177g$

方法二，综合计算

$$m_{I_2}(2)=m_{I_2}(0)\left(\frac{K_cV_1}{K_cV_1+V_2}\right)^2=0.500g\left(\frac{0.0116\times 500}{0.0116\times 500+25}\right)^2=0.0177g$$

由结果可见，当萃取剂总用量确定时，将萃取剂分成若干份，分批萃取的效率比全部萃取剂一次萃取效率要高。

4.8 稀溶液的依数性

所谓稀溶液的依数性是指稀溶液的某些性质仅与溶液中所加入溶质的分子数目有关，而与溶质本身的种类和性质无关。稀溶液的依数性主要有溶剂的蒸气压下降、凝固点降低(析出固态纯溶剂)、沸点升高(溶质不挥发) 和渗透压。因电解质在溶剂中会发生电离引起质点

数的变化，因此稀溶液的依数性只适用于非电解质溶液。

4.8.1 溶剂蒸气压下降

稀溶液中溶剂蒸气压低于同温度下纯溶剂的饱和蒸气压，这一现象称为溶剂蒸气压下降。稀溶液中溶剂服从拉乌尔定律，其蒸气压下降值为

$$\Delta p_A = p_A^* - p_A = p_A^* - p_A^* x_A = p_A^*(1-x_A)$$

即稀溶液中溶剂蒸气压下降值只与因溶质的加入造成的溶剂摩尔分数的降低有关，而与溶质的物质种类无关。若溶质不挥发，则溶液的蒸气压下降值就等于溶剂蒸气压下降值。

若稀溶液中只有一种溶质B，则

$$\Delta p_A = p_A^* - p_A = p_A^* x_B$$

由稀溶液中溶剂化学势表示式 $\mu_A = \mu_A^{\ominus} + RT\ln x_A$ 可知，因为 $x_A < 1$，所以 $\ln x_A < 0$，则 $\mu_A < \mu_A^{\ominus}$，溶液中溶剂的化学势小于同温度下纯溶剂的化学势，这是产生稀溶液依数性的根本原因。

【例 4.8.1】 已知293K时水的饱和蒸气压为2.334kPa，该温度下测得将51.94g甘露糖醇溶于1000g水所形成溶液的蒸气压为2.322kPa，试计算甘露糖醇的摩尔质量。

解

$$\Delta p_A = p_A^* - p_A = p_A^* x_B = p_A^* \frac{n_B}{n_A + n_B} = p_A^* \frac{m_B/M_B}{m_A/M_A + m_B/M_B}$$

$$\frac{2.334-2.322}{2.334} = \frac{51.94}{M_B} \Big/ \left(\frac{1000}{18.01\text{g}\cdot\text{mol}^{-1}} + \frac{51.94}{M_B}\right)$$

解得

$$M_B = 181.0\text{g}\cdot\text{mol}^{-1}$$

4.8.2 凝固点下降（析出固态纯溶剂）

液态物质在一定的外压下逐渐冷却至开始析出固态时的平衡温度，称为该物质的凝固点。

由相平衡的条件可以知道，一物质处于多相平衡时，该物质在各相中的化学势必然相等。如固-液两相平衡时有

$$\mu_A^*(\text{l}) = \mu_A^*(\text{s})$$

若系统处于气-液-固三相平衡，则有

$$\mu_A^*(\text{l}) = \mu_A^*(\text{s}) = \mu_A^*(\text{g}) = \mu_A^{\ominus}(\text{g}) + RT\ln\frac{p_A}{p^{\ominus}}$$

由此可知，凝固点也是固体蒸气压等于它的液体蒸气压时的温度。

一定外压下，溶剂A的蒸气压-温度曲线如图4.8.1所示。液态纯溶剂的蒸气压曲线与固态纯溶剂的蒸气压曲线相交于O点，此点所对应的温度 T_f^* 为纯溶剂A在该外压下的凝固点；稀溶液中溶剂A的蒸气压小于纯溶剂A的蒸气压，因此其蒸气压-温度曲线在纯溶剂蒸气压-温度曲线的下方，它和固态纯溶剂的蒸气压-温度曲线相交于O'点，O'点所对应的

温度 T_f 为溶液的凝固点，显然 $T_f < T_f^*$，溶液的凝固点较纯溶剂降低。

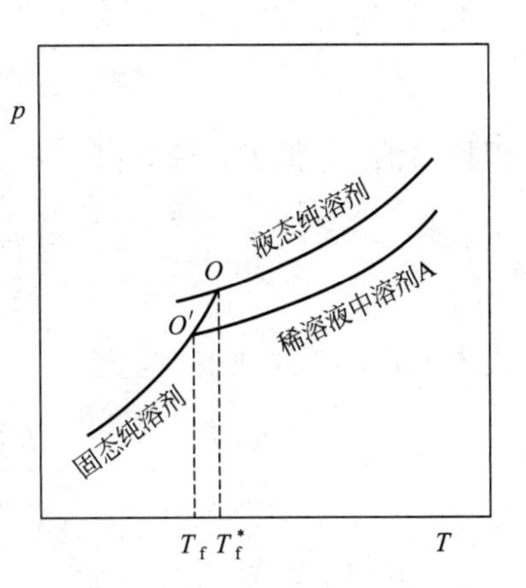

图 4.8.1 稀溶液凝固点降低示意图

应用相平衡时化学势相等及热力学原理，可以推导出凝固点与溶液组成的定量关系式。

一定外压下纯溶剂 A 固-液两相平衡时有

$$\mu_A^*(l, T_f^*, p) = \mu_A^*(s, T_f^*, p)$$

相同外压下，稀溶液处于固液两相平衡时，凝固点降低为 T_f，此时溶剂 A 在液相的化学势等于固态纯溶剂 A 的化学势，即

$$\mu_A^*(s, T_f, p) = \mu_A(l, T_f, p) = \mu_A^*(l, T_f, p) + RT\ln x_A$$

$$\ln x_A = \frac{\mu_A^*(s, T_f, p) - \mu_A^*(l, T_f, p)}{RT}$$

式中，$\mu_A^*(s, T_f, p)$、$\mu_A^*(l, T_f, p)$ 分别代表固态纯溶剂 A 和液态纯溶剂 A 的化学势，对于纯物质而言，化学势就是其摩尔吉布斯函数，因此

$$\mu_A^*(s, T_f, p) - \mu_A^*(l, T_f, p) = G_{m,A}^*(s) - G_{m,A}^*(l) = -\Delta_{fus} G_{m,A}^*$$

代入上式，得

$$\ln x_A = -\frac{\Delta_{fus} G_{m,A}^*}{RT}$$

将等式两边在恒压下对 T 求偏微分，得

$$\left(\frac{\partial \ln x_A}{\partial T}\right)_p = -\frac{1}{R}\left[\frac{\partial(\Delta_{fus} G_{m,A}^*/T)}{\partial T}\right]_p$$

由式(3.6.11) 吉布斯-亥姆霍兹方程知

$$\left[\frac{\partial(\Delta_{fus} G_m/T)}{\partial T}\right]_p = -\frac{\Delta_{fus} H_{m,A}^*}{T^2}$$

所以

$$\left(\frac{\partial \ln x_A}{\partial T}\right)_p = \frac{\Delta_{fus} H_{m,A}^*}{RT^2}$$

因压力对液相组成无影响，则上式可写为

$$\frac{d\ln x_A}{dT} = \frac{\Delta_{fus} H_{m,A}^*}{RT^2} \tag{4.8.1}$$

式中，$\Delta_{fus} H_{m,A}^*$ 为纯溶剂的摩尔熔化焓。因为 $\Delta_{fus} H_{m,A}^* > 0$，所以由此式可知，随着溶质的加入，$x_A$ 减小，液固平衡温度(凝固点) 是降低的。

因凝固点降低幅度不大，因此 $\Delta_{fus} H_m$ 可认为与温度无关，积分上式

$$\int_1^{x_A} d\ln x_A = \int_{T_f^*}^{T_f} \frac{\Delta_{fus} H_{m,A}^*}{RT^2} dT$$

$$\ln x_A = \frac{\Delta_{fus} H_{m,A}^*}{R}\left(\frac{1}{T_f^*} - \frac{1}{T_f}\right)$$

$$\ln(1 - x_B) = \frac{\Delta_{fus} H_{m,A}^*}{R} \times \frac{T_f - T_f^*}{T_f^* T_f}$$

令 $\Delta T_f = T_f^* - T_f$，$T_f T_f^* \approx (T_f^*)^2$，则

$$\ln(1-x_B)=-\frac{\Delta_{fus}H_{m,A}^*}{R(T_f^*)^2}\times\Delta T_f$$

因稀溶液 x_B 很小，将 $\ln(1-x_B)$ 展开成级数形式，得

$$\ln(1-x_B)=-\left(x_B+\frac{1}{2}x_B^2+\frac{1}{3}x_B^3+\frac{1}{4}x_B^4+\cdots\right)\approx -x_B\approx\frac{n_B}{n_A}$$

代入上式，并移项整理，得

$$\Delta T_f=\frac{R(T_f^*)^2}{\Delta_{fus}H_{m,A}^*}x_B=\frac{R(T_f^*)^2}{\Delta_{fus}H_{m,A}^*}\times\frac{n_B}{n_A}=\frac{R(T_f^*)^2M_A}{\Delta_{fus}H_{m,A}^*}\times\frac{n_B}{m_A}=\frac{R(T_f^*)^2M_A}{\Delta_{fus}H_{m,A}^*}b_B$$

式中，$\frac{R(T_f^*)^2M_A}{\Delta_{fus}H_{m,A}^*}$是与溶剂性质有关的常数，令

$$\frac{R(T_f^*)^2M_A}{\Delta_{fus}H_{m,A}^*}=K_f$$

则

$$\Delta T_f=K_fb_B \tag{4.8.2}$$

这就是稀溶液凝固点降低公式。K_f称为凝固点降低常数，其单位为 $K\cdot kg\cdot mol^{-1}$。若已知溶剂的 K_f 值，通过测定 ΔT_f就可以得到溶质的摩尔质量。

式(4.8.2) 只适用于仅析出固态纯溶剂的稀溶液，若溶剂和溶质生成固态溶液，则不适用。

K_f 值仅与溶剂性质有关，可采用以下方法得到 K_f值：

(1) 做$\frac{\Delta T_f}{b_B}$-b_B图，然后外推至 $b_B=0$，$b_B=0$ 的$\frac{\Delta T_f}{b_B}$值就是 K_f；

(2) 通过量热法测定 $\Delta_{fus}H_{m,A}^*$、T_f^*，代入 $K_f=\frac{R(T_f^*)^2M_A}{\Delta_{fus}H_{m,A}^*}$，可求得 K_f。

常用溶剂的凝固点降低常数如表 4.8.1 所示。

表 4.8.1 常用溶剂的凝固点降低常数

溶剂	水	乙酸	三溴甲烷	苯	二硫化碳	环己烷	四氯化碳	苯酚
T_f^*/K	273.15	289.75	280.95	278.65	161.55	279.65	250.2	313.75
K_f/K·kg·mol^{-1}	1.86	3.90	14.4	5.12	3.80	20.0	30.0	7.27

工业上，可用凝固点降低的性质来测定产品的纯度、溶质的摩尔质量以及物质的熔化焓。如采用凝固点降低来测定产品纯度的方法是，先做出凝固点随溶质浓度降低的标准曲线，物质越纯，凝固点下降得越少，再测定实际产品的凝固点，则由凝固点降低曲线可以查出其纯度。苯酚的生产中就采用这种方法。

【例 4.8.2】 冬季通常使用乙二醇的水溶液来做防冻液，如果要使凝固点下降到 270.15K，问需向 1000g 水中加入多少乙二醇？已知水的 $K_f=1.86K\cdot kg\cdot mol^{-1}$，乙二醇摩尔质量为 $62.07g\cdot mol^{-1}$。

解 $\Delta T_f=3K$，由式(4.8.2) 知

$$b_B=\frac{\Delta T_f}{K_f}=\frac{3.00}{1.86}mol\cdot kg^{-1}=1.61mol\cdot kg^{-1}$$

$$m_B = b_B m_A M_B = 1.61\text{mol}\cdot\text{kg}^{-1}\times 1.000\text{kg}\times 62.07\text{g}\cdot\text{mol}^{-1} = 99.9\text{g}$$

1000g 水中需加入 99.9g 乙二醇。

4.8.3 沸点升高（溶质不挥发）

沸点是液体的蒸气压等于外压时的温度。若在溶剂中加入不挥发性溶质时，溶液的沸点比纯溶剂高，这种现象称为沸点升高。

当溶质不挥发时，溶液的蒸气压就等于溶剂 A 的蒸气压，溶液中溶剂 A 的蒸气压必然小于纯溶剂 A 的蒸气压，所以稀溶液中溶剂 A 的蒸气压曲线 EF 位于纯溶剂 A 的蒸气压曲线 CD 的下方，如图 4.8.2 所示。要使溶液在同一外压下沸腾，就必须升高温度，所以溶液的沸点 T_b 比纯溶剂沸点 T_b^* 高。

溶液沸点与组成间的定量关系的推导方法与凝固点降低公式的推导方法类似。

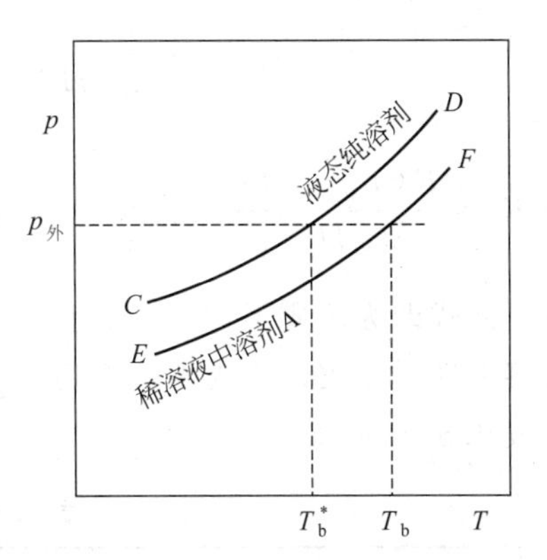

图 4.8.2 稀溶液沸点升高示意图

稀溶液中的溶剂 A 服从拉乌尔定律，即

$$\mu_A(\text{l}) = \mu_A^*(\text{l}) + RT\ln x_A$$

当稀溶液处于汽-液两相平衡时，溶剂 A 在汽、液相的化学势相等，且因溶质不挥发，气相中只有溶剂 A，即

$$\mu_A(\text{l}) = \mu_A^*(\text{l}) + RT\ln x_A = \mu_A^*(\text{g})$$

$$\ln x_A = \frac{\mu_A^*(\text{g}) - \mu_A^*(\text{l})}{RT}$$

式中，$\mu_A^*(\text{g})$、$\mu_A^*(\text{l})$ 分别代表气态纯溶剂 A 和液态纯溶剂 A 的化学势，则

$$\mu_A^*(\text{g}) - \mu_A^*(\text{l}) = \Delta_{\text{vap}}G_{\text{m,A}}^*$$

代入上式，得

$$\ln x_A = \frac{\Delta_{\text{vap}}G_{\text{m,A}}^*}{RT}$$

将等式两边在恒压下对 T 求偏微分，得

$$\left(\frac{\partial \ln x_A}{\partial T}\right)_p = \frac{1}{R}\left[\frac{\partial(\Delta_{\text{vap}}G_{\text{m,A}}^*/T)}{\partial T}\right]_p$$

由式(3.6.11) 吉布斯-亥姆霍兹方程知

$$\left[\frac{\partial(\Delta_{\text{vap}}G_{\text{m}}/T)}{\partial T}\right]_p = -\frac{\Delta_{\text{vap}}H_{\text{m,A}}^*}{T^2}$$

所以

$$\left(\frac{\partial \ln x_A}{\partial T}\right)_p = -\frac{\Delta_{\text{vap}}H_{\text{m,A}}^*}{RT^2}$$

因压力对液相组成无影响，则上式可写为

$$\frac{\text{d}\ln x_A}{\text{d}T} = -\frac{\Delta_{\text{vap}}H_{\text{m,A}}^*}{RT^2}$$

式中，$\Delta_{vap}H_{m,A}^*$ 为纯溶剂的摩尔蒸发焓。假设 $\Delta_{vap}H_{m,A}^*$ 不随温度变化，积分上式得

$$\int_1^{x_A} d\ln x_A = -\int_{T_b^*}^{T_b} \frac{\Delta_{vap}H_{m,A}^*}{RT^2}dT$$

$$\ln x_A = -\frac{\Delta_{vap}H_{m,A}^*}{R}\left(\frac{1}{T_b^*}-\frac{1}{T_b}\right)$$

$$\ln(1-x_B) = -\frac{\Delta_{vap}H_{m,A}^*}{R}\times\frac{T_b-T_b^*}{T_b^* T_b}\approx -\frac{\Delta_{vap}H_{m,A}^*}{R}\times\frac{\Delta T_b}{(T_b^*)^2}$$

将 $\ln(1-x_B)$ 展开成级数形式，代入上式，并移项整理，得

$$\Delta T_b = \frac{R(T_b^*)^2}{\Delta_{vap}H_{m,A}^*}x_B = \frac{R(T_b^*)^2}{\Delta_{vap}H_{m,A}^*}\times\frac{n_B}{n_A} = \frac{R(T_b^*)^2M_A}{\Delta_{vap}H_{m,A}^*}b_B$$

令 $K_b = \frac{R(T_b^*)^2M_A}{\Delta_{vap}H_{m,A}^*}$，则

$$\Delta T_b = T_b - T_b^* = K_b b_B \tag{4.8.3}$$

此式即为溶质不挥发时溶液沸点升高公式，该式只适用于溶质不挥发的稀溶液。K_b 只与溶剂性质相关，称为沸点升高常数，其单位为 $K\cdot kg\cdot mol^{-1}$。常用溶剂的沸点升高常数如表 4.8.2 所示。

表 4.8.2 常用溶剂的沸点升高常数

溶剂	水	乙酸	三氯甲烷	苯	二硫化碳	萘	四氯化碳	苯酚
T_b^*/K	373.15	391.05	334.35	353.25	319.65	491.05	349.87	454.95
K_b/K·kg·mol^{-1}	0.51	3.07	3.85	2.53	2.37	5.80	4.95	3.04

当稀溶液中溶质是挥发性溶质时，可导出溶液沸点变化公式为

$$\Delta T_b = K_b b_B\left(1-\frac{y_B}{x_B}\right) \tag{4.8.4}$$

若 $y_B < x_B$，即溶质 B 在气相中的浓度小于其在液相中的浓度(B 不易挥发)，则 $\Delta T_b > 0$，溶液沸点升高；若 $y_B > x_B$，即溶质 B 在气相中的浓度大于其在液相中的浓度(B 易挥发)，则 $\Delta T_b > 0$，溶液沸点降低。

【例 4.8.3】 已知 298.15K 时海水的蒸气压为 3.06kPa，同温度下水的饱和蒸气压为 3.167kPa，水的沸点升高常数为 $0.51K\cdot kg\cdot mol^{-1}$。试计算海水的沸点。

解

$$\Delta p_A = p_A^* - p_A = p_A^* x_B$$

$$x_B = \frac{p_A^*-p_A}{p_A^*} = \frac{3.167-3.06}{3.167} = 0.0338$$

$$\Delta T_b = T_b - T_b^* = K_b b_B = K_b\times\frac{x_B}{x_A M_A} = \frac{0.51\times0.0338}{0.9662\times18.01\times10^{-3}}K = 0.991K$$

所以

$$T_b = 373.15K + 0.991K = 374.14K$$

4.8.4 渗透压

在一定温度下，用一个只能使溶剂透过而不能使溶质透过的半透膜把纯溶剂与溶液隔

开，那么溶剂就会通过半透膜渗透到溶液中，使溶液液面上升，直到溶液液面升高到 h 时达到平衡，这种对于溶剂的膜平衡，叫做**渗透平衡**，如图 4.8.3(a) 所示。如果要使溶液和溶剂的液面相同，则要在溶液一侧加上一个额外压力 Π，这个额外压力 Π 就称为渗透压，如图 4.8.3(b) 所示。

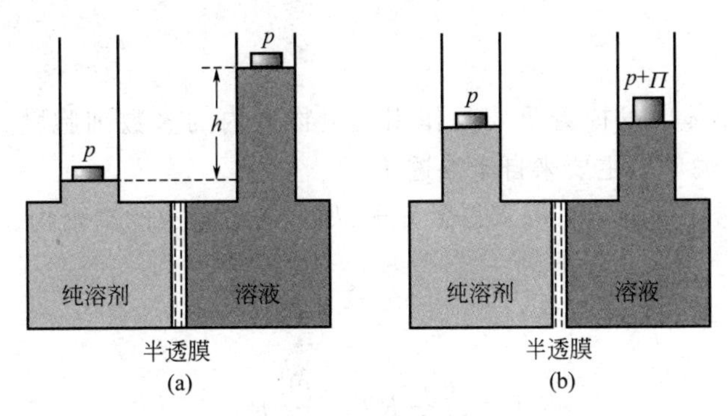

图 4.8.3 半透膜渗透现象示意图

半透膜左侧纯溶剂 A 的化学势为 $\mu_A^*(T,p)$；半透膜右侧溶液中溶剂 A 的化学势为 $\mu_A(T,p)=\mu_A^*(T,p)+RT\ln x_A$。显然，相同的温度和外压下，溶液中溶剂的化学势小于纯溶剂的化学势，所以溶剂就会自发地从化学势高的纯溶剂一方渗透到化学势低的溶液一方，直到溶液与溶剂之间产生一个液位差，其大小等于渗透压 Π 时，两侧溶剂的化学势相等而达到平衡，即

$$\mu_A(T,p+\Pi)=\mu_A^*(T,p) \tag{4.8.5}$$

由式 (4.7.1a)可知

$$\mu_A(T,p+\Pi)=\mu_A^*(T,p+\Pi)+RT\ln x_A=\mu_A^*(T,p)+\int_p^{p+\Pi}V_{m,A}^*\mathrm{d}p+RT\ln x_A \tag{4.8.6}$$

式中，$V_{m,A}^*$是纯溶剂 A 的摩尔体积。由式(4.8.5) 及式(4.8.6) 可得

$$\int_p^{p+\Pi}V_{m,A}^*\mathrm{d}p=-RT\ln x_A$$

假设压力对溶剂 A 体积的影响可以忽略不计，则

$$V_{m,A}^*\Pi=-RT\ln x_A=-RT\ln(1-x_B)$$

因稀溶液 x_B 很小，将 $\ln(1-x_B)$ 展开成级数形式，得

$$\ln(1-x_B)=-\left(x_B+\frac{1}{2}x_B^2+\frac{1}{3}x_B^3+\frac{1}{4}x_B^4+\cdots\right)\approx -x_B\approx\frac{n_B}{n_A}$$

代入上式，得

$$V_{m,A}^*\Pi=RT\frac{n_B}{n_A}$$

因稀溶液中溶质很少，所以溶剂体积 $n_AV_{m,A}^*$ 可近似看作溶液体积 V，即

$$V\Pi=n_BRT \tag{4.8.7a}$$

或

$$\Pi=c_BRT \tag{4.8.7b}$$

这就是稀溶液的范特霍夫渗透压公式。该式只适用于稀溶液。

由渗透压公式可以看出，溶液渗透压的大小只与溶液中溶质的浓度有关，而与溶质的种类无关，所以它也是溶液的依数性质。渗透压实质上是增加溶液外压使得溶液中溶剂蒸气压等于 p_A^* 的过程，因为外压对蒸气压的影响较小，所以渗透压是四个依数性中最显著的一个。

渗透压的应用如下。

① 渗透压在生物体内发挥着重要的作用，生物体内的多数细胞膜具有半透膜的性质，水分在细胞内外的传输动力主要来自于渗透压。

② 通过溶液渗透压的测定，可求得大分子(如：人工合成的高聚物、蛋白质等）的摩尔质量。

式(4.8.6）可写为

$$\Pi=\frac{m_B}{VM_B}RT=\frac{\rho_B}{M_B}RT$$

$$M_B=\frac{\rho_B RT}{\Pi}$$

③ 反渗透技术　当在溶液一方施加的压力超过其渗透压时，则溶液中的溶剂就会通过半透膜渗透到纯溶剂中，称为反渗透。反渗透技术可用于海水淡化、溶液浓缩、重金属的回收及污水处理等许多方面。其关键是半透膜的制备，要求膜具有高选择性、高渗透性、高效率和高强度，还需解决膜中毒、膜破坏及膜成本等问题。工业上应用较成功的反渗透膜有醋酸纤维素膜和芳香族酰胺类空心纤维膜。

【例 4.8.4】 已知 293.15K 时质量分数为 0.050 的葡萄糖水溶液的质量浓度为 $1015.2\text{kg}\cdot\text{m}^{-3}$，试计算该溶液的渗透压。

解 $$c_B=\frac{n_B}{V}=\frac{w_B\rho_B}{M_B}=\frac{0.050\times1.0152\times10^3\text{kg}\cdot\text{m}^{-3}}{180.2\text{g}\cdot\text{mol}^{-1}}=0.282\text{mol}\cdot\text{dm}^{-3}$$

$$\Pi=c_BRT=0.282\times8.314\times293.15\text{kPa}=687\text{kPa}$$

【例 4.8.5】 某水溶液含有非挥发性溶质，水在 271.7K 凝固。已知水的凝固点降低常数为 $1.86\text{K}\cdot\text{kg}\cdot\text{mol}^{-1}$，水的沸点升高常数为 $0.51\text{K}\cdot\text{kg}\cdot\text{mol}^{-1}$，常温下水的密度为 $10^3\text{kg}\cdot\text{m}^{-3}$。求：该溶液的沸点及 298.15K 时此溶液的渗透压。

解 由凝固点降低公式及题给条件可得该溶液的质量摩尔浓度

$$b_B=\frac{\Delta T_f}{K_f}=\frac{273.15-271.7}{1.86}\text{mol}\cdot\text{kg}^{-1}=0.780\text{mol}\cdot\text{kg}^{-1}$$

$$\Delta T_b=T_b-T_b^*=K_bb_B=0.51\times0.780\text{K}=0.40\text{K}$$

所以溶液沸点为

$$T_b=373.15\text{K}+0.40\text{K}=373.55\text{K}$$

$$\Pi=c_BRT=b_B\rho_BRT=0.780\times1.0\times8.314\times298.15\text{kPa}=1.93\times10^3\text{kPa}$$

由此题计算结果可以看出，渗透压在依数性中变化最显著。

【例 4.8.6】 试导出理想稀溶液的四个依数性之间的关系。

解 理想稀溶液的依数性都只与溶质的物质的量分数 x_B 有关。

溶剂蒸气压下降值为 $\Delta p_A = p_A^* - p_A = p_A^* x_B$，$x_B = \dfrac{p_A^* - p_A}{p_A^*}$

凝固点降低值为 $\Delta T_f = T_f^* - T_f = \dfrac{R(T_f^*)^2}{\Delta_{fus} H_{m,A}^*} x_B$，$x_B = \dfrac{\Delta_{fus} H_{m,A}^*}{R(T_f^*)^2}(T_f^* - T_f)$

沸点升高值为 $\Delta T_b = T_b - T_b^* = \dfrac{R(T_b^*)^2}{\Delta_{vap} H_{m,A}^*} x_B$，$x_B = \dfrac{\Delta_{vap} H_{m,A}^*}{R(T_b^*)^2}(T_b - T_b^*)$

渗透压值为 $\Pi = \dfrac{RT}{V_{m,A}^*} x_B$，$x_B = \dfrac{\Pi V_{m,A}^*}{RT}$

所以理想稀溶液的四个依数性之间的关系为

$$x_B = \frac{p_A^* - p_A}{p_A^*} = \frac{\Delta_{fus} H_{m,A}^*}{R(T_f^*)^2}(T_f^* - T_f) = \frac{\Delta_{vap} H_{m,A}^*}{R(T_b^*)^2}(T_b - T_b^*) = \frac{\Pi V_{m,A}^*}{RT}$$

4.9　活度及活度因子

理想液态混合物任一组分 B 及理想稀溶液中的溶剂都符合拉乌尔定律，理想稀溶液中的溶质服从亨利定律，其平衡压力与液相组成成呈线性关系，化学势表示式也都比较简单。但对真实液态混合物和真实液态溶液而言，由于各组分的分子结构及分子间作用力各不相同，因此在大部分浓度范围内不符合拉乌尔定律及亨利定律，则其化学势表示式也必然比理想液态混合物的化学势表示式复杂。就像引入逸度的概念来处理真实气体的化学势一样，路易斯提出了活度的概念来简化处理真实液态混合物及真实溶液中各组分的化学势。

4.9.1　真实液态混合物中活度及活度因子

(1) 活度及活度因子的定义

理想液态混合物任一组分 B 在全部浓度范围内服从拉乌尔定律：$p_B = p_B^* x_B$，理想液态混合物任一组分 B 的化学势表示式为：$\mu_B(l) = \mu_B^*(l) + RT\ln x_B$。

真实液态混合物任一组分 B 的蒸气压基本不服从拉乌尔定律，和逸度的概念类似，路易斯采用 a_B 来代替 x_B，使之服从拉乌尔定律，即

$$p_B = p_B^* a_B \tag{4.9.1}$$

a_B 就称为组分 B 的活度。a_B 可看作校正浓度，或有效浓度，可理解为真实混合物中组分 B 的浓度 x_B 校正到理想混合物状态时的浓度。引入的校正因子 γ_B 就称为活度因子，即

$$a_B = \gamma_B x_B \quad 且 \quad \lim_{x_B \to 1} \gamma_B = \lim_{x_B \to 1} \frac{a_B}{x_B} = 1 \tag{4.9.2}$$

活度因子 γ_B 代表真实混合物中组分 B 的浓度与理想混合物中组分 B 的浓度的偏差大小。

此时，真实液态混合物任一组分 B 的化学势表示式可写为

$$\mu_B(l)=\mu_B^*(l)+RT\ln a_B \tag{4.9.3}$$

$$\mu_B(l)=\mu_B^*(l)+RT\ln\gamma_B x_B \tag{4.9.4}$$

式中，μ_B^*为纯液态B在T、p下的化学势，$\mu_B^*=\mu_B^{\ominus}+\int_{p^{\ominus}}^{p}V_{m,B}^*\mathrm{d}p$，则

$$\mu_B(l)=\mu_B^{\ominus}+\int_{p^{\ominus}}^{p}V_{m,B}^*\mathrm{d}p+RT\ln a_B$$

当压力差别不大忽略积分项时，有

$$\mu_B(l)=\mu_B^{\ominus}+RT\ln a_B \tag{4.9.5}$$

混合物中组分B的标准态为温度T、标准压力$p^{\ominus}$下的纯液态B。

(2) 活度及活度因子的测定

真实混合物中组分B在气-液两相平衡时有

$$\mu_B(l)=\mu_B(g)$$

$$\mu_B(l)=\mu_B^*(l)+RT\ln a_B$$

$$\mu_B(g)=\mu_B^{\ominus}(g)+RT\ln\frac{p_B}{p^{\ominus}}=\mu_B^{\ominus}(g)+RT\ln\frac{p_B^*}{p^{\ominus}}+RT\ln\frac{p_B}{p_B^*}=\mu_B^*(l)+RT\ln\frac{p_B}{p_B^*}$$

则
$$a_B=\frac{p_B}{p_B^*} \tag{4.9.6}$$

$$\gamma_B=\frac{a_B}{x_B}=\frac{p_B}{p_B^* x_B} \tag{4.9.7}$$

由此可知，只要测定出与液相成平衡的气相中B的实际分压及同温度下纯液态B的饱和蒸气压，即可计算出真实混合物中组分B的活度及活度因子。

4.9.2 真实溶液中活度及活度因子

理想稀溶液中溶剂服从拉乌尔定律，溶质服从亨利定律，其化学势表示式如式(4.7.1)及式(4.7.3)～式(4.7.5)所示。因此真实溶液也要区分溶剂和溶质，分别进行修正，使得其化学势表示式与理想稀溶液的形式一致。

(1) 溶剂的活度及化学势

溶剂A的修正与真实混合物中组分B的修正方法一样。参照混合物中任一组分B的活度及活度因子的定义，溶剂A的活度为a_A，活度因子为γ_A，其定义式为

$$a_A=\gamma_A x_A \quad 且 \quad \lim_{x_A\to 1}\gamma_A=\lim_{x_A\to 1}\frac{a_A}{x_A}=1 \tag{4.9.8}$$

溶剂A的化学势可写为
$$\mu_A(l)=\mu_A^{\ominus}+\int_{p^{\ominus}}^{p}V_{m,A}^*\mathrm{d}p+RT\ln a_A \tag{4.9.9}$$

溶剂的标准态为T、$p^{\ominus}$下的纯溶剂A。

(2) 溶质的活度及化学势

选用不同的浓度表示方法时，溶质的标准化学势不同，因此溶质的活度及其活度因子也不相同。

① 当溶质浓度用质量摩尔浓度 b_B 表示时　理想稀溶液的溶质服从亨利定律 $p_B=k_{b,B}b_B$，当气液两相平衡时有

$$\mu_B(l)=\mu_B^{\ominus}(g)+RT\ln\frac{p_B}{p^{\ominus}}=\mu_B^{\ominus}(g)+RT\ln\frac{k_{b,B}b^{\ominus}}{p^{\ominus}}+RT\ln\frac{b_B}{b^{\ominus}}=\mu_{b,B}(T,p,b^{\ominus})+RT\ln\frac{b_B}{b^{\ominus}}$$

对真实溶液中的溶质，有

$$\mu_B(l)=\mu_{b,B}(T,p,b^{\ominus})+RT\ln\frac{\gamma_{b,B}b_B}{b^{\ominus}} \tag{4.9.10}$$

$$\mu_B(l)=\mu_{b,B}(T,p,b^{\ominus})+RT\ln a_{b,B}$$

$$\mu_B(l)=\mu_{b,B}^{\ominus}(T,p^{\ominus},b^{\ominus})+\int_{p^{\ominus}}^{p}V_B^{\infty}\mathrm{d}p+RT\ln a_{b,B} \tag{4.9.11}$$

式中
$$a_{b,B}=\frac{\gamma_{b,B}b_B}{b^{\ominus}}\quad 且\quad \lim_{\sum b_B\to 0}\gamma_{b,B}=\lim_{\sum b_B\to 0}\frac{a_{b,B}b^{\ominus}}{b_B}=1 \tag{4.9.12}$$

这就是溶质用质量摩尔浓度 b_B 表示时活度及活度因子的定义式。此式表明溶质活度及活度因子均是量纲为一的物理量。

② 若溶质浓度用物质的量浓度 c_B 表示时　真实溶液中的溶质化学势表示式为

$$\mu_B(l)=\mu_{c,B}^{\ominus}(T,p,c^{\ominus})+\int_{p^{\ominus}}^{p}V_B^{\infty}\mathrm{d}p+RT\ln\frac{\gamma_{c,B}c_B}{c^{\ominus}} \tag{4.9.13}$$

$$\mu_B(l)=\mu_{c,B}^{\ominus}(T,p,c^{\ominus})+\int_{p^{\ominus}}^{p}V_B^{\infty}\mathrm{d}p+RT\ln a_{c,B} \tag{4.9.14}$$

则溶质浓度用物质的量浓度 x_B 表示时活度及活度因子的定义式为

$$a_{c,B}=\frac{\gamma_{c,B}c_B}{c^{\ominus}}\quad 且\quad \lim_{\sum c_B\to 0}\gamma_{c,B}=\lim_{\sum c_B\to 0}\frac{a_{c,B}c^{\ominus}}{c_B}=1 \tag{4.9.15}$$

③ 若溶质浓度用物质的量分数 x_B表示时　真实溶液中的溶质化学势表示式为

$$\mu_B(l)=\mu_{x,B}^{\ominus}(T,p)+\int_{p^{\ominus}}^{p}V_B^{\infty}\mathrm{d}p+RT\ln\gamma_{x,B}x_B \tag{4.9.16}$$

$$\mu_B(l)=\mu_{x,B}^{\ominus}(T,p)+\int_{p^{\ominus}}^{p}V_B^{\infty}\mathrm{d}p+RT\ln a_{x,B} \tag{4.9.17}$$

则溶质浓度用物质的量分数 b_B表示时活度及活度因子的定义式为

$$a_{x,B}=\gamma_{x,B}x_B\quad 且\quad \lim_{\sum x_B\to 0}\gamma_{x,B}=\lim_{\sum x_B\to 0}\frac{a_{x,B}}{x_B}=1 \tag{4.9.18}$$

式中，$\sum b_B\to 0$，不仅要求所讨论的那种溶质 B 的 b_B 趋于零，还要求溶液中所有其他溶质的浓度也趋于零。

■ 本章要求 ■

1. 掌握拉乌尔定律与亨利定律及其计算。
2. 理解偏摩尔量与化学势的概念

3. 掌握理想气体、理想液态混合物中各组分化学势的表示式。

4. 理解理想液态混合物混合性质及稀溶液依数性的规律。

5. 了解真实气体化学势、逸度、逸度系数的概念。

6. 了解真实液态混合物、真实溶液的化学势及活度、活度系数的概念。

思考题

1. 判断下列说法是否正确，并说明原因。

（1）偏摩尔量与化学势是一个公式的两种不同的说法。

（2）溶液的化学势等于溶液中各组分的化学势之和。

（3）纯组分的化学势就等于其吉布斯函数。

（4）在同一稀溶液中溶质 B 的浓度可用 x_B、b_B 或 c_B 表示，因其标准态的选择不同，则相应的化学势也不同。

（5）溶剂中加入溶质后，会使溶液的蒸气压降低，沸点升高，凝固点下降。

2. 298K 下，A 和 B 两种气体分别溶解于水中达平衡时相应的亨利系数为 k_A 和 k_B，且 $k_A<k_B$。现气体 A 和 B 同时溶解于水中达平衡，当气相中 A 和 B 的平衡分压相同时，试比较溶液中 A、B 浓度哪个大？

3. 指出下列各量哪些是偏摩尔量，哪些是化学势。

$$\left(\frac{\partial U}{\partial n_B}\right)_{T,p,n_C} \quad \left(\frac{\partial H}{\partial n_B}\right)_{S,p,n_C} \quad \left(\frac{\partial A}{\partial n_B}\right)_{T,p,n_C} \quad \left(\frac{\partial G}{\partial n_B}\right)_{T,V,n_C}$$

$$\left(\frac{\partial H}{\partial n_B}\right)_{S,T,n_C} \quad \left(\frac{\partial A}{\partial n_B}\right)_{T,V,n_C} \quad \left(\frac{\partial G}{\partial n_B}\right)_{T,p,n_C} \quad \left(\frac{\partial U}{\partial n_B}\right)_{S,y,n_C}$$

4. 现有处于不同状态的水：(a) 373.15K，101.325kPa，液态；(b) 373.15K，101.325kPa，气态；(c) 373.15K，202.65kPa，液态；(d) 373.15K，202.65kPa，气态；(e) 374.15K，101.325kPa，液态；(f) 374.15K，101.325kPa，气态。试比较以下各量的大小：(1) μ(a)与 μ(b)；(2) μ(c)与 μ(d)；(3) μ(b)与 μ(d)；(4)S(a)与 S(b)。

5. 恒定温度下 B 溶于 A 中形成溶液，若纯 B 的摩尔体积大于溶液中 B 的偏摩尔体积，则增加压力将使 B 在 A 中的溶解度如何变化？

6. 下列哪些系统中的组分具有假想的标准态？

（1）理想气体混合物中的组分 B；　（2）真实气体混合物中的组分 B；

（3）理想液态混合物中的组分 B；　（4）真实液态混合物中的组分 B；

（5）理想稀溶液中的溶剂 A；　(6) 以摩尔分数表示浓度的理想稀溶液中的溶质 B；

（7）真实溶液中的溶剂 A；　(8) 以质量摩尔浓度表示的真实溶液中的溶质 B。

7. 北方人冬天吃冻梨前，将冻梨放入凉水中浸泡，过一段时间后冻梨内部解冻了，但表面却结了一层薄冰，试解释原因。

8. 对于理想稀溶液，亨利常数有三种形式：$K_{x,B}$、$K_{b,B}$、$K_{c,B}$，试导出它们之间的关系。

9. 在一恒温的密闭容器中放入一杯纯水A和一杯糖水溶液B，两者均敞口，则长久放置后会发现什么现象？为什么？

10. 如果在水中加入少量乙醇，则水的蒸气压、溶液的蒸气压、沸点、凝固点将会如何变化？

11. 冬季进行建筑施工时，为了保证施工质量常在浇注混凝土时加入少量盐类物质，其主要作用是什么？现有NaCl、$CaCl_2$、NH_4Cl、KCl，你认为采用哪种盐较好？

习题

4.1 将葡萄糖$C_6H_{12}O_6$(B)溶于水(A)中形成质量分数$w_B=0.05$的稀溶液，此溶液在293.15K时的密度$\rho=1.0152\times10^3\,kg\cdot m^{-3}$。求此溶液中葡萄糖的摩尔分数、物质的量浓度、质量摩尔浓度。

4.2 已知水的摩尔质量为$18.015g\cdot mol^{-1}$，NaBr的摩尔质量为$102.9\ g\cdot mol^{-1}$。20℃时，将321.9g NaBr溶于水中配制成$1dm^3$ NaBr水溶液，测得该溶液的密度为$1.238kg\cdot dm^{-3}$，计算此溶液中的NaBr质量分数、摩尔分数、物质的量浓度、质量摩尔浓度。

4.3 在18℃、气体压力101.325kPa下，$1dm^3$的水中能溶解O_2 0.045g，能溶解N_2 0.02g。现将$1dm^3$被202.65kPa空气所饱和了的水溶液加热至沸腾，赶出所溶解的O_2和N_2，并干燥之，求此干燥气体在101.325kPa、18℃下的体积及其组成。设空气为理想气体混合物，其组成体积分数为$\varphi(O_2)=21\%$，$\varphi(N_2)=79\%$。

4.4 20℃下HCl溶于苯中达平衡，气相中HCl的分压为101.325kPa时，溶液中HCl的摩尔分数为0.0425。已知20℃时苯的饱和蒸气压为10.0kPa，若20℃时HCl和苯蒸气总压为101.325kPa，求100g苯中溶解多少克HCl？

4.5 25℃下，B溶在A中形成稀溶液并达汽液平衡(B在气相及溶液中分子状态相同)，测得B在溶液中的摩尔分数$x_B=0.020$时，平衡蒸气总压为6.666kPa。已知该温度下纯A的饱和蒸气压为$p_A^*=3.160kPa$，试求25℃下，$x_B=0.010$时平衡气相中B的摩尔分数y_B。

4.6 298.15K下在1kg水(A)中加入乙酸(B)配制乙酸水溶液。现测得乙酸物质的量$n_B=0.16\sim0.25mol$范围内时乙酸水溶液的体积V与乙酸物质的量n_B间的关系为

$$V/m^3=1.0029\times10^{-3}+5.18\times10^{-5}(n_B/mol)+1.394\times10^{-7}(n_B/mol)^2$$

(1) 试导出V_A及V_B与n_B间的关系；(2) 计算$n_B=0.20mol$时的V_A及V_B。

4.7 已经25℃、101.325kPa下在1kg水(A)中加入NaCl(B)配成NaCl水溶液，已知溶液体积V随NaCl质量摩尔浓度b_B的变化关系为：

$$V/cm^3=1001.38+16.6253(b_B/mol\cdot kg^{-1})+1.7738(b_B/mol\cdot kg^{-1})^{3/2}+0.1194(b_B/mol\cdot kg^{-1})^2$$

试计算出$b_B=0.25mol\cdot kg^{-1}$时的V_{NaCl}和V_{H_2O}。

4.8 已知288K下乙醇水溶液中乙醇的质量分数$w_B=0.96$时水(A)及乙醇(B)的偏摩尔体积分别为$14.61cm^3\cdot mol^{-1}$、$58.01cm^3\cdot mol^{-1}$；$w_B=0.56$时水及乙醇的偏摩尔体积分别为$17.11cm^3\cdot mol^{-1}$、$56.58cm^3\cdot mol^{-1}$。若将$10.0dm^3$、$w_B=0.96$的乙醇水溶液稀释成$w_B=0.56$的乙醇水溶液，请计算需加入水的体积以及稀释后乙醇水溶液的体积。已知288K时水的密度为$999.1kg\cdot m^{-3}$。

4.9 证明：(1) $\mu_B=-T\left(\frac{\partial S}{\partial n_B}\right)_{U,V,n_C}$；(2) $\left(\frac{\partial S}{\partial n_B}\right)_{V,U,n_C}=S_B-V_B\left(\frac{\partial p}{\partial T}\right)_{V,n}$。

4.10 已知353K时苯(A)的饱和蒸气压为100kPa，甲苯(B)的饱和蒸气压为38.7kPa，两者可形成理想液态混合物。若两者构成的混合物中甲苯的质量分数为0.500，试计算与此混合物平衡共存的蒸气组成。

4.11 已知333K时甲醇(A)的饱和蒸气压为83.4kPa，乙醇(B)的饱和蒸气压为47.0kPa，两者可形成理想液态混合物。若两者构成的混合物气、液两相平衡共存时的蒸气中乙醇的摩尔分数为0.400，试计算混合物的液相组成x_B。

4.12 已知某温度t下液体A和液体B的饱和蒸气压分别为$p_A^*=40.0$kPa，$p_B^*=120.0$kPa，两物质可形成理想液态混合物。今在上述温度下将组成$y_A=0.40$的气相混合物放入带活塞的气缸中恒温缓慢压缩，试计算：(1) 刚凝结出第一滴微细液滴时的系统总压及该液滴的组成；(2) A、B形成的混合物在外压为100kPa下沸腾时溶液及气相的组成。

4.13 液体A与液体B可形成理想液态混合物。在350K时，4.00mol A和1.00mol B所形成混合物的平衡蒸气压为60.00kPa，若向混合物中再加入5.00mol B，则与混合物平衡的蒸气压增加到75.00kPa，试求：(1) p_A^*和p_B^*；(2) 最后形成混合物的平衡气相中A、B的摩尔分数各为若干?

4.14 运用吉布斯-杜亥姆方程证明：在稀溶液中若溶质B服从亨利定律，则溶剂A必服从拉乌尔定律。

4.15 在298.15K和101.325kPa压力下，由1mol A和1mol B形成理想液态混合物，试求$\Delta_{mix}V$、$\Delta_{mix}H$、$\Delta_{mix}U$、$\Delta_{mix}S$和$\Delta_{mix}G$。

4.16 液体B与液体C可形成理想液态混合物。在25℃、101.325kPa下，向含有1mol B和2mol C的混合物中再加入1mol B，形成新的混合物，求此过程的$\Delta_{mix}G$。

4.17 液体B与液体C可以形成理想液态混合物。在常压及25℃下，向总量$n=10$mol，组成$x_C=0.4$的B、C液态混合物中加入14mol的纯液体C，形成新的混合物。求过程的ΔG、ΔS。

4.18 液体B与液体C可形成理想液态混合物。在300K时要从大量的等物质的量的B和C构成的混合物中分出1mol的纯B，试计算最少必须做的非体积功。

4.19 (1) 25℃时将0.568g碘溶于50cm^3 CCl_4中，将所形成的溶液与500cm^{3}水一起振动，平衡后测得水层中含有0.233 mmol的碘。计算碘在两溶剂中的分配系数K，$K=c(I_2,H_2O\text{相})/c(I_2,CCl_4\text{相})$。设碘在两溶剂中均以分子形式存在；(2) 若25℃碘在水中的浓度是1.33mmol·dm^{-3}，求碘在CCl_4中的浓度。

4.20 采用溶剂油做萃取剂萃取回收废水中的酚，已知酚在水与溶剂油中的分配系数为0.415。若100dm^{3}水中含有0.800g酚，萃取时溶剂油与废水的体积比为0.8∶1，萃取一次后废水中还有多少酚?

4.21 在293.15K时，某有机酸在水和乙醚中的分配系数为0.4。今有该有机酸5.00g溶于0.100dm^{3}水中形成溶液，采用0.040dm^{3}乙醚进行萃取，所用乙醚事先被水所饱和，因此萃取时不会有乙醚溶于水。(1) 若每次用0.020dm^{3}乙醚萃取，连续萃取两次，计算水中还剩有多少有机酸?(2) 若一次用0.040dm^{3}乙醚萃取，问在水中还剩多少kg有机酸?

4.22 在101.325kPa、100℃水中加入某种不挥发的溶质B，实验测得水的蒸气压降低了1.013kPa。计算溶质B的摩尔分数及该水溶液的沸点升高值。已知水的沸点升高常数为

$0.51K \cdot kg \cdot mol^{-1}$。

4.23 25℃下，将葡萄糖($C_6H_{12}O_6$)溶于水中制得葡萄糖质量分数为0.044的溶液，溶液的密度为$1.015 \times 10^3 kg \cdot m^{-3}$。已知25℃时水的密度为$997.043kg \cdot m^{-3}$，水的饱和蒸气压为3.167kPa。试计算：(1)该溶液的凝固点；(2)该溶液的正常沸点；(3)该溶液的蒸气压下降值；(4)该溶液的渗透压。若使用不能透过葡萄糖的半透膜将溶液和纯水隔开，则需在溶液一方加多高的水柱才能使之平衡？

4.24 已知某有机化合物中所含元素的质量分数分别为碳0.632，氢0.088，氧0.280。今将该化合物0.702g溶于8.04g樟脑中，测得其凝固点比纯樟脑低15.3K。试计算该化合物的摩尔质量及其化学式。已知樟脑的凝固点降低系数$K_f = 40K \cdot mol^{-1} \cdot kg$。

4.25 人的血液(可视为水溶液)在101.325kPa下凝固点为−0.56℃，已知水的凝固点降低常数$K_f = 1.86K \cdot mol^{-1} \cdot kg$。求：(1)血液在37℃时的渗透压；(2)在相同温度下，若某蔗糖($C_{12}H_{22}O_{11}$)溶液具有与血液相同的渗透压，则在$1dm^3$此蔗糖水溶液中含有多少克蔗糖？

4.26 在25℃时，将2g某化合物溶于1kg水中产生的渗透压与在25℃将0.8g葡萄糖($C_6H_{12}O_6$)溶于1kg水中的渗透压相同。试计算此化合物的分子量。

4.27 300K下，A、B构成的液态混合物的组成为$x_B = 0.725$时，蒸气总压为28.15kPa，在蒸气中$y_B = 0.800$。已知在该温度时，纯A的饱和蒸气压为35.50kPa，试求混合液中A的活度及活度因子。

4.28 恒温下将碘溶解于CCl_4中形成溶液，测得液相中碘的摩尔分数$x(I_2) = 0.03$时，平衡气相中碘的蒸气压$p(I_2, g) = 1.638kPa$，当$x(I_2) = 0.5$时，$p(I_2, g) = 16.72kPa$。已知$x(I_2)$在0.01~0.04范围内时此溶液符合理想稀溶液规律。试计算$x(I_2) = 0.5$时溶液中碘的活度及活度因子。

4.29 已知300K时B的饱和蒸气压为37.33kPa，C的饱和蒸气压为22.66kPa。现有2mol B和2mol C混合形成液态混合物，测得其平衡蒸气压为50.66kPa，蒸气中B的摩尔分数y_B为0.60。假定蒸气为理想气体。试计算液态混合物中B和C的活度及活度因子。

4.30 实验测得323K时乙醇(A)-水(B)液态混合物的液相组成$x_B = 0.5561$时，平衡气相组成$y_B = 0.4289$及气相总压$p = 24.832kPa$，试计算水的活度及活度因子。已知323K时水的饱和蒸气压$p_B^* = 12.33kPa$。

4.31 证明：一定温度、压力下的二组分真实液态混合物有

$$x_B \mathrm{d}\ln\gamma_B + x_C \mathrm{d}\ln\gamma_C = 0$$

4.32 已知298K时，A、B形成的液态混合物中组分B的活度与液相组成间的关系为

$$a_B = x_B(1 + x_B)^2$$

试计算：

(1)混合物中组分B的摩尔分数$x_B = 0.10$时B的活度及活度因子；(2)$x_B = 0.10$时混合物中A的活度及活度因子。

第5章 反应系统热力学

化学反应在化学研究与化工生产中都处于核心地位，有两类问题是化学研究与化工生产中经常遇到的。第一类问题是化学反应发生过程中的能量转换问题，即化学反应发生时会伴有放热或吸热现象，了解化学反应的热现象对化工生产中的正常运行、能量的合理利用有重要意义。第二类问题是化学反应的方向及反应达平衡时的限度问题，因为它关系到在一定条件下，反应能否按所希望的方向进行，最终能得到多少产物，反应的经济效益如何。

把热力学原理用于研究化学反应以及与化学反应相关的物理现象，就形成了化学反应热力学。化学反应热力学利用热力学第一定律来解决化学反应中的能量转换问题，利用热力学第二定律来解决化学反应的方向及反应达平衡时的限度问题。热力学第三定律的提出解决了化学反应中物质熵变的计算问题，进一步从理论上解决了用热化学数据计算化学反应中能量的合理利用、方向和平衡等问题。

5.1 化学反应的热效应

掌握化学反应过程热的测定与计算是非常重要的，研究化学反应过程中热效应的科学称为热化学。化学反应在不同的条件下进行，热效应也会各不相同。为了在处理反应热效应上有一致的基准，通常规定在等温且无非体积功时系统发生化学反应与环境交换的热称为化学反应的热效应。要进行化学反应热的计算，必须先从反应进度、摩尔反应焓、物质的标准状态、标准摩尔反应焓等一些基本概念入手。

5.1.1 基本概念

(1) 反应进度

反应进度是描述单元反应进行程度的物理量，用符号 ξ 表示。

对于某一化学反应

$$d\mathrm{D}+e\mathrm{E}=\!=\!=f\mathrm{F}+g\mathrm{G}$$

将计量方程按代数式移项得

$$0=-d\mathrm{D}-e\mathrm{E}+f\mathrm{F}+g\mathrm{G}$$

上式可写成如下通式形式

$$0=\sum_{\mathrm{B}}\nu_{\mathrm{B}}\mathrm{B}$$

式中，B代表参加反应的任何物质，ν_{B} 是B的化学计量数，其单位为1，显然B为反应物时 ν_{B} 是负值，B为产物时 ν_{B} 是正值。

反应进度 ξ 的定义为

$$\xi \xlongequal{\text{def}} \frac{n_B(t)-n_B(0)}{\nu_B} \tag{5.1.1}$$

式中，$n_B(t)$ 是反应在 t 时刻B物质的量；$n_B(0)$ 为反应 $t=0$ 时B物质的量。反应进度的单位是 mol。将式(5.1.1) 微分得

$$d\xi=\frac{dn_B}{\nu_B} \tag{5.1.2}$$

对于有限的变化，得

$$\Delta\xi=\xi-0=\frac{\Delta n_B}{\nu_B} \tag{5.1.3}$$

即当反应按所给反应式的计量系数比例进行了一个单位的化学反应时，反应进度 $\xi=1\text{mol}$。这说明 ξ 的数值与化学反应的方程式有关。如 $H_2+1/2O_2 \longrightarrow H_2O$ 和 $2H_2+O_2 \longrightarrow 2H_2O$，当 $\Delta n(H_2)=-1\text{mol}$ 时，对前面反应式而言，$\xi=\frac{\Delta n(H_2)}{\nu(H_2)}=\frac{-1\text{mol}}{-1}=1\text{mol}$，但对后面反应式而言，$\xi=\frac{\Delta n(H_2)}{\nu(H_2)}=\frac{-1\text{mol}}{-2}=0.5\text{mol}$，在这里化学反应的方程式代表了反应的摩尔单元。按所示计量方程完成的 1mol 化学反应称为单元反应。

如果用一句话对反应进度做个描述，反应进度 ξ 是将所示反应作为摩尔反应的基本单元，从单元反应开始($\xi=0$) 到单元反应完全结束($\xi=1$) 过程中的某一时刻 t 时表示单元反应进行程度的一个物理量。

引入反应进度的优点是，不论反应进行到任何时刻，都可以用任一反应物或生成物来表示反应进行的程度，所得的值都是相同的，即

$$\frac{dn_D}{\nu_D}=\frac{dn_E}{\nu_E}=\frac{dn_F}{\nu_F}=\frac{dn_G}{\nu_G}=d\xi \quad 或 \quad \frac{\Delta n_D}{\nu_D}=\frac{\Delta n_E}{\nu_E}=\frac{\Delta n_F}{\nu_F}=\frac{\Delta n_G}{\nu_G}=\xi$$

(2) 摩尔反应广度性质量

化学反应是多组分系统，在温度、压力一定，无非体积功的情况下，系统广度性质 X(如 V、U、H、S、A、G) 的变化可写作

$$dX=\sum_B X_B dn_B \tag{5.1.4}$$

式中，X_B 是组分 B 的偏摩尔量，将 $dn_B=\nu_B d\xi$ 代入上式得

$$dX=\sum_B X_B\nu_B d\xi$$

该式表示当进行了反应进度为 $d\xi$ 的微量反应时，引起反应系统广度性质 X 随反应进度的变化。此式的另一种形式为

$$\left(\frac{\partial X}{\partial \xi}\right)_{T,p,W'=0}=\sum_B \nu_B X_B=\Delta_r X_m \tag{5.1.5}$$

$\Delta_r X_m$是按所给反应式，在一定温度、压力、无非体积功和反应进度为 ξ 的情况下，将系统

进行了微量反应进度 $d\xi$ 的某广度性质 X 的微变 dX 折合成在无限大系统中发生了单元反应的某广度性质变，简称为**摩尔反应广度性质量**。

(3) 摩尔反应焓与摩尔反应热力学能

热化学规定在等温且无非体积功时系统发生化学反应与环境交换的热称为化学反应热，简称反应热。若反应是在等温、等压下进行，则反应热为等压反应热 Q_p。由于 $Q_p=\Delta H$，所以等压反应热就是化学反应的焓变，以 $\Delta_r H$ 表示。在式(5.1.5) 中，当反应系统的广度性质 X 是 H 时，式子就成为

$$\left(\frac{\partial H}{\partial \xi}\right)_{T,p}=\sum_{B}\nu_B H_B=\Delta_r H_m \tag{5.1.6}$$

式中，$\Delta_r H_m$称为**摩尔反应焓**，其单位是 $kJ\cdot mol^{-1}$。$\Delta_r H_m$是按所给反应式，在一定温度、压力、无非体积功和反应进度为 ξ 的情况下，将焓值为 H 的反应系统进行了反应进度为 $d\xi$ 的微量反应引起的微变 dH 折合成在无限大系统中发生了单元化学反应的焓变。

同理，摩尔反应热力学能变用 $\Delta_r U_m$表示，单位也是 $kJ\cdot mol^{-1}$，即

$$\left(\frac{\partial U}{\partial \xi}\right)_{T,p}=\sum_{B}\nu_B U_B=\Delta_r U_m \tag{5.1.7}$$

(4) 标准摩尔反应焓

如果参加反应的各物质均处在温度 T，$p^{\ominus}=100kPa$ 的标准状态下，$H_B^{\ominus}=H_m^{\ominus}(B)$，则其摩尔反应焓就称为该温度下的**标准摩尔反应焓**，以 $\Delta_r H_m^{\ominus}(T)$表示，由式(5.1.6) 可知

$$\Delta_r H_m^{\ominus}(T)=\sum_{B}\nu_B H_B^{\ominus}=\sum_{B}\nu_B H_m^{\ominus}(B) \tag{5.1.8}$$

由标准态的规定可知，各物质的 $H_m^{\ominus}(B)$只是温度的函数，所以 $\Delta_r H_m^{\ominus}(T)$也只是温度的函数。在热化学中，通常将标准摩尔反应焓标注在化学反应式的后面，称为热化学方程式。例如 298.15K 时

$$H_2(g,p^{\ominus})+I_2(g,p^{\ominus})=\!=\!=2HI(g,p^{\ominus})$$

$$\Delta_r H_m^{\ominus}(298.15K)=-51.8kJ\cdot mol^{-1}$$

表示在 298.15K 和标准压力 $p^{\ominus}$时，反应按所写的方程式进行，当反应进度为 1mol 时的 $\Delta_r H_m^{\ominus}$为$-51.8kJ\cdot mol^{-1}$。

理想气体反应的标准摩尔反应焓数值等于其摩尔反应焓。

5.1.2 Hess 定律

早在热力学第一定律建立之前，俄国科学家盖斯(G. H. Hess) 在大量实验的基础上总结出一条规律：一个化学反应，不论是一步完成还是分几步完成，反应热效应总是相同的。这条规律称为 **Hess 定律**。Hess 定律实质上是热力学第一定律的必然结果。热力学第一定律不仅可以圆满地解释 Hess 定律，而且可以指明它的适用条件，即反应必须在无非体积功的等容或等压下进行。因为只有在这样的条件下才有 $Q_V=\Delta_r U$ 或 $Q_p=\Delta_r H$，反应热才变成与途径无关的量。

Hess 定律的实用价值在于它可利用一些已知的反应热，方便地求算另一些难以测定的

反应热。

实际中应用 Hess 定律时，可以把热化学方程式视为代数方程式进行运算。在求出指定反应的化学方程式后，按同样的运算方法处理，即可求出指定反应的反应热。但在运算时必须注意，只有在反应条件相同及参加反应的物质的相态相同时，才能相消或合并。可以说，Hess 定律就是状态函数法在化学反应中的具体应用。

【例 5.1.1】 已知：

(1) $C(石墨)+O_2(g)=\!=\!=CO_2(g)$ $\qquad \Delta_r H_{m,1}(298K)=-393.4kJ \cdot mol^{-1}$

(2) $CO(g)+\frac{1}{2}O_2(g)=\!=\!=CO_2(g)$ $\qquad \Delta_r H_{m,2}(298K)=-282.9kJ \cdot mol^{-1}$

计算 $C(石墨)+\frac{1}{2}O_2(g)=\!=\!=CO(g)$ 的 $\Delta_r H_m(298K)$。

解 按 Hess 定律，反应(1) －反应(2) ＝所求反应，所以

$$\begin{aligned}\Delta_r H_m(298K)&=\Delta_r H_{m,1}(298K)-\Delta_r H_{m,2}(298K)\\&=-393.4kJ \cdot mol^{-1}-(-282.9kJ \cdot mol^{-1})=-110.5kJ \cdot mol^{-1}\end{aligned}$$

5.1.3 标准摩尔反应焓的计算

规定了物质的标准态后，再由标准摩尔生成焓和标准摩尔燃烧焓两种基础热数据即可计算标准摩尔反应焓。两种热数据以实验为基础，巧妙地规定了反应物质焓值的相对零点，解决了化学反应热的计算问题。

(1) 标准摩尔生成焓

定义 在温度为 T 的标准态下，由最稳定相态的单质生成 1mol 指定相态(以 β 表示)的化合物 B(β)，该生成反应的焓变即为化合物 B(β) 在温度 T 时的**标准摩尔生成焓**，以 $\Delta_f H_m^{\ominus}(B,\beta,T)$表示，单位为 $kJ \cdot mol^{-1}$。

说明 在标准摩尔生成焓定义中，没有指明具体的温度，但在各种相关手册和本书附录中可查到 298.15K 下常见物质的 $\Delta_f H_m^{\ominus}$ 数据。

关于最稳定相态的单质。例如碳单质有石墨、金刚石和无定形炭，从热力学上讲石墨是最稳定的，因此在定义含碳化合物的标准摩尔生成焓时以 C(石墨) 为准。同理，磷的最稳定相态取的是白磷而不是红磷，硫的最稳定相态是正交硫而非单斜硫。

关于生成指定相态的化合物。通常化合物有气、液、固三态，有时固态还有不同的晶型，在它们之间都有焓的变化，因此必须注明物质的相态，否则无法进行焓变的计算。

按标准摩尔生成焓定义，对最稳定相态的单质，$\Delta_f H_m^{\ominus}$(最稳定相态单质)$=0$。

这就是反应物质焓值的相对零点。

分析：有很多化合物是不能直接由单质合成的，但可根据 Hess 定律间接求得其生成焓。

(2) 由标准摩尔生成焓计算标准摩尔反应焓

已知一个反应中各个物质的标准摩尔生成焓，怎么才能求整个化学反应的标准摩尔反应焓呢？其原理是任何化学反应的始态物质和终态物质均可由同样物质的量的相同种类的单质来生成，所以可借助 Hess 定律求得**标准摩尔反应焓**。

例如反应 $$3C_2H_2(g)\xrightarrow{\Delta_r H_m^\ominus}C_6H_6(g) \tag{a}$$

生成 $3C_2H_2(g)$和生成 $C_6H_6(g)$的共同单质是 $6C(s)+3H_2(g)$，因此有

$$6C(s)+3H_2(g)\xrightarrow{\Delta H_1}3C_2H_2(g) \tag{b}$$

$$6C(s)+3H_2(g)\xrightarrow{\Delta H_2}C_6H_6(g) \tag{c}$$

因为(a)=(c)−(b)，所以 $\Delta_r H_m^\ominus=\Delta H_2-\Delta H_1$，又 $\Delta H_2=\Delta_f H_m^\ominus[C_6H_6(g)]$，$\Delta H_1=3\Delta_f H_m^\ominus[C_2H_2(g)]$，故

$$\Delta_r H_m^\ominus=\Delta_f H_m^\ominus[C_6H_6(g)]-3\Delta_f H_m^\ominus[C_2H_2(g)]$$

将其推广到一般反应

$$d\mathrm{D}+e\mathrm{E}=\!=\!=f\mathrm{F}+g\mathrm{G}$$

计算标准摩尔反应焓的公式为

$$\Delta_r H_m^\ominus=f\Delta_f H_m^\ominus(\mathrm{F})+g\Delta_f H_m^\ominus(\mathrm{G})-d\Delta_f H_m^\ominus(\mathrm{D})-e\Delta_f H_m^\ominus(\mathrm{E}) \tag{5.1.9a}$$

若反应式写成 $0=\sum_B \nu_B B$，则更一般的**标准摩尔反应焓计算式**为

$$\Delta_r H_m^\ominus(T)=\sum_B \nu_B \Delta_f H_m^\ominus(B,T) \tag{5.1.9b}$$

【例 5.1.2】 试计算下述反应在 298.15K 下的 $\Delta_r H_m^\ominus$。

$$CH_4(g)+2O_2(g)=\!=\!=CO_2(g)+2H_2O(l)$$

解 由式(5.1.9a)有

$$\Delta_r H_m^\ominus=\Delta_f H_m^\ominus(CO_2,g)+2\Delta_f H_m^\ominus(H_2O,l)-\Delta_f H_m^\ominus(CH_4,g)-2\Delta_f H_m^\ominus(O_2,g)$$

查附录得 $\Delta_f H_m^\ominus(CO_2,g)=-393.51\text{kJ}\cdot\text{mol}^{-1}$，$\Delta_f H_m^\ominus(H_2O,l)=-285.83\text{kJ}\cdot\text{mol}^{-1}$，$\Delta_f H_m^\ominus(CH_4,g)=-74.81\text{kJ}\cdot\text{mol}^{-1}$，由标准摩尔生成焓的定义知 $\Delta_f H_m^\ominus(O_2,g)=0$。将以上数据代入标准摩尔反应焓计算式得

$$\Delta_r H_m^\ominus=[-393.51+2\times(-285.83)-(-74.81)-2\times 0]\text{kJ}\cdot\text{mol}^{-1}=-890.36\text{kJ}\cdot\text{mol}^{-1}$$

(3) 标准摩尔燃烧焓

定义：在温度为 T 的标准态下，1mol 指定相态(以 β 表示) 的物质 B(β)，与氧进行完全的氧化反应，此氧化反应的焓变即为该物质 B 在温度 T 时的**标准摩尔燃烧焓**，以 $\Delta_c H_m^\ominus(B,\beta,T)$表示，单位为 $\text{kJ}\cdot\text{mol}^{-1}$。

说明：完全的氧化反应，指在没有催化剂参与下的完全燃烧。C、H、S、N 等元素完全燃烧后的最终产物规定为 $CO_2(g)$、$H_2O(l)$、$SO_2(g)$ 和 $N_2(g)$。

由标准摩尔燃烧焓的定义可知，完全燃烧后的最终产物 $CO_2(g)$、$H_2O(l)$、$SO_2(g)$ 和 $N_2(g)$ 等 $\Delta_c H_m^\ominus=0$。这也是反应物质焓值的一种相对零点。

(4) 由标准摩尔燃烧焓计算标准摩尔反应焓

原理 在化学反应中，若令其反应物、产物分别进行完全氧化反应，会生成种类、物质

的量完全相同的完全燃烧产物。然后由 Hess 定律可求得**标准摩尔反应焓**。

如反应写成

$$dD+eE=\!=\!=fF+gG \tag{a}$$

$$dD+eE+xO_2\xrightarrow{\Delta H_{反应物}}完全燃烧产物 \tag{b}$$

$$fF+gG+xO_2\xrightarrow{\Delta H_{产物}}完全燃烧产物 \tag{c}$$

则(a) =(b) -(c)，$\Delta_r H_m^{\ominus}=\Delta H_{反应物}-\Delta H_{产物}$，$\Delta H_{反应物}=d\Delta_c H_m^{\ominus}(D)+e\Delta_c H_m^{\ominus}(E)$，$\Delta H_{产物}=f\Delta_c H_m^{\ominus}(F)+g\Delta_c H_m^{\ominus}(G)$，得

$$\Delta_r H_m^{\ominus}=\{d\Delta_c H_m^{\ominus}(D)+e\Delta_c H_m^{\ominus}(E)\}-\{f\Delta_c H_m^{\ominus}(F)+g\Delta_c H_m^{\ominus}(G)\} \tag{5.1.10a}$$

若反应式写成 $0=\sum_B \nu_B B$，则更一般的标准摩尔反应焓计算式为

$$\Delta_r H_m^{\ominus}(T)=-\sum_B \nu_B \Delta_c H_m^{\ominus}(B,T) \tag{5.1.10b}$$

【例 5.1.3】 已知 25℃ 时丙烯腈、C(石墨)和 $H_2(g)$的标准摩尔燃烧焓分别为 $-2042.6kJ\cdot mol^{-1}$、$-393.5kJ\cdot mol^{-1}$、$-285.8kJ\cdot mol^{-1}$。丙烯腈的生成反应为：3C(石墨)+(3/2)H_2(g)+(1/2)N_2(g)⟶$CH_2=CHCN$(g)，计算丙烯腈的标准摩尔生成焓。

解 丙烯腈的标准摩尔生成焓即该生成反应的标准摩尔反应焓，由题给数据

$$\Delta_f H_m^{\ominus}=3\Delta_c H_m^{\ominus}(C,石墨)+\frac{3}{2}\Delta_c H_m^{\ominus}(H_2,g)+\frac{1}{2}\Delta_c H_m^{\ominus}(N_2,g)-\Delta_c H_m^{\ominus}(CH_2=CHCN,g)$$

$$=\left[3\times(-393.5)+\frac{3}{2}\times(-285.8)+\frac{1}{2}\times 0-(-2042.6)\right]kJ\cdot mol^{-1}$$

$$=433.4kJ\cdot mol^{-1}$$

许多有机化合物与氧进行完全氧化反应很容易，但要由单质直接合成却非常困难。因此，这些化合物的标准摩尔生成焓往往可以由标准摩尔燃烧焓推算得出。

【例 5.1.4】 已知反应：$CH_3COOH(l)+C_2H_5OH(l)=\!=\!=CH_3COOC_2H_5(l)+H_2O(l)$的 $\Delta_r H_m^{\ominus}(298.15K)=-9.20kJ\cdot mol^{-1}$。乙酸和乙醇的标准摩尔燃烧焓 $\Delta_c H_m^{\ominus}(298.15K)$分别为 $-874.54kJ\cdot mol^{-1}$ 和 $-1366kJ\cdot mol^{-1}$，二氧化碳(CO_2,g)及水(H_2O,l)的标准摩尔生成焓 $\Delta_f H_m^{\ominus}(298.15K)$分别为 $-393.51kJ\cdot mol^{-1}$ 及 $-285.83kJ\cdot mol^{-1}$。根据以上数据，计算乙酸乙酯的标准摩尔生成焓 $\Delta_f H_m^{\ominus}(CH_3COOC_2H_5,1,298.15K)$。

解 解此题所用的公式为

$$\Delta_r H_m^{\ominus}=\sum_B \nu_B \Delta_f H_m^{\ominus}(B,\beta,T) \tag{1}$$

或

$$\Delta_r H_m^{\ominus}=-\sum_B \nu_B \Delta_c H_m^{\ominus}(B,\beta,T) \tag{2}$$

即此题可以有两种解法。

解法 1 按式(1)，则题给反应的 $\Delta_r H_m^{\ominus}$ 计算式为

$$\Delta_r H_m^{\ominus} = -\Delta_f H_m^{\ominus}[CH_3COOH(l)] - \Delta_f H_m^{\ominus}[C_2H_5OH(l)] + \Delta_f H_m^{\ominus}[CH_3COOC_2H_5(l)] + \Delta_f H_m^{\ominus}[H_2O(l)] \quad (3)$$

对照题给数据可知，缺少 $CH_3COOH(l)$ 和 $C_2H_5OH(l)$ 的 $\Delta_f H_m^{\ominus}$，但是题中给出了 $CH_3COOH(l)$ 和 $C_2H_5OH(l)$ 的 $\Delta_c H_m^{\ominus}$，这就需要从 $CH_3COOH(l)$ 和 $C_2H_5OH(l)$ 的 $\Delta_c H_m^{\ominus}$ 求出其 $\Delta_f H_m^{\ominus}$。

根据标准摩尔燃烧焓的定义可写出下列反应式，即

$$CH_3COOH(l) + 2O_2(g) \xrightarrow{\Delta_r H_m^{\ominus}} 2CO_2(g) + 2H_2O(l)$$

上式的标准摩尔反应焓就是 $CH_3COOH(l)$ 的标准摩尔燃烧焓。再据

$$\begin{aligned}\Delta_r H_m^{\ominus} &= -\Delta_f H_m^{\ominus}[CH_3COOH(l)] + 2\Delta_f H_m^{\ominus}[H_2O(l)] + 2\Delta_f H_m^{\ominus}[CO_2(g)] \\ &= \Delta_c H_m^{\ominus}[CH_3COOH(l)]\end{aligned}$$

移项可得 $\Delta_f H_m^{\ominus}[CH_3COOH(l)] = -\Delta_c H_m^{\ominus}[CH_3COOH(l)] + 2\Delta_f H_m^{\ominus}[H_2O(l)] + 2\Delta_f H_m^{\ominus}[CO_2(g)]$

由此求出乙酸的标准摩尔生成焓

$$\begin{aligned}\Delta_f H_m^{\ominus}[CH_3COOH(l)] &= [874.54 + 2\times(-285.83) + 2\times(-393.51)]\,\mathrm{kJ \cdot mol^{-1}} \\ &= -484.14\,\mathrm{kJ \cdot mol^{-1}}\end{aligned}$$

同理，可求出乙醇的标准摩尔生成焓

$$C_2H_5OH(l) + 3O_2(g) = 2CO_2(g) + 3H_2O(l)$$

$$\begin{aligned}\Delta_r H_m^{\ominus} &= -\Delta_f H_m^{\ominus}[C_2H_5OH(l)] + 3\Delta_f H_m^{\ominus}[H_2O(l)] + 2\Delta_f H_m^{\ominus}[CO_2(g)] \\ &= \Delta_c H_m^{\ominus}[C_2H_5OH(l)]\end{aligned}$$

$$\begin{aligned}\Delta_f H_m^{\ominus}[C_2H_5OH(l)] &= -\Delta_c H_m^{\ominus}[C_2H_5OH(l)] + 3\Delta_f H_m^{\ominus}[H_2O(l)] + 2\Delta_f H_m^{\ominus}[CO_2(g)] \\ &= [-(-1366) + 3\times(-285.83) + 2\times(-393.51)]\,\mathrm{kJ \cdot mol^{-1}} \\ &= -278.51\,\mathrm{kJ \cdot mol^{-1}}\end{aligned}$$

这样，将有关数据代入式(3)中，得

$$\begin{aligned}\Delta_f H_m^{\ominus}[CH_3COOC_2H_5(l)] &= \Delta_r H_m^{\ominus} + \Delta_f H_m^{\ominus}[CH_3COOH(l)] + \Delta_f H_m^{\ominus}[C_2H_5OH(l)] - \Delta_f H_m^{\ominus}[H_2O(l)] \\ &= [-484.14 - 278.51 - 9.20 - (-285.83)]\,\mathrm{kJ \cdot mol^{-1}} \\ &= -486.02\,\mathrm{kJ \cdot mol^{-1}}\end{aligned}$$

解法 2　按式(2)计算，则可写出下列计算式，即

$$\Delta_r H_m^{\ominus} = \Delta_c H_m^{\ominus}[CH_3COOH(l)] + \Delta_c H_m^{\ominus}[C_2H_5OH(l)] - \Delta_c H_m^{\ominus}[CH_3COOC_2H_5(l)]$$

$$\begin{aligned}\Delta_c H_m^{\ominus}[CH_3COOC_2H_5(l)] &= \Delta_c H_m^{\ominus}[CH_3COOH(l)] + \Delta_c H_m^{\ominus}[C_2H_5OH(l)] - \Delta_r H_m^{\ominus} \\ &= [-874.54 - 1366 - (-9.20)]\,\mathrm{kJ \cdot mol^{-1}}\end{aligned}$$

$$=-2231.34\text{kJ}\cdot\text{mol}^{-1}$$

根据标准摩尔燃烧焓的定义可写出下列反应式

$$CH_3COOC_2H_5(l)+5O_2(g)=\!=\!=4CO_2(g)+4H_2O(l)$$

$$\begin{aligned}\Delta_r H_m^{\ominus}&=4\Delta_f H_m^{\ominus}[H_2O(l)]+4\Delta_f H_m^{\ominus}[CO_2(g)]-\Delta_f H_m^{\ominus}[CH_3COOC_2H_5(l)]\\&=\Delta_c H_m^{\ominus}[CH_3COOC_2H_5(l)]\end{aligned}$$

$\Delta_f H_m^{\ominus}[CH_3COOC_2H_5(l)]=4\Delta_f H_m^{\ominus}[H_2O(l)]+4\Delta_f H_m^{\ominus}[CO_2(g)]-$

$$\Delta_c H_m^{\ominus}[CH_3COOC_2H_5(l)]=[4\times(-285.83)+4\times(-393.51)-(-2231.34)]\text{kJ}\cdot\text{mol}^{-1}$$

$$=-486.02\text{kJ}\cdot\text{mol}^{-1}$$

5.1.4 $\Delta_r H_m^{\ominus}$随 T 的变化——基希霍夫公式

物质的热力学能和焓都与温度相关，由一种或几种物质组合而发生的化学反应的热力学能变和焓变也必然与温度相关，即化学反应在不同温度下发生，其所产生的热效应一般不会相同。利用状态函数法可得出两个温度下标准摩尔反应焓间的关系。

设 T_1 时的标准摩尔反应焓 $\Delta_r H_m^{\ominus}(T_1)$为已知，求 $\Delta_r H_m^{\ominus}(T_2)$。

在 T_2 温度下反应的始态与终态间设计一条可求途径：(1) 令温度为 T_2 的反应物在 $p^{\ominus}$压力下变温到 T_1，焓变为 ΔH_1；(2) 在 T_1 温度下发生反应，标准摩尔反应焓为$\Delta_r H_m^{\ominus}(T_1)$；(3) 令温度为 T_1 的产物在 $p^{\ominus}$压力下变温到 T_2，焓变为 ΔH_2。如下所示

$$\begin{array}{lccc}T_2\text{ 时} & dD+eE+\cdots & \xrightarrow{\Delta_r H_m^{\ominus}(T_2)} & fF+gG+\cdots\\ & \downarrow\Delta H_1 & & \uparrow\Delta H_2\\ T_1\text{ 时} & dD+eE+\cdots & \xrightarrow{\Delta_r H_m^{\ominus}(T_1)} & fF+gG+\cdots\end{array}$$

根据状态函数法

$$\Delta_r H_m^{\ominus}(T_2)=\Delta H_1+\Delta_r H_m^{\ominus}(T_1)+\Delta H_2$$

已知

$$\Delta H_1=\int_{T_2}^{T_1}dC_{p,m}(D)dT+\int_{T_2}^{T_1}eC_{p,m}(E)dT+\cdots$$

$$\Delta H_2=\int_{T_1}^{T_2}fC_{p,m}(F)dT+\int_{T_1}^{T_2}gC_{p,m}(G)dT+\cdots$$

代入可得

$$\Delta_r H_m^{\ominus}(T_2)=\Delta_r H_m^{\ominus}(T_1)+\int_{T_1}^{T_2}\Delta_r C_{p,m}dT \tag{5.1.11}$$

式(5.1.11)即为所求，式中

$$\begin{aligned}\Delta_r C_{p,m}&=[fC_{p,m}(F)+gC_{p,m}(G)+\cdots]-[dC_{p,m}(D)+eC_{p,m}(E)+\cdots]\\&=\sum_B \nu_B C_{p,m}(B)\end{aligned}$$

利用 298.15K 下物质的 $\Delta_f H_m^{\ominus}$ 或 $\Delta_c H_m^{\ominus}$ 等基础热力学数据可以计算反应的 $\Delta_r H_m^{\ominus}(298.15\text{K})$，令式(5.1.11)中 $T_1=298.15\text{K}$，$T_2=T$，式子变为

$$\Delta_r H_m^{\ominus}(T)=\Delta_r H_m^{\ominus}(298.15\text{K})+\int_{298.15\text{K}}^{T}\Delta_r C_{p,m}\text{d}T \tag{5.1.12}$$

由式(5.1.12)可计算298.15K至任意温度T时的标准摩尔反应焓。由该式可知：

若$\Delta_r C_{p,m}=0$，$\Delta_r H_m^{\ominus}(T)=\Delta_r H_m^{\ominus}(298.15\text{K})$，表示标准摩尔反应焓不随温度变化。

若$\Delta_r C_{p,m}=$常数$\neq 0$，$\Delta_r H_m^{\ominus}(T)=\Delta_r H_m^{\ominus}(298.15\text{K})+\Delta_r C_{p,m}(T-298.15\text{K})$。

若$\Delta_r C_{p,m}=f(T)$，只需将$\Delta_r C_{p,m}$关于T的具体函数关系式代入式(5.1.12)积分即可，但需注意，若在此温度区间内反应物或产物有相变，则式中的积分不连续，要分段计算。

式(5.1.11)和式(5.1.12)都称为基希霍夫(Kirchhoff)公式，将式(5.1.12)两边对温度T求导，即得基希霍夫微分式

$$\frac{\text{d}\Delta_r H_m^{\ominus}(T)}{\text{d}T}=\Delta_r C_{p,m} \tag{5.1.13}$$

【例5.1.5】 已知25℃时$CH_4(g)$、$CO_2(g)$、$CH_3COOH(g)$的标准摩尔生成焓$\Delta_f H_m^{\ominus}/\text{kJ}\cdot\text{mol}^{-1}$分别为$-74.81$、$-393.509$、$-432.25$；平均摩尔恒压热容$\overline{C}_{p,m}/\text{J}\cdot\text{mol}^{-1}\cdot\text{K}^{-1}$为37.7、31.4、52.3。求反应$CH_3COOH(g)\longrightarrow CH_4(g)+CO_2(g)$在1000K时的标准摩尔反应焓$\Delta_r H_m^{\ominus}$。

解 反应在298.15K时的标准摩尔反应焓

$$\Delta_r H_m^{\ominus}(298.15\text{K})=\sum_B \nu_B \Delta_f H_m^{\ominus}(\text{B},298.15\text{K})=\Delta_f H_m^{\ominus}(CH_4,g)+\Delta_f H_m^{\ominus}(CO_2,g)-$$
$$\Delta_f H_m^{\ominus}(CH_3COOH,g)=-(74.81+393.509-432.25)\text{kJ}\cdot\text{mol}^{-1}=-36.069\text{kJ}\cdot\text{mol}^{-1}$$

反应的平均摩尔恒压热容

$$\Delta_r \overline{C}_{p,m}=\sum_B \nu_B \overline{C}_{p,m}(\text{B})=-(37.7+31.4-52.3)\text{J}\cdot\text{mol}^{-1}\cdot\text{K}^{-1}=16.8\text{J}\cdot\text{mol}^{-1}\cdot\text{K}^{-1}$$

反应在1000K时的标准摩尔反应焓

$$\begin{aligned}\Delta_r H_m^{\ominus}(1000\text{K})&=\Delta_r H_m^{\ominus}(298.15\text{K})+\int_{298.15\text{K}}^{1000\text{K}}\Delta_r C_{p,m}\text{d}T\\&=-36.069\text{kJ}\cdot\text{mol}^{-1}+16.8\times(1000-298.15)\times10^{-3}\text{kJ}\cdot\text{mol}^{-1}\\&=-24.278\text{kJ}\cdot\text{mol}^{-1}\end{aligned}$$

5.1.5 恒压热效应与恒容热效应之间的关系

设某恒温反应可经由恒温恒压和恒温恒容两个途径进行，如图5.1.1所示。

图中(Ⅰ)、(Ⅱ)两个过程所达到的终态是不一样的(产物虽相同，压力和体积不同)。但是若将恒容反应的终态再经一个恒温过程(Ⅲ)就可达到与等压反应相同的终态。由于热力学能是状态函数，根据状态函数法，得

$$\Delta_r U_m=\Delta_r U_{V,m}+\Delta_r U_{T,m} \tag{a}$$

过程(Ⅰ)为恒压反应

$$\Delta_r H_m=\Delta_r(U_m+pV)=\Delta_r U_m+p\Delta V \tag{b}$$

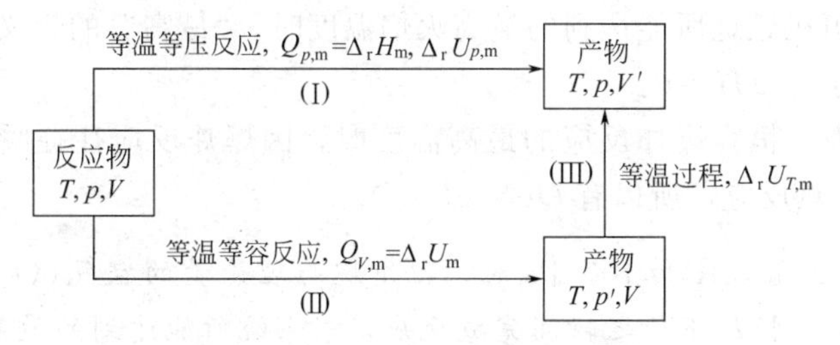

图 5.1.1 恒压热效应与恒容热效应之间的关系

将式(a)代入式(b)有

$$\Delta_r H_m = \Delta_r U_{V,m} + \Delta_r U_{T,m} + p\Delta V$$

式中，$\Delta_r U_{T,m}$是过程(Ⅲ)的热力学能变。此过程是既无化学反应，又无相变化的恒温过程，若产物是气体且可看作理想气体，则 $\Delta_r U_{T,m}=0$；若产物是液体或固体，只要压力变化不大，则 $\Delta_r U_{T,m}$与化学反应的 $\Delta_r U_{V,m}$相比，可忽略不计，即 $\Delta_r U_{T,m}\approx 0$，也就是 $\Delta_r U_m = \Delta_r U_{V,m}$或 $\Delta_r U_m \approx \Delta_r U_{V,m}$。因此，化学反应总可以表示成

$$\Delta_r H_m = \Delta_r U_m + p\Delta V \tag{5.1.14}$$

或

$$Q_{p,m} = Q_{V,m} + p\Delta V \tag{5.1.15}$$

式中，$p\Delta V$ 是反应在恒温恒压下进行时，系统与环境之间因体积变化而交换的功，由于液体、固体等凝聚态物质与气体相比所引起的体积变化可忽略，故等压条件下只考虑气态物质在发生 $\xi=1\text{mol}$ 反应前后引起的体积变化即可。气体按理想气体处理时，有 $p\Delta V=\sum\nu_{B(g)}RT$，代入式(5.1.14)和式(5.1.15)得

$$\Delta_r H_m = \Delta_r U_m + \sum\nu_{B(g)}RT \tag{5.1.16}$$

$$Q_{p,m} = Q_{V,m} + \sum\nu_{B(g)}RT \tag{5.1.17}$$

上面式子中$\sum\nu_{B(g)}$仅为参与反应的气态物质计量系数和，如

$$C_6H_5COOH(s) + 7\frac{1}{2}O_2(g) = 7CO_2(g) + 3H_2O(l) \quad \sum\nu_{B(g)} = -0.5$$

$$NH_2COONH_4(s) = 2NH_3(g) + CO_2(g) \quad \sum\nu_{B(g)} = 3$$

氧弹式量热计是实验室中常用的测定物质燃烧热的装置，所测的热效应是恒容热效应，要获得燃烧过程的焓变，则需按上面式子计算得到。

5.1.6 绝热反应最高温度的计算

以上讨论的都是恒温反应，反应热能够及时释放或吸收，系统始终态温度相同，是理想化了的反应过程。而实际的化学反应往往复杂得多，反应热不能及时释放或吸收，系统温度发生变化，始终态温度不同，系统中还可能有不参与反应的惰性组分。但不管情况多么复杂，均可通过状态函数法，充分利用物质的 $\Delta_f H_m^{\ominus}(298.15\text{K})$或 $\Delta_c H_m^{\ominus}(298.15\text{K})$及 $C_{p,m}$等基础热数据，设计合理途径，使问题得到解决。

下面以常见的非恒温反应——绝热反应为例予以介绍。

① 如计算物质恒压燃烧所能达到的最高火焰温度时，“最高”的含义就是系统与环境没有热交换，此时有 $Q_p=\Delta H=0$。

② 如计算物质发生恒容爆炸反应的最高温度时，因爆炸反应往往瞬间完成，热量来不及释放，故可看作绝热反应，所以有 $Q_V=\Delta U=0$。

【例 5.1.6】 在 298.15K 和 100kPa 时，把甲烷与理论量的空气（O_2 与 N_2 物质的量之比为 1∶4）混合后，在恒压下使之瞬间完成反应，求系统所能达到的最高温度。

解 甲烷在空气中的燃烧反应为

$$CH_4(g)+2O_2(g)\longrightarrow CO_2(g)+2H_2O(g)$$

以 1mol $CH_4(g)$ 作计算基准，则理论量的空气中有 2mol $O_2(g)$ 和 8mol $N_2(g)$，由于计算反应系统所能达到的最高温度，故整个过程为恒压、绝热，即 $Q_p=\Delta H=0$。设想反应先在 298.15K 下进行，然后再改变温度到 T（T 待定）。系统中的 $N_2(g)$ 虽不参与反应，但温度改变时也要吸收热量。所设计的计算途径如下面框图所示：

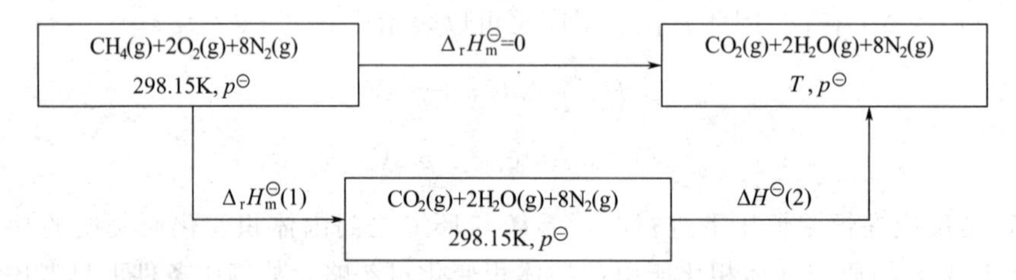

由标准摩尔生成焓的表值查得：

$\Delta_f H_m^{\ominus}(CO_2,g)=-393.51\text{kJ}\cdot\text{mol}^{-1}$，$\Delta_f H_m^{\ominus}(H_2O,g)=-241.82\text{kJ}\cdot\text{mol}^{-1}$，$\Delta_f H_m^{\ominus}(CH_4,g)=-74.81\text{kJ}\cdot\text{mol}^{-1}$，所以

$$\Delta_r H_m^{\ominus}(1)=\sum_B \nu_B \Delta_f H_m^{\ominus}=(-393.51-2\times241.82+74.81)\text{kJ}\cdot\text{mol}^{-1}=-802.34\text{kJ}\cdot\text{mol}^{-1}$$

查得各产物的热容 $C_{p,m}$ 与温度的关系为

$$C_{p,m}(CO_2,g)=[26.75+42.258\times10^{-3}(T/K)-14.25\times10^{-6}(T/K)^2]\text{J}\cdot\text{mol}^{-1}\cdot\text{K}^{-1}$$

$$C_{p,m}(H_2O,g)=[29.16+14.49\times10^{-3}(T/K)-2.022\times10^{-6}(T/K)^2]\text{J}\cdot\text{mol}^{-1}\cdot\text{K}^{-1}$$

$$C_{p,m}(N_2,g)=[27.32+6.226\times10^{-3}(T/K)-0.95\times10^{-6}(T/K)^2]\text{J}\cdot\text{mol}^{-1}\cdot\text{K}^{-1}$$

$$\sum C_p=C_{p,m}(CO_2,g)+2C_{p,m}(H_2O,g)+8C_{p,m}(N_2,g)$$

$$=\{(26.75+2\times29.16+8\times27.32)+(42.258+2\times14.49+8\times6.226)\times10^{-3}\times(T/K)-(14.25+2\times2.022+8\times0.95)\times10^{-6}\times(T/K)^2\}\text{J}\cdot\text{mol}^{-1}\cdot\text{K}^{-1}$$

$$=\{303.63+121.046\times10^{-3}\times(T/K)-25.894\times10^{-6}\times(T/K)^2\}\text{J}\cdot\text{mol}^{-1}\cdot\text{K}^{-1}$$

$$\Delta H^{\ominus}(2)=\int_{298.15K}^{T}\sum C_p\,dT$$

$$=303.63[(T/K)-298.15]+\frac{1}{2}\times\{121.046\times10^{-3}[(T/K)^2-298.15^2]\}$$

$$-\frac{1}{3}\times\{25.894\times10^{-6}[(T/K)^3-298.15^3]\}\text{J}\cdot\text{mol}^{-1}$$

由状态函数法 $\Delta_r H_m^\ominus = \Delta_r H_m^\ominus(1) + \Delta H^\ominus(2) = 0$

将 $\Delta_r H_m^\ominus(1)$数值和 $\Delta H^\ominus(2)$关系式代入，即

$$-802.34\times10^3 + 303.63[(T/K) - 298.15] + \frac{1}{2}\times\{121.046\times10^{-3}[(T/K)^2 - 298.15^2]\} - \frac{1}{3}\times\{25.894\times10^{-6}[(T/K)^3 - 298.15^3]\} = 0$$

求解该方程，得 $T = 2265.2K$

5.1.7 离子的标准摩尔生成焓*

将溶质溶于溶剂中形成溶液会产生热效应，而在溶液中进行有离子参与的反应时也会有热效应产生。在等压条件下，两种热效应都等于相应的焓变，本小节对两种热效应及相关问题予以介绍。

(1) 溶解焓与稀释焓

在恒压条件下的溶解热即为**溶解焓**，溶解焓又分为积分溶解焓和微分溶解焓。

在一定温度 T 和压力 p 下，将 1mol 的溶质 B 溶于一定量的溶剂 A 中形成一定组成的溶液，该过程所产生的总热量称为该组成溶液的**摩尔积分溶解焓**。以 $\Delta_{sol}H_m(B, x_B)$表示，单位为 $J \cdot mol^{-1}$ 或 $kJ \cdot mol^{-1}$。

某物质溶液的摩尔积分溶解焓可由量热实验直接测定。例如，1mol H_2SO_4 溶于不同数量的溶剂水中所测得的摩尔积分溶解焓如表 5.1.1 所示。

表 5.1.1 H_2SO_4 水溶液的摩尔积分溶解焓(298.15K，100kPa)

$H_2SO_4(l) + nH_2O \longrightarrow H_2SO_4(nH_2O)$

$n(H_2O)$/1mol (H_2SO_4)	$x_{H_2SO_4}$	$-\Delta_{sol}H_m(H_2SO_4)$ /$kJ \cdot mol^{-1}$	$n(H_2O)$/1mol (H_2SO_4)	$x_{H_2SO_4}$	$-\Delta_{sol}H_m(H_2SO_4)$ /$kJ \cdot mol^{-1}$
0.5	0.667	15.73	50.0	1.96×10^{-2}	73.35
1.0	0.500	28.07	100.0	9.90×10^{-3}	73.97
1.5	0.400	36.90	1000	1.00×10^{-3}	78.58
2.0	0.333	41.92	10000	1.00×10^{-4}	87.07
5.0	0.167	58.03	100000	1.00×10^{-5}	93.64
10.0	0.091	67.03	∞		95.35
20.0	4.76×10^{-2}	71.50			

由表 5.1.1 数据绘制溶解焓与溶液浓度关系图，得到一条曲线，如图 5.1.2 所示，说明溶解焓与溶液浓度间并非简单的线性关系。图中显示，当溶剂量 $n(H_2O)$增至无限大时，$\Delta_{sol}H_m$趋于一定值，此时称为无限稀释摩尔溶解焓，以 $\Delta_{sol}H_m(B, aq, \infty)$表示，是物质的摩尔溶解焓中最具代表性的数据。

在一定温度 T 和压力 p 下，在给定浓度的溶液中加入无限小量 dn_B溶质时所产生的微量热效应，称为 B 物质在给定浓度溶液中的**摩尔微分溶解焓**。用公式表示为

$$\left[\frac{\partial(\Delta_{sol}H)}{\partial n_B}\right]_{T,p,n_A}$$

这是一个偏微分量，故也可以把摩尔微分溶解焓理解为是在大量给定浓度的溶液中加入 1mol 溶质时产生的热效应。由于给定浓度的溶液的量可视为无限大，加入 1mol 溶质后溶液的浓度也不会改变。摩尔微分溶解焓的单位和摩尔积分溶解焓一致。

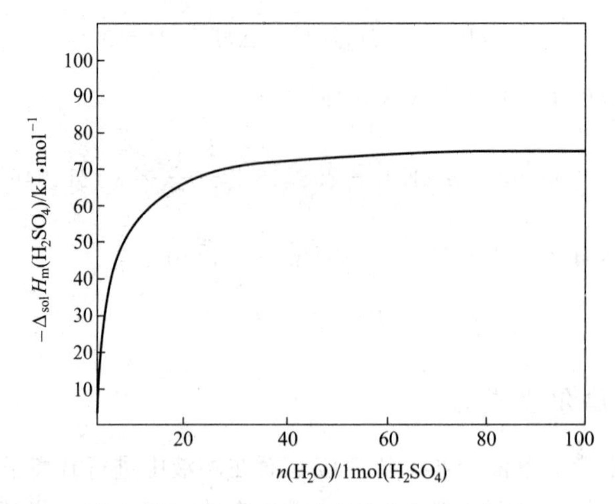

图 5.1.2 H_2SO_4 溶液的摩尔积分溶解焓

在实验测定了积分溶解焓的基础上，可以确定微分溶解焓。具体方法为：先测定出在定量的溶剂中加入不同量的溶质时的积分溶解焓，然后以积分溶解焓为纵坐标，以溶质的物质的量为横坐标，绘制曲线。曲线上任一点的切线的斜率即为该浓度时的微分溶解焓$\left[\frac{\partial(\Delta_{sol}H)}{\partial n_B}\right]_{T,p,n_A}$。

在恒压下，将一个浓度下的溶液再加入溶剂，稀释成另一个浓度的溶液，产生的热效应即为**稀释焓**。显然，后一个浓度下的摩尔积分溶解焓与前一个浓度下的摩尔积分溶解焓之差即为该溶液在两浓度间的**摩尔积分稀释焓**。摩尔积分稀释焓表示为 $\Delta_{dil}H_m(B, x_{B,1} \rightarrow x_{B,2})$，单位与摩尔积分溶解焓一致。

$$\Delta_{dil}H_m(B, x_{B,1} \rightarrow x_{B,2}) = \Delta_{sol}H_m(B, x_{B,2}) - \Delta_{sol}H_m(B, x_{B,1})$$

例如，依据表 5.1.1 数据，含 1mol H_2SO_4 浓度 $x_{H_2SO_4}=0.5$ 的硫酸水溶液加水稀释至浓度 $x_{H_2SO_4}=0.4$，则其摩尔积分稀释焓为

$$\Delta_{dil}H_m(B, x_{B,1} \rightarrow x_{B,2}) = (36.90-28.07)\text{kJ}\cdot\text{mol}^{-1} = 8.83\text{kJ}\cdot\text{mol}^{-1}$$

微分稀释焓是指在等压情况下向一定浓度的溶液中加入 dn_A 溶剂时所产生的微量热效应，此时也近似将溶液的浓度视作不变，用公式表示为

$$\left[\frac{\partial(\Delta_{sol}H)}{\partial n_A}\right]_{T,p,n_B}$$

微分稀释焓的值可从积分溶解焓随溶剂数量关系图上间接求得。如图 5.1.2 曲线上任一点切线的斜率，即为该点浓度时的摩尔微分稀释焓。

(2) 离子的标准摩尔生成焓

离子的标准摩尔生成焓是计算在水溶液中进行离子反应的反应焓时使用的一种基础热数据。

如有一极稀含 Ca^{2+} 水溶液，在 298K，100kPa 时，向其中通入 $CO_2(g)$ 后，有 $CaCO_3$ 沉淀生成，怎样求沉淀过程的摩尔反应焓变？

首先写出沉淀反应为 $Ca^{2+}(aq, \infty) + CO_2(g) + H_2O(l) \longrightarrow CaCO_3(s) + 2H^+(aq, \infty)$

根据生成焓概念，该反应的摩尔反应焓为

$$\Delta_r H_m(298K)=\{\Delta_f H_m^{\ominus}[CaCO_3(s)]+2\Delta_f H_m^{\ominus}[H^+(aq,\infty)]\}$$
$$-\{\Delta_f H_m^{\ominus}[Ca^{2+}(aq,\infty)]+\Delta_f H_m^{\ominus}[CO_2(g)]+\Delta_f H_m^{\ominus}[H_2O(l)]\}$$

式中 $\Delta_f H_m^{\ominus}[H^+(aq,\infty)]$、$\Delta_f H_m^{\ominus}[Ca^{2+}(aq,\infty)]$即为氢和钙两种离子的标准摩尔生成焓。下面介绍如何获得离子的标准摩尔生成焓数值。

在电解质溶液中，正负离子是同时存在的，由于电中性原因，不可能测知单一离子的生成焓。如在 298K、100kPa 时，将 1mol HCl(g)溶于大量水中，形成含 $H^+(aq,\infty)$和$Cl^-(aq,\infty)$的无限稀释溶液，该溶解过程的焓变可以实验测定，数值即 HCl(g)的摩尔积分溶解焓 $\Delta_{sol} H_m^{\ominus}(HCl,aq,\infty)=-74.77kJ\cdot mol^{-1}$，溶解过程可表示为

$$HCl(g)\xrightarrow{H_2O}H^+(aq,\infty)+Cl^-(aq,\infty)$$

过程焓变应等于两离子的摩尔生成焓之和减去 HCl(g)的摩尔生成焓，即

$$\Delta_{sol} H_m^{\ominus}(HCl,aq,\infty)=\Delta_f H_m^{\ominus}[H^+(aq,\infty)]+\Delta_f H_m^{\ominus}[Cl^-(aq,\infty)]-\Delta_f H_m^{\ominus}[HCl(g)]$$

查表知 HCl(g)的标准摩尔生成焓为$-92.31kJ\cdot mol^{-1}$，所以

$$\begin{aligned}\Delta_f H_m^{\ominus}[H^+(aq,\infty)]+\Delta_f H_m^{\ominus}[Cl^-(aq,\infty)]&=\Delta_{sol} H_m^{\ominus}(HCl,aq,\infty)+\Delta_f H_m^{\ominus}[HCl(g)]\\&=-74.77kJ\cdot mol^{-1}-92.31kJ\cdot mol^{-1}\\&=-167.08kJ\cdot mol^{-1}\end{aligned}$$

即只能求两离子的标准摩尔生成焓之和。如果人为选定一种离子，并令其 $\Delta_f H_m^{\ominus}$ 为一定值，则可以此为基准获得其他各种离子在无限稀释时 $\Delta_f H_m^{\ominus}$ 的相对值。有了此相对值，就可以解决有关水溶液中离子反应焓变的计算问题。目前热力学公认的标准是规定 $H^+(aq,\infty)$的标准摩尔生成焓为零，即

$$\Delta_f H_m^{\ominus}[H^+(aq,\infty)]=0$$

基于此规定，可得 298K 下 $Cl^-(aq,\infty)$ 的标准摩尔生成焓

$$\Delta_f H_m^{\ominus}[Cl^-(aq,\infty)]=-167.08kJ\cdot mol^{-1}$$

以此类推，从 298K 下 KCl(s)的摩尔积分溶解焓 $\Delta_{sol} H_m^{\ominus}(KCl,aq,\infty)=17.28kJ\cdot mol^{-1}$，KCl(s)的标准摩尔生成焓 $\Delta_f H_m^{\ominus}(KCl,s)=-436.50kJ\cdot mol^{-1}$数据，进一步可求得

$$\Delta_f H_m^{\ominus}[K^+(aq,\infty)]=-252.14kJ\cdot mol^{-1}$$

其他离子在无限稀释时 $\Delta_f H_m^{\ominus}$ 的相对值均类似导出。表 5.1.2 列出部分离子在 298.15K 下的 $\Delta_f H_m^{\ominus}$。

表 5.1.2 298.15K 下部分离子的 $\Delta_f H_m^{\ominus}$

正离子	$\Delta_f H_m^{\ominus}/kJ\cdot mol^{-1}$	负离子	$\Delta_f H_m^{\ominus}/kJ\cdot mol^{-1}$
H^+	0	OH^-	−230.015
Li^+	−278.47	F^-	−335.35
Na^+	−240.34	Cl^-	−167.08
K^+	−252.14	Br^-	−121.41
Ag^+	105.79	I^-	−56.78
Ca^{2+}	−543.0	NO_3^-	−206.85
Mg^{2+}	−467.0	CO_3^{2-}	−675.23
Cu^{2+}	64.9	SO_4^{2-}	−909.34
Zn^{2+}	−153.39	ClO_4^-	−128.10
Pb^{2+}	0.92	PO_4^{3-}	−1277.4

【例 5.1.7】 在 298.15K 和 100kPa 时，$H_2SO_4(l)$溶于水形成无限稀释溶液的标准摩尔

溶解焓 $\Delta_{sol}H_m^{\ominus}(H_2SO_4,aq,\infty)=-95.35kJ\cdot mol^{-1}$，又知 $\Delta_f H_m^{\ominus}(H_2SO_4,l,298.15K)=-813.99kJ\cdot mol^{-1}$。试求 SO_4^{2-} 在 298.15K 时的标准摩尔生成焓。

解 $H_2SO_4(l)$溶于水形成无限稀释溶液的过程可表示为

$$H_2SO_4(l)\xrightarrow{H_2O}2H^+(aq,\infty)+SO_4^{2-}(aq,\infty)$$

$$\Delta_{sol}H_m^{\ominus}(H_2SO_4,aq,\infty)=2\Delta_f H_m^{\ominus}[H^+(aq,\infty)]+\Delta_f H_m^{\ominus}[SO_4^{2-}(aq,\infty)]-\Delta_f H_m^{\ominus}(H_2SO_4,l)$$

因为 $\Delta_f H_m^{\ominus}[H^+(aq,\infty)]=0$，所以

$\Delta_f H_m^{\ominus}[SO_4^{2-}(aq,\infty)]=\Delta_{sol}H_m^{\ominus}(H_2SO_4,aq,\infty)+\Delta_f H_m^{\ominus}(H_2SO_4,l)=-95.35kJ\cdot mol^{-1}-813.99kJ\cdot mol^{-1}=-909.34kJ\cdot mol^{-1}$

5.2 化学反应的熵变

5.2.1 热力学第三定律

(1) 能斯特(Nernst) 热定理

通过测量电池电动势可求得对应电池中对应的化学反应的 ΔG，对于恒温的化学反应有 $\Delta G=\Delta H-T\Delta S$。1902 年，Richards 测定了若干个低温原电池的电动势与温度的关系，发现，当温度趋于 0K 时，化学反应的 ΔG 和 ΔH 趋于相等。即

$$\lim_{T\to 0K}(\Delta H-\Delta G)=\lim_{T\to 0K}T\Delta_T S=0 \tag{5.2.1}$$

从式(5.2.1)并不能确定 ΔS 是否为零，因为，当 T 趋于 0 时，只要 ΔS 是有限值或 0，上式都能成立。

Nernst 仔细研究了 Richards 的测定结果，发现，对于大多数实验，在 ΔG 和 ΔH 对 T 的图上，随着温度的降低两曲线趋于相交且都与横轴趋于平行，即

$$\lim_{T\to 0K}\left(\frac{\partial \Delta G}{\partial T}\right)_p=\lim_{T\to 0K}\left(\frac{\partial \Delta H}{\partial T}\right)_p=0 \tag{5.2.2}$$

在后面热力学函数间的关系式中将得知$\left(\frac{\partial \Delta G}{\partial T}\right)_p=-\Delta S$，因此，1906 年，Nernst 假定，当温度趋于 0K 时，ΔS 也趋于 0，即

$$\lim_{T\to 0K}\Delta_T S=0 \tag{5.2.3}$$

并且，Nernst 还认为，对于物理变化，这一假设也适用。由于当温度趋于 0K 时，物质早已经是凝聚态了，因此，Nernst 假定，对于凝聚态系统，其恒温过程的熵变随温度趋于 0K 而趋于 0，这一假设称为 Nernst 热定理，这是热力学第三定律的最初说法。

(2) 普朗克(Planck M) 假设

根据 Nernst 热定理，对于一个多物质组成的系统，如化学反应系统，有

$$\sum_{B}\nu_B S^*_{m,B}(0K)=0 \tag{5.2.4}$$

式中，$S^*_{m,B}(0K)$是纯物质B在0K时的摩尔熵，由此式可知，满足上式的$S^*_{m,B,0K}$的选取可有一定的任意性。1912年，Planck为了应用上的方便，选定

$$S^*_{m,B}(0K)=0 \tag{5.2.5}$$

即任何纯物质凝聚态在0K时的熵为零，这是热力学第三定律的进一步说法。要注意的是，这仅仅是在不违背Nernst热定理下的一种约定。

(3) 热力学第三定律的最普遍表述形式

1920年，路易斯(Lewis G N) 和吉布森(Gibson G E) 在普朗克假设的基础上，对热力学第三定律中物质状态做了进一步严格规定，指出：0K时纯物质完美晶体的熵为零。

$$S^*(0K,完美晶体)=0 \tag{5.2.6}$$

这是目前热力学第三定律最普遍的表述。第三定律中没有对压力作规定，是因为任何压力时式(5.2.6)都成立。所谓完美晶体是指晶体没有任何缺陷，空间点阵完全有规律，不能是玻璃体。以CO为例，在晶体中所有CO偶极的方向都相同，没有一个不同的，即…COCOCOCOCO…,不能是…COCO**OC**COCO…，后一种状态的混乱度比前一种状态高，熵值大。

1927年Simon、1939年Fowler和Grggenheim等对热力学第三定律还有更进一步的叙述，本书不再介绍，详见有关资料。

热力学第三定律与熵的物理意义是一致的，根据熵的物理意义，系统的有序性越高，熵值越小，热力学第三定律把0K时有序性最高的纯物质完美晶体的熵规定为零，二者是一致的。在统计热力学中，0K时纯物质完美晶体的微观状态数$\Omega=1$，据玻尔兹曼熵定理$S=k\ln\Omega$，其熵值为零。

(4) 0K达不到原理——热力学第三定律的另一种表述形式

1912年，Nernst根据其热定理推出：不管用多么理想的方法，也不能在有限的操作中使物体冷却到0K。由于这个结论是由热力学第三定律的最初说法——Nernst热定理推出，因此，也是热力学第三定律的一种表述形式。从热力学第三定律出发，有多种方法可以证明此结论。关于这一点本书不作介绍，详见其他资料。

5.2.2 规定熵与标准熵

热力学第三定律规定$S^*(0K,完美晶体)=0$，以此为基础得到的物质在某一状态(T，p) 时的熵，叫做这个物质在该状态下的**规定熵**$S_m(T)$。1mol物质在温度T的标准状态下的规定熵称为该物质在该温度下的标准摩尔熵，记为$S^{\ominus}_m(T)$。

下面介绍如何从热力学第三定律出发计算物质的标准摩尔熵。设1mol物质B从(0K，p) 的完美晶体状态升温至(T，$p^{\ominus}$) 的标准气体状态，中间经历如下过程：

$$\underset{(0K,p)}{B(s)}\xrightarrow{1}\underset{(T_f,p)}{B(s)}\xrightleftharpoons{2}\underset{(T_f,p)}{B(l)}\xrightarrow{3}\underset{(T_b,p)}{B(l)}\xrightleftharpoons{4}\underset{(T_b,p)}{B(g)}\xrightarrow{5}\underset{(T,p)}{B(g)}\xrightarrow{6}\underset{(T,p)}{B(pg)}\xrightarrow{7}\underset{(T,p^{\ominus})}{B(pg)}$$

式中，T_f是熔化温度；T_b是沸腾温度；pg 表示理想气体。终态物质的标准摩尔熵可由下式计算

$$S_m^\ominus(T,g)=S_m(0K,p)+\int_{0K}^{T_f}\frac{C_{p,m}(s)dT}{T}+\frac{\Delta_f H_m}{T_f}+\int_{T_f}^{T_b}\frac{C_{p,m}(l)dT}{T}$$
$$+\frac{\Delta_b H_m}{T_b}+\int_{T_b}^{T}\frac{C_{p,m}(g)dT}{T}+\Delta S_g^{pg}(T)+R\ln\frac{p}{p^\ominus} \tag{5.2.7}$$

由热力学第三定律可知，$S_m(0K,p)=0$，$\Delta S_g^{pg}(T)$一项(过程 6 的熵变）的计算在后续有关章节中介绍，因此，如果测得了物质在各温度下的热容，利用式(5.2.7)即可求得温度 T 时物质的标准摩尔熵。但是，过程 1 涉及物质极低温度下热容的测定，即当物质的温度低于某一极低温度 T'时物质的热容是很难测定的，这时可利用德拜(Debye)公式来计算物质的热容，德拜公式是德拜在其建立的原子振动模型的基础上推导得出的(详见固体物理的有关章节)，其简略形式为

$$C_{V,m}=aT^3 \tag{5.2.8}$$

式中，a 是与物质的性质相关的常数。在低温下，$C_{p,m}\approx C_{V,m}$，所以，式(5.2.7)中 $\int_{0K}^{T_f}\frac{C_{p,m}(s)dT}{T}$ 一项可分成两项来计算

$$\int_{0K}^{T_f}\frac{C_{p,m}(s)dT}{T}=\int_{0K}^{T'}\frac{aT^3dT}{T}+\int_{T'}^{T_f}\frac{C_{p,m}(s)dT}{T}$$

利用式(5.2.7)计算系统的标准摩尔熵时没有考虑固体的晶型转化，如果考虑这一变化，还应加上相应的项。

物质的标准摩尔熵是重要的热力学数据之一，本书附录中给出了部分物质在 298.15K 时的标准摩尔熵 $S_m^\ominus(298.15K)$。利用 $S_m^\ominus(298.15K)$和物质的热容数据，可以计算任何温度下物质的标准摩尔熵 $S_m^\ominus(T)$，在 298.15K 至所求温度范围内没有相变化时

$$S_m^\ominus(T)=S_m^\ominus(298.15K)+\int_{298.15K}^{T}\frac{C_{p,m}dT}{T} \tag{5.2.9}$$

5.2.3 摩尔反应熵

$0=\sum_B \nu_B B$ 的反应系统处于某状态(T,p,ξ)时，应用式(5.1.5)，当系统的广度性质 X 是 S 时，式子写为

$$\left(\frac{\partial S}{\partial \xi}\right)_{T,p}=\sum_B \nu_B S_B=\Delta_r S_m \tag{5.2.10}$$

式中，$\Delta_r S_m$ 称为**摩尔反应熵**，其单位是 $J\cdot K^{-1}\cdot mol^{-1}$。$\Delta_r S_m$ 是按所给反应式，在一定温度、压力、无非体积功和反应进度为 ξ 的情况下，将熵值为 S 的反应系统进行了反应进度为 $d\xi$ 的微量反应引起的微变 dS 折合成在无限大系统中发生了单元化学反应的熵变。

5.2.4 标准摩尔反应熵

对于任意化学反应

$$0=\sum_{B}\nu_{B}B$$

其在温度 T 时的标准摩尔反应熵定义为

$$\Delta_r S_m^{\ominus}(T)=\sum_{B}\nu_B S_m^{\ominus}(B,T) \tag{5.2.11}$$

式中，$S_m^{\ominus}(B,T)$ 是任意物质 B 在温度 T 时的标准摩尔熵。类似于计算任何温度下物质的标准摩尔熵的式(5.2.9)，任意温度的标准摩尔反应熵与 298.15K 时的标准摩尔反应熵的关系为

$$\Delta_r S_m^{\ominus}(T)=\Delta_r S_m^{\ominus}(298.15\mathrm{K})+\int_{298.15\mathrm{K}}^{T}\frac{\sum_{B}\nu_B C_{p,m}(B)\mathrm{d}T}{T} \tag{5.2.12}$$

从式(5.2.12)可知，如果一个化学反应的 $\sum_{B}\nu_B C_{p,m}(B)=0$，则这个反应的标准摩尔反应熵将与温度无关。

需要注意的是，$\Delta_r S_m^{\ominus}(T)$ 并不是一个真实的化学反应的摩尔反应熵，因为，在化学反应中各个物质是很难保持其处于标准态的。但在后续的课程中将看到，通过标准摩尔反应熵和标准摩尔反应焓可求得所谓的标准摩尔反应吉布斯函数，然后就可以求得一个重要的参数——化学反应的标准平衡常数。

对于理想气体，规定熵 $S_m(T)$ 和标准摩尔熵 $S_m^{\ominus}(T)$ 之间的关系为

$$S_m(T)=S_m^{\ominus}(T)-R\ln(p/p^{\ominus}) \tag{5.2.13}$$

如果是理想气体反应，摩尔反应熵 $\Delta_r S_m$ 与标准摩尔反应熵 $\Delta_r S_m^{\ominus}$ 之间的关系为

$$\Delta_r S_m(T)=\Delta_r S_m^{\ominus}(T)-\sum_{B}\nu_B R\ln(p_B/p^{\ominus}) \tag{5.2.14}$$

【例 5.2.1】 计算 298.15K 和 398.15K 时下列化学反应的标准摩尔反应熵。

$$CO(g)+2H_2(g) = CH_3OH(g)$$

已知各物质的标准摩尔熵和此温度区间上的平均摩尔热容的数据如下

物质	$CO(g)$	$H_2(g)$	$CH_3OH(g)$
$C_{p,m}/\mathrm{J\cdot K^{-1}\cdot mol^{-1}}$	29.142	28.824	43.89
$S_m^{\ominus}(298.15\mathrm{K})/\mathrm{J\cdot K^{-1}\cdot mol^{-1}}$	197.674	130.684	239.81

解 298.15K 时的标准摩尔反应熵为

$$\begin{aligned}\Delta_r S_m^{\ominus}(298.15\mathrm{K}) &= \sum_{B}\nu_B S_m^{\ominus}(B,298.15\mathrm{K}) = (239.81-197.674-2\times130.684)\mathrm{J\cdot K^{-1}\cdot mol^{-1}}\\ &= -219.23\mathrm{J\cdot K^{-1}\cdot mol^{-1}}\end{aligned}$$

398.15K 时的标准摩尔反应熵为

$$\Delta_r S_m^{\ominus}(398.15\text{K})=\Delta_r S_m^{\ominus}(298.15\text{K})+\int_{298.15\text{K}}^{398.15\text{K}}\frac{\sum_B \nu_B C_{p,m}(B)}{T}dT$$

$$\Delta_r S_m^{\ominus}(398.15\text{K})=[-219.23+(43.89-29.14-2\times 28.82)\ln\frac{398.15}{298.15}]\text{J}\cdot\text{K}^{-1}\cdot\text{mol}^{-1}$$

$$=-231.64\text{J}\cdot\text{K}^{-1}\cdot\text{mol}^{-1}$$

5.3 化学反应的方向与限度

从微观角度讲，一个化学反应的反应物和生成物都存在时，化学反应可以同时向正反两个方向进行，哪个方向的反应速率较大在宏观上化学反应就向那个方向进行。在一定条件(温度、压力、浓度等)下，当正反两个方向的反应速率相等时，系统就达到了平衡状态。平衡状态的特点是只要外界条件不变，系统中各物质的数量将不随时间变化。平衡状态从宏观上看是静态，从微观上看是一种动态平衡。

从宏观角度讲，一个化学反应的正方向在一定的条件下是自发的，则在相同条件下该反应的反方向就不能发生。如果想让反方向的反应发生，就必须改变条件(制造一个能使其发生的新环境)或施以外力的帮助。

化学反应多在恒温恒压和恒温恒容条件下进行，故人们习惯上用吉布斯函数判据和亥姆霍兹函数判据来解释化学反应的方向与限度问题。化学反应是多组分系统，依据多组分系统的热力学基本方程，化学反应在这两种条件下的方向与限度问题都可转化为化学势判据来解决。后面将应用热力学第二定律的一些结论和吉布斯提出的化学势的概念来描述和处理化学反应及反应平衡的问题，并讨论一些因素对化学平衡的影响。

5.3.1 摩尔反应吉布斯函数

对于一任意的化学反应 $0=\sum_B \nu_B B$，无非体积功，处于某状态(T, p, ξ)时，应用式(5.1.5)，当系统的广度性质 X 是 G 时，式子成为

$$\left(\frac{\partial G}{\partial \xi}\right)_{T,p,W'=0}=\sum_B \nu_B G_B=\Delta_r G_m \tag{5.3.1a}$$

式中，$\Delta_r G_m$ 称为**摩尔反应吉布斯函数**，其单位是 $\text{kJ}\cdot\text{mol}^{-1}$。$\Delta_r G_m$ 是按所给反应式，在一定温度、压力、无非体积功和反应进度为 ξ 的情况下，将吉布斯函数值为 G 的反应系统进行了反应进度为 $d\xi$ 的微量反应引起的微变 dG 折合成在无限大系统中发生了单元化学反应的吉布斯函数变。

因为物质 B 在反应系统中的偏摩尔吉布斯函数等于其化学势，$G_B=\mu_B$，再根据多组分系统热力学基本公式，在恒温恒压非体积功为零时和恒温恒容非体积功为零时都有

$$\left(\frac{\partial G}{\partial \xi}\right)_{T,p,W'=0}=\left(\frac{\partial A}{\partial \xi}\right)_{T,V,W'=0}$$

$$=\sum_B \nu_B \mu_B=\Delta_r G_m \tag{5.3.1b}$$

即不管是恒温恒压反应还是恒温恒容反应都应该用摩尔反应吉布斯函数来表示。De Donder 定

义 $\mathscr{A}=-\left(\frac{\partial G}{\partial \xi}\right)_{T,p}$ 为**化学反应的亲和势**。$\sum_{\mathrm{B}}\nu_{\mathrm{B}}\mu_{\mathrm{B}}$ 是在以反应计量方程为单位的摩尔反应系统中反应的推动力。$\sum_{\mathrm{B}}\nu_{\mathrm{B}}\mu_{\mathrm{B}}$ 亦可称作**摩尔反应的势函数**。

5.3.2 标准摩尔反应吉布斯函数 $\Delta_{\mathrm{r}}G_{\mathrm{m}}^{\ominus}$

对于任意化学反应

$$0=\sum_{\mathrm{B}}\nu_{\mathrm{B}}\mathrm{B}$$

其在温度 T 时的标准摩尔反应吉布斯函数定义为

$$\Delta_{\mathrm{r}}G_{\mathrm{m}}^{\ominus}(T)=\sum_{\mathrm{B}}\nu_{\mathrm{B}}G_{\mathrm{m}}^{\ominus}(\mathrm{B},T) \tag{5.3.2}$$

需要注意的是，$\Delta_{\mathrm{r}}G_{\mathrm{m}}^{\ominus}(T)$ 并不是一个真实的化学反应系统中进行1mol化学反应时吉布斯函数的变化，原因亦是在化学反应中各个物质是很难保持其处于标准态的。但由于 $\Delta_{\mathrm{r}}G_{\mathrm{m}}^{\ominus}(T)$ 与化学反应的平衡常数有关，所以它还是化学反应中非常重要的物理量，下面介绍它的计算方法。

前面已经介绍了标准摩尔反应焓 $\Delta_{\mathrm{r}}H_{\mathrm{m}}^{\ominus}(T)$ 的计算方法，也介绍了标准摩尔反应熵的求法 $\Delta_{\mathrm{r}}S_{\mathrm{m}}^{\ominus}(T)$，这两项得到后，很容易利用下式求得化学反应的标准摩尔反应吉布斯函数。

$$\Delta_{\mathrm{r}}G_{\mathrm{m}}^{\ominus}(T)=\Delta_{\mathrm{r}}H_{\mathrm{m}}^{\ominus}(T)-T\Delta_{\mathrm{r}}S_{\mathrm{m}}^{\ominus}(T) \tag{5.3.3}$$

另外，化学反应的标准摩尔反应吉布斯函数 $\Delta_{\mathrm{r}}G_{\mathrm{m}}^{\ominus}(T)$，还可以通过参与反应的各物质的标准生成吉布斯函数来计算。

温度 T 时，由热力学稳定单质生成化学计量系数 $\nu_{\mathrm{B}}=1$ 的 β 相态的化合物 B(β) 的反应的标准生成吉布斯函数，称作化合物 B(β) 在温度 T 时的**标准摩尔生成吉布斯函数**，记作 $\Delta_{\mathrm{f}}G_{\mathrm{m}}^{\ominus}(\mathrm{B},\beta,T)$，单位为 $\mathrm{J\cdot mol^{-1}}$ 或 $\mathrm{kJ\cdot mol^{-1}}$。$\Delta_{\mathrm{f}}G_{\mathrm{m}}^{\ominus}(\mathrm{B},\beta,T)$ 可由该生成反应的 $\Delta_{\mathrm{r}}H_{\mathrm{m}}^{\ominus}(T)$［实际上就是化合物 B(β) 的标准摩尔生成焓］和 $\Delta_{\mathrm{r}}S_{\mathrm{m}}^{\ominus}(T)$ 通过式(5.3.3)求得。根据这个定义，热力学稳定单质的标准摩尔生成吉布斯函数为零。

查热力学数据表一般可得到 298.15K 下物质的 $\Delta_{\mathrm{f}}G_{\mathrm{m}}^{\ominus}(\mathrm{B},\beta,298.15\mathrm{K})$，然后，就像用标准摩尔生成焓计算化学反应的标准摩尔反应焓那样，将各物质的标准摩尔生成吉布斯函数代入下式，便可计算化学反应的标准摩尔反应吉布斯函数。

$$\Delta_{\mathrm{r}}G_{\mathrm{m}}^{\ominus}(298.15\mathrm{K})=\sum_{\mathrm{B}}\nu_{\mathrm{B}}\Delta_{\mathrm{f}}G_{\mathrm{m}}^{\ominus}(\mathrm{B},\beta,298.15\mathrm{K}) \tag{5.3.4}$$

5.3.3 反应的吉布斯函数 G 随反应进度 ξ 的变化，方向与限度

设 $0=\sum_{\mathrm{B}}\nu_{\mathrm{B}}\mathrm{B}$ 是理想气体反应，物质 B 的化学势 μ_{B} 为

$$\mu_{\mathrm{B}}=\mu_{\mathrm{B}}^{\ominus}+RT\ln(p_{\mathrm{B}}/p^{\ominus})$$

系统的吉布斯函数 G 为

$$G=\sum_{\rm B} n_{\rm B}\mu_{\rm B}=\sum_{\rm B} n_{\rm B}[\mu_{\rm B}^{\ominus}+RT\ln(p_{\rm B}/p^{\ominus})]$$

$$=\sum_{\rm B} n_{\rm B}[\mu_{\rm B}^{\ominus}+RT\ln(p/p^{\ominus})]+\sum_{\rm B} n_{\rm B}RT\ln y_{\rm B}$$

可以看出，$\sum_{\rm B} n_{\rm B}[\mu_{\rm B}^{\ominus}+RT\ln(p/p^{\ominus})]$ 为各气体单独存在且温度为 T、压力为 p 时的吉布斯函数之和；$\sum_{\rm B} n_{\rm B}RT\ln y_{\rm B}$ 为各气体混合的吉布斯函数。

由反应进度概念，若某物质在 $\xi=0$ 时物质的量为 $n_{\rm B}^0$，在反应达 ξ 时物质的量为 $n_{\rm B}$，$n_{\rm B}=n_{\rm B}^0+\nu_{\rm B}\xi$，$\sum_{\rm B} n_{\rm B}=\sum_{\rm B}(n_{\rm B}^0+\nu_{\rm B}\xi)$，将这些关系式分别代入 $\mu_{\rm B}$ 和 G 的表达式，得

$$\mu_{\rm B}=\mu_{\rm B}^{\ominus}+RT\ln(p/p^{\ominus})+RT\ln\frac{n_{\rm B}^0+\nu_{\rm B}\xi}{\sum_{\rm B}(n_{\rm B}^0+\nu_{\rm B}\xi)} \tag{5.3.5}$$

$$G=\sum_{\rm B}(n_{\rm B}^0+\nu_{\rm B}\xi)[\mu_{\rm B}^{\ominus}+RT\ln(p/p^{\ominus})]+\sum_{\rm B}(n_{\rm B}^0+\nu_{\rm B}\xi)RT\ln\frac{n_{\rm B}^0+\nu_{\rm B}\xi}{\sum_{\rm B}(n_{\rm B}^0+\nu_{\rm B}\xi)} \tag{5.3.6}$$

式(5.3.5)和式(5.3.6)给出了反应中各物质的化学势 $\mu_{\rm B}$ 和反应的吉布斯函数 G 随反应进度 ξ 变化的函数关系。式子将反应中各物质的量的变化转变成了反应进度的变化。

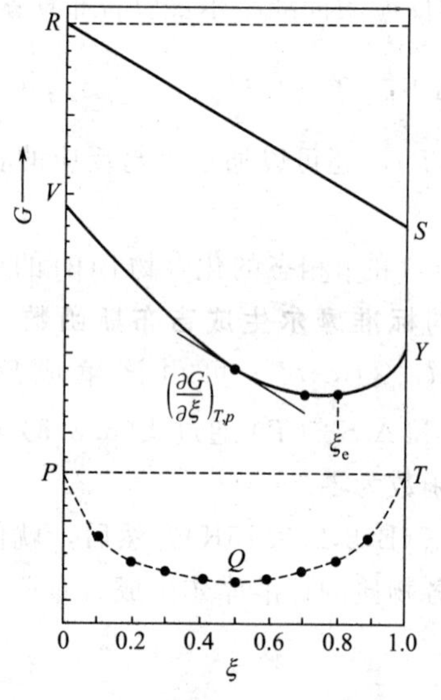

图 5.3.1　恒温、恒压下反应系统 G 随 ξ 变化示意图

图5.3.1为恒定 T、p 时某实际反应 A+B══C+D的 G 随 ξ 变化的示意图。图中 RS 直线表示式(5.3.6)中 $\sum_{\rm B}(n_{\rm B}^0+\nu_{\rm B}\xi)[\mu_{\rm B}^{\ominus}+RT\ln(p/p^{\ominus})]$ 部分，为各气体单独在温度为 T 压力为 p 时的吉布斯函数之和，是系统由纯A纯B状态按反应的计量关系随 ξ 变化为纯C纯D状态的 G，称为反应 G 部分，显然这样的过程只能由范特霍夫平衡箱才能完成；PQT 曲线表示式(5.3.6)中 $\sum_{\rm B}(n_{\rm B}^0+\nu_{\rm B}\xi)RT\ln\frac{n_{\rm B}^0+\nu_{\rm B}\xi}{\sum_{\rm B}(n_{\rm B}^0+\nu_{\rm B}\xi)}$ 部分，为各气体混合 G 的部分。VY 曲线为反应的实际 G 随 ξ 变化曲线，是由反应 G 和混合 G 两部分组成。正是由于混合 G 的存在，才使 G 随 ξ 变化曲线出现最低点，才使化学反应出现平衡状态，致使化学反应不能进行到底。

由式(5.3.6)对反应进度求导或将式(5.3.5)代回式(5.3.1b)，可得到

$$\left(\frac{\partial G}{\partial \xi}\right)_{T,p}=\sum_{\rm B}\nu_{\rm B}\mu_{\rm B}^{\ominus}+RT\ln(p/p^{\ominus})^{\sum_{\rm B}\nu_{\rm B}}+RT\ln\prod_{\rm B}\left\{\frac{n_{\rm B}^0+\nu_{\rm B}\xi}{\sum_{\rm B}(n_{\rm B}^0+\nu_{\rm B}\xi)}\right\}^{\nu_{\rm B}} \tag{5.3.7}$$

这就是摩尔反应的势函数在恒温、恒压、无非体积功情况下随反应进度的变化关系式，由恒温恒压条件下的吉布斯函数判据可得：

$\left(\frac{\partial G}{\partial \xi}\right)_{T,p} < 0$，反应能自发向右进行

$\left(\frac{\partial G}{\partial \xi}\right)_{T,p} > 0$，反应能自发向左进行

$\left(\frac{\partial G}{\partial \xi}\right)_{T,p} = 0$，反应达到平衡

总之，在有限的反应系统中，摩尔反应的势函数，既是系统 T、p 的函数，也是反应进度 ξ 的函数。在恒温恒压条件下总是趋于向摩尔反应的势函数减小的方向进行，反应可以从两个方向向平衡状态靠拢，最终趋向平衡。

5.4 理想气体化学反应的等温方程与标准平衡常数

5.4.1 理想气体反应的等温方程

对于理想气体反应 $0=\sum_{B}\nu_{B}B$，任一组分B的化学势为 $\mu_{B}=\mu_{B}^{\ominus}+RT\ln(p_{B}/p^{\ominus})$，代入式(5.3.1b)，得

$$\left(\frac{\partial G}{\partial \xi}\right)_{T,p,W'=0}=\sum_{B}\nu_{B}\mu_{B}=\sum_{B}\nu_{B}\mu_{B}^{\ominus}+\sum_{B}\nu_{B}RT\ln(p_{B}/p^{\ominus})$$
$$=\sum_{B}\nu_{B}\mu_{B}^{\ominus}+RT\ln\prod_{B}(p_{B}/p^{\ominus})^{\nu_{B}} \tag{5.4.1}$$

式中，$\sum_{B}\nu_{B}\mu_{B}^{\ominus}$ 为反应各组分均处于标准态且单独存在但同时又发生了 $\xi=1\text{mol}$ 化学反应的吉布斯函数变化，称为标准摩尔反应吉布斯函数，并以 $\Delta_{r}G_{m}^{\ominus}$ 表示，即

$$\Delta_{r}G_{m}^{\ominus}=\sum_{B}\nu_{B}\mu_{B}^{\ominus} \tag{5.4.2}$$

式中，$\prod_{B}(p_{B}/p^{\ominus})^{\nu_{B}}$ 为反应未达平衡时各组分 $(p_{B}/p^{\ominus})^{\nu_{B}}$ 的连乘积，又称为**压力商**，简记为 Q_{p}。若反应写为

$$aA+bB\longrightarrow gG+hH$$

$$Q_{p}=\prod_{B}(p_{B}/p^{\ominus})^{\nu_{B}}=\frac{(p_{G}/p^{\ominus})^{g}(p_{H}/p^{\ominus})^{h}}{(p_{A}/p^{\ominus})^{a}(p_{B}/p^{\ominus})^{b}} \tag{5.4.3}$$

将式(5.4.2)和式(5.4.3)代入式(5.4.1)，得

$$\left(\frac{\partial G}{\partial \xi}\right)_{T,p}=\Delta_{r}G_{m}^{\ominus}+RT\ln Q_{p} \tag{5.4.4}$$

此式即为**理想气体反应的等温方程**。

5.4.2 理想气体反应的标准平衡常数

随着反应的进行，$\left(\frac{\partial G}{\partial \xi}\right)_{T,p}$ 不断降低，达到平衡时

$$\left(\frac{\partial G}{\partial \xi}\right)_{T,p}=\Delta_r G_m^{\ominus}+RT\ln Q_p^{eq}=0$$

$$\Delta_r G_m^{\ominus}=\sum_B \nu_B \mu_B^{\ominus}=-RT\ln Q_p^{eq} \tag{5.4.5}$$

式中，Q_p^{eq} 是反应达平衡时的压力商，称为**平衡压力商**。对于确定的化学反应，反应各组分的 $\mu_B^{\ominus}$ 仅是温度的函数，$\sum_B \nu_B \mu_B^{\ominus}$ 也仅是温度的函数，当温度确定后，Q_p^{eq} 和 $\sum_B \nu_B \mu_B^{\ominus}$ 都为确定值，与系统的压力和组成无关。由此定义化学反应的标准平衡常数，并以 $K^{\ominus}$ 表示

$$K^{\ominus}\overset{def}{=}\exp\left(-\frac{\sum_B \nu_B \mu_B^{\ominus}}{RT}\right) \tag{5.4.6}$$

根据定义式，标准平衡常数与反应各组分B的性质及标准态的选择有关，它仅是温度的函数，单位为1。此定义式具有普遍意义，不仅适用于理想气体化学反应，也适用于实际气体、液态混合物及溶液中的化学反应，还适用于有纯固体参与的化学反应。既适用于恒温恒压化学反应的平衡，也适用于恒温恒容化学反应的平衡。化学反应平衡时

$$\Delta_r G_m^{\ominus}=\sum_B \nu_B \mu_B^{\ominus}=-RT\ln K^{\ominus} \tag{5.4.7}$$

$$K^{\ominus}=Q_p^{eq}=\prod_B (p_B^{eq}/p^{\ominus})^{\nu_B}=K_p^{\ominus} \tag{5.4.8}$$

将式(5.4.7)代入化学反应等温方程式(5.4.4)，可得

$$\left(\frac{\partial G}{\partial \xi}\right)_{T,p}=-RT\ln K^{\ominus}+RT\ln Q_p=RT\ln(Q_p/K^{\ominus}) \tag{5.4.9}$$

由式(5.4.9)知，比较 Q_p 与 $K^{\ominus}$ 的大小，即可判断反应的方向：

当 $Q_p<K^{\ominus}$ 时，$\left(\frac{\partial G}{\partial \xi}\right)_{T,p}<0$，反应能自发向右进行；

当 $Q_p>K^{\ominus}$ 时，$\left(\frac{\partial G}{\partial \xi}\right)_{T,p}>0$，反应能自发向左进行；

当 $Q_p=K^{\ominus}$ 时，$\left(\frac{\partial G}{\partial \xi}\right)_{T,p}=0$，反应达到平衡。

5.4.3 化学反应与标准平衡常数的关系

(1) 同一反应不同写法的标准平衡常数间的关系

由式(5.4.7)知，标准平衡常数与 $\Delta_r G_m^{\ominus}$ 相关，同一化学反应，方程式写法不同，摩尔反应的含义也不同，对应的 $\Delta_r G_m^{\ominus}$ 亦不同，故相应的标准平衡常数也不同，但它们之间有简单的关系。例如合成氨反应：

① $N_2(g)+3H_2(g)=\!=\!=2NH_3(g)$ $\qquad \Delta_r G_{m,1}^{\ominus}=-RT\ln K_1^{\ominus}$

② $\frac{1}{2}N_2(g)+\frac{3}{2}H_2(g)=\!=\!=NH_3(g)$ $\qquad \Delta_r G_{m,2}^{\ominus}=-RT\ln K_2^{\ominus}$

因反应①＝2×反应②，故 $\Delta_r G_{m,1}^{\ominus}=2\Delta_r G_{m,2}^{\ominus}$，$K_1^{\ominus}=(K_2^{\ominus})^2$。

（2）相关化学反应标准平衡常数之间的关系

当几个化学反应之间有线性加和关系时称它们为相关反应。若同一温度下，几个不同化学反应间具有加和性时，这些反应的 $\Delta_r G_m^{\ominus}$ 也具有加和性。例如以下三个反应：

① $C(s)+O_2(g)=\!=\!=CO_2(g)$　　$\Delta_r G_{m,1}^{\ominus}=-RT\ln K_1^{\ominus}$

② $CO(g)+\frac{1}{2}O_2(g)=\!=\!=CO_2(g)$　　$\Delta_r G_{m,2}^{\ominus}=-RT\ln K_2^{\ominus}$

③ $C(s)+CO_2(g)=\!=\!=2CO(g)$　　$\Delta_r G_{m,3}^{\ominus}=-RT\ln K_3^{\ominus}$

反应③＝反应①－2×反应②，故 $\Delta_r G_{m,3}^{\ominus}=\Delta_r G_{m,1}^{\ominus}-2\Delta_r G_{m,2}^{\ominus}$，可得 $K_3^{\ominus}=K_1^{\ominus}/(K_2^{\ominus})^2$。

5.4.4 有纯凝聚态物质参加的理想气体化学反应

对于有纯固态或纯液态物质参加的理想气体反应，如：

$$dD(g)+eE(l)=\!=\!=mM(g)+nN(s)$$

在常压下，压力对凝聚态的影响可忽略不计，认为纯凝聚态物质的化学势就等于其标准化学势，因此

$$\begin{aligned}\left(\frac{\partial G}{\partial \xi}\right)_{T,p}&=(m\mu_M+n\mu_N)-(d\mu_D+e\mu_E)\\&=m[\mu_M^{\ominus}+RT\ln(p_M/p^{\ominus})]+n\mu_N^{\ominus}-d[\mu_D^{\ominus}+RT\ln(p_D/p^{\ominus})]-e\mu_E^{\ominus}\\&=(m\mu_M^{\ominus}+n\mu_N^{\ominus}-d\mu_D^{\ominus}-e\mu_E^{\ominus})+RT\ln\frac{(p_M/p^{\ominus})^m}{(p_D/p^{\ominus})^d}\\&=\Delta_r G_m^{\ominus}+RT\ln Q_p(g)\end{aligned}$$

式中，$\Delta_r G_m^{\ominus}$ 包含了所有参加反应的物质的 $\mu_B^{\ominus}$，但 Q_p 只包含了气体的分压。平衡时 $\left(\frac{\partial G}{\partial \xi}\right)_{T,p}=0$，有

$$\Delta_r G_m^{\ominus}=-RT\ln Q_p^{eq}(g)=-RT\ln K^{\ominus}$$

$$K^{\ominus}=Q_p^{eq}(g) \tag{5.4.10}$$

式中，$K^{\ominus}$ 也只包含了气体的平衡分压。

例如，对于 $CaCO_3(s)$ 的分解反应 $CaCO_3(s)=\!=\!=CaO(s)+CO_2(g)$

$$K^{\ominus}=p_{CO_2}^{eq}/p^{\ominus}$$

由于 $K^{\ominus}$ 仅是温度的函数，所以反应在一定温度下达平衡时 $p(CO_2)$ 一定，与固体 $CaCO_3(s)$ 的量的多少无关，此压力也是纯净反应系统达平衡时的总压力，因此该平衡总压力称为 $CaCO_3(s)$ 在该温度下的**分解压力**。通常以分解压力的大小来衡量固体化合物的稳定性，分解压力越小，稳定性越高。

【例 5.4.1】 $NaHCO_3(s)$ 的分解反应可以写作 $2NaHCO_3(s)=\!=\!=Na_2CO_3(s)+H_2O(g)+CO_2(g)$。323K 时反应的标准摩尔反应吉布斯函数 $\Delta_r G_m^{\ominus}=21.013\text{kJ}\cdot\text{mol}^{-1}$，设气体为理想气体，求该温度下 $NaHCO_3(s)$ 的分解压力。

解 因为 $p_{分解}=p_{H_2O}+p_{CO_2}$，$p_{H_2O}=p_{CO_2}=p_{分解}/2$，$K^{\ominus}=(p_{H_2O}/p^{\ominus})(p_{CO_2}/p^{\ominus})$

$=[p_{分解}/(2p^{\ominus})]^2$，$p_{分解}=2p^{\ominus}\sqrt{K^{\ominus}}$，所以

$$K^{\ominus}=\exp\left(-\frac{\Delta_r G_m^{\ominus}}{RT}\right)=\exp\left(-\frac{21013\text{J}\cdot\text{mol}^{-1}}{8.314\text{J}\cdot\text{mol}^{-1}\cdot\text{K}^{-1}\times 323\text{K}}\right)=3.997\times10^{-4}$$

$$p_{分解}=2p^{\ominus}\sqrt{K^{\ominus}}=2\times100\text{kPa}\times3.997\times10^{-4}=3.998\text{kPa}$$

一般固体的分解压力会随温度的升高而升高，当分解压力等于环境压力时（通常指101.325kPa）所对应的温度称为**分解温度**。如 $CaCO_3$ 的分解温度为897℃，$NaHCO_3$(s)的分解产物中有两种气体，分解温度则是指两种气体分压之和等于101.325kPa时的温度。

【例5.4.2】 已知 $CaCO_3$(s)在1073K下的分解压力 $p(CO_2)=22$kPa，通过计算回答下列问题：

(1) 在1073K下将 $CaCO_3$(s)置于 CO_2 体积分数为0.03%的空气(空气压力为101.325kPa)中能否分解？

(2) 若置于压力为101.325kPa的纯 CO_2 气氛中，能否分解？

(3) 置于压力为101.325kPa的空气中，欲使 $CaCO_3$(s)不分解，空气中 CO_2 的含量至少应为多少？

解 (1) 1073K下 $CaCO_3$(s)分解反应的标准平衡常数为

$$K^{\ominus}=p_{CO_2}^{eq}/p^{\ominus}=22\text{kPa}/100\text{kPa}=0.22$$

空气中 CO_2 的分压为

$$p(CO_2)=y(CO_2)p=0.0003\times101.325\text{kPa}=0.0304\text{kPa}$$

$CaCO_3$(s)分解反应的压力商 Q_p 为

$$Q_p=p(CO_2)/p^{\ominus}=0.0304\text{kPa}/100\text{kPa}=3.04\times10^{-4}$$

由于 $Q_p<K^{\ominus}$，所以 $CaCO_3$(s)能够分解。

(2) CO_2 的分压为101.325kPa时压力商 Q_p 为

$$Q_p=p(CO_2)/p^{\ominus}=101.325\text{kPa}/100\text{kPa}=1.013$$

此时 $Q_p>K^{\ominus}$，$CaCO_3$(s)不能分解，相反，CaO(s)能与 CO_2(g)化合生成 $CaCO_3$(s)。

(3) 欲使 $CaCO_3$(s)不分解，需使 $Q_p>K^{\ominus}$，即

$$Q_p>0.22,\quad Q_p=p(CO_2)/p^{\ominus}>0.22$$

$$y_{CO_2}^{eq}=p_{CO_2}^{eq}/p=0.22p^{\ominus}/p=0.22\times100\text{kPa}/101.325\text{kPa}=0.217$$

所以，在空气中 CO_2(g)物质的量分数需大于0.217才能使 $CaCO_3$(s)不分解。

5.5 理想气体反应标准平衡常数的测定、计算和应用

5.5.1 标准平衡常数的测定

标准平衡常数的值可由实验直接测定已达平衡的反应系统中各组分的平衡压力或浓度来计算。测定前首先要判断反应是否已经达到平衡。已达平衡的反应系统一般具有如下特点：

① 平衡的反应系统的组成不随时间而变化；

② 同一温度下，反应无论从正向还是从逆向趋近平衡，所测平衡组成都相同；

③ 在同样的反应条件下，改变反应物配比，由所测平衡组成计算得到的平衡常数应相同。

测定平衡反应系统中各组分的平衡压力或浓度，其方法可分为物理法和化学法两类。常用的物理法有：测定平衡反应系统气体压力、气体体积、电导率、折射率、吸光度等。物理法一般不会影响反应与平衡，应用较广。化学法一般利用降温、移走催化剂、加入溶剂稀释等方法使反应能停留在原来的平衡状态，然后选用合适的化学分析方法分析平衡系统的组成。

平衡系统各组分的量可用分压 p_B、浓度 c_B、摩尔分数 y_B 或物质的量 n_B 等来表示，为计算方便，人们也经常用这些量来表示化学反应的平衡常数，如：

$$K_p = \prod_B (p_B^{eq})^{\nu_B} \tag{5.5.1}$$

$$K_c = \prod_B (c_B^{eq})^{\nu_B} \tag{5.5.2}$$

$$K_y = \prod_B (y_B^{eq})^{\nu_B} \tag{5.5.3}$$

$$K_n = \prod_B (n_B^{eq})^{\nu_B} \tag{5.5.4}$$

这些平衡常数不能直接由热力学函数 $\Delta_r G_m^\ominus$ 计算，但它们在分析讨论某些外界条件对平衡移动影响时比较方便，所以经常被人们使用。它们与标准平衡常数 $K^\ominus$ 的关系为：

$K^\ominus$ 与 K_p 关系 $$K^\ominus = \prod_B (p_B^{eq}/p^\ominus)^{\nu_B} = K_p (p^\ominus)^{-\sum \nu_B} \tag{5.5.5}$$

$K^\ominus$ 与 K_c 关系　理想气体 $p_B = (n_B/V)RT = c_B RT$，所以

$$K^\ominus = \prod_B (p_B^{eq}/p^\ominus)^{\nu_B} = \prod_B (c_B^{eq} RT/p^\ominus)^{\nu_B} = K_c (RT/p^\ominus)^{\sum \nu_B} \tag{5.5.6}$$

$K^\ominus$ 与 K_y 关系　由分压定律 $p_B = y_B p$，得

$$K^\ominus = \prod_B (p_B^{eq}/p^\ominus)^{\nu_B} = \prod_B (y_B^{eq} p/p^\ominus)^{\nu_B} = K_y (p/p^\ominus)^{\sum \nu_B} \tag{5.5.7}$$

$K^\ominus$ 与 K_n 关系　由 $p_B = y_B p = n_B p / \sum_B n_B$，得

$$K^\ominus = \prod_B (p_B^{eq}/p^\ominus)^{\nu_B} = \prod_B [n_B^{eq} p/(p^\ominus \sum_B n_B^{eq})]^{\nu_B} = K_n [p/(p^\ominus \sum_B n_B^{eq})]^{\sum \nu_B} \tag{5.5.8}$$

从上述关系中看到，当反应方程式中气体的计量系数之和 $\sum \nu_B = 0$ 时

$$K^\ominus = K_p = K_c = K_y = K_n \tag{5.5.9}$$

有了这些关系，这些平衡常数就可以和热力学函数 $\Delta_r G_m^\ominus$ 建立联系了。分析上述平衡常数，

$K^{\ominus}$、K_p 和 K_c 都只是温度的函数，K_y 是温度和压力的函数，K_n 则是温度、压力和系统物质总量三者的函数。

5.5.2 用热力学方法计算标准平衡常数

根据 $\Delta_r G_m^{\ominus} = -RT\ln K^{\ominus}$ 可知，用热力学方法计算标准平衡常数即先计算 $\Delta_r G_m^{\ominus}$，再计算 $K^{\ominus}$。求算 $\Delta_r G_m^{\ominus}$ 的方法如下。

(1) 通过化学反应的 $\Delta_r H_m^{\ominus}$ 和 $\Delta_r S_m^{\ominus}$ 计算

$$\Delta_r G_m^{\ominus} = \Delta_r H_m^{\ominus} - T\Delta_r S_m^{\ominus}$$

式中 $\Delta_r H_m^{\ominus} = \sum_B \nu_B \Delta_f H_m^{\ominus}(B) = -\sum_B \nu_B \Delta_c H_m^{\ominus}(B)$，$\Delta_r S_m^{\ominus} = \sum_B \nu_B S_m^{\ominus}(B)$。

(2) 通过 $\Delta_f G_m^{\ominus}$ 计算

$$\Delta_r G_m^{\ominus} = \sum_B \nu_B \Delta_f G_m^{\ominus}(B)$$

式中，$\Delta_f G_m^{\ominus}(B)$ 是在标准压力 $p^{\ominus}$ 下，物质B的**标准摩尔生成吉布斯函数**，其值等于由最稳定的单质生成 1mol 该物质时的标准吉布斯函数的变化值。按物质的标准摩尔生成吉布斯函数定义(类似于标准摩尔生成焓的定义)，最稳定单质的标准摩尔生成吉布斯函数值都等于零。手册或附录中一般给出 298.15K 的数值，可首先求出 $\Delta_r G_m^{\ominus}(298K)$，其他温度下的数值 $\Delta_r G_m^{\ominus}(T)$ 可由吉布斯-亥姆赫兹方程给出，即

$$\left[\frac{\partial(G/T)}{\partial T}\right]_p = -\frac{H}{T^2}$$

在标准压力下既是恒压，又是定值，所以将上式用于标准压力下的化学反应，可得

$$\frac{d(\Delta_r G_m^{\ominus}/T)}{dT} = -\frac{\Delta_r H_m^{\ominus}}{T^2} \text{和} \frac{d(G_m^{\ominus}/T)}{dT} = -\frac{H_m^{\ominus}}{T^2} \tag{5.5.10}$$

得

$$d(\Delta_r G_m^{\ominus}/T) = -\frac{\Delta_r H_m^{\ominus}}{T^2} dT \tag{5.5.11}$$

将 $\Delta_r H_m^{\ominus}$ 与 T 的关系式代入式 (5.5.11)，从 298.15K 积分至 T，即可得 $\Delta_r G_m^{\ominus}(T)$。

(3) 通过相关反应计算

如果一个反应可由其他反应线性组合得到，那么该反应的 $\Delta_r G_m^{\ominus}$ 可由相应反应的 $\Delta_r G_m^{\ominus}$ 线性组合得到 (见本章 5.4 节)。

按上述方法算得 $\Delta_r G_m^{\ominus}$ 后，除计算 $K^{\ominus}$ 外，还可以用来近似地估计反应的可能性。这是因为当 $\Delta_r G_m^{\ominus}$ 的绝对值很大时，基本上就决定了 $\left(\frac{\partial G}{\partial \xi}\right)_{T,p}$ 的值。一般来说

① 当 $\Delta_r G_m^{\ominus} > 41.84\text{kJ}\cdot\text{mol}^{-1}$ 时，可认为反应不能正向进行；

② 当 $\Delta_r G_m^{\ominus}$ 在 $41.84 \sim 0\text{kJ}\cdot\text{mol}^{-1}$ 时，存在着改变外界条件使平衡向有利于生成产物的方向转化的可能性，需要具体情况具体分析；

③ 当 $\Delta_r G_m^{\ominus} = 0$ 时，$K^{\ominus} = 1$，存在正向反应的可能性；

④ 当 $\Delta_r G_m^{\ominus} < 0$，$K^{\ominus} > 1$，正向反应的可能性很大。能否反应，还与动力学因素有关。

【例 5.5.1】 计算 298K 时反应 $MgCO_3(s) \!=\!=\!= MgO(s)+CO_2(g)$ 的标准平衡常数 $K^{\ominus}(298K)$。已知数据如下表：

物质	$\Delta_f H_m^{\ominus}(B,298K)/kJ \cdot mol^{-1}$	$S_m^{\ominus}(B,298K)/J \cdot mol^{-1} \cdot K^{-1}$
$MgCO_3(s)$	−1096.2	65.7
$MgO(s)$	−601.2	26.9
$CO_2(g)$	−393.5	213.6

解 $MgCO_3(s) \!=\!=\!= MgO(s)+CO_2(g)$

$$\Delta_r H_m^{\ominus}(298K)=\sum_B \nu_B \Delta_f H_m^{\ominus}(B,298K)$$

$$=-\Delta_f H_m^{\ominus}[MgCO_3(s),298K]+\Delta_f H_m^{\ominus}[MgO(s),298K]+\Delta_f H_m^{\ominus}[CO_2(g),298K]$$

$$=[-(-1096.2)-601.2-393.5]kJ \cdot mol^{-1}=102kJ \cdot mol^{-1}$$

$$\Delta_r S_m^{\ominus}(298K)=\sum_B \nu_B S_m^{\ominus}(B,298K)$$

$$=-S_m^{\ominus}[MgCO_3(s),298K]+S_m^{\ominus}[MgO(s),298K]+S_m^{\ominus}[CO_2(g),298K]$$

$$=[-65.7+26.9+213.6]J \cdot mol^{-1} \cdot K^{-1}=175J \cdot mol^{-1} \cdot K^{-1}$$

$$\Delta_r G_m^{\ominus}(298K)=\Delta_r H_m^{\ominus}(298K)-298K \times \Delta_r S_m^{\ominus}(298K)$$

$$=102kJ \cdot mol^{-1}-298K \times 175 \times 10^{-3}kJ \cdot mol^{-1} \cdot K^{-1}=49.85kJ \cdot mol^{-1}$$

$$K^{\ominus}(298K)=\exp\left[-\frac{\Delta_r G_m^{\ominus}(298K)}{RT}\right]=\exp\left[-\frac{49.85 \times 10^3 J \cdot mol^{-1}}{8.314J \cdot mol^{-1} \cdot K^{-1} \times 298K}\right]=1.83 \times 10^{-9}$$

【例 5.5.2】 乙烷裂解时如下两个反应都可能发生：

$$C_2H_6(g) \rightleftharpoons C_2H_4(g)+H_2(g) \quad (1)$$

$$C_2H_4(g) \rightleftharpoons C_2H_2(g)+H_2(g) \quad (2)$$

已知 $\Delta_f G_m^{\ominus}[C_2H_6(g),1000K]=114.223kJ \cdot mol^{-1}$，$\Delta_f G_m^{\ominus}[C_2H_4(g),1000K]=118.198 kJ \cdot mol^{-1}$，$\Delta_f G_m^{\ominus}[C_2H_2(g),1000K]=169.912kJ \cdot mol^{-1}$。分别计算两个反应的 $K^{\ominus}(1000K)$。

解 根据 $\Delta_r G_m^{\ominus}=\sum_B \nu_B \Delta_f G_m^{\ominus}(B)$

$$\Delta_r G_m^{\ominus}(1)=-\Delta_f G_m^{\ominus}[C_2H_6(g),1000K]+\Delta_f G_m^{\ominus}[C_2H_4(g),1000K]$$

$$=(-114.223+118.198)kJ \cdot mol^{-1}=3.975kJ \cdot mol^{-1}$$

$$K^{\ominus}(1)=\exp\left[-\frac{\Delta_r G_m^{\ominus}(1)}{RT}\right]=\exp\left[-\frac{3.975 \times 10^3}{8.314 \times 1000}\right]=0.62$$

$$\Delta_r G_m^{\ominus}(2)=-\Delta_f G_m^{\ominus}[C_2H_4(g),1000K]+\Delta_f G_m^{\ominus}[C_2H_2(g),1000K]$$

$$=(-118.198+169.912)kJ \cdot mol^{-1}=51.714kJ \cdot mol^{-1}$$

$$K^{\ominus}(2)=\exp\left[-\frac{\Delta_r G_m^{\ominus}(2)}{RT}\right]=\exp\left[-\frac{51.714 \times 10^3}{8.314 \times 1000}\right]=1.99 \times 10^{-3}$$

5.5.3 平衡常数与平衡组成及平衡转化率间的相互计算

在一定温度时，根据反应初始条件，测出平衡总压或平衡组成即可求得平衡常数 $K^{\ominus}$，进一步可求 $\Delta_r G_m^{\ominus}$。反之，已知平衡常数 $K^{\ominus}$ 或 $\Delta_r G_m^{\ominus}$，就可以由反应初始条件，计算出系统的平衡组成。这样的计算统称为平衡计算，掌握平衡计算是本章最基本的要求。

平衡计算中常遇到"转化率"、"产率"的概念。转化率为某一反应物反应掉的量占该反应物初始量的分数，平衡转化率即反应达平衡时该物质的转化率。对于某一反应物的解离反应，其转化率也称为解离度。产率则为某一反应物转化为指定产物的实际量占该反应物转化为指定产物的理论量的分数，平衡产率为反应达平衡时的产率。显然，若没有副反应发生，则产率等于转化率，若有副反应发生，则产率小于转化率。

下面通过一些具体例题来介绍平衡计算。

【例 5.5.3】 在 $0.500\mathrm{dm}^3$ 的容器中装有 1.56 g $N_2O_4(g)$，在 25℃时按下式进行部分解离：

$$N_2O_4(g) = 2NO_2(g)$$

实验测得解离平衡时系统的总压力为 100kPa，试求 $N_2O_4(g)$ 的解离度 α 及解离反应的平衡常数 $K^{\ominus}$。

解 $N_2O_4(g)$ 的初始量为：$n_0 = 1.56\mathrm{g}/92.0\mathrm{g\cdot mol^{-1}} = 0.017\mathrm{mol}$。设解离度为 α，反应达平衡时的数量关系为：

	$N_2O_4(g)$	$=2NO_2(g)$	
初始时的量	n_0	0	
平衡时的量	$(1-\alpha)\ n_0$	$2\alpha n_0$	总量 $n_T = n_0(1+\alpha)$

$$pV = n_T RT = n_0(1+\alpha)RT$$

$$\alpha = \frac{pV}{n_0 RT} - 1 = \frac{100\times10^3\mathrm{Pa}\times0.50\times10^{-3}\mathrm{m}^3}{0.017\mathrm{mol}\times8.314\mathrm{J\cdot mol^{-1}\cdot K^{-1}}\times298\mathrm{K}} - 1 = 0.187$$

$$K^{\ominus} = \prod_B (p_B^{eq}/p^{\ominus})^{\nu_B} = \frac{(p_{NO_2}^{eq})^2}{p_{N_2O_4}^{eq}} \times (p^{\ominus})^{-1} = \left[\frac{2\alpha n_0 p}{(1+\alpha)n_0}\right]^2 \left[\frac{(1-\alpha)n_0 p^{-1}}{(1+\alpha)n_0}\right](p^{\ominus})^{-1}$$

$$= \frac{(2\alpha)^2 p}{(1-\alpha^2)p^{\ominus}} = \frac{(2\times0.187)^2\times100\mathrm{kPa}}{(1-0.187^2)\times100\mathrm{kPa}} = 0.145$$

【例 5.5.4】 已知反应 $\frac{1}{2}N_2(g) + \frac{3}{2}H_2(g) \rightleftharpoons NH_3(g)$ 在 500K 时的标准平衡常数 $K^{\ominus}(500\mathrm{K}) = 0.2968$，若反应物 $N_2(g)$ 与 $H_2(g)$ 的物质的量之比为 1∶3，试计算此温度时 1.0×10^3kPa 压力下的平衡转化率 α 以及 $NH_3(g)$ 的平衡浓度（近似为理想气体反应）。

解 设反应开始前 N_2 的物质的量为 1mol，H_2 的物质的量为 3mol，平衡转化率为 α，则

	$\frac{1}{2}N_2(g)$	$+\frac{3}{2}H_2(g)$	$\rightleftharpoons NH_3(g)$	
初始量 $n_{B,0}/\mathrm{mol}$	1	3	0	
平衡量 $n_{B,eq}/\mathrm{mol}$	$1-\alpha$	$3(1-\alpha)$	2α	总量 $\sum_B n_{B,eq} = 4(1-\alpha)+2\alpha = 4-2\alpha$

$$\sum \nu_B = 1 - \frac{1}{2} - \frac{3}{2} = -1$$

$$K^{\ominus} = K_n[p/(p^{\ominus} \sum_B n_B^{eq})]^{\sum \nu_B} = \frac{2\alpha}{(1-\alpha)^{1/2}[3(1-\alpha)]^{3/2}} \times \left(\frac{p/p^{\ominus}}{4-2\alpha}\right)^{-1}$$

整理得
$$\frac{\alpha(2-\alpha)}{(1-\alpha)^2} = (3^{3/2}/4)K^{\ominus}p/p^{\ominus}$$

解方程得
$$\alpha = 1 \pm \frac{1}{\sqrt{1+(3^{3/2}/4)K^{\ominus}p/p^{\ominus}}}$$

其中解 $\alpha = 1 + \frac{1}{\sqrt{1+(3^{3/2}/4)K^{\ominus}p/p^{\ominus}}}$ 不合题意，舍去，正解为

$$\alpha = 1 - \frac{1}{\sqrt{1+(3^{3/2}/4)K^{\ominus}p/p^{\ominus}}}$$

将 $K^{\ominus}(500\text{K}) = 0.2968$，$p = 1.0 \times 10^3 \text{kPa}$ 代入正解得

$$\alpha = 1 - \frac{1}{\sqrt{1+(3^{3/2}/4) \times 0.2968 \times 1.0 \times 10^3 \text{kPa}/100\text{kPa}}} = 0.546$$

$NH_3(g)$的平衡浓度

$$y_{NH_3}^{eq} = \frac{2\alpha}{4-2\alpha} = \frac{2 \times 0.546}{4 - 2 \times 0.546} = 0.376$$

【例 5.5.5】 一氧化碳变换反应的计量方程为：

$$CO(g) + H_2O(g) \rightleftharpoons CO_2(g) + H_2(g)$$

该反应在 550℃时的标准平衡常数 $K^{\ominus} = 3.56$。设变换反应开始前，干原料气中各种气体的物质的量分数为：$y(CO) = 0.360$；$y(H_2) = 0.355$；$y(CO_2) = 0.055$；$y(N_2) = 0.230$。若按每摩尔 CO(g)配入 8.639mol $H_2O(g)$的配比关系向干原料气中加入水蒸气，让变换反应在 550℃下进行，试求(1)CO(g)的平衡转化率；(2) 平衡干气中 CO(g)的物质的量分数。

解 (1) 以 1mol CO(g)为计算基准，设 CO(g)的平衡转化率为 α，则

	$CO(g)$ +	$H_2O(g) \rightleftharpoons$	$CO_2(g)$ +	$H_2(g)$,	$N_2(g)$
初始量 $n_{B,0}$/mol	1	8.639	$\frac{0.055}{0.360}$	$\frac{0.355}{0.360}$	$\frac{0.230}{0.360}$
平衡量 $n_{B,eq}$/mol	$1-\alpha$	$8.639-\alpha$	$0.153+\alpha$	$0.986+\alpha$	0.639

按理想气体反应处理，因 $\sum \nu_B = 1+1-1-1 = 0$，所以 $K^{\ominus} = K_y = K_n = 3.56$，按 K_n 处理最简单

$$K_n=\frac{(n_{CO_2}^{eq})(n_{H_2}^{eq})}{(n_{CO}^{eq})(n_{H_2O}^{eq})}=\frac{(0.153+\alpha)(0.986+\alpha)}{(1-\alpha)(8.639-\alpha)}=3.56$$

解得

$$\alpha=0.925$$

（2）平衡干气的总物质的量=平衡时物质的总量－平衡时水蒸气的量

$$n_{干气}/\text{mol}=(1-\alpha)+(0.153+\alpha)+(0.986+\alpha)+0.639=2.778+\alpha=2.778+0.925=3.703$$

平衡干气中 CO(g) 的物质的量分数 $=\frac{1-\alpha}{3.703}=\frac{1-0.925}{3.703}=0.02$

在平衡计算中，正确地确定平衡系统各物质的数量关系至关重要，而能利用不同平衡常数及其关系可使平衡计算更简化。

5.6 温度对化学平衡的影响

化学平衡是在一定条件下达到的，若与化学平衡有关的任一条件发生改变，则原来的平衡状态将发生变化，反应将在新的条件下达到新的平衡，这称为化学平衡的移动。1884 年，勒•夏特里（Le Chatelier）提出：如果改变影响平衡的一个条件（如压力、温度、浓度等），平衡就向能够减弱这种改变的方向移动。后称之为平衡移动原理。各种因素对化学平衡的影响一般可用平衡移动原理来定性描述。在当时和后来也有很多物理化学家对化学平衡的移动进行研究，提出了一些定量的严格的公式，这些公式大部分的结果和平衡移动原理是一致的，但也有个别公式的结果和平衡移动原理不一致。

5.6.1 范特霍夫方程

由式 $\Delta_r G_m^{\ominus}=-RT\ln K^{\ominus}$ 可知，温度对化学平衡的影响，实际上是温度变化引起 $\Delta_r G_m^{\ominus}$ 变化导致。恒压下温度对吉布斯函数的影响由吉布斯-亥姆赫兹方程给出，即前面给出的式 (5.5.11)

$$\frac{d(\Delta_r G_m^{\ominus}/T)}{dT}=-\frac{\Delta_r H_m^{\ominus}}{T^2}$$

将 $\Delta_r G_m^{\ominus}=-RT\ln K^{\ominus}$ 代入，有

$$\frac{d\ln K^{\ominus}}{dT}=\frac{\Delta_r H_m^{\ominus}}{RT^2} \tag{5.6.1}$$

上式称为**范特霍夫(van't Hoff)方程**，是标准平衡常数与温度间关系的微分式，表明温度对标准平衡常数的影响与反应的标准摩尔反应焓 $\Delta_r H_m^{\ominus}$ 有关，相关定性分析如下。

$\Delta_r H_m^{\ominus}<0$ 时，为放热反应，$K^{\ominus}$ 随温度的升高而减小，对正向反应不利，即温度的升高不利于平衡向放热方向移动。

$\Delta_r H_m^{\ominus}>0$ 时，为吸热反应，$K^{\ominus}$ 随温度的升高而增大，对正向反应有利，即温度的升

高有利于平衡向吸热方向移动。

5.6.2 标准平衡常数随温度变化的积分式

要定量计算某一温度时的 $K^{\ominus}$，需对式（5.6.1）进行积分。积分时，按 $\Delta_r H_m^{\ominus}$ 是否与温度有关可分为如下两种情况。

（1）$\Delta_r H_m^{\ominus}$ 不随温度变化时 $K^{\ominus}$ 的计算

当温度变化范围较小或反应的 $\sum_B \nu_B C_{p,m}(B) \approx 0$ 时，$\Delta_r H_m^{\ominus}$ 可近似地看作常数。将式(5.6.1)分离变量后进行积分

$$\int_{K_1^{\ominus}}^{K_2^{\ominus}} \mathrm{d}\ln K^{\ominus} = \int_{T_1}^{T_2} \frac{\Delta_r H_m^{\ominus}}{RT^2}\mathrm{d}T$$

得定积分式

$$\ln\frac{K_2^{\ominus}}{K_1^{\ominus}} = -\frac{\Delta_r H_m^{\ominus}}{R}\left(\frac{1}{T_2}-\frac{1}{T_1}\right) \tag{5.6.2}$$

由定积分式，在已知 $\Delta_r H_m^{\ominus}$ 的前提下，知 T_1 下的 $K_1^{\ominus}$，可求 T_2 下的 $K_2^{\ominus}$；或已知两个温度下的标准平衡常数，可计算反应的 $\Delta_r H_m^{\ominus}$。

式(5.6.1)的不定积分式为

$$\ln K^{\ominus} = -\frac{\Delta_r H_m^{\ominus}}{RT} + C \tag{5.6.3}$$

不定积分式多用于实际研究中，人们可以通过实验测定多个温度下的 $K^{\ominus}$，将 $\ln K^{\ominus}$ 对 $1/T$ 作图得一直线，由直线斜率可求得反应的 $\Delta_r H_m^{\ominus}$。这样求得的 $\Delta_r H_m^{\ominus}$ 应比只从两个温度的数据所得结果要准确。

【例 5.6.1】 已知变换反应 $CO(g)+H_2O(g) \rightleftharpoons CO_2(g)+H_2(g)$ 在 500K 和 800K 时的标准平衡常数分别为 $K^{\ominus}(500K)=126$，$K^{\ominus}(800K)=3.07$。试求：

（1）变换反应在 500～800K 温度区间的 $\Delta_r H_m^{\ominus}$。（设 $\Delta_r H_m^{\ominus}$ 在该温度区间内为常数）

（2）反应在 650K 时的标准平衡常数。

解 （1）设 T_1 等于 500K，T_2 等于 800K，将题给数据代入式(5.6.2)

$$\Delta_r H_m^{\ominus} = \frac{RT_1T_2}{T_2-T_1}\ln\frac{K_2^{\ominus}}{K_1^{\ominus}} = \frac{8.314\mathrm{J\cdot mol^{-1}\cdot K^{-1}}\times 500\mathrm{K}\times 800\mathrm{K}}{800\mathrm{K}-500\mathrm{K}}\ln\frac{3.07}{126} = -41178\mathrm{J\cdot mol^{-1}}$$

（2）设 T_1 等于 500K，T_2 等于 650K

$$\ln\frac{K_2^{\ominus}}{126} = -\frac{-41178\mathrm{J\cdot mol^{-1}}}{8.314\mathrm{J\cdot mol^{-1}\cdot K^{-1}}}\left(\frac{1}{650\mathrm{K}}-\frac{1}{500\mathrm{K}}\right)$$

$$K_2^{\ominus} = 12.81$$

通过内容的分析和例题的计算表明，温度对化学平衡影响，引起标准平衡常数发生变化，平衡组成也发生变化。

（2）$\Delta_r H_m^{\ominus}$ 随温度变化时 $K^{\ominus}$ 的计算

若温度变化范围较大，反应前后热容也有显著变化，即 $\sum_{B}\nu_{B}C_{p,m}(B)\neq 0$ 时，反应的 $\Delta_r H_m^{\ominus}$ 不能视为常数，这时需要将 $\Delta_r H_m^{\ominus}$ 随 T 变化的函数关系代入式(5.6.1)进行积分，才能得到 $K^{\ominus}(T)$ 随 T 变化的关系。

若参加反应各物质热容均可表示为

$$C_{p,m}(B)=a+bT+cT^2$$

则

$$\Delta_r C_{p,m}=\sum_{B}\nu_{B}C_{p,m}(B)=\Delta a+\Delta bT+\Delta cT^2$$

代入基希霍夫公式，在温度变化范围内，参加反应各物质均无相变的情况下，得到 $\Delta_r H_m^{\ominus}$ 随 T 变化的关系式

$$\Delta_r H_m^{\ominus}(T)=\Delta H_0+\Delta aT+\frac{1}{2}\Delta bT^2+\frac{1}{3}\Delta cT^3 \tag{5.6.4}$$

式中，ΔH_0 是积分常数，298K 时的热力学数据容易查到，代入可得

$$\Delta H_0=\Delta_r H_m^{\ominus}(298\mathrm{K})-\left[\Delta a(298\mathrm{K})+\frac{1}{2}\Delta b(298\mathrm{K})^2+\frac{1}{3}\Delta c(298\mathrm{K})^3\right]$$

将式(5.6.4)代入式(5.6.1)做不定积分，得

$$\ln K^{\ominus}(T)=-\frac{\Delta H_0}{RT}+\frac{\Delta a}{R}\ln T+\frac{\Delta b}{2R}T+\frac{\Delta c}{6R}T^2+I \tag{5.6.5}$$

此式的积分常数是 I，只要代入已知温度 T 时的 $K^{\ominus}$，就可求得 I，进而求得任意温度下的 $K^{\ominus}(T)$。

任意温度下的 $K^{\ominus}(T)$ 亦可通过下式获得

$$-RT\ln K^{\ominus}(T)=\Delta_r H_m^{\ominus}(298\mathrm{K})+\int_{298\mathrm{K}}^{T}\Delta_r C_{p,m}\mathrm{d}T-T\left[\Delta_r S_m^{\ominus}(298\mathrm{K})+\int_{298\mathrm{K}}^{T}\frac{\Delta_r C_{p,m}}{T}\mathrm{d}T\right] \tag{5.6.6}$$

任意温度下的 $K^{\ominus}(T)$还可以通过对$\frac{\mathrm{d}(\Delta_r G_m^{\ominus}/T)}{\mathrm{d}T}=-\frac{\Delta_r H_m^{\ominus}}{T^2}$积分获得

$$\ln K^{\ominus}(T)=-\frac{1}{R}\left[\frac{\Delta_r G_m^{\ominus}(298\mathrm{K})}{298\mathrm{K}}-\int_{298\mathrm{K}}^{T}\frac{\Delta_r H_m^{\ominus}(T)}{T^2}\mathrm{d}T\right] \tag{5.6.7}$$

式(5.6.7)中的 $\Delta_r H_m^{\ominus}(T)$仍由式(5.6.4)给出（有时的情况可能更简单一些）。

式(5.6.5)～式(5.6.7)实际上代表了三种计算方法，三种计算方法的结果是一致的。之所以区分是由于使用的初始数据有些差别，第一种方法需要的初始数据是 298K 时的标准摩尔反应焓，各组分的热容数据，一个已知温度下的 $K^{\ominus}$；第二种方法需要的初始数据是 298K 时的标准摩尔反应焓，298K 时的标准摩尔反应熵，各组分的热容数据；第三种方法需要的初始数据是 298K 时的标准摩尔反应焓，298K 时的标准摩尔反应吉布斯函数，各组分的热容数据。

【例 5.6.2】 利用列出的数据导出反应 $N_2(g)+3H_2(g)\rightleftharpoons 2NH_3(g)$ 的 $\ln K^{\ominus}(T)=$

$f(T)$，并求算 $K^{\ominus}(500\text{K})$。

物质	$C_{p,m}(B)/J \cdot mol^{-1} \cdot K^{-1}$	$\Delta_f H_m^{\ominus}(B,298K)/kJ \cdot mol^{-1}$	$\Delta_f G_m^{\ominus}(B,298K)/kJ \cdot mol^{-1}$
$NH_3(g)$	29.8	−46.2	−16.6
$H_2(g)$	29.1	0	0
$N_2(g)$	26.9	0	0

解 根据题给数据，按式（5.6.7）计算

$$\Delta_r C_{p,m} = (2\times 29.8 - 3\times 29.1 - 1\times 26.9)\text{J}\cdot\text{mol}^{-1}\cdot\text{K}^{-1} = -54.6\text{J}\cdot\text{mol}^{-1}\cdot\text{K}^{-1}$$

$$\Delta_r H_m^{\ominus}(298\text{K}) = \sum_B \nu_B \Delta_f H_m^{\ominus}(\text{B},298\text{K}) = 2\times(-46.2)\text{kJ}\cdot\text{mol}^{-1} + 0 + 0 = -92.4\text{kJ}\cdot\text{mol}^{-1}$$

$$\Delta_r H_m^{\ominus}(T) = \Delta_r H_m^{\ominus}(298\text{K}) + \int_{298\text{K}}^{T} \Delta_r C_{p,m} dT = -92.4\text{kJ}\cdot\text{mol}^{-1} + \int_{298\text{K}}^{T} -54.6\times 10^{-3}\text{kJ}\cdot\text{mol}^{-1}\cdot\text{K}^{-1} dT = -54.6\times 10^{-3}\text{kJ}\cdot\text{mol}^{-1}\cdot\text{K}^{-1} T - 76.13\text{kJ}\cdot\text{mol}^{-1}$$

$$\Delta_r G_m^{\ominus}(298\text{K}) = \sum_B \nu_B \Delta_f G_m^{\ominus}(\text{B},298\text{K}) = 2\times(-16.6)\text{kJ}\cdot\text{mol}^{-1} + 0 + 0 = -33.2\text{kJ}\cdot\text{mol}^{-1}$$

$$\ln K^{\ominus}(T) = -\frac{1}{R}\left[\frac{\Delta_r G_m^{\ominus}(298\text{K})}{298\text{K}} - \int_{298\text{K}}^{T} \frac{\Delta_r H_m^{\ominus}(T)}{T^2} dT\right]$$

$$= -\frac{1}{R}\left[\frac{\Delta_r G_m^{\ominus}(298\text{K})}{298\text{K}} - \int_{298\text{K}}^{T} \frac{-54.6\times 10^{-3}\text{kJ}\cdot\text{mol}^{-1}\cdot\text{K}^{-1} T - 76.13\text{kJ}\cdot\text{mol}^{-1}}{T^2} dT\right]$$

$$= -\frac{1}{R}\left[\frac{-33.2\text{kJ}\cdot\text{mol}^{-1}}{298\text{K}} + \int_{298\text{K}}^{T} \frac{54.6\times 10^{-3}\text{kJ}\cdot\text{mol}^{-1}\cdot\text{K}^{-1}}{T} dT + \int_{298\text{K}}^{T} \frac{76.13\text{kJ}\cdot\text{mol}^{-1}}{T^2} dT\right]$$

$$= -\frac{1}{R}\left[54.6\text{J}\cdot\text{mol}^{-1}\cdot\text{K}^{-1}\ln(T/\text{K}) - 76.13\times 10^{3}\text{J}\cdot\text{mol}^{-1}\frac{1}{T} - 167\text{J}\cdot\text{mol}^{-1}\cdot\text{K}^{-1}\right]$$

$$= 20.087 + 9156.84(\text{K}/T) - 6.567\ln(T/\text{K})$$

$$\ln K^{\ominus}(500\text{K}) = -2.41, \quad K^{\ominus}(500\text{K}) = 8.98\times 10^{-2}$$

5.6.3 估计反应的有利温度

在 $\Delta_r G_m^{\ominus} = -RT\ln K^{\ominus} = \Delta_r H_m^{\ominus} - T\Delta_r S_m^{\ominus}$ 一式中，$\Delta_r G_m^{\ominus}$ 由 $\Delta_r H_m^{\ominus}$ 和 $T\Delta_r S_m^{\ominus}$ 两项构成。化学反应是原子或分子的重排过程，过程中一些旧键拆散，一些新键形成，键能的大小决定了反应的 $\Delta_r H_m^{\ominus}$ 数值。反应系统中混乱程度的变化则决定了 $\Delta_r S_m^{\ominus}$ 的数值。系统焓值的减少（放热）和熵值的增加都有利于吉布斯函数的降低；反之，焓值的增加（吸热）和熵值的减少都不利于吉布斯函数的降低。但实际上，$\Delta_r H_m^{\ominus}$ 与 $\Delta_r S_m^{\ominus}$ 的符号在大多数反应中是相同的，即吸热反应往往是熵增加，而放热反应往往是熵减少的。即在这些反应中焓因素和熵因素对 $\Delta_r G_m^{\ominus}$ 所起的作用相反，因此温度 T 在这里就起到了突出的作用。如果 $\Delta_r H_m^{\ominus}$ 和 $\Delta_r S_m^{\ominus}$ 都是正值，则高温对正向反应有利；如果 $\Delta_r H_m^{\ominus}$ 和 $\Delta_r S_m^{\ominus}$ 都是负值，则低温对正向反应有

利。究竟一个反应在什么温度范围内进行有利，可以用 $\Delta_r G_m^{\ominus}=0$ 时的温度来作近似判断。在这个温度时，焓因素和熵因素势均力敌，不相上下。这个温度在一些教科书中称为**转折温度**。可用下式表示

$$T=\frac{\Delta_r H_m^{\ominus}}{\Delta_r S_m^{\ominus}} \tag{5.6.8a}$$

式中，$\Delta_r H_m^{\ominus}$ 和 $\Delta_r S_m^{\ominus}$ 的数据可近似使用 298.15K 的数据，即

$$T=\frac{\Delta_r H_m^{\ominus}(298.15\text{K})}{\Delta_r S_m^{\ominus}(298.15\text{K})} \tag{5.6.8b}$$

例如反应 $N_2(g)+O_2(g)=\!=\!=2NO(g)$

从热力学数据查出，$\Delta_r H_m^{\ominus}(298.15\text{K})=180.74\text{kJ}\cdot\text{mol}^{-1}$，$\Delta_r S_m^{\ominus}(298.15\text{K})=24.72\text{J}\cdot\text{K}^{-1}\cdot\text{mol}^{-1}$，则这个反应的转折温度为

$$T=(180.74\times10^3/24.72)\text{K}=7311\text{K}$$

近似计算说明，该反应转折温度较高，在转折温度以下反应不会发生，即在空气中的 $N_2(g)$ 和 $O_2(g)$ 一般情况下是不会发生上述反应的，除非天空中有雷电时才可能达到这样的温度。

5.7 压力和组成等因素对化学平衡的影响

5.7.1 压力对化学平衡的影响

$K^{\ominus}$ 仅与温度有关，故当温度一定时，压力的变化不会改变 $K^{\ominus}$，但仍会使平衡发生移动。根据式(5.5.7)

$$K^{\ominus}=K_y(p/p^{\ominus})^{\sum\nu_B}$$

将其取对数，然后再定温下两边对压力 p 求导，整理后得

$$\left(\frac{\partial\ln K_y}{\partial p}\right)_T=-\frac{\sum\nu_B}{p} \tag{5.7.1}$$

式(5.7.1)表明，在温度一定时，压力将对 K_y 产生影响，影响结果如下：

对于气体分子数增加的反应，$\sum\nu_B>0$，增加系统的总压，K_y 将减小，平衡向左移动，不利于正向反应进行；

对于气体分子数减少的反应，$\sum\nu_B<0$，增加系统的总压，K_y 也将增加，平衡向右移动，有利于正向反应进行；

对于气体分子数不变的反应，$\sum\nu_B=0$，改变系统的总压，K_y 不变，平衡不移动。

5.7.2 反应物质对化学平衡的影响*

根据 Le Chatelier 原理，在化学反应平衡时，增加反应物的量或减少生成物的量都可使化学平衡正向移动，而减少反应物的量或增加生成物的量都可使化学平衡反向移动。但值得注意的是对有些反应会出现反常情况。

【例 5.7.1】 恒温、恒压气相反应 $2A+B \rightleftharpoons C$，平衡时各组分物质的量分别为 $n_A=3mol$，$n_B=6mol$，$n_C=2mol$。于平衡系统中添加 1mol B 物质，指出使用 K_p、K_y、K_n哪一种平衡常数判断过程的方向最简便，并给出平衡移动的方向。

解 $K_p=K_y p^{\sum\nu_B}$，恒温、恒压时 K_p、K_y二者都不变。

$K_p=K_n\left(\dfrac{p}{\sum n_B}\right)^{\sum\nu_B}$，向体系中加入反应物质，$K_p$、$K_y$不变，$K_n$变。

判断过程的方向时，选择数值不变的且又计算简单的平衡常数最简便。比较之，使用 K_y判断过程的方向最简便。求 K_y：$\sum n_B=11mol$，$y_A=\dfrac{3}{11}$，$y_B=\dfrac{6}{11}$，$y_C=\dfrac{2}{11}$，则

$$K_y=\frac{2/11}{(3/11)^2\times(6/11)}=\frac{121}{27}=\frac{847}{189}$$

添加 1mol B 物质，平衡被破坏。不平衡的物质的量分数商以 Q_y表示，求 Q_y：$\sum n_B=12mol$，$y_A=\dfrac{3}{12}$，$y_B=\dfrac{7}{12}$，$y_C=\dfrac{2}{12}$，则

$$Q_y=\frac{2/12}{(3/12)^2\times(7/12)}=\frac{32}{7}=\frac{864}{189}$$

$Q_y>K_y$，$\left(\dfrac{\partial G}{\partial \xi}\right)_{T,p}=RT\ln\dfrac{Q_y}{K_y}>0$，$\Delta_r G_m>0$，平衡反向移动。

可见此例即是 Le Chatelier 原理出现反常的一种情况。

(1) Katz-Lewis 关系式

反应物质对化学平衡影响的定量研究的关系式于 1961 年由卡兹-路易斯（Katz-Lewis）提出，关系式为

$$\left(\frac{\partial \ln Q_y}{\partial n_B}\right)_{T,p}=\frac{1}{n_B}(\nu_B-y_B\sum\nu_B) \quad (5.7.2)$$

后来我国学者张索林等（张索林，魏雨，童汝亭．浓度影响化学平衡的定量描述[J]. 大学化学，1986，1(3)：25)又对上式作了改进，改进后的式子为

$$\left(\frac{\partial \ln Q_y}{\partial y_B}\right)_{T,p,n_C}=\frac{1}{1-y_B}\left(\frac{\nu_B}{y_B}-\sum\nu_B\right) \quad (5.7.3)$$

该式把物质数量全部统一为强度性质 y_B。式子表明，对任意反应 $0=\sum_B \nu_B B$，若平衡时向体系添加B物质，当$\left(\dfrac{\partial \ln Q_y}{\partial y_B}\right)_{T,p}<0$时，说明$Q_y$下降，使$Q_y<K_y$，预示着B物质的引入将使平衡正向移动。当$\left(\dfrac{\partial \ln Q_y}{\partial y_B}\right)_{T,p}>0$时，说明$Q_y$增加，使$Q_y>K_y$，预示着B物质的引入将使平衡反向移动。

例如，在 30MPa、723K 时的合成氨反应：

$$N_2(g)+3H_2(g) \rightleftharpoons 2NH_3(g) \quad K_y=3.923$$

$$\nu_B \quad -1 \quad\quad -3 \quad\quad +2 \quad\quad \sum\nu_B=-2$$

对氮气，将相应关系代入 Katz-Lewis 改进式，得

$$\left(\frac{\partial \ln Q_y}{\partial y_{N_2}}\right)_{T,p}=\frac{1}{1-y_{N_2}}\left(-\frac{1}{y_{N_2}}+2\right) \tag{a}$$

对氢气，将相应关系代入 Katz-Lewis 改进式，得

$$\left(\frac{\partial \ln Q_y}{\partial y_{H_2}}\right)_{T,p}=\frac{1}{1-y_{H_2}}\left(-\frac{3}{y_{H_2}}+2\right) \tag{b}$$

从式（a）看出，当 $y_{N_2}<\frac{1}{2}$时，$\left(\frac{\partial \ln Q_y}{\partial y_{N_2}}\right)_{T,p}<0$，这意味着氮气的加入使 $Q_y<K_y$，预示着氮气的加入将使平衡正向移动。但是，当 $y_{N_2}>\frac{1}{2}$时，$\left(\frac{\partial \ln Q_y}{\partial y_{N_2}}\right)_{T,p}>0$，这意味着氮气的加入使 $Q_y>K_y$，预示着氮气的加入将使平衡反向移动。$y_{N_2}=\frac{1}{2}$是引入氮气使平衡正反向移动的临界点。

从式（b）看出，在 $0<y_{H_2}<1$ 的整个范围内，$\left(\frac{\partial \ln Q_y}{\partial y_{H_2}}\right)_{T,p}<0$（恒），意味着在整个浓度范围内向系统中引入氢气都将使平衡正向移动。

Katz-Lewis 关系式是全面描述反应物质对化学平衡影响的定量公式，既包含了与 Le Chatelier 原理一致的部分，也包含了 Le Chatelier 原理失效的部分。那么在什么条件下 Le Chatelier原理会失效呢？可以通过分析 Katz-Lewis 关系式得到（沈玉龙．谈 Le Chatelier 原理判断失败的局限条件［J］．唐山师范学院学报，2001，23（2）：30）。

当向平衡系统加入的物质为反应物时，$\nu_B<0$，要使平衡逆向移动，即向生成更多 B 物质的方向移动，必须$\left(\frac{\partial \ln Q_y}{\partial n_B}\right)_{T,p}=\frac{1}{n_B}(\nu_B-y_B\sum\nu_B)>0$，也就是$(\nu_B-y_B\sum\nu_B)>0$，因为 $y_B>0$，只有$\sum\nu_B<0$ 才有可能使$\left(\frac{\partial \ln Q_y}{\partial n_B}\right)_{T,p}>0$。该结论要求化学反应计量方程中反应物计量系数的绝对值之和大于产物的计量系数之和，同时要求 $y_B>\frac{\nu_B}{\sum\nu_B}$。

若向平衡系统加入的物质为生成物时，$\nu_B>0$，要使平衡正向移动，即向生成更多 B 物质的方向移动，必须$\left(\frac{\partial \ln Q_y}{\partial n_B}\right)_{T,p}=\frac{1}{n_B}(\nu_B-y_B\sum\nu_B)<0$，也就是$(\nu_B-y_B\sum\nu_B)<0$，因为 $y_B>0$，只有$\sum\nu_B>0$ 才有可能使$\left(\frac{\partial \ln Q_y}{\partial n_B}\right)_{T,p}<0$。此结论则要求化学反应计量方程中产物计量系数的绝对值之和大于反应物的计量系数之和，同时仍要求 $y_B>\frac{\nu_B}{\sum\nu_B}$。

综合上面的分析可得出，Le Chatelier 原理判断失效的条件为：

① 加入平衡系统的物质 B 应在化学反应方程中计量系数的绝对值之和较大的一侧；

② 平衡系统中物质 B 物质的量分数 $y_B>\frac{\nu_B}{\sum\nu_B}$。

（2）Katz-Lewis 关系式及改进式的证明

因为 $K_y=K_n n_{总}^{-\sum\nu_B}$，所以 $Q_y=Q_n n_{总}^{-\sum\nu_B}$，在恒温恒压及除了 B 以外的物质的量不变

的情况下将式子两边对 n_B 求偏导

$$\left(\frac{\partial Q_y}{\partial n_B}\right)_{T,p,n_C}=\left[\frac{\partial}{\partial n_B}(Q_n n_{总}^{-\sum\nu_B})\right]_{T,p,n_C}$$

式中，$Q_n=Q_{n_C}n_B^{\nu_B}$，$n_{总}=n_B+\sum n_C$，即等号右边的导数是求两个 n_B 的函数之积的导数

$$\left[\frac{\partial}{\partial n_B}(Q_n n_{总}^{-\sum\nu_B})\right]_{T,p,nC}=\nu_B n_B^{\nu_B-1}Q_{n_C}n_{总}^{-\sum\nu_B}-\sum\nu_B n_{总}^{-\sum\nu_B-1}Q_n$$

$$=\nu_B n_B^{-1}Q_n n_{总}^{-\sum\nu_B}-\sum\nu_B n_{总}^{-1}Q_n n_{总}^{-\sum\nu_B}$$

$$=\frac{Q_y}{n_B}(\nu_B-y_B\sum\nu_B)$$

即

$$\left(\frac{\partial Q_y}{\partial n_B}\right)_{T,p,n_C}=\frac{Q_y}{n_B}(\nu_B-y_B\sum\nu_B)$$

式子两边同除以 Q_y，即得 Katz-Lewis 关系式

$$\left(\frac{\partial \ln Q_y}{\partial n_B}\right)_{T,p,n_C}=\frac{1}{n_B}(\nu_B-y_B\sum\nu_B)$$

因 $n_B=n_{总}y_B$，则 $dn_B=n_{总}dy_B+y_B dn_B$，整理后得 $dn_B=\frac{n_{总}}{1-y_B}dy_B$，代入 Katz-Lewis 关系式得到改进式

$$\left(\frac{\partial \ln Q_y}{\partial y_B}\right)_{T,p,n_C}=\frac{1}{1-y_B}\left(\frac{\nu_B}{y_B}-\sum\nu_B\right)$$

(3) 反应物配比对化学平衡的影响

对于有不止一种反应物参加的反应，如

$$aA+bB\longrightarrow yY+zZ$$

在恒温、恒压条件下，反应物 A 与 B 的起始物质的量的配比会对平衡时混合气中产物的相对含量 $y_{产物}$ 产生影响。设反应物的起始摩尔比 $r=\frac{n_B}{n_A}$，其变化范围为 $0<r<\infty$。实验过程中，随着 r 的增加，产物在混合气中的平衡浓度 $y_{产物}$ 会出现一个极大值。不管是数学理论还是实验都可以证明，当起始原料气中 A 与 B 的摩尔比等于反应式中反应物的计量系数之比，即 $r=\frac{n_B}{n_A}=\frac{b}{a}$ 时，产物在混合气中的平衡浓度 $y_{产物}$ 最大。在最大值以后，再增加 r 值，产物在混合气中的平衡浓度 $y_{产物}$ 开始不断降低。图 5.7.1 是实验所测 500℃、30.4MPa 下，合成氨反应 $N_2(g)+3H_2(g)\rightleftharpoons 2NH_3(g)$ 平衡混合气中，生成物氨的平衡浓度 $y_{产物}$ 与反应物的起始摩尔比 r 的关系。为什么会这样呢？正确的解释是 $r>\frac{b}{a}$ 时引起的那部分反应所对应的转化率必然小于 $r=\frac{b}{a}$ 时对应的反应的转

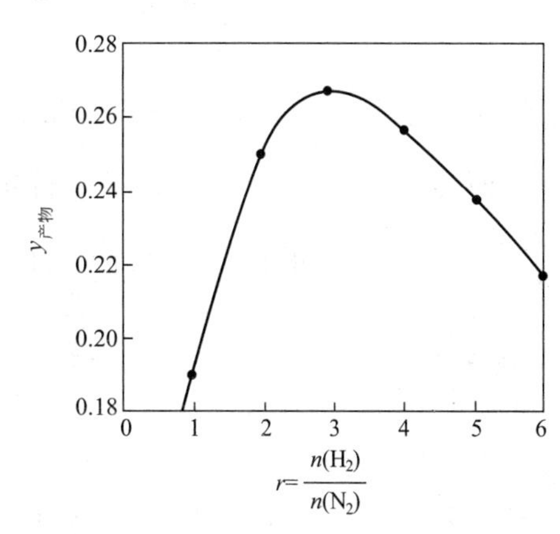

图 5-7.1 合成氨反应中氨的平衡浓度 $y_{产物}$ 随 r 的变化关系

化率，而且 r 值超过$\frac{b}{a}$越多，其所引起的那部分反应所对应的转化率也会越小。也就是说，加入的反应物中，变成产物作分子的部分越来越少，而未反应作分母的部分越来越多，结果使产物在混合气中的平衡浓度 $y_{产物}$ 开始不断降低。值得指出的是，只要反应没有进入“Le Chatelier 原理判断失效”的条件，此时的反应仍然是正向进行的，只有那些进入“Le Chatelier 原理判断失效”条件的反应才会反向进行。有的文献认为“在最大值以后，再增加反应物 B 的量，使 r 继续增加，不但不会使平衡向右移动，反而会向左移动，减小产物的含量。”显然是不妥的。

应该说明的是，尽管反应物起始物质的量的最佳配比是反应式中反应物的计量系数之比，但对具体情况也要灵活运用。例如，有多种反应物参加反应时若其中某一种反应物不易获得，特别是当该反应物不能循环使用时，则可使其他的反应物大大过量，以尽量使稀缺昂贵的物质多转化一些，以免浪费。这样做，虽然在混合气中产物的含量低了，但稀缺昂贵物质的利用率提高了。如用乙烯和水蒸气按反应 $C_2H_4(g)+H_2O(g) \rightleftharpoons C_2H_5OH(g)$ 来制备乙醇时，可以让廉价的水蒸气大大过量，以提高乙烯的转化率。

5.7.3 惰性物质对化学平衡的影响

用与反应物质对平衡的影响类似的方法考虑。因惰性物质只与系统物质总量有关，若惰性物质以 D 表示，$Q_y=Q_n n_{总}^{-\sum\nu_B}$，则

$$\left(\frac{\partial Q_y}{\partial n_D}\right)_{T,p,n_C}=\left[\frac{\partial}{\partial n_D}(Q_n n_{总}^{-\sum\nu_B})\right]_{T,p,n_C}=Q_n(-\sum\nu_B)n_{总}^{(-\sum\nu_B)-1}=Q_y\times\frac{-\sum\nu_B}{n_{总}}$$

$$\left(\frac{\partial \ln Q_y}{\partial n_D}\right)_{T,p,n_C}=\frac{-\sum\nu_B}{n_{总}} \tag{5.7.4}$$

问题分析：当 $\sum\nu_B>0$ 时，即分子数增加的反应，$\left(\frac{\partial \ln Q_y}{\partial n_D}\right)_{T,p,n_C}<0$，平衡体系中加入惰性物质 D 使 Q_y 减小，$Q_y<K_y$，平衡将正向移动；当 $\sum\nu_B<0$ 时，即分子数减少的反应，$\left(\frac{\partial \ln Q_y}{\partial n_D}\right)_{T,p,n_C}>0$，平衡体系中加入惰性物质 D 使 Q_y 增大，$Q_y>K_y$，平衡将反向移动。

【例 5.7.2】 在常压下进行乙苯脱氢制苯乙烯的反应，873K 时 $K^{\ominus}=0.178$。反应中加入惰性物质水蒸气以提高反应的转化率，若原料气中乙苯和水蒸气的物质的量之比为 1∶9，求乙苯的最大转化率。若不添加水蒸气，乙苯的转化率又为多少？

解 设转化率为 α，以 1mol 乙苯为计算基准。

	$C_6H_5C_2H_5(g) \rightleftharpoons$	$C_6H_5C_2H_3(g)+$	$H_2(g)$	$H_2O(g)$
初始量 $n_{B,0}$/mol	1	0	0	9
平衡量 $n_{B,eq}$/mol	$1-\alpha$	α	α	9

平衡总量 $\sum_B n_{B,eq}=1-\alpha+\alpha+\alpha+9=10+\alpha$

$$K^{\ominus}=K_n[p/(p^{\ominus}\sum_B n_{B,eq})]^{\sum\nu_B}=\frac{\alpha^2}{1-\alpha}\left(\frac{p/p^{\ominus}}{10+\alpha}\right)^{\sum\nu_B}$$

因为 $\sum\nu_B=1$，常压 $p=p^{\ominus}$，所以

$$K^{\ominus}=\frac{\alpha^2}{1-\alpha}\left(\frac{1}{10+\alpha}\right)=0.178$$

解得转化率 $\alpha=0.728$

不添加水蒸气时，平衡总量 $\sum_{B} n_{B,eq}=1-\alpha+\alpha+\alpha=1+\alpha$

$$K^{\ominus}=\frac{\alpha^2}{1-\alpha}\left(\frac{1}{1+\alpha}\right)=\frac{\alpha^2}{1-\alpha^2}=0.178$$

解得转化率 $\alpha=0.389$

计算可知，添加水蒸气后，乙苯的最大转化率从0.389增加到0.728。

为什么温度、压力对平衡影响时可以直接用平衡常数来讨论，而反应物质与惰性物质对平衡系统的影响却要用非平衡的Q商来讨论？研究者认为，平衡常数是温度和压力的函数[$K^{\ominus}=f(T)$，$K_y=f(T,p)$]，温度和压力是系统的性质。在封闭系统，不管是温度还是压力，平衡常数与其都是单值的连续函数。但平衡常数不是某单一物质浓度的函数（平衡时各组分间的浓度值是按化学反应的数量关系彼此制约的）。所以，反应物质与惰性物质对平衡系统的影响可以用“两步法”来表示，即外物（引入反应物或惰性气体）干扰，使得平衡态Ⅰ变化到了干扰态Ⅱ；但干扰态是热力学不稳定的，它将力图趋向新的平衡态Ⅲ，达到系统的总吉布斯自由能最低。整个过程分为外物干扰和恢复平衡“两步”，Katz-Lewis关系式所表达的是外物干扰一步，分析比较属于恢复平衡一步。

5.7.4 相关反应对化学平衡的影响*

对于能发生两个及以上反应的系统，前面已经讨论过相关反应$\Delta_r G_m^{\ominus}$间的关系和相关反应$K^{\ominus}$间的关系。若向一个已达平衡的反应系统引入一个相关的化学反应，不难理解，引入的反应必然会影响原反应的化学平衡。这一般可用Le chatelier原理来解释。

① 若引入的反应能提供原反应的产物，则原反应的平衡将反向移动。典型的例子是液相反应中的同离子效应。

在电解质1的饱和溶液中，加入和电解质1有相同离子的强电解质2，因而降低电解质1的溶解度的效应叫同离子效应。这种效应对于微溶电解质特别显著，在化学分析中应用很广。在弱电解质溶液中加入含有与该弱电解质具有相同离子的强电解质，从而使弱电解质的解离平衡朝着生成弱电解质分子的方向移动，弱电解质的解离度降低的效应也称为同离子效应。

② 若引入的反应能消耗原反应的产物，则原反应的平衡将正向移动。典型的例子是反应的偶合。如反应

$$TiO_2(s)+2Cl_2(g)\longrightarrow TiCl_4(l)+O_2(g) \qquad (A)$$

$\Delta_r G_m^{\ominus}(A,298K)=161.94kJ\cdot mol^{-1}$，$\Delta_r G_m^{\ominus}$的正值很大，平衡时生成的$TiCl_4$极少，提高温度虽然有利于正向反应，但作用有限。如果引入一个能消耗掉反应（A）的某一个产物（副产物）且$\Delta_r G_m^{\ominus}$又很负的反应，如

$$C(s)+O_2(g)\longrightarrow CO_2(g) \qquad (B)$$

$\Delta_r G_m^{\ominus}(B,298K)=-394.38kJ\cdot mol^{-1}$，反应(A)+(B)得

$$C(s)+TiO_2(s)+2Cl_2(g)\longrightarrow TiCl_4(l)+CO_2(g) \qquad (C)$$

$\Delta_r G_m^{\ominus}(C,298K)=\Delta_r G_m^{\ominus}(A,298K)+\Delta_r G_m^{\ominus}(B,298K)=-232.44kJ\cdot mol^{-1}$。反应（C）能顺利进行，所需产物 $TiCl_4$ 可以得到。这种情况就是反应的偶合。反应的偶合的方法在尝试设计新的合成路线时，常常是很有用的。例如从丙烯生产丙烯腈的反应

$$CH_2=CH-CH_3+NH_3 \longrightarrow CH_2=CHCN+3H_2$$

此反应的产率很低，如何提高丙烯腈的产率？加入 O_2 消耗 H_2 是个可行的办法，因为

$$H_2(g)+\frac{1}{2}O_2(g) \longrightarrow H_2O(g)$$

反应的 $\Delta_r G_m^{\ominus}(298K)=-228.59kJ\cdot mol^{-1}$，$\Delta_r G_m^{\ominus}$ 值很负，将两个反应偶合在一起，应该能提高丙烯腈的产率。实际生产的结果证明，偶合后的新反应

$$CH_2=CH-CH_3+NH_3+\frac{3}{2}O_2 \longrightarrow CH_2=CHCN+3H_2O$$

其丙烯腈的产率确实很高。

反应的偶合或者说是偶合反应提供了提高某产品的产率的一种手段，有时甚至使原先不能进行的反应，在偶合了另一反应后，可以获得所需要的产物。但这仍然只是热力学上的可能性，这种可能性能否实现，还必须结合反应的速率，从动力学的角度全面地对待这一问题。

5.8 同时反应的化学平衡*

前面讨论的化学平衡系统中，只考虑了一个化学反应。实际的反应系统可能同时存在几个反应，大部分有机物的反应尤其如此。上一节在偶合反应中只是定性地说明了一个反应对另一个反应在平衡时可能的影响。本节将对同时反应的化学平衡系统作简要的定量的分析。

这里的**同时反应的化学平衡系统**指的是某个反应组分同时参加两个以上的**独立反应**，平衡时其组成同时满足这几个反应的平衡关系的系统。而独立反应是指那些不能用线性组合的方法由其他反应导出的反应。例如：

$$C+O_2 = CO_2 \quad (1)$$

$$C+\frac{1}{2}O_2 = CO \quad (2)$$

$$CO+\frac{1}{2}O_2 = CO_2 \quad (3)$$

这三个反应中，任意选择两个，第三个即由这两个经线性组合而得，如(2)=(1)－(3)，因此三个反应中只有两个是独立反应。

处理同时反应的化学平衡时，**首先给定原始组成并对每个独立反应选定一个组成未知数**，因为每一个独立的反应有自己的反应进度，所选组成的变化实际上代表了反应进度的变化，平衡时的反应进度决定了平衡时反应中各物质的组成。**接下来是列出平衡关系**，当系统达到平衡时，有几个独立的化学反应，就有几个独立的标准平衡常数，通过平衡时反应的物料衡算，就

得到几个独立的平衡关系式，未知数的个数将与平衡关系式的个数相等。**最后是解出方程中的未知数**，并算出达平衡时参与反应的所有物质的组成。值得注意的是，在物料衡算关系中，一个组分，无论同时参加几个独立反应，平衡时其组成（或分压）只有一个。

【例 5.8.1】 600K 温度下，已知由 CH_3Cl 和 H_2O 作用生成 CH_3OH 时，CH_3OH 可继续分解为 $(CH_3)_2O$，即下列平衡同时存在。

(1) $CH_3Cl(g)+H_2O(g)$ ══ $CH_3OH(g)+HCl(g)$

(2) $2CH_3OH(g)$ ══ $(CH_3)_2O(g)+H_2O(g)$

已知在该温度下 $K^{\ominus}(1)=0.00154$，$K^{\ominus}(2)=10.6$。今以 CH_3Cl 和 H_2O 的配料比按方程 (1) 中的系数比开始反应，求 CH_3Cl 的转化率。

解 设开始时 CH_3Cl 和 H_2O 的量各为 1mol，平衡后生成 HCl 的量为 αmol，生成 $(CH_3)_2O$ 的量为 βmol，列出的物料平衡关系如下：

	$CH_3Cl(g)$	+ $H_2O(g)$	══ $CH_3OH(g)$	+ $HCl(g)$	$\sum\nu_B=0$
初始量 $n_{B,0}$/mol	1	1	0	0	
平衡量 $n_{B,eq}$/mol	$1-\alpha$	$1-\alpha+\beta$	$\alpha-2\beta$	α	

	$2CH_3OH(g)$	══ $(CH_3)_2O(g)$	+ $H_2O(g)$	$\sum\nu_B=0$
平衡量 $n_{B,eq}$/mol	$\alpha-2\beta$	β	$1-\alpha+\beta$	

因为

$$K^{\ominus}=K_n[p/(p^{\ominus}\sum_B n_{B,eq})]^{\sum\nu_B}=K_n$$

所以

$$K^{\ominus}(1)=\frac{(\alpha-2\beta)\alpha}{(1-\alpha)(1-\alpha+\beta)}=0.00154$$

$$K^{\ominus}(2)=\frac{\beta(1-\alpha+\beta)}{(\alpha-2\beta)^2}=10.6$$

将两个方程联立求解：由第一个方程整理得 $\beta=\dfrac{\alpha^2-1.54\times10^{-3}(1-\alpha)^2}{2\alpha+1.54\times10^{-3}(1-\alpha)}$，将第一个方程和第二个方程相乘后再整理得 $\beta=\dfrac{16.324\times10^{-3}(1-\alpha)}{1+2\times16.324\times10^{-3}(1-\alpha)/\alpha}$，取一系列的 α 值，由两个式子得两组 β 值，列入下表。

α	0.10	0.08	0.06	0.04	0.02
$\beta=\dfrac{\alpha^2-1.54\times10^{-3}(1-\alpha)^2}{2\alpha+1.54\times10^{-3}(1-\alpha)}$	0.0435	0.0316	0.0184	0.0022	−0.026
$\beta=\dfrac{16.324\times10^{-3}(1-\alpha)}{1+2\times16.324\times10^{-3}(1-\alpha)/\alpha}$	0.1136	0.0109	0.0102	0.0088	0.0062

作 β-α 图（图略），图上得两条曲线，曲线交点 $\alpha=0.0481$，$\beta=0.0094$ 即为两个方程的解。

$$CH_3Cl\text{ 的转化率}=\frac{[1-(1-\alpha)]\text{mol}}{1\text{mol}}\times\%=\alpha\times\%=4.81\%$$

5.9 实际气体反应的化学平衡*

理想气体反应化学平衡中的研究方法，原理同样适用于实际气体反应的化学平衡。

将实际气体按理想气体修正后的化学势为 $\mu_B=\mu_B^{\ominus}+RT\ln(f_B/p^{\ominus})$，代入 $\left(\frac{\partial G}{\partial \xi}\right)_{T,p}=\sum_B \nu_B\mu_B$，即可得实际气体化学反应的等温方程式

$$\left(\frac{\partial G}{\partial \xi}\right)_{T,p}=\Delta_r G_m^{\ominus}+RT\ln\prod_B(f_B/p^{\ominus})^{\nu_B} \tag{5.9.1}$$

式中，f_B 为组分 B 在某指定条件下的逸度，$\prod_B(f_B/p^{\ominus})^{\nu_B}$ 可简写为 Q_f。

反应达平衡时，$\left(\frac{\partial G}{\partial \xi}\right)_{T,p}=0$，有

$$\Delta_r G_m^{\ominus}=-RT\ln\prod_B(f_B^{eq}/p^{\ominus})^{\nu_B}$$

对于确定的化学反应，$\Delta_r G_m^{\ominus}$ 只与温度和标准态的选取有关。由化学势知，无论是实际气体还是理想气体，都选择温度 T、压力 $p^{\ominus}=100\text{kPa}$ 的纯理想气体作为标准态，因此上式中 $\prod_B(f_B^{eq}/p^{\ominus})^{\nu_B}$ 只是温度的函数，或者说就是温度 T 时的标准平衡常数，即

$$K^{\ominus}=\exp\left(-\frac{\Delta_f G_m^{\ominus}}{RT}\right)=\prod_B(f_B^{eq}/p^{\ominus})^{\nu_B} \tag{5.9.2}$$

式中，f_B^{eq} 为平衡条件下组分 B 的逸度，因 $f_B=\varphi_B p_B$，故有

$$K^{\ominus}=\prod_B\varphi_B^{\nu_B}\prod_B(p_B^{eq}/p^{\ominus})^{\nu_B}=K_\varphi K_p^{\ominus} \tag{5.9.3}$$

式中，$K_\varphi=\prod_B\varphi_B^{\nu_B}$，若为理想气体反应，$K_\varphi=1$，对低压下的实际气体反应，$K_\varphi\approx 1$，式(5.9.3)都可还原为式(5.4.8)$K^{\ominus}=K_p^{\ominus}$。对高压下的实际气体反应，$K_\varphi\neq 1$，$K^{\ominus}\neq K_p^{\ominus}$，此时 K_φ 和 $K_p^{\ominus}$ 均与 T 和 p 有关。表 5.9.1 列出了气相反应 $\frac{1}{2}N_2(g)+\frac{3}{2}H_2(g)\rightleftharpoons NH_3(g)$ 在 450℃，不同总压下的 K_φ 值。数据表明，总压小于 10MPa 时，K_φ 偏离 1 较小，不明显，总压大于 10MPa 时，K_φ 偏离 1 较大，相当明显。即高压下反应的 $K_p^{\ominus}$ 将有明显的改变。

表 5.9.1 气相反应 $\frac{1}{2}N_2(g)+\frac{3}{2}H_2(g)$ ══ $NH_3(g)$ 在 450℃ 时不同压力下的 K_φ 值

p/MPa	1.01	3.04	5.07	10.13	30.4	50.67	101.13
K_φ	0.992	0.978	0.965	0.929	0.757	0.512	0.285

【例 5.9.1】 已知反应

$$\frac{1}{2}N_2(g)+\frac{3}{2}H_2(g)=\!=\!=NH_3(g)$$

在500℃、30.4MPa下进行，$K^{\ominus}=3.75\times10^{-3}$，原料气中氮氢物质的量的比为1∶3。试按下述两种情况计算反应达平衡时氨的含量，并与实际值26.4%进行比较。(1) 按理想气体计算；(2) 按实际气体计算。

解 (1) 按理想气体计算，设平衡转化率为α

$$\frac{1}{2}N_2(g)+\frac{3}{2}H_2(g)=\!=\!=NH_3(g)$$

开始时 n_B/mol	1	3	0	
平衡时 n_B^{eq}/mol	$1-\alpha$	$3(1-\alpha)$	2α	$\sum n_B^{eq}=4-2\alpha$

已知 $K_p^{\ominus}=K_n[p/(p^{\ominus}\sum_B n_B^{eq})]^{\sum\nu_B}=\frac{2\alpha}{(1-\alpha)^{1/2}(3-3\alpha)^{3/2}}\left[\frac{p}{(4-2\alpha)p^{\ominus}}\right]^{-1}=\frac{4\alpha(2-\alpha)}{3^{3/2}(1-\alpha)^2 p/p^{\ominus}}$

整理
$$\alpha=1-\frac{1}{[1+1.299K_p^{\ominus}(p/p^{\ominus})]^{1/2}}$$

按理想气体计算，$K^{\ominus}=K_p^{\ominus}=3.75\times10^{-3}$

$$\alpha=1-\frac{1}{[1+1.299\times3.75\times10^{-3}(30400/100)]^{1/2}}=0.365$$

平衡时氨的物质的量分数为 $y(NH_3)=\frac{2\alpha}{4-2\alpha}=\frac{0.365}{2-0.365}=0.223=22.3\%$

此结果与实验值的相对误差为 $\frac{26.4-22.3}{26.4}\times100\%=15.53\%$

(2) 按实际气体计算，需求出K_φ。由附录中三种气体的临界数据，计算出各气体在500℃、30.4MPa下的T_r、p_r值(计算H_2时，使用$T_r=\frac{T}{T_c+8K}$和$p_r=\frac{p}{p_c+0.8MPa}$关系式)，再用普遍化逸度因子图查得各气体在该T_r、p_r下的φ值。结果列入下表：

气体	T_c/K	p_c/MPa	T_r	p_r	φ
N_2	126.15	3.39	6.13	8.97	1.08
H_2	33.25	1.297	18.74	14.5	1.09
NH_3	405.48	11.313	1.91	2.67	0.92

$$K_\varphi=\frac{\varphi_{NH_3}}{\varphi_{N_2}^{1/2}\varphi_{H_2}^{3/2}}=\frac{0.92}{1.08^{1/2}\times1.09^{3/2}}=0.778$$

$$K_p^{\ominus}=K^{\ominus}/K_\varphi=3.75\times10^{-3}/0.778=4.82\times10^{-3}$$

$$\alpha=1-\frac{1}{[1+1.299K_p^{\ominus}(p/p^{\ominus})]^{1/2}}$$

$$=1-\frac{1}{[1+1.299\times4.82\times10^{-3}\times(30400/100)]^{1/2}}=0.413$$

平衡时氨的物质的量分数为 $y(NH_3)=\frac{2\alpha}{4-2\alpha}=\frac{0.413}{2-0.413}=0.260=26.0\%$

此结果与实验值的相对误差为 $\frac{26.4-26.0}{26.4}\times 100\%=1.52\%$

按实际气体计算，考虑了 K_φ 值，所得结果比按理想气体准确了许多。

5.10 液态混合物和溶液中的化学平衡*

无论是气态物质的化学反应，还是液态物质的化学反应，化学平衡的原理都是相同的，而区别也仅在于不同物态的物质，其化学势的表达方式不同，导致最终的结果可能不同。

5.10.1 液态混合物中的化学平衡

若反应物和产物能形成液态混合物，则各组分可以同等对待，不必有溶剂和溶质之分。

第 4 章已得到在理想液态混合物中任一组分的化学势为

$$\mu_B(T,p,x_B)=\mu_B^*(T,p)+RT\ln x_B \tag{5.10.1}$$

若是在非理想液态混合物中，即对 Raoult 定律有偏差，引入活度后得

$$\mu_B(T,p,x_B)=\mu_B^*(T,p)+RT\ln a_B \tag{5.10.2}$$

式中，$\mu_B^*(T,p)$ 不是标准态的化学势，因为它的压力是 p 而不是标准压力 $p^\ominus$，如将压力 p 换成 $p^\ominus$，则应加上压力积分项，即

$$\mu_B(T,p,x_B)=\mu_B^\ominus(T,p^\ominus)+RT\ln a_B+\int_{p^\ominus}^{p}V_B\mathrm{d}p \tag{5.10.3}$$

由于 $p^\ominus$ 是确定的，所以 $\mu_B^\ominus$ 仅是温度的函数，式中 V_B 是 B 组分的偏摩尔体积。将式(5.10.3)代入式(5.3.1b)得

$$\left(\frac{\partial G}{\partial \xi}\right)_{T,p}=\sum_B \nu_B\mu_B=\sum_B \nu_B\mu_B^\ominus+RT\ln\prod_B(a_B)^{\nu_B}+\int_{p^\ominus}^{p}\sum_B \nu_B V_B\mathrm{d}p \tag{5.10.4}$$

反应达平衡后，$\sum_B \nu_B\mu_B=0$，并根据标准平衡常数的定义，得

$$\sum_B \nu_B\mu_B^\ominus=-RT\ln\prod_B(a_B^{eq})^{\nu_B}-\int_{p^\ominus}^{p}\sum_B \nu_B V_B\mathrm{d}p=-RT\ln K^\ominus$$

$$K^\ominus=\prod_B(a_B^{eq})^{\nu_B}\exp\left(\frac{1}{RT}\int_{p^\ominus}^{p}\sum_B \nu_B V_B\mathrm{d}p\right)=K_a\Psi \tag{5.10.5a}$$

式 (5.10.5a) 中 $K_a=\prod_B(a_B^{eq})^{\nu_B}$，$\Psi=\exp\left(\frac{1}{RT}\int_{p^\ominus}^{p}\sum_B \nu_B V_B\mathrm{d}p\right)$ 可称为平衡常数的偏压因子。又知 $a_B=\gamma_B x_B$，故

$$K^\ominus=\prod_B(\gamma_B)^{\nu_B}\prod_B(x_B^{eq})^{\nu_B}\exp\left(\frac{1}{RT}\int_{p^\ominus}^{p}\sum_B \nu_B V_B\mathrm{d}p\right)=K_\gamma K_x\Psi \tag{5.10.5b}$$

式中，$K_\gamma=\prod_B(\gamma_B)^{\nu_B}$。

式（5.10.5）是能形成液态混合物的化学反应在平衡时标准平衡常数的关系式。式中的偏压因子 Ψ 是一个积分的指数因子，被积函数 $\sum_B \nu_B V_B$ 是摩尔反应的体积变化，对 $\sum_B \nu_B=0$ 的反应，该体积变化几乎为零，对 $\sum_B \nu_B \neq 0$ 的反应，数值也很小，因此对非高压下的常规反应，$\Psi=1$

$$K^{\ominus}=K_a=K_\gamma K_x \tag{5.10.6}$$

在常规反应中，若反应系统能形成理想液态混合物，则各组分 $\gamma_B=1$，$K_\gamma=1$

$$K^{\ominus}=K_x \tag{5.10.7}$$

能形成理想液态混合物的反应系统是很少见的。符合式(5.10.6) 的常规反应占绝大多数。

5.10.2 液态溶液中的化学平衡

在溶液反应中，如果参与反应的物质不能等同看待，就需要区分成溶剂和溶质两部分。这时溶液中的化学反应可表示为

$$0=\nu_A \mathrm{A}+\sum_B \nu_B \mathrm{B}$$

式中，A 代表溶剂；B 代表任一种溶质。若 $\nu_A<0$，表明溶剂为反应物；$\nu_A>0$，表明溶剂为产物；$\nu_A=0$，则溶剂不参与反应，可视为惰性物质，这时化学反应只在溶质之间进行。需要说明的是，这里讨论的溶液仅是非电解质溶液。

理想稀溶液中的溶剂服从 Raoult 定律，一般溶液溶剂对 Raoult 定律出现偏差时用活度修正，即

$$\mu_A(T,p,x_A)=\mu_A^*(T,p)+RT\ln a_A \tag{5.10.8a}$$

或

$$\mu_A(T,p,x_A)=\mu_A^{\ominus}(T,p^{\ominus})+RT\ln a_A+\int_{p^{\ominus}}^{p} V_A \mathrm{d}p \tag{5.10.8b}$$

理想稀溶液中的溶质服从 Henry 定律，一般溶液溶质对 Henry 定律出现偏差时也用活度修正，即

$$\mu_B(T,p,\text{溶质})=\mu_B^{\ominus}(T,p^{\ominus},\text{溶质})+RT\ln a_{b,B}+\int_{p^{\ominus}}^{p} V_{B,\text{溶质}}^{\infty} \mathrm{d}p \tag{5.10.9}$$

将两式代入 $\left(\frac{\partial G}{\partial \xi}\right)_{T,p}=\nu_A\mu_A+\sum_B \nu_B\mu_B$，得

$$\left(\frac{\partial G}{\partial \xi}\right)_{T,p}=\nu_A\mu_A^{\ominus}+\sum_B \nu_B\mu_B^{\ominus}+RT\ln\left(a_A^{\nu_A}\prod_B a_{b,B}^{\nu_B}\right)+\int_{p^{\ominus}}^{p}\left(V_A+\sum_B \nu_B V_{B,\text{溶质}}^{\infty}\right)\mathrm{d}p \tag{5.10.10}$$

式(5.10.10) 中，溶液中溶剂与溶质的标准态是不同的，故后面 V_A 与 $V_{B,\text{溶质}}^{\infty}$ 也是不同的。

平衡时 $\left(\frac{\partial G}{\partial \xi}\right)_{T,p}=0$，并根据标准平衡常数的定义，得

$$\nu_A\mu_A^{\ominus}+\sum_B\nu_B\mu_B^{\ominus}=-RT\ln\left\{(a_A^{eq})^{\nu_A}\prod_B(a_{b,B}^{eq})^{\nu_B}\right\}-\int_{p^{\ominus}}^{p}\left(V_A+\sum_B\nu_BV_{B,溶质}^{\infty}\right)dp$$
$$=-RT\ln K^{\ominus}$$

$$K^{\ominus}=(a_A^{eq})^{\nu_A}\prod_B(a_{b,B}^{eq})^{\nu_B}\exp\left\{\frac{1}{RT}\int_{p^{\ominus}}^{p}\left(V_A+\sum_B\nu_BV_{B,溶质}^{\infty}\right)dp\right\} \tag{5.10.11}$$

式(5.10.11)即溶液中化学反应标准平衡常数的表达式。

当压力不高，$p\approx p^{\ominus}$ 的情况下，$\exp\left\{\frac{1}{RT}\int_{p^{\ominus}}^{p}\left(V_A+\sum_B\nu_BV_{B,溶质}^{\infty}\right)dp\right\}\approx1$

$$K^{\ominus}=(a_A^{eq})^{\nu_A}\prod_B(a_{b,B}^{eq})^{\nu_B} \tag{5.10.12}$$

因 $a_A^{eq}=\gamma_Ax_A^{eq}$，$a_{b,B}^{eq}=\gamma_{b,B}\dfrac{b_B^{eq}}{b^{\ominus}}$，故式(5.10.12)亦可表示为

$$K^{\ominus}=(\gamma_Ax_A^{eq})^{\nu_A}\prod_B(\gamma_{b,B}b_B^{eq}/b^{\ominus})^{\nu_B} \tag{5.10.13}$$

当溶剂A不参加反应时，$\nu_A=0$，式(5.10.13)成为

$$K^{\ominus}=\prod_B(\gamma_{b,B}b_B^{eq}/b^{\ominus})^{\nu_B} \tag{5.10.14}$$

若溶剂参加反应，但大量过量，系统成为稀溶液时，$x_A\to1$，$\gamma_A\to1$，式(5.10.13)依然成为式(5.10.14)。系统若成为理想稀溶液，$\gamma_{b,B}\to1$，则式(5.10.13)成为

$$K^{\ominus}=\prod_B(b_B^{eq}/b^{\ominus})^{\nu_B} \tag{5.10.15}$$

5.11 浓度标准态时理想气体反应的平衡常数和标准热力学函数间的关系式*

5.11.1 浓度标准态时的化学势

化学势是状态函数与过程无关，也与标准态的选取无关。对于某状态的理想气体B，不管其处于何种过程，总有

$$\mu_B=\mu_B^{\ominus}(T,p^{\ominus})+RT\ln(p_B/p^{\ominus}) \tag{5.11.1}$$

将 $p_B=\dfrac{n_B}{V}RT=c_BRT$ 代入式(5.11.1)可得

$$\begin{aligned}\mu_B&=\mu_B^{\ominus}(T,p^{\ominus})+RT\ln(p_B/p^{\ominus})=\mu_B^{\ominus}(T,p^{\ominus})+RT\ln(c_BRT/p^{\ominus})\\&=\mu_B^{\ominus}(T,p^{\ominus})+RT\ln(c^{\ominus}RT/p^{\ominus})+RT\ln(c_B/c^{\ominus})\\&=\mu_B^{\ominus}(T,c^{\ominus})+RT\ln(c_B/c^{\ominus})\end{aligned} \tag{5.11.2}$$

$\mu_B^{\ominus}(T,c^{\ominus})$ 是气体物质B在温度为 T、浓度为 $c_B=c^{\ominus}=1\text{mol}\cdot\text{dm}^{-3}$ 时的化学势。式中

$$\mu_{\mathrm{B}}^{\ominus}(T,c^{\ominus})=\mu_{\mathrm{B}}^{\ominus}(T,p^{\ominus})+RT\ln(c^{\ominus}RT/p^{\ominus}) \tag{5.11.3}$$

式(5.11.3)即为不同标准态下的标准化学势之间的关系。

5.11.2　标准平衡常数 $K_c^{\ominus}$

将式(5.11.2)表示的化学势代入等温等压反应的摩尔反应吉布斯函数式中

$$\left(\frac{\partial G}{\partial \xi}\right)_{T,p}=\sum_{\mathrm{B}}\nu_{\mathrm{B}}\mu_{\mathrm{B}}=\Delta_{\mathrm{r}}G_{\mathrm{m}}=\sum_{\mathrm{B}}\nu_{\mathrm{B}}\mu_{\mathrm{B}}^{\ominus}(T,c^{\ominus})+RT\ln Q_c \tag{5.11.4}$$

式中，Q_c 为该化学反应的浓度商。因 $\mu_{\mathrm{B}}^{\ominus}(T,c^{\ominus})=G_{\mathrm{m}}^{\ominus}(T,c^{\ominus})$，所以 $\sum_{\mathrm{B}}\nu_{\mathrm{B}}\mu_{\mathrm{B}}^{\ominus}(T,c^{\ominus})=\Delta_{\mathrm{r}}G_{\mathrm{m}}^{\ominus}(T,c^{\ominus})$，则

$$\Delta_{\mathrm{r}}G_{\mathrm{m}}=\Delta_{\mathrm{r}}G_{\mathrm{m}}^{\ominus}(T,c^{\ominus})+RT\ln Q_c \tag{5.11.5}$$

$\Delta_{\mathrm{r}}G_{\mathrm{m}}^{\ominus}(T,c^{\ominus})$ 是浓度标准态下的标准摩尔反应吉布斯函数。平衡时 $\Delta_{\mathrm{r}}G_{\mathrm{m}}=0$，有

$$\Delta_{\mathrm{r}}G_{\mathrm{m}}^{\ominus}(T,c^{\ominus})=-RT\ln Q_c^{\mathrm{eq}}=-RT\ln K_c^{\ominus} \tag{5.11.6}$$

此式也是理想气体反应以浓度表示的标准平衡常数 $K_c^{\ominus}$ 的定义式。由此可以看出，恒压反应也可以用浓度表示其平衡常数，即 $K_c^{\ominus}$。

5.11.3　标准热力学函数间的关系式

将式(5.11.3)乘以化学反应的计量系数和即得不同标准态下的标准摩尔反应吉布斯函数间的关系，即

$$\Delta_{\mathrm{r}}G_{\mathrm{m}}^{\ominus}(T,c^{\ominus})=\Delta_{\mathrm{r}}G_{\mathrm{m}}^{\ominus}(T,p^{\ominus})+\sum_{\mathrm{B}}\nu_{\mathrm{B}}RT\ln(c^{\ominus}RT/p^{\ominus}) \tag{5.11.7}$$

理想气体反应，摩尔反应熵 $\Delta_{\mathrm{r}}S_{\mathrm{m}}$ 与标准摩尔反应熵 $\Delta_{\mathrm{r}}S_{\mathrm{m}}^{\ominus}$ 之间的关系[即式(5.2.14)]为

$$\Delta_{\mathrm{r}}S_{\mathrm{m}}(T)=\Delta_{\mathrm{r}}S_{\mathrm{m}}^{\ominus}(T)-\sum_{\mathrm{B}}\nu_{\mathrm{B}}R\ln(p_{\mathrm{B}}/p^{\ominus})$$

将 $p_{\mathrm{B}}=\frac{n_{\mathrm{B}}}{V}RT=c_{\mathrm{B}}RT$ 代入上式，可得

$$\begin{aligned}\Delta_{\mathrm{r}}S_{\mathrm{m}}&=\Delta_{\mathrm{r}}S_{\mathrm{m}}^{\ominus}(p^{\ominus})-\sum_{\mathrm{B}}\nu_{\mathrm{B}}R\ln(c_{\mathrm{B}}RT/p^{\ominus})\\&=\Delta_{\mathrm{r}}S_{\mathrm{m}}^{\ominus}(p^{\ominus})-\sum_{\mathrm{B}}\nu_{\mathrm{B}}R\ln(c^{\ominus}RT/p^{\ominus})-\sum_{\mathrm{B}}\nu_{\mathrm{B}}R\ln(c_{\mathrm{B}}/c^{\ominus})\\&=\Delta_{\mathrm{r}}S_{\mathrm{m}}^{\ominus}(c^{\ominus})-\sum_{\mathrm{B}}\nu_{\mathrm{B}}R\ln(c_{\mathrm{B}}/c^{\ominus})\end{aligned} \tag{5.11.8}$$

式中

$$\Delta_{\mathrm{r}}S_{\mathrm{m}}^{\ominus}(c^{\ominus})=\Delta_{\mathrm{r}}S_{\mathrm{m}}^{\ominus}(p^{\ominus})-\sum_{\mathrm{B}}\nu_{\mathrm{B}}R\ln(c^{\ominus}RT/p^{\ominus}) \tag{5.11.9}$$

式(5.11.9)即为不同标准态下的标准摩尔反应熵之间的关系。

将 $\Delta_{\mathrm{r}}G_{\mathrm{m}}^{\ominus}(T,p^{\ominus})=\Delta_{\mathrm{r}}H_{\mathrm{m}}^{\ominus}(T)-T\Delta_{\mathrm{r}}S_{\mathrm{m}}^{\ominus}(T,p^{\ominus})$ 代入式(5.11.7)，并结合式(5.11.9)可得

$$\Delta_r G_m^{\ominus}(T,c^{\ominus})=\Delta_r H_m^{\ominus}(T)-T\Delta_r S_m^{\ominus}(T,c^{\ominus}) \tag{5.11.10}$$

式(5.11.10)说明标准摩尔反应吉布斯函数、标准摩尔反应焓和标准摩尔反应熵三者在浓度标准态时的关系与在压力标准态时的关系相同。标准摩尔反应焓没有标注具体的标准态，是因为其值只与温度有关，与具体的标准态无关。

5.11.4 标准平衡常数 $K_c^{\ominus}$ 及标准摩尔反应吉布斯函数随温度的变化

将式(5.11.7)除以 T 再对温度求导数

$$\frac{\mathrm{d}[\Delta_r G_m^{\ominus}(T,c^{\ominus})/T]}{\mathrm{d}T}=\frac{\mathrm{d}[\Delta_r G_m^{\ominus}(T,p^{\ominus})]}{\mathrm{d}T}+\frac{\mathrm{d}+\mathrm{d}\left[\sum_B \nu_B RT\ln(c^{\ominus}RT/p^{\ominus})\right]}{\mathrm{d}T}$$

$$=-\frac{\Delta_r H_m^{\ominus}}{T^2}+\sum_B \nu_B R\frac{1}{T}=-\left(\Delta_r H_m^{\ominus}-\sum_B \nu_B RT\right)/T^2$$

$$=-\frac{\Delta_r U_m^{\ominus}}{T^2} \tag{5.11.11}$$

将式(5.11.6)除以 T 再对温度求导数后与上式比较，得

$$\frac{\mathrm{dln}K_c^{\ominus}}{\mathrm{d}T}=-\frac{1}{R}\frac{\mathrm{d}[\Delta_r G_m^{\ominus}(T,c^{\ominus})/T]}{\mathrm{d}T}=\frac{\Delta_r U_m^{\ominus}(T)}{RT^2}=\frac{\Delta_r U_m(T)}{RT^2} \tag{5.11.12}$$

结果表明温度对浓度标准平衡常数的影响与反应的标准摩尔反应热力学能变 $\Delta_r U_m^{\ominus}$ 有关。理想气体反应的标准摩尔热力学能变也只是温度的函数，其数值与选择何种标准态无关。

值得注意的是，式(5.11.7)直接对温度的导数为

$$\frac{\mathrm{d}[\Delta_r G_m^{\ominus}(T,c^{\ominus})]}{\mathrm{d}T}=\frac{\left[\sum_B \nu_B \mathrm{d}G_B^{\ominus}(T,c^{\ominus})\right]}{\mathrm{d}T}$$

$$=\frac{\sum_B \nu_B[-S_B^{\ominus}(T,c^{\ominus})\mathrm{d}T+V_B^{\ominus}(T,c^{\ominus})\mathrm{d}p]}{\mathrm{d}T}$$

$$=\frac{\sum_B \nu_B[-S_B^{\ominus}(T,c^{\ominus})\mathrm{d}T+R\mathrm{d}T]}{\mathrm{d}T}$$

$$=-\Delta_r S_m^{\ominus}(T,c^{\ominus})+\sum_B \nu_B R$$

$$\neq-\Delta_r S_m^{\ominus}(T,c^{\ominus})$$

本章要求

1. 理解反应进度、标准态、标准摩尔反应焓、标准摩尔生成焓、标准摩尔燃烧焓等概念。

2. 掌握热力学第一定律在化学变化中的应用。

3. 掌握热力学第三定律；掌握规定熵、标准熵的概念；掌握化学反应过程熵变的计算。

4. 理解理想气体反应中任意组分 B 的化学势 μ_B 的表达式，理解化学平衡条件。

5. 了解等温方程的推导，掌握其应用。

6. 理解标准平衡常数的定义及适用条件。

7. 掌握化学变化过程 $\Delta_r G_m^{\ominus}$ 的计算，掌握平衡常数及平衡组成的计算方法。

8. 能判断一定条件下化学反应可能进行的方向，会分析温度、压力、组成等因素对平衡的影响。

9. 了解实际化学反应平衡。

思考题

1. Zn和稀 H_2SO_4 作用，(1) 在敞口瓶中进行，(2) 在封口瓶中进行，何者放热较多？为什么？

2. 用1∶3的 N_2 和 H_2 在反应条件(T、300atm、铁作催化剂)下合成氨，实验测得在 T_1 和 T_2 时放出的热量分别为 $Q_p(T_1)$ 和 $Q_p(T_2)$，当用基希霍夫定律验证时发现计算值与实验值不符，试解释原因？

3. 已知下述反应的 $\Delta_r H_m^{\ominus}$：

$C(石墨)+\frac{1}{2}O_2(g)\longrightarrow CO(g)$ $\Delta_r H_{m,1}^{\ominus}$ $CO(g)+\frac{1}{2}O_2(g)\longrightarrow CO_2(g)$ $\Delta_r H_{m,2}^{\ominus}$ $H_2(g)+\frac{1}{2}O_2(g)\longrightarrow H_2O(g)$ $\Delta_r H_{m,3}^{\ominus}$ $2H_2(g)+O_2(g)\longrightarrow 2H_2O(l)$ $\Delta_r H_{m,4}^{\ominus}$

(1) $\Delta_r H_{m,1}^{\ominus}$、$\Delta_r H_{m,2}^{\ominus}$、$\Delta_r H_{m,3}^{\ominus}$、$\Delta_r H_{m,4}^{\ominus}$ 是否分别为 $CO(g)$、$CO_2(g)$、$H_2O(g)$ 和 $H_2O(l)$ 的 $\Delta_f H_m^{\ominus}$？

(2) $\Delta_r H_{m,1}^{\ominus}$、$\Delta_r H_{m,2}^{\ominus}$、$\Delta_r H_{m,3}^{\ominus}$、$\Delta_r H_{m,4}^{\ominus}$ 是否分别为 C(石墨)、$CO(g)$、$H_2(g)$ 和 $H_2(g)$ 的 $\Delta_c H_m^{\ominus}$？

4. 有人说，如果一个化学反应的 $\Delta_r H_m^{\ominus}$ 在一定温度范围内可视为不随温度变化，则其 $\Delta_r S_m^{\ominus}$ 在此温度范围内也与温度无关。该说法有无道理？

5. 某气相反应 $A(g)\longrightarrow B(g)+C(g)$ 在等温等压下是放热反应，若使其在一个刚性绝热容器中自动进行到某状态，此反应的 $\Delta_r G_m^{\ominus}$、$\Delta_r H_m^{\ominus}$、$\Delta_r S_m^{\ominus}$ 应如何计算？过程的 ΔU、ΔH、ΔS 分别大于零、小于零还是等于零？能否计算？

6. 对某确定的反应，平衡常数值改变了，平衡一定会移动吗？反之，平衡移动了，平衡常数值也一定改变吗？

7. 反应达到稳态与平衡态有何区别？

8. 反应 $N_2O_4 \Longrightarrow 2NO_2$ 既可在气相中进行，又可在溶液(如以 CCl_4 或 $CHCl_3$ 为溶剂)中进行，若都用浓度 c 来表示，在相同温度下，两者平衡常数 $K_c^{\ominus}$ 值是否相等？

9. 若选用不同的标准态，则 $\mu^{\ominus}(T)$ 值就不同，所以反应的 $\Delta_r G_m^{\ominus}$ 也会改变，则按等温方程 $\left(\frac{\partial G}{\partial \xi}\right)_{T,p}=\Delta_r G_m^{\ominus}+RT\ln Q_p$ 计算出来的 $\left(\frac{\partial G}{\partial \xi}\right)_{T,p}$ 值也会改变吗？

10. 化学反应的 $\left(\frac{\partial G}{\partial \xi}\right)_{T,p}=\sum_B \nu_B\mu_B$ 是否随反应进度而改变？举例说明之。

11. 反应 $2C(g)+O_2(g)\Longrightarrow 2CO(g)$，$\Delta_r G_m^{\ominus}/J\cdot mol^{-1}=-232600-167.8T/K$，若温度升高，反应的 $K^{\ominus}$ 将如何变化？

12. 在体积为 V、温度为 T 的带有活塞的容器中，下述反应达平衡

$$PCl_5(g) \rightleftharpoons PCl_3(g) + Cl_2(g)$$

平衡总压为 p，试分析下述两种情况下 PCl_5 的解离度有何变化？

(1) 保持 T、p 不变，通入惰性气体 N_2，使系统体积变为 $2V$；

(2) 保持 T、V 不变，通入惰性气体 N_2，使总压变为 $2p$。

13. 已知：

(1) $A \cdot 12H_2O(s) \rightleftharpoons A \cdot 7H_2O(s) + 5H_2O(g)$，$p_{H_2O,(1)} = 0.02514p^{\ominus}$

(2) $A \cdot 7H_2O(s) \rightleftharpoons A \cdot 2H_2O(s) + 5H_2O(g)$，$p_{H_2O,(2)} = 0.0191p^{\ominus}$

(3) $A \cdot 2H_2O(s) \rightleftharpoons A(s) + 2H_2O(g)$，$p_{H_2O,(3)} = 0.0129p^{\ominus}$

298K 时水的饱和蒸气压为 $0.0313p^{\ominus}$，则在 298K、相对湿度为 45% 的条件下，样品 $A \cdot 7H_2O(s)$ 长期保存后，稳定存在可能性最大的是哪一种水合物？

14. 将少量 SO_2 导入压力为 100kPa 的 O_2 中，在 1000℃ 达到平衡时，$\dfrac{p_{SO_3}}{p_{SO_2}} = 10^4$，若将该混合气体膨胀至原来体积的 4 倍，温度仍保持 1000℃，达到新平衡时，$\dfrac{p'_{SO_3}}{p'_{SO_2}}$ 之比等于多少？

15. 分解反应 $A(s) \rightleftharpoons B(g) + 2C(g)$ 的 $K^{\ominus}$ 与分解压 $p_{分}$ 之间该有怎样的关系？

16. 某理想气体反应 $A + B \rightleftharpoons 2C$ 在一定温度下进行，试问下面何种条件下，可以直接用 $\Delta_r G_m^{\ominus}$ 判断反应的方向和限度？

(a) 任意压力和组成；　(b) $p_{总} = 300\text{kPa}$，$y_A = y_B = y_C = \dfrac{1}{3}$；　(c) $p_{总} = 400\text{kPa}$，$y_A = y_B = \dfrac{1}{4}$，$y_C = \dfrac{1}{2}$

17. 实验表明两块表面无氧化膜的洁净的金属紧靠在一起时会自动黏和在一起，而有氧化膜时则不能。现有两个表面镀铬的宇宙飞船由地面进入外层空间对接，已知：$\Delta_f G_m^{\ominus}(Cr_2O_3, s, 298K) = -1079\text{kJ}\cdot\text{mol}^{-1}$，设外层空间气压为 1.1013×10^{-9}Pa，空气组成与地面相同，不考虑温度影响。试问两飞船能否自动粘接在一起？

习 题

5.1 25℃ 下，在“氧弹”式量热计中有 1g 固体苯甲酸 $C_6H_5COOH(s)$ 在过量的 $O_2(g)$ 中完全燃烧成 $CO_2(g)$ 和 $H_2O(l)$，过程放热 26.413kJ。求：

(1) $C_6H_5COOH(s) + 7\frac{1}{2}O_2(g) \rightleftharpoons 7CO_2(g) + 3H_2O(l)$ 的反应进度；

(2) $C_6H_5COOH(s)$ 的 $\Delta_c U_m$；(3) $C_6H_5COOH(s)$ 的 $\Delta_c H_m$。

5.2 已知反应：

C(石墨) + $O_2(g) \rightleftharpoons CO_2(g)$　　$\Delta_r H_m$(298K,石墨) = $-393.51\text{kJ}\cdot\text{mol}^{-1}$

C(金刚石) + $O_2(g) \rightleftharpoons CO_2(g)$　　$\Delta_r H_m$(298K,金刚石) = $-395.40\text{kJ}\cdot\text{mol}^{-1}$

计算 C(石墨) ═ C(金刚石) 的 $\Delta_r H_m$(298K,石墨 → 金刚石) 数值。

5.3 应用附录中有关物质在 298.15K 时的标准摩尔生成焓数据，计算下列反应在 298.15K 时的焓变 $\Delta_r H_m$ 和热力学能变 $\Delta_r U_m$。

(1)$C_6H_{12}(g) \xlongequal{} C_6H_6(g) + 3H_2(g)$ (2)$3NO_2(g) + H_2O(l) \xlongequal{} 2HNO_3(l) + NO(g)$

(3)$CaCO_3(s) \xlongequal{} CaO(s) + CO_2(g)$ (4)$CO(g) + H_2O(g) \xlongequal{} CO_2(g) + H_2(g)$

5.4 应用附录中有关物质在 298.15K 时的标准摩尔燃烧焓数据，计算下列反应在 298.15K 时的焓变 $\Delta_r H_m$。

(1)$C_2H_5OH(l) \xlongequal{} C_2H_4(g) + H_2O(l)$ (2)$3C_2H_2(g) \xlongequal{} C_6H_6(l)$ (3)$C_2H_4(g) + H_2(g) \xlongequal{} C_2H_6(g)$

5.5 已知25℃时甲酸甲酯的标准摩尔燃烧焓 $\Delta_c H_m^\ominus(HCOOCH_3,l)$ 为 $-979.5kJ\cdot mol^{-1}$，甲酸(HCOOH，l)、甲醇(CH_3OH，l)、水(H_2O，l)及二氧化碳(CO_2，g)的标准摩尔生成焓分别为 $-424.72kJ\cdot mol^{-1}$、$-238.66kJ\cdot mol^{-1}$、$-285.83kJ\cdot mol^{-1}$ 及 $-393.509kJ\cdot mol^{-1}$。应用这些数据求反应

$$HCOOH(l) + CH_3OH(l) \xlongequal{} HCOOCH_3(l) + H_2O(l)$$

在 25℃ 时的标准摩尔反应焓。

5.6 已知半水煤气的变换反应：$CO(g) + H_2O(g) \xlongequal{} CO_2(g) + H_2(g)$，在25℃时的标准摩尔反应焓为 $\Delta_r H_m^\ominus = -41.166kJ\cdot mol^{-1}$，试应用教材附录中物质的摩尔定压热容与温度相关的数据，将 $\Delta_r H_m^\ominus(T)$ 表示成温度的函数关系式，并计算 420℃ 时的反应热。

5.7 某混合气体由物质的量之比为1∶1的CO和N_2组成，现加入理论需要量2倍的空气，使之在恒压下完全燃烧。已知空气中O_2与N_2的物质的量之比为1∶4，混合气体及空气的温度均为 25℃，压力为 101325Pa。试计算燃烧时理论上所能达到的火焰最高温度是多少？计算时所需热数据从附录中查找。

5.8 已知，标准压力下$N_2(g)$的摩尔定压热容与温度的关系为 $C_{p,m} = [27.32 + 6.226\times10^{-3}(T/K) - 0.9502\times10^{-6}(T/K)^2]J\cdot mol^{-1}\cdot K^{-1}$，且25℃时$N_2(g)$的标准摩尔熵 $S_m^\ominus = 191.61J\cdot mol^{-1}\cdot K^{-1}$，求$N_2(g)$在80℃、5kPa下的摩尔规定熵。除热容按上式计算外，气体可看作理想气体。

5.9 乙烯水化为乙醇的反应为

$$C_2H_4(g) + H_2O(g) \longrightarrow C_2H_5OH(g)$$

各物质的 $C_{p\ominus,m}$ 及 25℃ 时的热力学性质如下表，求 225℃ 时该反应的 $\Delta_r H_m^\ominus$、$\Delta_r S_m^\ominus$、$\Delta_r G_m^\ominus$。

物质	$\Delta_f H_m^\ominus/kJ\cdot mol^{-1}$	$S_m^\ominus/J\cdot mol^{-1}\cdot K^{-1}$	$C_{p\ominus,m}/J\cdot K^{-1}\cdot mol^{-1}$
$C_2H_5OH(g)$	−235.1	282.7	$9.04 + 207.9\times10^{-3}(T\cdot K^{-1})$
$C_2H_4(g)$	52.26	219.56	$8.70 + 130.1\times10^{-3}(T\cdot K^{-1})$
$H_2O(g)$	−241.8	188.8	$31.59 + 5.9\times10^{-3}(T\cdot K^{-1})$

5.10 某反应 $A(g) \xlongequal{} B(g)$ 在恒温恒压下进行。取A(g)的初始的量 $n_0 = 1mol$ 开始反应，假设 $\mu_A^\ominus = \mu_B^\ominus$，试求反应达平衡时的反应进度。

5.11 300K 下气相反应 $A(g) + 2B(g) \xlongequal{} C(g)$ 达到平衡时，A、B与C的分压分别为 100kPa、200kPa 和 300kPa。

(1) 计算 300K 下此反应的标准平衡常数；

(2) 300K 下，若系统中 A、B、C 的分压分别为 100kPa、200kPa 及 100kPa，反应可否自发进行？

(3) 300K 下，若系统中 A、B、C 的分压分别为 200kPa、100kPa 及 200kPa，反应可否自发进行？

5.12 在相同温度下，已知下列反应及其标准平衡常数为：

$$H_2(g)+S(s) === H_2S(g), \qquad K_1^{\ominus}=7.58\times10^5$$

$$S(s)+O_2(g) === SO_2(g), \qquad K_2^{\ominus}=3.93\times10^{52}$$

求反应 $H_2S(g)+O_2(g) === SO_2(g)+H_2(g)$ 的标准平衡常数 $K_3^{\ominus}$。

5.13 已知在 298.15K 时，反应 $H_2(g)+\frac{1}{2}O_2(g)\longrightarrow H_2O(l)$ 的 $\Delta_rG_m^{\ominus}(1)=-237.129\text{kJ}\cdot\text{mol}^{-1}$。已知在同温度下水的饱和蒸气压为 3.1677kPa。求在同温度下反应 $H_2(g)+\frac{1}{2}O_2(g)\longrightarrow H_2O(g)$ 的 $\Delta_rG_m^{\ominus}(2)$。

5.14 将固体氨基甲酸铵放入真空容器中，使之按下式分解

$$NH_2COONH_4(s) \rightleftharpoons 2NH_3(g)+CO_2(g)$$

在 318.15K 下达平衡时，测得容器内压力为 46.565kPa，求该反应的标准平衡常数 $K^{\ominus}$ 和标准摩尔反应吉布斯函数变 $\Delta_rG_m^{\ominus}$。

5.15 在 700K、2dm^3 容器中，加入 0.1mol CO(g) 和催化剂，通入 $H_2(g)$ 后发生下列反应

$$CO(g)+2H_2(g) === CH_3OH(g)$$

反应达平衡后，总压为 710.0kPa，生成 0.06mol CH_3OH。计算：

(1) 标准平衡常数 $K^{\ominus}$；(2) 在上述温度与体积的容器中，若不加入催化剂，只加入和 (1) 同量的 CO(g) 和 $H_2(g)$，最后的压力为多少？

5.16 使纯氨气在 3.04MPa 和 901℃ 时通过铁催化剂，则部分氨分解成氮气和氢气，出来的气体缓缓通入 20cm^3 盐酸溶液中以吸收未分解的氨气，未被吸收气体的体积相当于在 0℃ 和 101.325kPa 下的干气体积 1.82dm^3。将吸收了氨气的盐酸溶液用浓度为 $52.3\times10^{-3}\text{mol}\cdot\text{dm}^{-3}$ 的KOH溶液滴定到终点，耗去KOH溶液 15.42cm^3。而用该KOH溶液去滴定未吸收过反应气体的 20cm^3 原盐酸溶液，达滴定终点时耗去 KOH 溶液 18.72cm^3。试求 901℃ 时反应 $N_2(g)+3H_2(g) === 2NH_3(g)$ 的标准平衡常数 $K^{\ominus}$。设气体服从理想气体状态方程。

5.17 在真空容器中放入 $NH_4HS(s)$，于 20℃ 下分解为 $NH_3(g)$ 和 $H_2S(g)$，平衡时测得容器内的压力为 22.65kPa。

(1) 当放入 $NH_4HS(s)$ 时容器内已有 10kPa 的 $H_2S(g)$，求平衡时容器中的压力；

(2) 容器内原有 12.65kPa 的 $NH_3(g)$，问 $H_2S(g)$ 压力为多大时才能形成 $NH_4HS(s)$？

5.18 在 1000K 时反应 $Cl_2(g) === 2Cl(g)$ 的 $K^{\ominus}=2.45\times10^{-7}$，设气体为理想气体，系统平衡时总压为 100kPa。计算此温度下 $Cl_2(g)$ 的解离度。

5.19 在 298.15K 已知下述数据：

物质	CO(g)	$H_2(g)$	$CH_3OH(g)$	$CH_3OH(l)$
$\Delta_fH_m^{\ominus}/\text{kJ}\cdot\text{mol}^{-1}$	−110.525	0	−200.66	—
$S_m^{\ominus}/\text{J}\cdot\text{mol}^{-1}\cdot\text{K}^{-1}$	197.674	130.684	—	126.8

又知 $CH_3OH(l)$ 在 298.15K 时的饱和蒸气压为 16.59kPa，摩尔蒸发焓 $\Delta_{vap}H_m=38.0\text{kJ}\cdot\text{mol}^{-1}$，设其蒸气为理想气体。求反应 $CO(g)+2H_2(g) === CH_3OH(g)$ 的 $\Delta_rG_m^{\ominus}$ 及 $K^{\ominus}$。

5.20 在 298.15K 时，氯化铵在抽空的容器中按下式分解并建立平衡：

$$NH_4Cl(s) = NH_3(g) + HCl(g)$$

试利用附录所载的各物质的标准摩尔生成吉布斯函数，计算 298.15K 反应平衡时容器的总压。设气体服从理想气体状态方程。

5.21 在通常温度下 $N_2O_4(g)$ 和 $NO_2(g)$ 二者之间存在如下平衡：

$$N_2O_4(g) \rightleftharpoons 2NO_2(g)$$

已知298.15K时 $N_2O_4(g)$ 和 $NO_2(g)$ 的 $\Delta_f G_m^\ominus$ 分别为97.89kJ·mol^{-1} 和51.31kJ·mol^{-1}。设在恒压条件下反应开始时只有 N_2O_4，分别求 100kPa 和 50kPa 下反应达到平衡时 N_2O_4 的解离度 α_1 和 α_2，以及 NO_2 的摩尔分数 y_1 和 y_2。

5.22 已知反应

$$CO(g) + H_2O(g) = CO_2(g) + H_2(g)$$

在 298K、100kPa 下的 $\Delta_r G_m^\ominus(298K) = -28.63kJ \cdot mol^{-1}$，在 598K、100kPa 时 $\Delta_r G_m^\ominus(598K) = -17.22kJ \cdot mol^{-1}$。设反应为理想气体反应。试求：

(1) $\Delta_r C_{p,m} = 9.86J \cdot K^{-1} \cdot mol^{-1}$ 时，450K 下的标准平衡常数；(2) 若查不到热容数据，令 $\Delta_r C_{p,m} = 0$，450K 下的标准平衡常数又是多少？

5.23 用110℃的热空气流干燥潮湿的 Ag_2CO_3。试计算气流中 CO_2 的分压至少应为多少时方能避免 Ag_2CO_3 分解为 Ag_2O 和 CO_2。设反应的 $\Delta_r C_{p,m} = 0$，气体视作理想气体。所需数据可查附录。

5.24 已知 25℃ 时的下列数据

物质	$CaCO_3(s)$	$CaO(s)$	$CO_2(g)$
$\Delta_f H_m^\ominus/kJ \cdot mol^{-1}$	−1206.92	−635.09	−393.509
$S_m^\ominus/J \cdot K^{-1} \cdot mol^{-1}$	92.9	39.75	213.74

估算在常压（101.325kPa）下 $CaCO_3(s)$ 的分解温度，设 $CaCO_3(s)$ 分解反应的 $\Delta_r C_{p,m} = 0$。

5.25 已知反应：$(CH_3)_2CHOH(g) = (CH_3)_2CO(g) + H_2(g)$ 的 $\Delta_r C_{p,m} = 16.72J \cdot K^{-1} \cdot mol^{-1}$，457K 时的 $K^\ominus = 0.36$，298.15K 时的 $\Delta_r H_m^\ominus = 61.5kJ \cdot mol^{-1}$。

(1) 写出 $\ln K^\ominus$-T 的函数关系；(2) 求 500K 时的 $K^\ominus$ 值。

5.26 已知反应 $CO(g) + 2H_2(g) = CH_3OH(g)$ 在 300～1000K 温度范围内的标准平衡常数可用下式表达

$$\lg K^\ominus(T) = \frac{3932}{T/K} - 7.455\lg(T/K) + 2.225 \times 10^{-3}(T/K) - 0.2338 \times 10^{-6}(T/K)^2 + 8.941$$

计算该反应在 500K 时的 $\Delta_r G_m^\ominus$、$\Delta_r S_m^\ominus$、$\Delta_r H_m^\ominus$、$K^\ominus$ 和 K_c 的值。

5.27 碳酸氢钠被加热后，将按下式分解

$$2NaHCO_3(s) = Na_2CO_3(s) + H_2O(g) + CO_2(g)$$

设反应的 $\Delta_r C_{p,m} = 0$，气体服从理想气体。试用附录中热力学数据计算该分解反应的分解温度和转折温度。

5.28 已知反应 $A(g) = B(g) + C(g)$ 在 900K 下进行时的 $K^\ominus = 1.51$。试分别计算在下述情况下反应物 A 的平衡转化率。

(1) 反应压力为 100kPa；(2) 反应压力为 20kPa；(3) 反应压力为 100kPa，且加入水蒸

气，水蒸气的量是反应物 A 的量的 10 倍。

5.29 恒温、恒压气相反应 $3A+2B═C$，已知 $\Delta_r H_m^{\ominus}=-110\text{kJ·mol}^{-1}$，平衡时各组分物质的量分别为 $n_A=4\text{mol}$，$n_B=7\text{mol}$，$n_C=2\text{mol}$。试用化学平衡原理分析采取如下措施后平衡移动的方向。(1) 升高温度；(2) 升高压力；(3) 在平衡系统中充入足量的惰性气体；(4) 在平衡系统中添加 1mol A 物质；(5) 在平衡系统中添加 1mol B 物质。

5.30 由 $NaHCO_3$、Na_2CO_3、$CuSO_4·5H_2O$ 和 $CuSO_4·3H_2O$ 所组成的系统在 323K 时可达成如下反应平衡

$$2NaHCO_3(s) ═ Na_2CO_3(s) + H_2O(g) + CO_2(g) \quad (1)$$

$$CuSO_4·5H_2O(s) ═ CuSO_4·3H_2O(s) + 2H_2O(g) \quad (2)$$

已知在 323K 各自平衡时，反应(1) 的分解压力为 4.0kPa，反应(2) 的水蒸气压力为 6.05kPa。试计算上述系统同时平衡时 $CO_2(g)$ 的分压。

5.31 在 600℃，100kPa 时下列反应达到平衡

$$CO(g) + H_2O(g) ═ CO_2(g) + H_2(g)$$

现在把压力提高到 $5\times104\text{kPa}$，问：(1) 若各气体均视为理想气体，平衡是否移动？(2) 若各气体的逸度因子分别为 $\varphi(CO_2)=1.09$，$\varphi(H_2)=1.10$，$\varphi(CO)=1.20$，$\varphi(H_2O)=0.75$，与理想气体反应相比，平衡向哪个方向移动？

5.32 中压法合成甲醇是使用催化剂(活性温度为 220 ～ 290℃) 在 10 ～ 15MPa 下由下述反应

$$CO(g) + 2H_2(g) ═ CH_3OH(g)$$

完成。计算：(1) 使用 5.17 题中反应 $CO(g)+2H_2(g)═CH_3OH(g)$ 的标准平衡常数表达式

$$\lg K^{\ominus}(T) = \frac{3932}{T/K} - 7.455\lg(T/K) + 2.225\times10^{-3}(T/K) - 0.2338\times10^{-6}(T/K)^2 + 8.941$$

求 260℃ 时的 $K^{\ominus}$ 的值；

(2) 应用路易斯 - 兰德尔规则及逸度因子图，求 260℃、15MPa 下合成甲醇反应的 K_{φ} 值；

(3) 配比为化学计量比的原料气在 260℃、15MPa 下达平衡时，混合物中甲醇的摩尔分数。

第6章 相平衡

若系统内部含有不止一个相时，该系统就称为多相系统。本章主要讨论多相系统的相平衡规律。研究多相系统的平衡具有很重要的实际意义，例如化工生产中常遇到的蒸馏、结晶、萃取、吸收等分离提纯过程；钢铁、合金的冶炼过程；玻璃、陶瓷、水泥材料的生产过程等，这些过程均涉及物质在不同相间的转换问题，其理论基础就是相平衡原理。

本章主要采用热力学方法和图形方法来研究单组分或多组分系统在不同相间的变化规律，核心内容是相律和相图。相律是根据热力学原理导出的各种相平衡系统均遵守的普遍规律。相图是根据实验数据用图形表示的多相系统的状态随温度、压力、浓度等强度性质变化的关系图。依据相律和相图知识，人们可以对实际相平衡系统进行分析探讨，对解决科研与生产中的实际问题有指导作用。本章要求会运用相律分析给定系统的相数、组分数、自由度数间的关系；会分析相图中各相区、线点的相平衡关系及简单的计算。

6.1 相律

6.1.1 相律表达式

通过前几章对热力学的学习可以知道，要了解某个处于平衡的多相系统的状态，就需要知道该系统的宏观性质（如温度、压力、组成等）的数值。1878年，吉布斯在研究了大量相平衡系统的基础上，由热力学原理推导出了多相平衡的基本定律——相律。相律所解决的就是，确定一个相平衡系统的状态所需要的独立的强度性质的数目，它描述了相平衡系统中相数 ϕ、组分数 C 与自由度数 F 间的关系。相律表达式为

$$F=C-\phi+2 \qquad (6.1.1)$$

6.1.2 相与相数

相是系统中物理性质和化学性质完全相同的均匀部分。其特点有：①相与相之间有明显的界面；②可以用机械的方法把不同的相分开；③越过相界面时性质会发生突变；④相的存在与系统物质的量的多少无关；⑤同一相可以是连续的，也可以呈分散状存在于系统中。

相数（number of phase）就是系统中所拥有的相的总数目，以符号 ϕ 表示。

一般平衡系统中，气、液、固相的相数确定规律如下。

气相：无论是纯物质还是混合物（超高压气体除外）都是一相。

液相：由于不同液体相互溶解度不同，一个系统中可以有一个、两个或多个平衡共存的液相，有几个液层就有几个液相。例如水和乙醇完全互溶，相数为1；而水和油的相互溶解度小，平衡时会出现2个液层，相数为2。

固相：若不同的固体物质未达到分子程度的均匀混合，则有几种固体物质就有几个固

相。若不同固体物质以分子、原子或离子形式均匀混合形成固态溶液，则为一个固相，如自然界中存在的橄榄石、斜方辉石及Cu-Ni、Au-Ag合金都是固态溶液。因此系统中有几个固体或固溶体，就有几个固相。

例如在一密闭抽空容器中有过量固体$CaCO_3$，发生分解反应：$CaCO_3(s) \xlongequal{} CaO(s) + CO_2(g)$并达平衡。此系统有两个固相，即$CaCO_3(s)$、$CaO(s)$，一个气相，则$\phi=3$。

6.1.3 物种数和组分数

一个多相平衡系统往往是由若干种化学物质构成的，系统中所含有的化学物质种类的数目就称为**物种数**，以符号S表示。

所谓**组分数**，是指确定平衡系统中所有各相组成所需要的最少独立物种数，也称为独立组分数（number of independent component），以符号C表示。

组分数与物种数常常是不相同的，这是因为平衡系统的S种物质之间不一定就是毫不相关的，可能会有某几种物质存在某些化学反应或其他平衡关系，也可能有某几种物质在同一相中存在浓度间的依存关系，这样描述这个平衡系统各相组成所需要确定的物质的数目——组分数就会减少。以下面的例子说明。

【例 6.1.1】 指出下列平衡系统的物种数及组分数。

(1) 冰与水及水蒸气平衡共存的系统。

(2) 常温下将任意量的$N_2(g)$、$H_2(g)$、$NH_3(g)$置于一封闭容器中，三者不反应。

(3) 在一恒温封闭容器中有任意量的$N_2(g)$、$H_2(g)$反应生成$NH_3(g)$达到平衡。

(4) 在抽成真空的恒温密闭容器中，通入一定量的$NH_3(g)$使其分解生成$N_2(g)$、$H_2(g)$达到平衡。

(5) 系统中有下列反应并达到平衡：

$$C + O_2(g) \xlongequal{} CO_2(g)$$
$$C + 1/2O_2(g) \xlongequal{} CO(g)$$
$$CO(g) + 1/2O_2(g) \xlongequal{} CO_2(g)$$

解 (1) $S=1(H_2O)$，同一种化学物质处于不同相时只算一种物质，不能重复累计。

$C=1$，构成该系统的只有一种物质，也称为单组分系统。

(2) $S=3[N_2(g)、H_2(g)、NH_3(g)]$。

$C=3$，系统中三种物质间无关联，要确定该系统的组成，必须知道这三种物质的分压或物质的量。

(3) $S=3[N_2(g)、H_2(g)、NH_3(g)]$。

$C=2$，因有化学反应平衡存在，只需知道$N_2(g)$、$H_2(g)$、$NH_3(g)$分压中的两个就能确定该系统的组成，第三种组分的分压可由反应平衡常数计算得出。

(4) $S=3[N_2(g)、H_2(g)、NH_3(g)]$。

$C=1$，要确定该系统的组成只要知道$NH_3(g)$压力就行，因为系统化学反应平衡存在的同时又多了一个限制条件：$N_2(g)$、$H_2(g)$按计量比产生，$n(H_2,g)=3n(N_2,g)$。

(5) $S=4$ $[C、CO(g)、O_2(g)、CO_2(g)]$。

$C=2$，表面看系统有三个反应平衡来限制系统组成的变化，但三个反应式间具有加和关系：反应(1)=反应(2)+反应(3)，因此要确定该系统的组成需要两种组分的组成，其余组分的组成可通过平衡常数得到。

由上面例题可以归纳出，组分数等于物种数减去独立的化学平衡反应数及其他独立限制条件的数目。即

$$C=S-R-R' \tag{6.1.2}$$

式中独立的化学平衡反应数 R 中“独立”的含义是相互间无加和关系。独立限制条件数 R' 主要指同一相中几种物质的浓度间的依存或限制关系。

【例 6.1.2】 对于一个 NaCl（s）与饱和 NaCl 水溶液共存的系统，通过分析说明考虑电解质的解离与否对系统组分数的影响。

解 不考虑电解质的解离：系统中有 NaCl、H_2O 两种物质，两者无反应，无浓度限制，则 $S=2$，$R=0$，$R'=0$，因此 $C=S-R-R'=2$。

考虑电解质的解离：系统中有 NaCl、Na^+、Cl^-、H_2O、H^+、OH^- 6 种物质，则 $S=6$，6 种物质间存在下列平衡，$R=2$

$$NaCl = Na^+ + Cl^-$$
$$H_2O = H^+ + OH^-$$

而且还有两个浓度限制条件，$c_{Na^+}=c_{Cl^-}$；$c_{H^+}=c_{OH^-}$ 即 $R'=2$，则

$$C=S-R-R'=6-2-2=2$$

由此例题可以看出，在确定系统组分数时，可以不必考虑物质的解离、电离或缔合等因素。

6.1.4 自由度和自由度数

自由度是指能保持系统原有相数不变而可以独立改变的强度性质。即在不引起旧相消失和新相形成的前提下，可以在一定范围内自由变动的强度性质，如温度、压力、浓度。这种可独立改变的强度性质的数目就称为**自由度数**，以符号 F 表示。例如：

① 液体水单相存在。在保持这一相态不变的前提下，系统的温度、压力都可以在一定范围内自由变动，所以其自由度数 $F=2$。

② 不饱和盐水溶液单相存在。可以在一定范围内独立变动的有温度、压力、浓度，$F=3$。

③ 不饱和盐水溶液与水蒸气平衡共存。温度和组成在一定范围内自由变动，而溶液蒸气压是温度和组成的函数，不能自由变动（$p_A=p_A^* a_A$，p_A^* 是温度的函数），其 $F=2$。

④ 固体盐与饱和盐水溶液及水蒸气平衡共存。温度一定时，盐溶解度一定，则溶液蒸气压也一定，所以温度、压力、浓度 3 个变量中只有 1 个可以独立变化，$F=1$。

【例 6.1.3】 在密闭抽空容器中有过量固体 NH_4Cl，发生下列分解反应达平衡。指出其组分数及自由度数。

$$NH_4Cl(s) = NH_3(g) + HCl(g)$$

解 $S=3$，$R=1$，$NH_3(g)$、$HCl(g)$ 按计量比产生，$R'=1$，则

$$C=S-R-R'=1$$

$$\phi=2\ （1 个固相，1 个气相）$$

$$F=C-\phi+2=1-2+2=1$$

【例 6.1.4】 在一密闭抽空容器中有过量固体 $CaCO_3$，发生如下分解反应并达平衡。

$$CaCO_3(s) = CaO(s)+CO_2(g)$$

指出该系统的物种数、组分数、相数及自由度数。

解 此系统 $S=3$，$\phi=3$(2 个固相，1 个气相)

$R=1$(存在一反应平衡)

$R'=0$，尽管分解产物 $CaO(s)$ 与 $CO_2(g)$ 的物质的量相等，但 $CaO(s)$ 为纯固体，与 $CO_2(g)$ 不存在浓度或分压的依存限制关系，则

$$C=S-R-R'=2$$

$$F=C-\phi+2=2-3+2=1$$

6.1.5 相律的推导

推导方法：根据数学代数中一个方程(等式)限制一个未知数的原理，多相平衡系统的自由度数(描述一个相平衡系统的状态所需要的可独立自由变动的强度性质的数目)就等于系统所具有的强度性质的总数减去总的依赖关系等式的数目。

假设在某多相平衡系统中有 S 种物质分布于 ϕ 个相中，并且每一物质在各相中都存在，其分子式也相同。则对其中每一个相，需要确定的强度性质有温度、压力及各物质在此相中的组成，S 种物质在每一个相中的组成有 $(S-1)$ 个浓度变量(因为 $x_1+x_2+\cdots+x_S=1$)，那么 ϕ 个相组成的系统所具有的强度性质的总数为：$\phi+\phi+\phi(S-1)=\phi(S+1)$。

但由热力学平衡的条件可以知道，这些强度性质间并不是独立的，会受到热平衡、力平衡、相平衡及化学平衡的限制，必然具有一定的依赖关系。

① 热平衡：系统内部没有绝热壁时，温度处处相等，即 $T^\alpha=T^\beta=\cdots=T^\phi$，有 $\phi-1$ 个独立等式。

② 力平衡：系统内部没有刚性壁时，压力处处相等，即 $p^\alpha=p^\beta=\cdots=p^\phi$，有 $\phi-1$ 个独立等式。

③ 相平衡：任一物质在各相中化学势相等，即

$$\mu_1^\alpha=\mu_1^\beta=\cdots=\mu_1^\phi$$

$$\mu_2^\alpha=\mu_2^\beta=\cdots=\mu_2^\phi$$

$$\cdots$$

$$\mu_S^\alpha=\mu_S^\beta=\cdots=\mu_S^\phi$$

有 $S(\phi-1)$ 个独立等式。

④ 化学平衡：当化学反应达平衡时有 $\sum_B \nu_B\mu_B=0$，若系统有 R 个独立的化学平衡反应，就有 R 个相应的等式数。

⑤ 假设其他独立限制条件数为 R'。则总的依赖关系等式的数目为：$\phi-1+\phi-1+S(\phi-1)+R+R'$。所以，根据自由度数的定义有

$$F=\phi(S+1)-[\phi-1+\phi-1+S(\phi-1)+R+R']$$

$$F=S-R-R'-\phi+2$$

即

$$F=C-\phi+2$$

这就是吉布斯相律：只受温度、压力影响的平衡系统的自由度数等于系统的组分数减去相数再加上2。

6.1.6 关于相律的几点说明

① 相律只适用于相平衡系统。

② 相律推导中假设每一相中都有 S 种物质，而实际上是否如此都不影响相律的形式。因为若某种物质在某个相中不存在的话，相应的浓度变量会减少1个，其化学势相等的式子也会减少1个。

③ 相律 $F=C-\phi+2$ 中“2”只表示系统整体压力、温度相同时对系统相平衡的影响，若各处压力或温度不等或有其他外界影响因素（如：系统中存在半透膜时产生渗透压会使膜两侧压力不等，或外界存在电场、磁场或重力场等因素）时，则需补充，此时相律为

$$F=C-\phi+n \tag{6.1.3}$$

④ 对凝聚系统来说，压力变化对相平衡影响很小，此时可以忽略压力变化而认为是系统恒压，则 $F=C-\phi+1$，称为**条件自由度**。

6.1.7 相律应用

相律是物理化学中最具有普遍性的规律之一，应用相律可以简易、准确地分析多相平衡系统组分数、相数与自由度间的关系，有助于明确系统中需首先确定的独立变量，这对于研究复杂的多相系统具有重要的指导作用。

【例6.1.5】 将固体 NH_4HCO_3 放入真空密闭容器中，按下式部分分解达平衡。

$$NH_4HCO_3(s) = NH_3(g)+H_2O(g)+CO_2(g)$$

(1) 指出该平衡系统的组分数、相数和自由度数。(2) 若在上述已达平衡的系统中加入 $CO_2(g)$，当系统达到新平衡时，系统的组分数、相数、自由度数又各为多少？

解 (1) $S=4$（NH_4HCO_3、NH_3、H_2O、CO_2）

$R=1$，$R'=2$（$p_{NH_3}=p_{H_2O}$、$p_{H_2O}=p_{CO_2}$）

$C=S-R-R'=1$

$\phi=2$（1个固相，1个气相）

$F=C-\phi+2=1-2+2=1$

即系统的温度、总压及3个气体组分的分压中只有1个独立变量。

(2) $S=4$，$R=1$，$R'=1$（$p_{NH_3}=p_{H_2O}$）

$C=S-R-R'=4-1-1=2$

$\phi=2$（1个固相，1个气相）

$F=C-\phi+2=2-2+2=2$

即系统的温度、总压及3个气体组分的分压中有2个独立变量。

【例6.1.6】 确定下列系统的组分数、相数和自由度数。

(1) 水与正丁醇混合后部分互溶，形成正丁醇溶于水及水溶于正丁醇的两个液相达

平衡；

(2) 水与正丁醇混合后形成的两个液相及其蒸气达平衡。

解 (1) $S=2$（水、正丁醇），$R=0$，$R'=0$

$$C=S-R-R'=2$$

$$\phi=2 \text{（2 个液相）}$$

$$F=C-\phi+2=2-2+2=2$$

即系统的温度、压力及两个液相的浓度中有 2 个独立变量。

(2) $S=2$（水、正丁醇），$R=0$，$R'=0$

$$C=S-R-R'=2$$

$$\phi=3 \text{（2 个液相，1 个气相）}$$

$$F=C-\phi+2=2-3+2=1$$

即系统的温度、压力及两个液相的浓度中只有 1 个独立变量。

【例 6.1.7】 $FeCl_3$ 和 H_2O 能形成 $FeCl_3\cdot6H_2O$、$2FeCl_3\cdot7H_2O$、$2FeCl_3\cdot5H_2O$、$FeCl_3\cdot2H_2O$ 四种稳定的水合物（不考虑其水解）。试确定：(1) 该系统的组分数C；(2) 在 101.325kPa 下最多可能平衡共存的相数 ϕ；在 101.325kPa 下能与 $FeCl_3$ 水溶液和冰平衡共存的水合物有几种？(3) 在 30℃时，能与水溶液平衡共存的水合物有几种？

解 (1) 假设有 n 种水合物，则 $S=2+n$（$FeCl_3$、H_2O、n 种水合物），$R=n$（有几种水合物就有几个化学平衡），$R'=0$，则

$$C=S-R-R'=2$$

(2) 恒压下相律表达式为 $F=C-\phi+1$，因为自由度数 F 最小值为零，所以 $\phi_{max}=C+1-F_{min}=2+1-0=3$

则能与 $FeCl_3$ 水溶液及冰平衡共存的水合物只有 1 种。

(3) 恒温下相律表达式为：$F=C-\phi+1$，$\phi_{max}=3$，所以能与水溶液平衡共存的含水盐有 2 种。

由上面例题可以看出，相律可告诉我们组分数一定的平衡系统中几相共存时应该有几个自由度数，或者自由度数为几时有几相共存，但相律不涉及相平衡系统中的具体物质、具体相态及强度性质数值的大小，因此无法告诉我们是哪几相共存或哪些具体性质可自由变动。若要确定这些还需借助相图和其他知识。

6.2 单组分系统相平衡

由相律 $F=C-\phi+2$ 可知，对单组分系统 $C=1$，则 $F=3-\phi$。当 $\phi=1$ 时，$F=2$，单组分系统单相存在时，系统的温度和压力均可在一定范围内独立变动，在 p-T 图上可用面表示；当 $\phi=2$ 时，$F=1$，单组分系统两相平衡共存，系统的温度和压力中只有一个独立变量，其平衡压力与温度间存在函数关系，在 p-T 图上可用线表示；当 $\phi=3$ 时，$F=0$，单组分系统三相平衡，则系统无变量，在 p-T 图上用点来表示，此点称为三相点。由此可知，单组分系统最多为三相平衡，最多可有两个独立变量。单组分系统两相平衡共存时平衡压力与温度的变化遵循克拉佩龙方程。

6.2.1 单组分系统两相平衡——克拉佩龙方程

假设在一定的温度和压力下，某单组分系统（纯物质）处于α相和β相两相平衡，即

$$物质\ B(\alpha,T,p) \rightleftharpoons 物质\ B(\beta,T,p)$$

则由吉布斯函数判据可知，恒温、恒压下两相平衡时，$d_{T,p}G=0$，即

$$G_m(\alpha,T,p)=G_m(\beta,T,p)$$

若施加一微扰力使温度改变 dT，相应压力改变 dp，而两相仍维持平衡状态，即

$$物质\ B(\alpha,T+dT,p+dp) \rightleftharpoons 物质\ B(\beta,T+dT,p+dp)$$

$$G_m(\alpha,T+dT,p+dp)=G_m(\beta,T+dT,p+dp)$$

因为

$$G_m(\alpha,T+dT,p+dp)=G_m(\alpha,T,p)+dG_m(\alpha)$$

$$G_m(\beta,T+dT,p+dp)=G_m(\beta,T,p)+dG_m(\beta)$$

所以有

$$dG_m(\alpha)=dG_m(\beta)$$

这说明系统达平衡时，两相的吉布斯函数的改变量也相等。对平衡系统中每一相的微变可使用热力学基本方程

$$dG=-SdT+Vdp$$

代入上式得

$$-S_m(\alpha)dT+V_m(\alpha)dp=-S_m(\beta)dT+V_m(\beta)dp$$

移项整理得

$$[V_m(\beta)-V_m(\alpha)]dp=[S_m(\beta)-S_m(\alpha)]dT$$

$$\frac{dp}{dT}=\frac{S_m(\beta)-S_m(\alpha)}{V_m(\beta)-V_m(\alpha)}=\frac{\Delta_\alpha^\beta S_m}{\Delta_\alpha^\beta V_m}$$

因为恒温、恒压下的平衡相变是可逆相变，可知

$$\Delta_\alpha^\beta S_m=\frac{\Delta_\alpha^\beta H_m}{T}$$

可得

$$\frac{dp}{dT}=\frac{\Delta_\alpha^\beta H_m}{T\Delta_\alpha^\beta V_m} \tag{6.2.1}$$

此式即为克拉佩龙(Clapeyron)方程，适用于纯物质的两相平衡系统。

克拉佩龙方程表明了纯物质（单组分系统）两相平衡时，平衡压力与平衡温度间所遵循的关系。其含义为，当系统温度发生变化时，若要继续保持两相平衡，则平衡压力也要随之改变，反之亦然。例如对气-液两相平衡，液体蒸发过程 $\Delta_{vap}H_m>0$，$\Delta_{vap}V_m>0$，则$\frac{dp}{dT}>0$，即温度升高，相平衡压力（饱和蒸气压）必然升高。

【例 6.2.1】 常压下冰的熔点为0℃，摩尔熔化焓 $\Delta_{fus}H_m=6008J\cdot mol^{-1}$，冰和水的密度分别为 $917kg\cdot m^{-3}$ 和 $999.84kg\cdot m^{-3}$。试计算说明滑冰时人体重量通过滑冰鞋给冰施加

一压力，冰会发生怎样的变化？假设每只滑冰鞋的刀刃尺寸为 10cm×0.1cm，滑冰运动员的体重为 70kg。

解 冰的液化过程中体积变化为

$$\Delta_s^l V_m = V_m(l) - V_m(s) = M\left[\frac{1}{\rho(l)} - \frac{1}{\rho(s)}\right]$$

$$= 18.015\times10^{-3}\,\text{kg}\cdot\text{mol}^{-1}\times\left(\frac{1}{999.84\,\text{kg}\cdot\text{m}^{-3}} - \frac{1}{917\,\text{kg}\cdot\text{m}^{-3}}\right) = -1.628\times10^{-6}\,\text{m}^3\cdot\text{mol}^{-1}$$

由式（6.2.1）

$$\frac{dT}{dp} = \frac{T\Delta_s^l V_m}{\Delta_s^l H_m}$$

$$\frac{dT}{dp} = \frac{T(-1.628\times10^{-6}\,\text{m}^3\cdot\text{mol}^{-1})}{6008\,\text{J}\cdot\text{mol}^{-1}} = -2.710\times10^{-10}\,\text{Pa}^{-1}\,T$$

积分得

$$\ln\frac{T_2}{T_1} = -2.710\times10^{-10}\,\text{Pa}^{-1}\,\Delta p$$

$$\Delta p = \frac{F}{A_s} = \frac{(70\times9.81)\,\text{N}}{(0.1\times0.001\times2)\,\text{m}^2} = 3.434\times10^6\,\text{Pa}$$

$$\ln\frac{T_2}{T_1} = -9.305\times10^{-4},\quad T_2 = 272.90\,\text{K},\quad t_2 = -0.254\,℃$$

当人体重量通过滑冰鞋给冰施加压力的瞬间，冰的熔点降为−0.254℃，即冰刀下的冰会局部融化。融化的水可作为冰刀的润滑剂。

6.2.2 克劳修斯-克拉佩龙（Clausius-Clapeyron）方程

如果 α、β 两相中有一相为气体，即气-液或气-固的平衡，此时平衡压力对应液体或固体的饱和蒸气压 p^*。假设液体或固体的体积相对于气体体积可以忽略不计，同时假设蒸气为理想气体，则克拉佩龙方程可以进一步简化。以气-液相平衡为例

$$\frac{dp^*}{dT} = \frac{\Delta_{vap}H_m}{T(V_{m,g} - V_{m,l})} = \frac{\Delta_{vap}H_m}{TV_{m,g}} = \frac{\Delta_{vap}H_m}{T(RT/p^*)}$$

整理得

$$\frac{d\ln p^*}{dT} = \frac{\Delta_{vap}H_m}{RT^2} \tag{6.2.2}$$

这就是克劳修斯-克拉佩龙(Clausius-Clapeyron)方程，适用于气-液或气-固两相平衡。对气-固两相平衡，式中的蒸发焓 $\Delta_{vap}H_m$ 需换成升华焓 $\Delta_{sub}H_m$。

如果假定 $\Delta_{vap}H_m$ 与温度无关或温度变化范围小，则 $\Delta_{vap}H_m$ 可作为常数，积分上式可得不定积分式

$$\ln p^* = -\frac{\Delta_{vap}H_m}{R}\times\frac{1}{T} + C \tag{6.2.3}$$

式中，C 为积分常数。若实验测定一系列不同温度下的饱和蒸气压，以 $\ln p^*$ 对 $1/T$ 作图，即可由直线斜率得到蒸发焓数据。

定积分式
$$\ln\frac{p_2^*}{p_1^*}=-\frac{\Delta_{vap}H_m}{R}\left(\frac{1}{T_2}-\frac{1}{T_1}\right) \tag{6.2.4}$$

如果知道摩尔蒸发焓和一个温度下的饱和蒸气压，就可由式（6.2.4）求出另一温度下的饱和蒸气压。或者由两个温度下的饱和蒸气压数据可计算其摩尔蒸发焓。

当缺乏蒸发焓数据时，可用特鲁顿（Trouton）经验规则来估算蒸发焓：对非极性液体，其正常沸点时的摩尔蒸发热与正常沸点之比为一常数，即

$$\frac{\Delta_{vap}H_m}{T_b}\approx 88\text{J}\cdot\text{K}^{-1}\cdot\text{mol}^{-1} \tag{6.2.5}$$

该规则适用于在液态和气态中分子没有缔合现象的液体。但对极性较大的液体或正常沸点低于 150K 的液体，则误差较大，不适用。

需要指出的是，由第 2 章式（2.7.3）可知，蒸发焓 $\Delta_{vap}H_m$是温度的函数，可写为

$$\Delta_{vap}H_m=A+BT+CT^2 \tag{6.2.6}$$

代入式（6.2.2）中积分得
$$\ln p^*=\frac{A'}{T}+B'\ln T+C'T+D' \tag{6.2.7}$$

式中，A'、B'、C'、D'均为与物质特性有关的常数。此式适用的温度范围较广，但式中物质特性参数较多。

工程上常用安托万（Antoine）方程来计算

$$\ln p^*=A-\frac{B}{C+t/℃} \tag{6.2.8}$$

式中，t 为摄氏温度；A、B、C 都是物质的特性参数，称为安托万常数，可在相关手册中查到。

【例 6.2.2】 已知水的正常沸点为 100℃，此条件下水的摩尔蒸发焓为 40.67kJ · mol^{-1}，假设蒸发焓不随温度变化。试计算：

（1）水在 20℃时的饱和蒸气压；（2）一般家用高压锅内的蒸气压力为 180kPa，试估算锅内的温度为多少？

解 （1）由克劳修斯-克拉佩龙方程

$$\ln\frac{p_2^*}{p_1^*}=-\frac{\Delta_{vap}H_m}{R}\left(\frac{1}{T_2}-\frac{1}{T_1}\right)$$

代入已知数据，得

$$\ln\frac{p_2^*}{101.325\text{kPa}}=-\frac{40.67\times10^3\text{J}\cdot\text{mol}^{-1}\cdot\text{K}^{-1}}{8.314\text{J}\cdot\text{mol}^{-1}\cdot\text{K}^{-1}}\times\left(\frac{1}{293.15\text{K}}-\frac{1}{373.15\text{K}}\right)$$

解得
$$p_2^*=2.831\text{kPa}$$

（2）由克劳修斯-克拉佩龙方程得

$$\ln\frac{180\text{kPa}}{101.325\text{kPa}}=-\frac{40.67\times10^3\text{J}\cdot\text{mol}^{-1}\cdot\text{K}^{-1}}{8.314\text{J}\cdot\text{mol}^{-1}\cdot\text{K}^{-1}}\times\left(\frac{1}{T_2}-\frac{1}{373.15\text{K}}\right)$$

解得
$$T_2=390.26\mathrm{K}$$
$$t_2=117.1℃$$

【例 6.2.3】 已知水在 100℃时的摩尔蒸发焓为 40.67kJ·mol^{-1}，在 25～100℃区间 $C_{p,m}(H_2O,l)=75.75\mathrm{J\cdot mol^{-1}\cdot K^{-1}}$，$C_{p,m}(H_2O,g)=[29.16+14.49\times10^{-3}(T/K)-2.022\times10^{-6}(T/K)^2]\mathrm{J\cdot mol^{-1}\cdot K^{-1}}$。试计算水在 20℃时的饱和蒸气压。若 20℃时水的饱和蒸气压的实验值为 2.3346kPa，计算其误差大小。

解 由式（2.7.3）
$$\Delta_\alpha^\beta H_m(T)=\Delta_\alpha^\beta H_m(T_1)+\int_{T_1}^{T}\Delta_\alpha^\beta C_{p,m}\mathrm{d}T$$
代入数据得
$$\Delta_{vap}H_m(T)=\{40.67\times10^3+\int_{373.15\mathrm{K}}^{T}[29.16+14.49\times10^{-3}(T/K)-2.022\times10^{-6}(T/K)^2-75.75]\mathrm{d}T\}\mathrm{J\cdot mol^{-1}}$$
$$\Delta_{vap}H_m(T)=[57.04\times10^3-46.59(T/K)+7.245\times10^{-3}(T/K)^2-6.740\times10^{-7}(T/K)^3]\mathrm{J\cdot mol^{-1}}$$
代入式（6.2.2）得
$$\frac{\mathrm{dln}p^*}{\mathrm{d}T}=\frac{[57.04\times10^3-46.59(T/K)+7.245\times10^{-3}(T/K)^2-6.740\times10^{-7}(T/K)^3]\mathrm{J\cdot mol^{-1}}}{RT^2}$$
$$\frac{\mathrm{dln}p^*}{\mathrm{d}T}=\frac{6.861\times10^3}{T^2}-\frac{5.604}{T}+8.714\times10^{-4}-8.107\times10^{-8}(T/K)$$
积分
$$\int_{101.325\mathrm{kPa}}^{p_2}\mathrm{dln}p^*=\int_{373.15\mathrm{K}}^{293.15\mathrm{K}}[\frac{6.861\times10^3}{T^2}-\frac{5.604}{T}+8.714\times10^{-4}-8.107\times10^{-8}(T/K)]\mathrm{d}T$$
$$\ln\frac{p_2^*}{101.325\mathrm{kPa}}=-3.736$$
得
$$p_2^*=2.417\mathrm{kPa}$$
计算值与实验值的误差为
$$\frac{2.417-2.3346}{2.3346}\times100\%=3.53\%$$

6.2.3 液体压力对其蒸气压的影响*

一定温度下，液体与其自身的蒸气达平衡时对应的蒸气压力即为液体的饱和蒸气压，此时液体所承受的压力就是其饱和蒸气压。如果将作用于液体上的压力增加（如通入不溶于液体的惰性气体来加压），则液体的蒸气压也会相应改变。

假设在一定温度 T 下，纯液体 B 与其自身蒸气平衡共存，对应饱和蒸气压为 p^*，即
$$物质\ \mathrm{B}(l,T,p^*)\rightleftharpoons 物质\ \mathrm{B}(g,T,p^*)$$
$$G_m(l,T,p^*)=G_m(g,T,p^*)$$
p^* 既是液体的平衡压力，也是蒸气的平衡压力。在保持温度不变的条件下，将液体压力改变为 $p^*+\mathrm{d}p^l$，若使气-液两相仍维持平衡状态，则蒸气压力会相应地变为 $p^*+\mathrm{d}p^g$，即

$$物质B(l,T,p^*+dp^l) \rightleftharpoons 物质B(g,T,p^*+dp^g)$$

$$G_m(l,T,p^*+dp^l)=G_m(g,T,p^*+dp^g)$$

则
$$dG_m(l)=dG_m(g)$$

由热力学基本方程知，恒温下
$$dG=Vdp$$

即
$$V_m(l)dp^l=V_m(g)dp^g$$

移项整理得
$$\frac{dp^g}{dp^l}=\frac{V_m(l)}{V_m(g)} \tag{6.2.9}$$

此式为液体压力变化对蒸气压影响的关系式。因为$\frac{V_m(l)}{V_m(g)}>0$，所以液体蒸气压会随液体压力的增大而增大。但通常情况下$V_m(l)$远小于$V_m(g)$，因此液体压力变化对蒸气压影响很小，可忽略不计。

若假设蒸气为理想气体，且$V_m(l)$不随压力变化，则式（6.2.9）可写为

$$\frac{dp^g}{dp^l}=\frac{V_m(l)}{RT/p^g} \tag{6.2.10}$$

积分$\int_{p^*}^{p_g}\frac{dp^g}{p^g}=\int_{p^*}^{p^l}\frac{V_m(l)}{RT}dp^l$得

$$\ln\frac{p^g}{p^*}=\frac{V_m(l)}{RT}(p^l-p^*) \tag{6.2.11}$$

式中，p^g为液体压力为p^l时对应的蒸气压。

6.2.4 单组分系统相图

（1）单组分系统相图的绘制

单组分系统相图是根据相平衡实验测定的数据绘制出来的，一般不能由理论计算得到。下面以水的相图为例来看单组分系统相图。

将水放入抽成真空的密闭容器中，测定水在不同的两相平衡时温度与压力的实验数据，结果如表 6.2.1 所示。然后以温度为横坐标，压力为纵坐标，绘制出水的相图，如图 6.2.1 所示。

表 6.2.1 水的相平衡数据

T/K	p/kPa			T/K	p/kPa		
	冰⇌水	冰⇌水蒸气	水⇌水蒸气		冰⇌水	冰⇌水蒸气	水⇌水蒸气
253.15	193.5×10^3	0.103	—	333.15			19.932
258.15	156.0×10^3	0.165	0.1905	353.15			47.373
263.15	110.4×10^3	0.260	0.2857	373.15			101.325
268.15	59.8×10^3	0.402	0.4215	473.15			1553.6
273.16	0.61062	0.61062	0.61062	573.15			8583.8
293.15			2.338	647.15			22060
313.15			7.376				

（2）单组分系统相图的分析

由图 6.2.1 可以看出，交于 O 点的三条实线将相图划分为三个平面区。在各区内系统

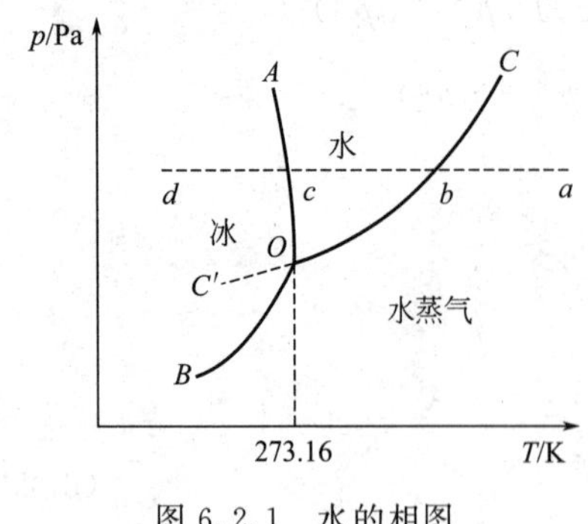

图 6.2.1 水的相图

温度、压力都可以自由变动，$F=2$，由相律可知这三个区域 $\phi=1$，称为单相区。AOB 线以左的低温高压区域为固相区，AOC 线以上的高温高压区域为液相区，BOC 线以右的高温低压区域为气相区。

OA 线是水的液、固两相平衡线，也称为冰的融化曲线。OA 线斜率为负值，这是因为冰的体积大于水的体积，由克拉佩龙方程可知其 $\mathrm{d}p/\mathrm{d}T<0$。而实际上大多数物质的熔化曲线 OA 线的斜率为正值。OA 线不能无限延长，因为在压力很高（大于2.03×10^5kPa）时，冰有多种结构异构体（已发现 6 种晶型），相图很复杂。

OB 线是水的气、固两相平衡线，称为冰的饱和蒸气压曲线或升华曲线。OB 线从理论上讲可延长到绝对零度附近。

OC 线是水的气、液两相平衡线，称为水的饱和蒸气压曲线或蒸发曲线。OC 线不能无限延长，它止于临界点 C。因为高于临界点温度时，无论加多大的压力都不可能使气体液化。

OC 线可越过 O 点向左下方延长至 C'（-20℃左右）得 OC'线，它代表了过冷水的饱和蒸气压曲线。因为过冷水的化学势高于同条件下冰的化学势，所以过冷水与水蒸气的平衡不是热力学稳定的平衡，称为亚稳平衡。

两相平衡线上 $\phi=2$，$F=1$，其平衡温度与压力间的关系均服从克拉佩龙方程。

O 点是三条两相平衡线的交点，表示系统内气、液、固三相平衡共存，称为三相点（triple point），此时 $F=0$。水的三相点的温度 $T=273.16$K，压力 $p=610.62$Pa。我国物理化学家黄子卿在 1938 年就测出水的三相点的温度，所以水的三相点也叫黄点。1967 年，第十三届国际计量大会（CGPM）将热力学温度的单位“1K”定义为水的三相点温度的 1/273.16。

水的三相点与通常所说的冰点（0℃）不同，水的三相点是水在它自身蒸气压力下的凝固点，而冰点则是在 101.325kPa 下被空气饱和了水的凝固点。因压力增加（610.62Pa→101.325kPa）使温度降低 0.00749K（可依据克拉佩龙方程计算出），因空气溶于水使水凝固点降低 0.00242K（稀溶液的依数性），这两者加和使水冰点较三相点降低 0.00991K≈0.01K。

（3）单组分系统相图的应用

应用相图可以简明直观地说明系统在任意指定的温度、压力下所处的相态及外界条件变化时系统相变化的情况。

如图 6.2.1 中 ad 线表示了系统由气体到固体的恒压冷却过程（即步冷曲线）。ab 线段表示气相降温，$F=C-\phi+1=1-1+1=1$（因为 p 一定）；到 b 点处 g-l 平衡共存，$F=0$，此时温度不随时间变化，直到气体全部液化；bc 线段是液态恒压降温过程，$F=1$；c 点为 l-s 平衡共存，$F=0$；cd 为固相恒压降温过程，$F=1$。

【例 6.2.4】 硫的相图如图 6.2.2 所示。试分析图中各点、线、面的相平衡关系及自由度数。

解 常温常压下，固体硫有正交硫和单斜硫两种晶型，但单组分系统最多三相平衡，所以硫的相图中有4个相区、6条二相线、4个三相点（其中一个为亚稳态的三相点）。各点、线、面的相平衡关系及自由度数如下。

点 B：正交硫、硫蒸气、单斜硫平衡共存，$F=1-3+2=0$。

点 C：正交硫、液体硫、单斜硫平衡共存，$F=1-3+2=0$。

点 E：硫蒸气、液体硫、单斜硫平衡共存，$F=1-3+2=0$。

点 O：正交硫、硫蒸气、液体硫亚稳态平衡共存，$F=1-3+2=0$。

线 AB：正交硫与硫蒸气平衡共存，$F=1-2+2=1$。

线 BC：正交硫与单斜硫平衡共存，$F=1-2+2=1$。

线 BE：单斜硫与硫蒸气平衡共存，$F=1-2+2=1$。

线 CD：正交硫与液体硫平衡共存，$F=1-2+2=1$。

线 CE：单斜硫与液体硫平衡共存，$F=1-2+2=1$。

线 EF：硫蒸气与液体硫平衡共存，$F=1-2+2=1$。

$ABCD$ 以左区域：正交硫单相存在，$F=1-1+2=2$。

BCE 以内区域：单斜硫单相存在，$F=1-1+2=2$。

$ABEF$ 以下区域：硫蒸气单相存在，$F=1-1+2=2$。

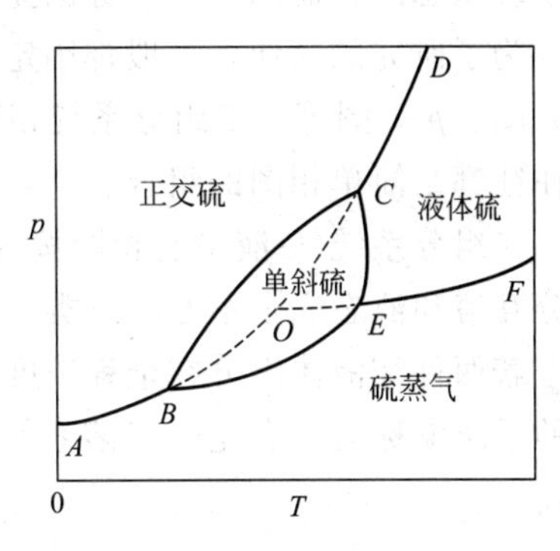

图 6.2.2 硫的相图

$DCEF$ 以右区域：液体硫单相存在，$F=1-1+2=2$。

【例 6.2.5】 已知固态苯和液态苯的饱和蒸气压与温度的关系分别为

$$\ln(p_s^*/\mathrm{Pa})=-\frac{5320}{T/\mathrm{K}}+27.57,\quad \ln(p_l^*/\mathrm{Pa})=-\frac{4108}{T/\mathrm{K}}+23.23$$

试计算三相点的温度和压力以及苯的蒸发热 $\Delta_{vap}H_m$、升华热 $\Delta_{sub}H_m$ 和熔化热 $\Delta_{fus}H_m$。

解 三相点处，气、固、液呈三相平衡，共有一个蒸气压，即 $p_l=p_s$，因此

$$-\frac{5320}{T/\mathrm{K}}+27.57=-\frac{4108}{T/\mathrm{K}}+23.23$$

解得 $$T=279.3\mathrm{K}$$

将 T 代入任何一个方程即可求三相点压力

$$\ln\frac{p}{\mathrm{Pa}}=-\frac{5320}{279.3}+27.57=8.522$$

$$p=5026\mathrm{Pa}$$

由式（6.2.3）可知 $$\ln p_s^*=-\frac{\Delta_{sub}H_m}{R}\times\frac{1}{T}+C=-\frac{5320}{T/\mathrm{K}}+27.57$$

$$\ln p_l^*=-\frac{\Delta_{vap}H_m}{R}\times\frac{1}{T}+C=-\frac{4108}{T/\mathrm{K}}+23.23$$

得 $\Delta_{sub}H_m=44.23kJ\cdot mol^{-1}$， $\Delta_{vap}H_m=34.15kJ\cdot mol^{-1}$

$$\Delta_{ful}H_m=\Delta_{sub}H_m-\Delta_{vap}H_m=(44.23-34.15)kJ\cdot mol^{-1}=10.08kJ\cdot mol^{-1}$$

6.3 二组分液态完全互溶系统的气-液平衡相图

对二组分系统，由相律可知 $F=2-\phi+2=4-\phi$，二组分系统最多可有四相平衡共存，单相存在时自由度数最大为3，这三个独立变量通常是温度、压力和组成，所以要表示二组分系统状态图，需用三个坐标的立体图表示。

为了研究的简便，一般都固定一个变量，用两变量的平面图来表示系统状态的变化，如 T-x 图、p-x 图等。二组分系统相图类型很多，只介绍典型的几个相图，实际遇到的复杂相图往往都是简单相图的组合。

二组分系统气-液平衡相图按两液体组分的相互溶解度不同而分为液态完全互溶、液态部分互溶和液态完全不互溶三类。

若两种纯液体组分在全程浓度范围内都能相互混溶成均匀的一个相，则这两个组分所构成的系统就称为液态完全互溶系统。液态完全互溶系统分为理想液态混合物和真实液态混合物。

6.3.1 理想液态混合物的压力-组成（p-x）图

设液体A和液体B可形成理想液态混合物，则组分A和组分B在全程浓度范围内都遵守拉乌尔定律，即

$$p_A=p_A^*x_A=p_A^*(1-x_B)$$

$$p_B=p_B^*x_B$$

式中，p_A^*、p_B^*分别为纯A、纯B在该温度下的饱和蒸气压；x_A、x_B分别为溶液中组分A、组分B的摩尔分数。则溶液的蒸气压 p 为

$$p=p_A+p_B=p_A^*+(p_B^*-p_A^*)x_B$$

如果在一定温度下，以 x_B为横坐标，以蒸气压 p 为纵坐标作图，可以看出 p 与 x_B的关系为直线（图6.3.1）。p-x_B线反映了系统蒸气压与液相组成间的关系，称为液相线。由图可知，$x_B=0$ 时，$p=p_A^*$；$x_B=1$ 时，$p=p_B^*$。所以理想液态混合物的蒸气压总是介于两纯液体的蒸气压之间，即 $p_A^*<p<p_B^*$。

蒸气压与气相组成的关系可由分压力的概念来计算

$$y_A=\frac{p_A}{p}=\frac{p_A^*x_A}{p}$$

$$y_B=\frac{p_B}{p}=\frac{p_B^*x_B}{p}=1-y_A$$

由 $p_A^* < p < p_B^*$，就有$\frac{p_B^*}{p}>1$，$\frac{p_A^*}{p}<1$，则有

$$y_B > x_B,\quad y_A < x_A$$

上式说明理想液态混合物气-液平衡时易挥发组分在气相中的相对含量 y_B 大于它在液相中的相对含量 x_B，而不易挥发组分在液相中的相对含量大于它在气相中的相对含量。

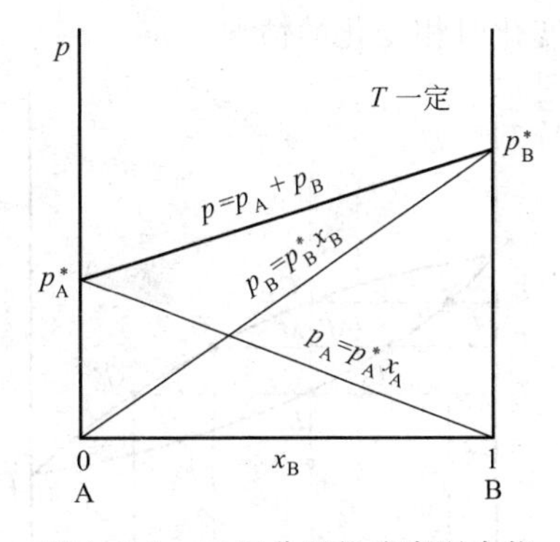

图 6.3.1 二组分理想液态混合物蒸气压-液相组成图

将蒸气压随气相组成的变化关系作图可得到气相线。

若把一定温度下蒸气压 p 与气相组成、液相组成画在一张图上，就可得到压力-组成图，如图 6.3.2 所示。图中上方的直线为液相线，下方的曲线为气相线。液相线以上的区域为液相区（$F=2$），气相线以下的区域为气相区（$F=2$），气相线、液相线之间的区域为气-液平衡共存区（$F=1$）。

6.3.2 理想液态混合物的 *T-x* 图

在恒定压力下表示二组分系统气-液平衡时温度与组成的关系的相图，叫温度-组成图。若选定的压力为 101.325kPa 时，气-液平衡温度就是正常沸点，此时温度-组成图也叫沸点-组成图。

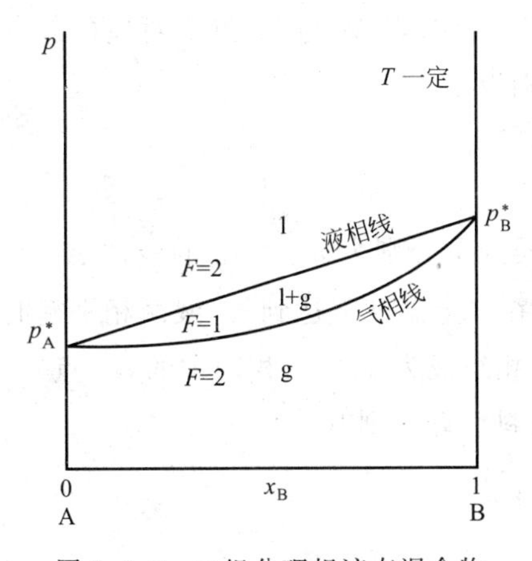

图 6.3.2 二组分理想液态混合物压力-组成图

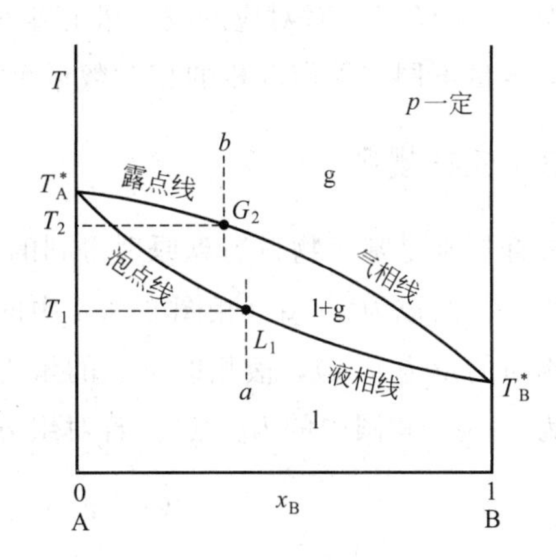

图 6.3.3 二组分理想液态混合物温度-组成图

T-x 图可由实验测定得到，也可由不同温度下的 p-x 数据计算得出。在 T-x 图上，若组分 A 的蒸气压低，则沸点高；组分 B 蒸气压高，其沸点低。气相线在液相线上方（$y_B > x_B$），如图 6.3.3 所示。若将系统由 a 恒压升温到 L_1 点时，液相刚开始起泡沸腾，则该点温度 t_1 称为该液相的泡点，液相线也叫泡点线。若将系统由物系点 b 恒压降温至 G_2 点时，气相刚开始凝结出露珠似的液滴，则该点温度 t_2 称为该气相的露点，气相线也叫露点线。

在相图中表示整个系统状态的点称为系统点或物系点（如 a 点），表示某个相的组成的点叫相点（如 L_1 点），在单相区内系统点和相点重合，而当系统为多相平衡时物系点与各相点均不重合。由系统状态点连接的线即表示一个变化过程。由相图可以看出系统在外界条

件变化时相变化的情况。

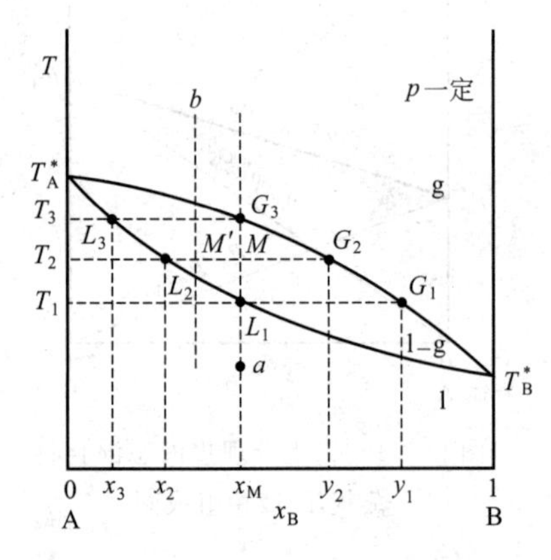

图 6.3.4　二组分理想液态混合物温度-组成图

例如图 6.3.4 所示的总组成为 x_M 的系统由始态 a（物系点 a）进行一恒压升温过程。$a \rightarrow L_1$ 段系统为单一液相的升温过程，$F=2$，液相组成 x_B 等于系统组成 x_M；升温到 L_1 点液体开始蒸发，系统进入气－液两相平衡共存区，$F=1$，最初形成的气相状态点为 G_1，气相组成为 y_1；继续升温，液体不断蒸发为气体，液相点沿液相线上移，气相点沿气相线上移，系统点为 M 点时对应温度为 T_2，液相点为 L_2，液相组成为 x_2，气相点为 G_2，气相组成为 y_2，两个平衡相点间的连接线（如 L_2G_2）称为结线；当系统升温至 G_3 时，系统残留极少量液体，对应液相组成为 x_3；此后，系统再升温将进入单一气相区，$F=2$，气相组成 y_B 等于系统组成 x_M。

由相律可知，恒压下二组分系统气液两相平衡共存的全过程中 $F=1$，即平衡温度、气相组成、液相组成中只有一个独立变量，温度变化，平衡两相的组成必然会跟着变化，温度一定时，两相组成也随之确定。例如图 6.3.4 中物系点 b 恒压下降温至 T_2（系统点为 M'）时，对应的液相点为 L_2，液相组成为 x_2，气相点为 G_2，气相组成为 y_2，与物系点 a 恒压升温至 T_2（M 点）时对应的气、液相组成相同。但是物系点 M 与 M' 点所对应的气、液相的相对数量不同。平衡两相的相对数量可由杠杆规则得出。

6.3.3　杠杆规则

杠杆规则是基于物料衡算原理得到的。假设物质的量分别为 n_A、n_B 的液体 A、B 构成混合物，其组成为 $x_{B,M}$（相图 6.3.4 中的 M 点），在一定温度下达到气-液两相平衡时，气相的物质的量为 $n(g)$，液相的物质的量为 $n(l)$，气相组成为 $y_{B,G}$（相图中的 G_2 点），液相组成为 $x_{B,L}$（相图中的 L_2 点）。若对组分 B 进行物料恒算，则有

$$n(总)x_{B,M}=n(l)x_{B,L}+n(g)y_{B,G}$$

因为

$$n(总)=n(l)+n(g)$$

代入上式得

$$n(l)(x_{B,M}-x_{B,L})=n(g)(y_{B,G}-x_{B,M})$$

$$\frac{n(l)}{n(g)}=\frac{y_{B,G}-x_{B,M}}{x_{B,M}-x_{B,L}} \tag{6.3.1}$$

式中，$(x_{B,M}-x_{B,L})$ 是相图中物系点 M 与液相点 L 之间的线段长 $\overline{ML}$，$(y_{B,G}-x_{B,M})$ 是相图中气相点 G 与物系点 M 之间的线段长 $\overline{GM}$，即液相的物质的量乘以 $\overline{ML}$ 等于气相的物质的量乘以 $\overline{GM}$

$$n(l)\cdot\overline{ML}=n(g)\cdot\overline{GM} \tag{6.3.2}$$

这类似于力学中的杠杆原理，因此称为杠杆规则。

图 6.3.5 表达了杠杆规则的含义：结线 LG 可看作是一个以物系点 M 为支点的杠杆，两相点 L 和 G 为力点，分别负载 $n(\mathrm{l})$ 和 $n(\mathrm{g})$ 的物质。当组成以摩尔分数表示时，两相的物质的量反比于物系点到两个相点的线段的长度。若两相组成以质量分数表示时，两相的量应换成两相的质量。

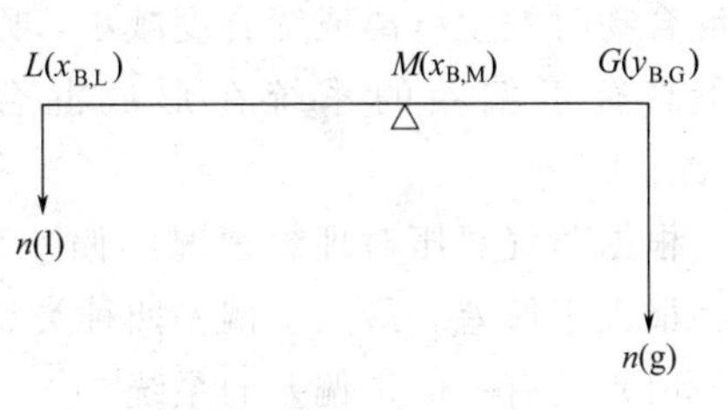

图 6.3.5 杠杆规则示意图

杠杆规则具有普遍性，适用于各个相图上两相平衡共存时组成数量的计算。

【例 6.3.1】 甲苯（A）和苯（B）能形成理想液态混合物。已知 90℃时两液体的饱和蒸气压分别为 54.22kPa 和 136.12kPa。求：(1) 90℃、101.325kPa 下气液平衡时两相的组成；(2) 由 100.0g 甲苯和 200.0g 苯构成的系统的气相和液相的量各为多少？

解 (1) 由拉乌尔定律知：$p=p_A+p_B=p_A^*+(p_B^*-p_A^*)x_B$

$$x_B=\frac{p-p_A^*}{p_B^*-p_A^*}=\frac{101.325\text{kPa}-54.22\text{kPa}}{136.12\text{kPa}-54.22\text{kPa}}=0.5752$$

$$x_A=1-x_B=0.4248$$

$$y_B=\frac{p_B^*x_B}{p}=\frac{136.12\text{kPa}\times0.5752}{101.325\text{kPa}}=0.7727$$

(2) 物系点 M 的组成为

$$x_{B,M}=\frac{n_B}{n}=\frac{200.0/78.11}{100.0/92.14+200.0/78.11}=0.7025$$

由杠杆规则

$$n(\mathrm{l})(x_{B,M}-x_{B,L})=n(\mathrm{g})(y_{B,G}-x_{B,M})$$

$$\frac{n(\mathrm{l})}{n(\mathrm{l})+n(\mathrm{g})}=\frac{y_{B,G}-x_{B,M}}{y_{B,G}-x_{B,L}}$$

$$n(\mathrm{l})=\frac{y_{B,G}-x_{B,M}}{y_{B,G}-x_{B,L}}n(\text{总})=\frac{0.7727-0.7025}{0.7727-0.5752}\times3.645\text{mol}=1.296\text{mol}$$

$$n(\mathrm{g})=n(\text{总})-n(\mathrm{l})=3.645\text{mol}-1.296\text{mol}=2.349\text{mol}$$

6.3.4 真实液态混合物的 *p-x* 图与 *T-x* 图

真实液态混合物任一组分的蒸气分压只在很小的范围内（$x_B\rightarrow1$）服从拉乌尔定律，而在其他组成下的蒸气分压对拉乌尔定律都有一定的偏差。若组分 i 的蒸气压实验测定值大于拉乌尔定律计算值称为正偏差；若 i 的蒸气压测定值小于拉乌尔定律计算值，则称为负偏差。产生偏差原因的解释：由分子运动论可知，液体分子要有足够的动能以克服液体分子间相互吸引力才能逸出液体表面变成蒸气，蒸气压的大小就决定于这种分子占总分子数的数目。因此，若两种不同组分分子 A-B 间的吸引力小于各纯组分分子 A-A、B-B 间的吸引力，则形成液态混合物后，A、B分子就容易逸出而产生正偏差；若纯组分原为缔合分子，在形成混合物时发生解离或缔合度减小，则因分子数增加而产生正偏差。反之，则产生负偏差。一般具有正偏差的系统在形成混合物过程常有吸热和体积增大现象，即 $\Delta_{mix}H>0$，$\Delta_{mix}V>0$。

根据蒸气总压对理想情况的偏差程度，真实液态混合物可分为一般正偏差、一般负偏差、最大正偏差、最大负偏差四种类型。

（1）具有一般正偏差的系统

在全部组成范围内，系统的蒸气总压的实验值相对于拉乌尔定律计算值为正偏差，但蒸气总压仍在两纯组分饱和蒸气压之间，即 $p^*_{难挥发组分}<p_{总,实际}<p^*_{易挥发组分}$，这样的系统称为具有一般正偏差的系统，如苯-丙酮、苯-四氯化碳等系统。其蒸气压-液相组成图、压力-组成图、温度-组成图及气相组成-液相组成图如图 6.3.6(a)～(d)所示。图 6.3.6(a)中虚线是按拉乌尔定律的计算值，实线为实际测定值。

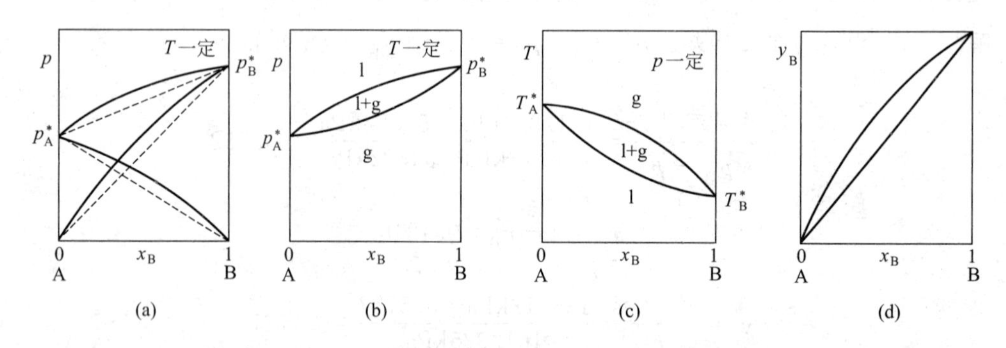

图 6.3.6 具有一般正偏差的二组分真实液态混合物蒸气压-液相组成图（a）、压力-组成图（b）、温度-组成图（c）及气相组成-液相组成图（d）

具有一般正偏差的系统的温度-组成图与理想液态混合物的类似，但压力-组成图中液相线是略向上凸的曲线，而不是直线。由图 6.3.6 中温度-组成图及压力-组成图可以看出，气相线位于液相线右侧，即 $y_B>x_B$，如图 6.3.6（d）所示。

（2）具有一般负偏差的系统

若在全部组成范围内系统的蒸气总压的实验值对拉乌尔定律计算值为负偏差，但蒸气总压仍在两纯组分饱和蒸气压之间（$p^*_{难挥发组分}<p_{总,实际}<p^*_{易挥发组分}$），这样的系统称为具有一般负偏差的系统，如氯仿-乙醚系统。其蒸气压-液相组成图、压力-组成图、温度-组成图及气相组成－液相组成图如图 6.3.7(a)～(d)所示。

由图 6.3.7 可以看出，具有一般负偏差系统的 p-x 图中液相线是略向下凹的曲线，T-x 图中液相线略向上凸，y-x 图中 $y_B>x_B$。

（3）具有最大正偏差的系统

若系统蒸气总压的实验值对拉乌尔定律为正偏差，而且偏离较大，在某一组成范围内蒸气总压比易挥发组分的饱和蒸气压还大，则称为具有最大正偏差的系统，如图 6.3.8 所示。属于这种类型的系统有：甲醇-苯、乙醇-苯、乙醇-水等。

此类系统的 p-x 图上液相线具有最高点，气相线也具有最高点。液相线与气相线在最高点处相切，在此点 $y_B=x_B$。最高点把气-液两相共存区分为左右两部分，最高点左侧 $y_B>x_B$，而在最高点右侧 $y_B<x_B$。

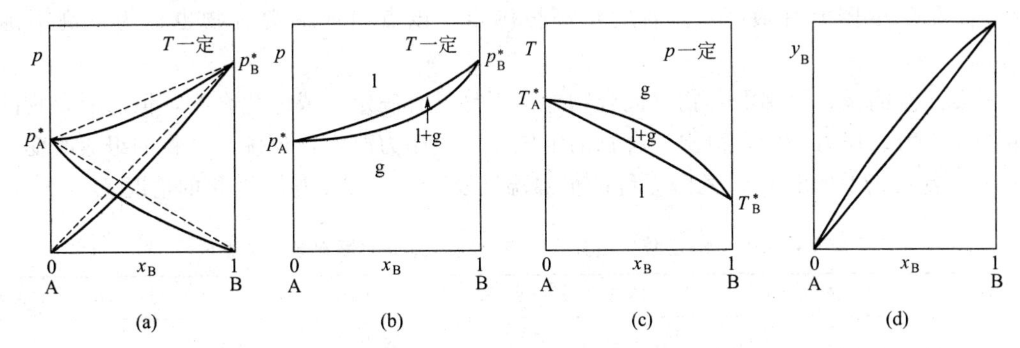

图 6.3.7 具有一般负偏差的二组分真实液态混合物蒸气压-液相组成图（a)、压力-组成图（b)、温度-组成图（c）及气相组成-液相组成图（d）

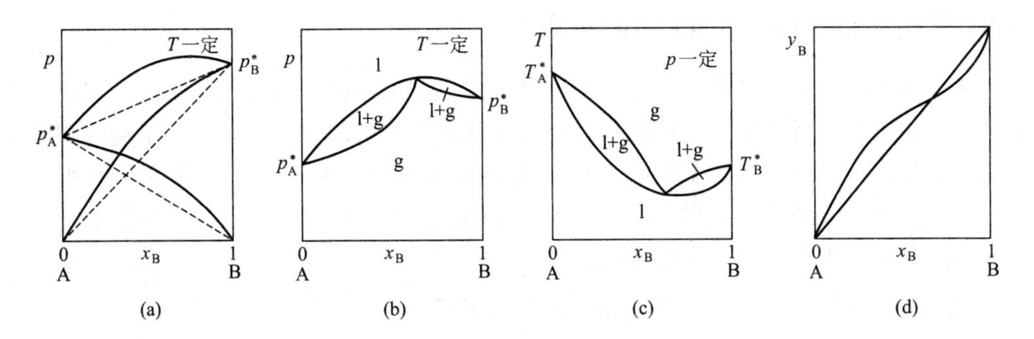

图 6.3.8 具有最大正偏差的二组分真实液态混合物蒸气压-液相组成图（a)、压力-组成图（b)、温度-组成图（c）及气相组成-液相组成图（d）

具有最大正偏差系统的 T-x 图中有最低点，此点恒压沸腾时 $y_B=x_B$，由液体蒸发为气体的全过程温度恒定，称为最低恒沸点，其自由度数为零，该组成对应的混合物称为恒沸混合物。

（4）具有最大负偏差的系统

若系统蒸气总压的实验值对拉乌尔定律为负偏差，而且偏离较大，在某一组成范围内蒸气总压比难挥发组分的饱和蒸气压还小，则称为具有最大负偏差的系统，如氯仿-丙酮、水-硝酸等，其相图如图 6.3.9 所示。

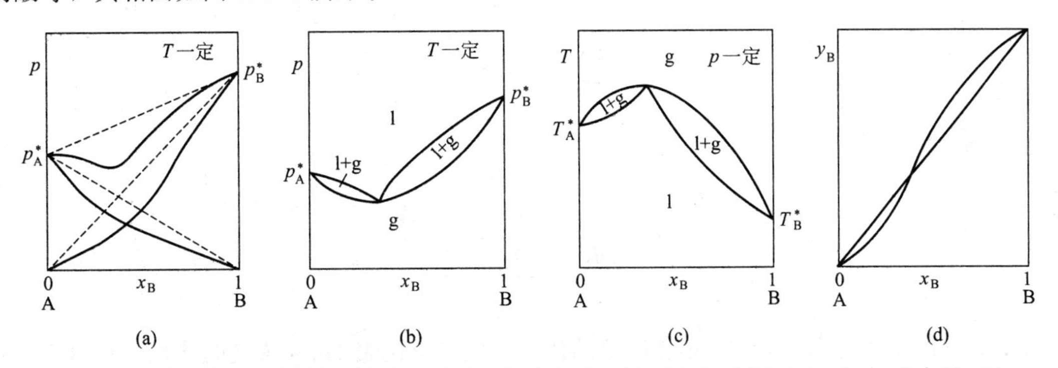

图 6.3.9 具有最大负偏差的二组分真实液态混合物蒸气压-液相组成图（a)、压力-组成图（b)、温度-组成图（c）及气相组成-液相组成图（d）

这类系统在 p-x 图上液相线与气相线在最低点相切，最低点左侧 $y_B<x_B$，而右侧

$y_B > x_B$。在 T-x 图上有最高点，称为最高恒沸点，该点组成的混合物也称为最高恒沸混合物。

需要注意的是，恒沸混合物是混合物，而不是具有确定组成的化合物，恒沸混合物的组成取决于压力，压力一定，恒沸混合物的组成一定，压力改变，恒沸混合物的组成改变，甚至消失。表 6.3.1 列出了水-乙醇系统的恒沸温度及恒沸组成随压力变化的情况。

表 6.3.1 水-乙醇二组分系统在不同压力下的恒沸温度及组成

p/kPa	9.33	12.65	17.29	26.45	53.94	101.325	143.37	193.49
恒沸点 t/℃	—	33.35	39.20	47.63	63.04	78.15	87.12	95.39
$w_{水}$/%	0	0.5	1.3	2.7	3.75	4.40	4.45	4.75

6.3.5 柯诺瓦洛夫(Коновалов)规则*

柯诺瓦洛夫由大量实验数据总结出了二组分气液平衡系统蒸气总压与组成的规律：①若向系统中添加某组分后使蒸气总压增加，则该组分在气相中的含量大于它在平衡液相中的含量；若添加某组分后使蒸气总压降低，则该组分在气相中的含量小于它在平衡液相中的含量；②当二组分气液平衡系统出现最大蒸气总压(或最小蒸气总压)状况，在该状况下某组分在气相中的含量等于它在平衡液相中的含量。

上述规律可从热力学原理中得到说明。由偏摩尔量的加和公式 $G=\sum_B n_B\mu_B$ 得

$$dG=\sum_B n_B d\mu_B+\sum_B \mu_B dn_B$$

又知

$$dG=-SdT+Vdp+\sum_B \mu_B dn_B$$

在恒温条件下对比两式，得

$$\sum_B n_B d\mu_B=Vdp$$

对气-液平衡系统，任一组分 B 的化学势为 $\mu_B(l)=\mu_B(g)=\mu_B^{\ominus}+RT\ln\frac{p_B}{p^{\ominus}}$，微分后代入上式得

$$RT\sum_B n_B d\ln p_B=Vdp$$

将式子两边同除以物质的总量得

$$\sum_B x_B d\ln p_B=\frac{1}{RT}\frac{V}{\sum_B n_B}dp=\frac{V_m(l)}{V_m(g)}d\ln p$$

式中，$V_m(l)=V/\sum_B n_B$ 代表 1mol 溶液的体积；$V_m(g)$代表 1mol 蒸气的体积，且蒸气符合理想气体。该式表示在一定温度下，由于液相组成 x_B变化，导致该组分的分压 p_B也相应变化的内在关系。对于只含 A 和 B 的二组分系统，上式成为

$$x_A \mathrm{d}\ln p_A + x_B \mathrm{d}\ln p_B = \frac{V_m(\mathrm{l})}{V_m(\mathrm{g})}\mathrm{d}\ln p$$

将 $p_B = p y_B$、$x_A = 1 - x_B$ 和 $p_A = p(1-y_B)$ 代入上式可得

$$(1-x_B)\mathrm{d}\ln[p(1-y_B)] + x_B \mathrm{d}\ln(p y_B) = \frac{V_m(\mathrm{l})}{V_m(\mathrm{g})}\mathrm{d}\ln p$$

整理后得
$$\left(\frac{\partial \ln p}{\partial y_B}\right)_T = \frac{y_B - x_B}{y_B(1-y_B)\left(1-\frac{V_m(\mathrm{l})}{V_m(\mathrm{g})}\right)}$$

因 $\frac{V_m(\mathrm{l})}{V_m(\mathrm{g})} \ll 1$，故上式可写为
$$\left(\frac{\partial \ln p}{\partial y_B}\right)_T \approx \frac{y_B - x_B}{y_B(1-y_B)}$$

由上式可知，当 $\left(\frac{\partial \ln p}{\partial y_B}\right)_T > 0$ 时，$y_B > x_B$，如图 6.3.6 中(b)图，图 6.3.7 中(b)图皆属此种情况；当 $\left(\frac{\partial \ln p}{\partial y_B}\right)_T < 0$ 时，$y_B < x_B$，如图 6.3.8 中(b)图右半支部分，图 6.3.9 中(b)图左半支部分皆属此种情况，规律①得证。当 $\left(\frac{\partial \ln p}{\partial y_B}\right)_T = 0$ 时，$y_B = x_B$，如图 6.3.8 中(b)图最高点，图 6.3.9 中(b)图最低点皆属此种情况，规律②得证。

6.3.6 精馏*

精馏是将液态混合物同时经多次部分汽化和部分冷凝而使之分离的操作，是化工生产中常见的分离混合物的方法。它的原理可用二组分系统 T-x 图来说明。

假设有 A、B 二组分系统，其 T-x 图如图 6.3.10 所示。设 A、B 液态混合物原始组成为 x_0，将其加热到温度 T_1，达到气、液平衡共存（M 点），对应气相组成为 y_1，液相组成为 x_1，可见易挥发组分 B 在气相中的含量明显大于其在液相中的含量。

若分开气、液相后，将液体再加热到 T_2 至气、液共存，则它对应的液相组成为 x_2；将组成为 x_2 的液体再加热到 T_3 至气、液共存，则对应的液相组成为 x_3，从横坐标可看出 $x_3 < x_2 < x_1$，即液相每经一次部分汽化，则难挥发组分在液相中的相对含量就大一些，若经多次的部分汽化，液相就可能变成纯的难挥发组分 A。

同样，若把组成为 y_1 的气体降温到 T_4，气相会部分冷凝对应的气液相组成分别为 y_4、x_4，可看出 $y_4 > y_1$；所得气体再次降温至 T_5 时对应气相组成 $y_5 > y_4$，即气相每经一次部分液化后所剩气相中易挥发组分 B 的相对含量就大一些，若经多次部分液化，气相就可变成纯组分 B。

工业上精馏常采用精馏塔来进行。如图 6.3.11 所示，精馏塔内有许多层塔板，板上有孔使液体下流、蒸气上升，塔底是加热釜。每层塔板上的温度、气液组成都不同，温度上低、下高，由下一层塔板上升来的蒸气温度要高于本层液体的温度，热交换的结果会使蒸气部分冷凝，而液体则部分汽化，从而使难挥发组分和易挥发组分都分别得到进一步的浓集，这样，蒸气越往上升，易挥发组分含量越大，液体越往下流，难挥发组分含量越大，只要塔板层数足够多，两组分即可得到分离。

但需要注意的是，具有最低（或最高）恒沸点的二组分系统经过精馏后不可能同时得到两个纯组分，而只能得到一个纯组分和一个恒沸混合物。如图 6.3.12 所示，当物系组成小于恒沸点组成时（如物系 a），精馏的结果是在塔底得到纯 A，在塔顶得到最低恒沸混合物；若物系组成大于恒沸点组成（如物系 b），则精馏的结果是在塔底得到纯 B，在塔顶得到最低恒沸混合物。

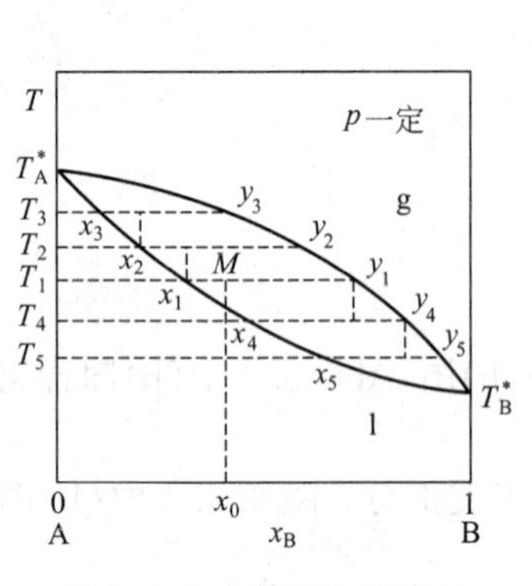

图 6.3.10　精馏过程中二组分系统温度-组成图

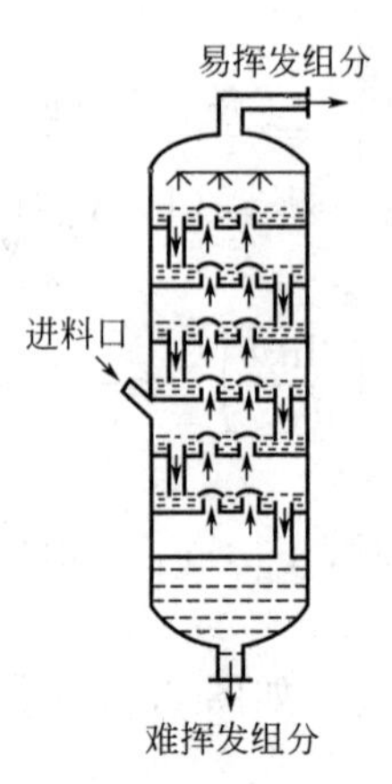

图 6.3.11　精馏装置示意图

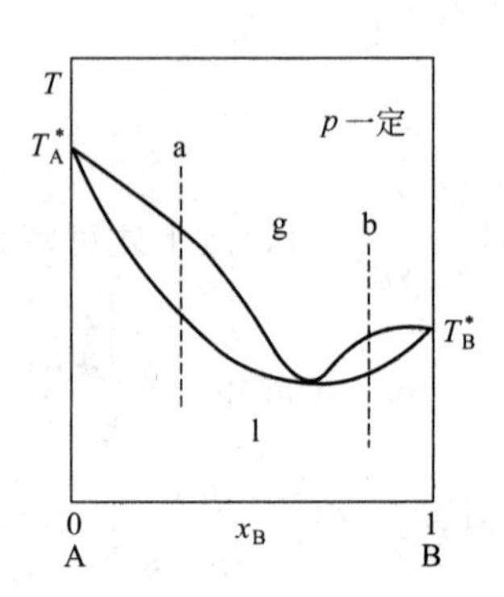

图 6.3.12　具有最低恒沸点的二组分系统 T-x 图

6.4　二组分液态部分互溶及完全不互溶系统的气-液-液平衡相图

6.4.1　部分互溶系统的液-液平衡相图

两液体间相互溶解度的大小与它们的性质有关，当两种液体性质相差较大时，它们只能部分互溶，即在某些温度下，只有当一种液体的量相对很少，另一种液体的量相对很多时才能溶为均匀的一个液相，而在其他组成下，系统将分层而呈现两个液相平衡共存，这样的系统就是部分互溶系统，这两个平衡共存的液层，称为共轭溶液。

由相律可知，恒压下二组分系统液－液两相平衡时，$F=C-\phi+1=2-2+1=1$，即两个液相组成与温度间具有函数关系。将式$(\partial G/\partial T)_p=-S$ 用于二组分系统的混合过程有

$$\left(\frac{\partial \Delta_{\text{mix}} G}{\partial T}\right)_p=-\Delta_{\text{mix}} S \tag{6.4.1}$$

一般情况下，两液体混合后系统混乱程度增加，$\Delta_{\text{mix}} S>0$，因此$\left(\frac{\partial \Delta_{\text{mix}} G}{\partial T}\right)_p<0$，即温度升高使 $\Delta_{\text{mix}} G$ 更负，两液体相互溶解度增大。但若两液体间存在氢键等较强的键合作用时，混合后形成的结构可能更规整，会使系统 $\Delta_{\text{mix}} S<0$，则温度升高使 $\Delta_{\text{mix}} G$ 更正，不利于相互溶解，则溶解度降低。因此二组分部分互溶系统液-液平衡的温度-组成图有以下几种类型。

(1) 具有最高会溶温度的类型

以水-苯胺的液-液平衡系统为例，图 6.4.1 为水-苯胺双液系在不同温度下的相互溶解度图，图中 DC 曲线为不同温度下苯胺在水中的饱和溶解度曲线，EC 曲线为不同温度下水在苯胺中的饱和溶解度曲线，两条溶解度曲线相交于 C 点成一光滑曲线，称为溶解度曲线，C 点称为最高会溶点，对应温度为最高会溶温度。溶解度曲线 DCE 以外为单液相区，DCE 以内为苯胺溶于水的饱和溶液（l_1）、水溶于苯胺的饱和溶液（l_2）两液相平衡共存区。温度高于最高会溶温度时，两液体可以任何比例完全互溶，而在最高会溶温度以下，两液体则只能部分互溶。

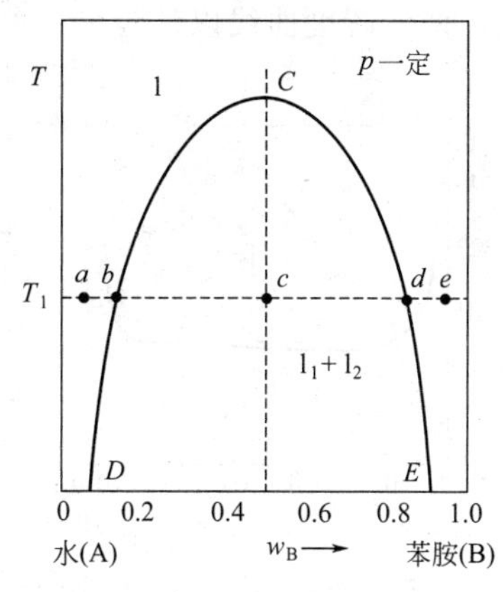

图 6.4.1 水-苯胺溶解度图

在会溶温度以下的某一温度 T_1 时，系统物系点随组成不同而沿 ae 水平线变化。当向水中加入少量苯胺时可完全溶解，形成苯胺在水中的不饱和溶液（如 a 点），随着苯胺加入量的增加，苯胺在水中浓度逐渐增大，到 b 点时溶解达到饱和，b 点对应 T_1 时苯胺在水中的饱和溶解度；若再加入苯胺，系统就会出现一个新液层，这个新液层并不是纯苯胺，而是水在苯胺中的饱和溶液（对应 d 点），两个饱和溶液平衡共存，即共轭溶液（l_1+l_2），b 点、d 点为此温度 T_1 下两共轭溶液的相点，由 b、d 对应的横坐标可知道两饱和溶液中苯胺的浓度。随着苯胺加入量的增加，系统物系点由 b 到 d 的过程中两液层的浓度保持不变，变化的只是两液层的量，l_1（苯胺在水中的饱和溶液）减少，l_2（水在苯胺中的饱和溶液）增多，两相的质量比遵守杠杆规则，到 d 点时 l_1 即将消失，若再增加苯胺的量，则系统成为水在苯胺中的不饱和溶液（如 e 点）。

同样，系统在某组成下随温度变化的情况也可由相图看出。随温度升高，苯胺在水中的饱和溶解度及水在苯胺中的饱和溶解度都增大，当温度上升到曲线 DCE 以上时，苯胺与水完全互溶，系统变为单一液相。

会溶温度的高低反映了一对液体间相互溶解能力的强弱，对具有高会溶温度的液体对来说，会溶温度越低，说明两液体的互溶性越好，实际应用中常利用会溶温度的数据来选择优良的萃取剂。

（2）具有最低会溶温度的类型

与具有最高会溶温度的类型相反，两液体在低温区能以任意比例完全互溶，但高于某温度后，温度增加，两液体的相互溶解度反而降低，只能部分互溶，出现两相。如图 6.4.2 显示的水-三乙胺系统，291K 以下可完全互溶，而 291K 以上则部分互溶，图中出现最低会溶温度。

（3）同时具有高低会溶温度的类型

该类型同时具有最高会溶温度和最低会溶温度，在两温度范围内形成一完全封闭的溶解度曲线，如图 6.4.3 所示的水-烟碱系统。封闭曲线以内两液体部分互溶，为两相区；封闭曲线以外两液体为完全互溶的单相区。

（4）不具有会溶温度的类型

该类型的两组分液体在它们能以溶液存在的温度范围内，均表现为部分互溶，既没有最高会溶温度，也没有最低会溶温度，如水-乙醚系统（见图 6.4.4），两溶解度曲线之间为两相区，两溶解度曲线以外为单一液相区。

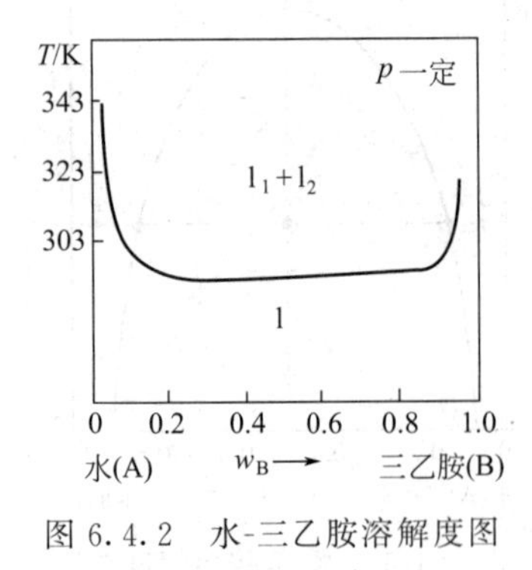

图 6.4.2 水-三乙胺溶解度图

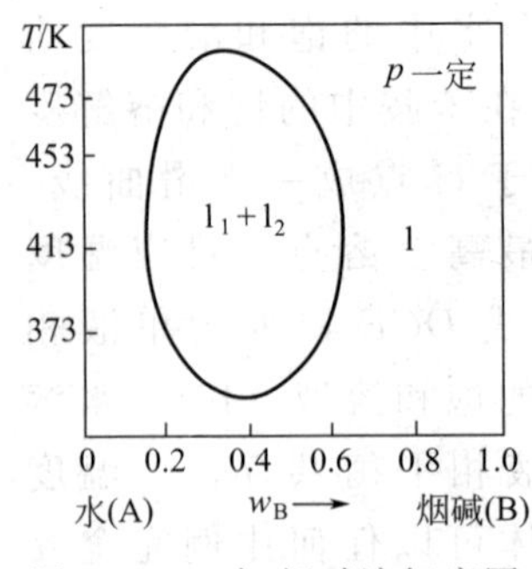

图 6.4.3 水-烟碱溶解度图

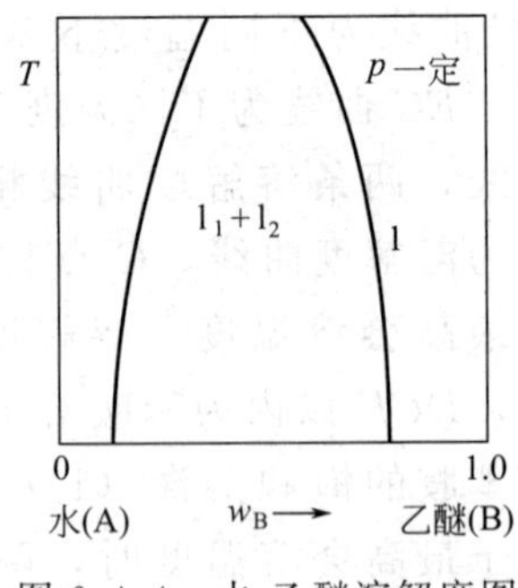

图 6.4.4 水-乙醚溶解度图

6.4.2 部分互溶系统的气-液-液平衡相图

根据相律，二组分系统气-液-液三相平衡共存时，自由度 $F=2-3+2=1$，这表明系统温度一定时，气相组成、系统压力及两液相组成均为定值，气相同时与两个液相平衡，系统压力既是这一液层的饱和蒸气压，也是另一液层的饱和蒸气压。

按气-液-液三相组成的关系，部分互溶系统相图可分为两类：气相组成介于两液相组成之间；气相组成在两液相组成的同一侧。

（1）气相组成介于两液相组成之间的系统

对于具有最高会溶温度的二组分系统，当温度高于最高会溶温度后继续升高温度时，系统可出现气-液平衡，若该系统对拉乌尔定律产生最大正偏差（具有最低恒沸点），则其气-液及液-液平衡的温度-组成图如图 6.4.5 所示。

在不同压力下测定上述系统的气-液及液-液平衡相图会发现，压力变化对液-液溶解度曲线影响很小，但对气-液平衡影响很大。当压力降低时，溶液沸点及恒沸点的温度均降低，则气-液平衡线位置会相应下降，并且其形状也会发生变化；当压力下降到一定程度时，气-液平衡线将和液-液平衡线相交，如图 6.4.6 所示。

水-异丁醇系统气-液-液平衡温度-组成图如图 6.4.7 所示。其中 P 点和 Q 点分别为水及异丁醇的沸点。

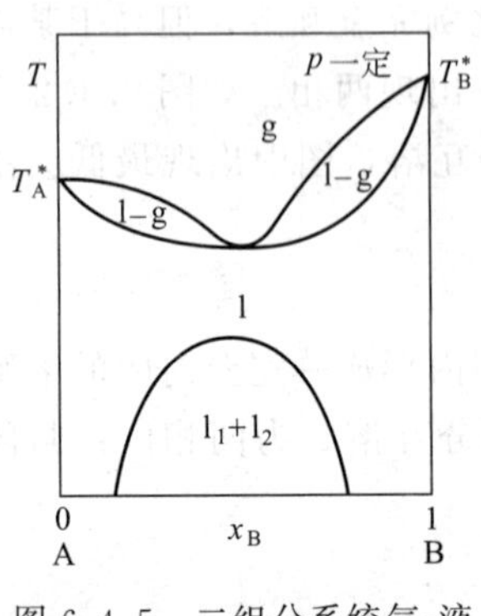

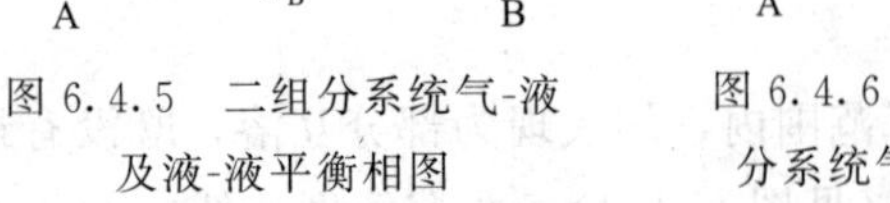

图 6.4.5 二组分系统气-液及液-液平衡相图

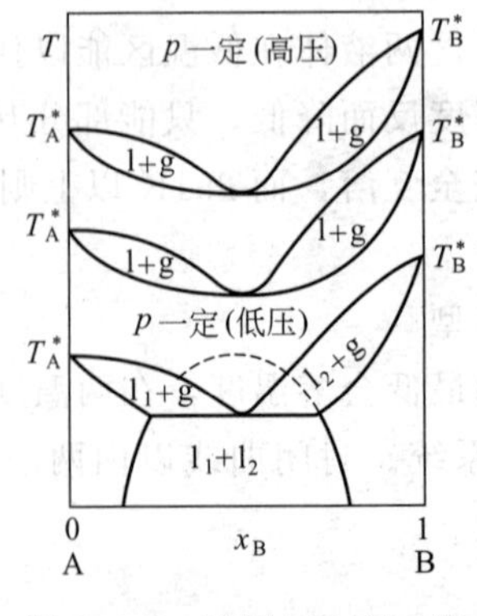

图 6.4.6 不同压力下二组分系统气-液-液平衡相图

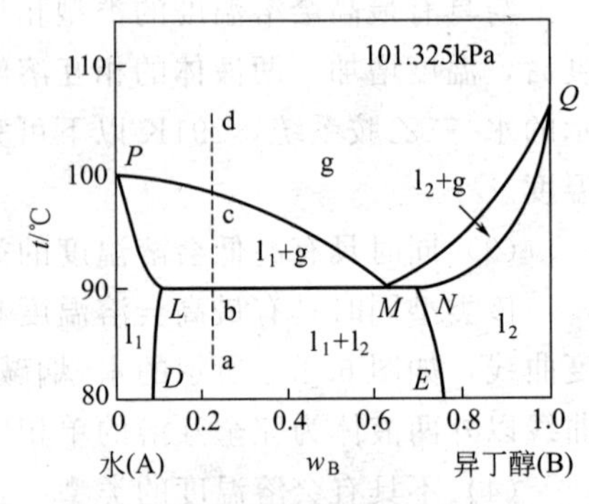

图 6.4.7 水-异丁醇系统气-液-液平衡相图

相图中有三个单相区：*PMQ* 以上区域为气相区；*PLD* 以左区域为异丁醇的水溶液 l_1 相区；*QNE* 以右为水的异丁醇溶液 l_2 相区。单相区内系统自由度 $F=2-1+1=2$。

有三个两相平衡共存区：*PLMP* 区域内为气相与异丁醇的水溶液（$g+l_1$）平衡共存；*QMNQ* 区域内为气相与水的异丁醇溶液（$g+l_2$）平衡共存；*DLNE* 区域内为异丁醇溶于水的饱和溶液与水溶于异丁醇的饱和溶液（l_1+l_2）平衡共存。两相区内自由度 $F=2-2+1=1$。

有六条两相平衡线：*PM*、*PL* 线分别为 g 与 l_1 平衡共存的气相线和液相线；*QM*、*QN* 线分别为 g 与 l_2 平衡共存的气相线和液相线；*DL*、*EN* 线分别为 l_1 及 l_2 的饱和溶解度曲线。

有一条三相平衡线：*LMN* 水平线，l_1、l_2 与 g 同时平衡共存，其相平衡关系为：

$$l_1+l_2 \underset{\text{冷却}}{\overset{\text{加热}}{\rightleftharpoons}} g$$

此时自由度 $F=2-3+1=0$，即：恒压下共沸温度、气相组成、液相组成均恒定，在三相线上的位置相同，只是三相间的物质的量不同。

由相图可看出系统在温度变化时的相变化过程，如 a→d 的加热过程。将物系 a（l_1、l_2 两饱和溶液共存）加热升温，l_1、l_2 两饱和溶液的组成分别沿 *DL* 线和 *EN* 线变化，当升温到 b 点时，l_1、l_2 两个液相同时沸腾，产生与之平衡的气相，$l_1+l_2 \longrightarrow g$，此时三相共存，$F=0$。因 b 点在 *LM* 线段上，$l_2$ 液相的量少于 l_1 液相的量，则蒸发的结果是 l_2 液相先消失，之后 l_1 液相和气相 g 的两相平衡共存（b→c 段），当温度高于 c 点时液相消失全部变为蒸气，之后为单一气相的升温过程。

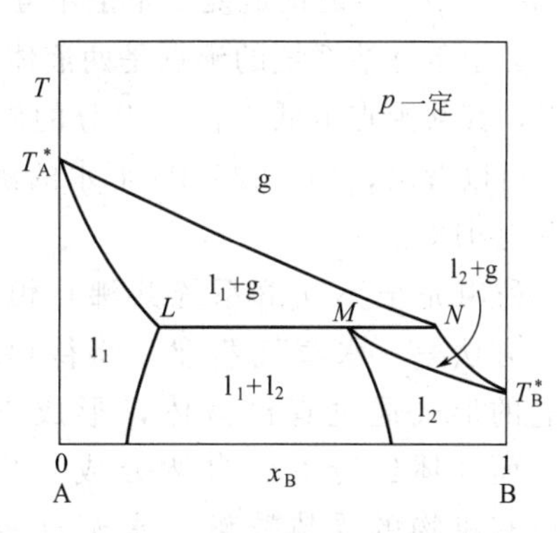

图 6.4.8 二组分部分互溶系统气-液-液平衡相图

（2）气相组成位于两液相组成的同一侧的系统

此类型可看做二组分系统部分互溶液-液平衡与具有一般正偏差的气-液平衡相叠加的结果。如图 6.4.8 所示。相图中有三个单相区，三个两相区，如图中标注。*LMN* 水平线为气-液-液三相平衡共存线，气相点 *N* 位于三相线的一端，三相平衡关系为：

$$l_2 \underset{\text{冷却}}{\overset{\text{加热}}{\rightleftharpoons}} l_1+g$$

6.4.3 完全不互溶系统的气-液-液平衡相图

若两种液体性质相差极大，彼此相互溶解度非常小，可忽略不计，则这两种液体所组成的系统就称为液态完全不互溶系统，如水-油、水-汞系统，其相图示意于图 6.4.9。相图中有一个单相区和三个两相区，已标注于相图中。*KMN* 为三相线，A(l)、B(l)与蒸气三相平衡共存。*K*、*N* 点为平衡时的液相点，*M* 点为气相点。三相线的相平衡关系为：

$$A(l)+B(l) \underset{\text{冷却}}{\overset{\text{加热}}{\rightleftharpoons}} g$$

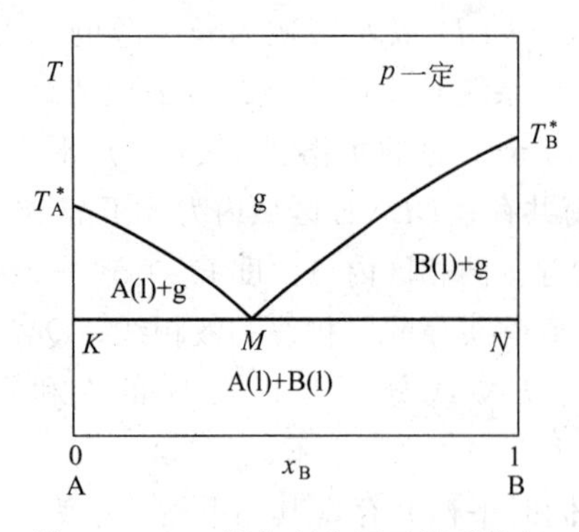

图 6.4.9 二组分完全不互溶系统气-液-液平衡相图

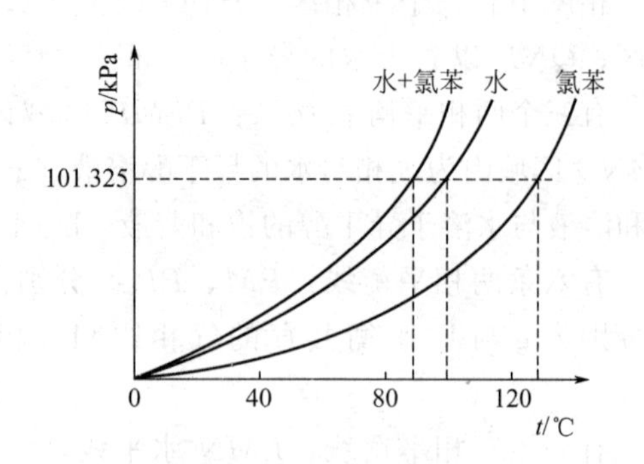

图 6.4.10 水-氯苯系统 p-t 图

由于两种液体完全不互溶，所以分为两个液层，两液层中都是纯物质，则不论两液体相对数量如何，在一定温度下各组分的蒸气压都等于各自的饱和蒸气压，系统的蒸气总压 $p=p_A^*+p_B^*$，也就是说，完全不互溶系统的蒸气压恒大于相同条件下的任一组分的蒸气压。完全不互溶系统的沸点是两液体同时沸腾，平衡蒸气总压等于外压时的温度，也称为共沸点，其共沸点恒低于任一组分的沸点。图 6.4.10 为水-氯苯系统蒸气压随温度的变化曲线，可以看出，101.325kPa 下水的沸点为 100℃，氯苯沸点为 130℃，而水-氯苯系统的共沸点为 91℃。

利用完全不互溶系统共沸点恒低于任一纯组分沸点的原理，可得到一种提纯有机物的方法——水蒸气蒸馏。将待提纯的有机液体加热到不足 100℃，然后使水蒸气以气泡的形式通过有机液体，形成二组分完全不互溶系统，则有机液体会向气泡内蒸发，而气体经冷凝后自然分成有机液体和水两个液层。这样既达到提纯的目的，又避免有机物的受热分解。水蒸气蒸馏的馏出物中两组分的质量比可根据分压力的概念计算得出。

$$p_A^*=py_A, \quad p_B^*=py_B$$

$$\frac{p_A^*}{p_B^*}=\frac{y_A}{y_B}=\frac{n_A}{n_B}=\frac{m_A/M_A}{m_B/M_B} \tag{6.4.2}$$

或

$$\frac{w_A}{w_B}=\frac{p_A^*}{p_B^*}\times\frac{M_A}{M_B} \tag{6.4.3}$$

由此可知，水蒸气蒸馏就相当于减压蒸馏的效果，越是分子量大、沸点高的物质，采用水蒸气蒸馏越合算，因为所需要的水蒸气少而且能耗低。在缺乏真空减压设备时，水蒸气蒸馏不失为一种实用的方法。

6.4.4 二组分系统气-液平衡相图及气-液-液平衡 *p-x* 和 *T-x* 相图汇总

图 6.4.11 汇总了理想混合物、一般正偏差、一般负偏差、最大正偏差（具有最低恒沸点）、最大负偏差（具有最高恒沸点）、液态部分互溶及完全不互溶二组分系统的 p-x 图和 T-x 图。

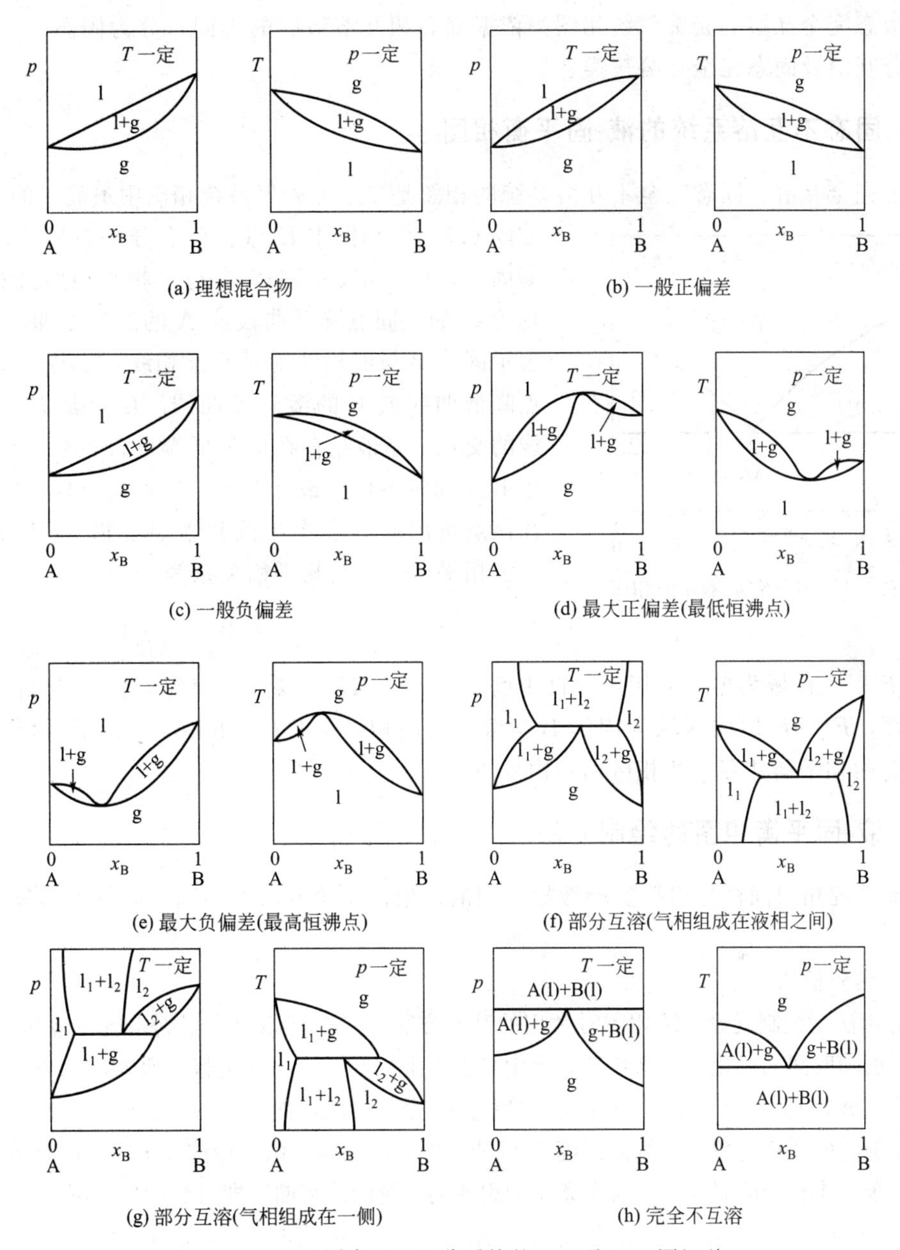

(a) 理想混合物 (b) 一般正偏差

(c) 一般负偏差 (d) 最大正偏差(最低恒沸点)

(e) 最大负偏差(最高恒沸点) (f) 部分互溶(气相组成在液相之间)

(g) 部分互溶(气相组成在一侧) (h) 完全不互溶

图 6.4.11 不同类型二组分系统的 p-x 及 T-x 图汇总

6.5 二组分系统的液-固平衡相图

通常情况下金属和各种盐类的蒸气压很低，可不必考虑气相的存在，主要研究其固相和液相平衡问题，因此常把固-液平衡的系统称为凝聚系统。因为液体和固体的可压缩性很小，压力对固-液相平衡的影响可以忽略不计，所以在常压下研究固液系统平衡时可认为压力恒定，使用的相律形式为：$F=C-\phi+1$。

二组分凝聚系统涉及范围很广，液固平衡相图要比二组分气液平衡相图复杂得多。本书只介绍液态完全互溶的凝聚系统相图。依据固态相互溶解度的不同，分为固态完全不互溶、固态部分互溶及固态完全互溶三类。

6.5.1 固态不互溶系统的液-固平衡相图

液态完全互溶、固态完全不互溶系统的相图是二组分凝聚系统相图中最简单的。其相图如图 6.5.1。相图中 E 点、F 点分别为纯 A、纯 B 的凝固点，EL 线表示固体 A 与液相平衡时液相线，也称为 A 的凝固点降低曲线或 A 的溶解度曲线。FL 线表示固体 B 与液相平衡时的液相线，也称为 B 的凝固点降低曲线或 B 的溶解度曲线。L 点是 EL 线与 FL 线的交点，是液相存在的最低温度，也是固体 A 和固体 B 能同时熔化的最低温度，所以此点称为低共熔点，在该点析出的混合物叫低共熔混合物。KLM 水平线为三相平衡线，其相平衡关系为

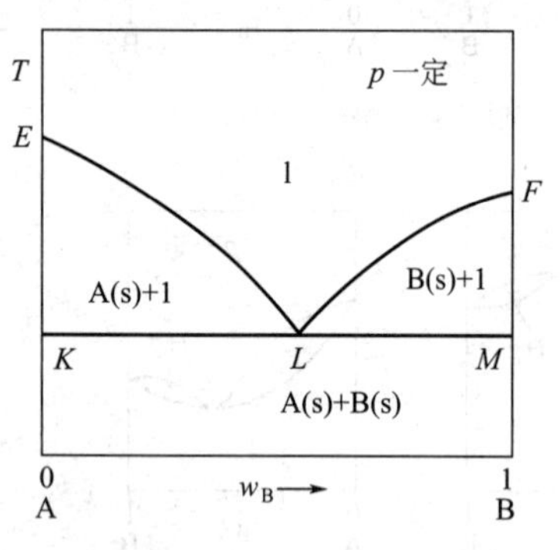

图 6.5.1 固态完全不互溶相图

$$A(s)+B(s)\underset{冷却}{\overset{加热}{\rightleftharpoons}}l$$

ELF 以上区域为单一液相区，自由度 $F=2$。$EKLE$ 以内区域为固体 A 与熔融液两相平衡共存；$FLMF$ 以内区域为固体 B 与熔融液两相平衡共存；KLM 线以下区域为固体 A 与固体 B 两相平衡共存。两相区内自由度 $F=1$。

6.5.2 液-固平衡相图的绘制方法

凝聚系统相图同样是根据实验数据绘制的，根据实验方法的不同，可分为热分析法和溶解度法。

（1）热分析法

热分析法是绘制凝聚系统相图时常用的基本方法之一，其原理是根据系统在冷却（或加热）过程中温度随时间的变化关系来判断系统中是否发生相变化。通常是将所研究的二组分系统配制成不同质量分数的一系列样品，逐个将样品加热至全部熔融，然后令其缓慢而均匀地冷却，记录系统温度随时间变化的数据，绘制温度-时间曲线即步冷曲线，由步冷曲线上出现的转折或水平线段得到系统发生相变的温度，由若干条不同组成的系统的冷却曲线即可绘制出相图。

以铋（Bi）-镉（Cd）系统为例，首先配制含 Cd 质量分数分别为 0、0.20、0.40、0.70、1.0 的五个样品，分别测定其步冷曲线，确定相应组成下发生相变的温度，再由实验数据描点画出相图如图 6.5.2 所示。

a 线是纯 Bi 的冷却曲线，$F=1-\phi+1=2-\phi$，a_1-a_2 段为液态 Bi 冷却过程，$F=1$，温度均匀下降，当温度下降到 a_2 点（273℃，Bi 的凝固点）时开始析出固态 Bi，液-固两相共存，此时 $F=0$，温度不随时间变化，所以步冷曲线上出现水平段 a_2-a_3，直至 Bi 全部凝固时 $F=1$，温度又继续下降（a_2-a_3 段）。

b 线是 $w(\text{Cd})=0.20$ 的 Bi-Cd 混合物的步冷曲线，$F=3$-ϕ，b_1-b_2 段液相冷却时温度均匀下降，冷却到 b_2 点时开始析出固体 Bi，则 $F=1$，温度继续下降（b_2-b_3 段），但由于固体 Bi 析出时释放凝固热部分地补偿了环境吸热，所以冷却速率变慢，反映在步冷曲线上斜率变小而出现转折点；当温度降到 b_3 点时固体 Cd 也开始析出，为熔融液、固体 Bi、固

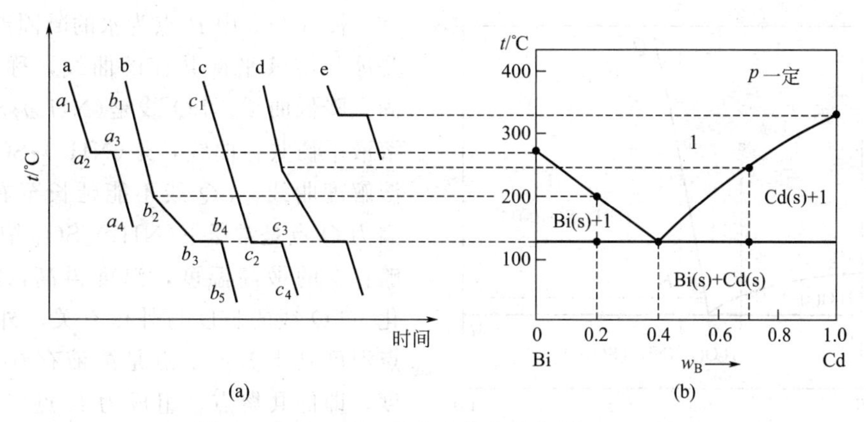

图 6.5.2 Bi-Cd 二组分系统步冷曲线及 T-x 图

体 Cd 三相共存，$F=0$，温度不变，步冷曲线出现 b_3-b_4 水平段，直到液相消失，$F=1$，b_4-b_5 段为固体 Bi 和固体 Cd 的降温过程。

c 线是 $w(\mathrm{Cd})=0.40$ 的 Bi-Cd 混合物步冷曲线，其组成正好是低共熔混合物的组成，所以液相降温（c_1-c_2 段）到固体 Bi、Cd 同时析出，c_2-c_3 段三相共存，$F=0$，直到液相消失，c_3-c_4 段为固体 Bi、Cd 降温。

d 线是 $w(\mathrm{Cd})=0.70$ 的 Bi-Cd 混合物步冷曲线，与 b 线变化规律类似，转折点后斜率不同是由于 Cd 和 Bi 的凝固热不同。

e 线是纯 Cd 的冷却曲线，变化规律与 a 线类似。

将各条步冷曲线上的转折点、水平段的温度及相应组成描绘到 T-x 图上，并连接相关的点，即可得到 Bi-Cd 系统的相图。

总之，热分析法的核心是测定样品平衡相数发生突变时的温度。由步冷曲线可得到以下信息：

① 步冷曲线上各平滑线段内表示系统均匀变温的过程，系统相数不变；

② 步冷曲线上各折点对应着系统相数发生突变，出现新相生成或旧相消失，使冷却速率发生变化；

③ 步冷曲线上水平段内系统自由度数为 0，二组分系统处于三相平衡共存。

（2）溶解度法

对水-盐系统在温度不很高时常采用溶解度法绘制相图，其原理是测定不同温度下盐的溶解度，然后绘制出 T-x 图。

以水-硫酸铵二组分系统为例说明。表 6.5.1 列出了实验测得的不同温度下与固相平衡共存的 $(NH_4)_2SO_4$ 饱和水溶液的浓度，根据表中数据可画出 H_2O-$(NH_4)_2SO_4$ 的 T-x 图，如图 6.5.3 所示。

表 6.5.1 不同温度下 H_2O-$(NH_4)_2SO_4$ 系统液-固平衡数据

温度 T/K	平衡时液相组成 $w_{(NH_4)_2SO_4}$	平衡时的固相	温度 T/K	平衡时液相组成 $w_{(NH_4)_2SO_4}$	平衡时的固相
273.15	0	$H_2O(s)$	303.2	0.438	$(NH_4)_2SO_4(s)$
271.2	0.0652	$H_2O(s)$	313.2	0.448	$(NH_4)_2SO_4(s)$
267.8	0.167	$H_2O(s)$	323.2	0.458	$(NH_4)_2SO_4(s)$
262.2	0.286	$H_2O(s)$	333.2	0.468	$(NH_4)_2SO_4(s)$
255.2	0.375	$H_2O(s)$	343.2	0.478	$(NH_4)_2SO_4(s)$
254.1	0.384	$H_2O(s)+(NH_4)_2SO_4(s)$	353.2	0.488	$(NH_4)_2SO_4(s)$
273.2	0.414	$(NH_4)_2SO_4(s)$	363.2	0.498	$(NH_4)_2SO_4(s)$
283.2	0.422	$(NH_4)_2SO_4(s)$	373.2	0.508	$(NH_4)_2SO_4(s)$
293.2	0.431	$(NH_4)_2SO_4(s)$	382.0（沸点）	0.518	$(NH_4)_2SO_4(s)$

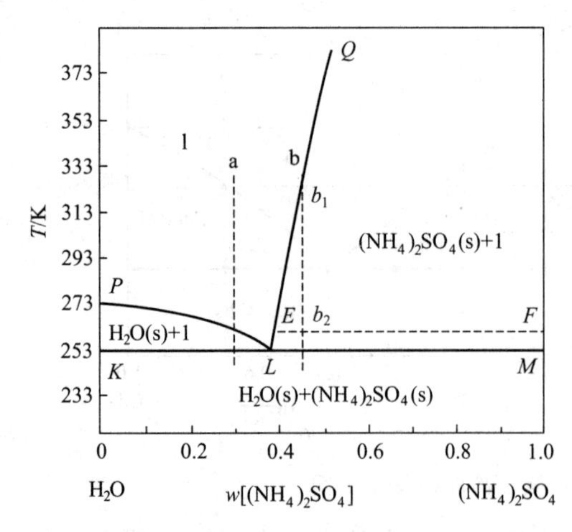

图 6.5.3 H_2O-$(NH_4)_2SO_4$ 系统液-固平衡相图

图 6.5.3 中 P 点为水的凝固点，PL 线是冰与溶液平衡共存的曲线，称为水的凝固点降低曲线。LQ 线是$(NH_4)_2SO_4(s)$与溶液平衡共存曲线，是$(NH_4)_2SO_4$ 的饱和溶解度曲线，LQ 线不能延长至右坐标轴，因为 Q 点是常压下$(NH_4)_2SO_4$ 饱和溶液能够存在的最高温度，温度再高，溶液将汽化。LQ 线的长度与外压有关，外压大，Q 点温度会上升。L 点是溶液存在的最低温度，即低共熔点。组成为 L 点组成的溶液降温至 L 点时，溶液同时析出 $H_2O(s)$和$(NH_4)_2SO_4(s)$，形成低共熔混合物。组成在 L 点以左的溶液冷却时首先析出 $H_2O(s)$，组成在 L 点以右的溶液冷却时首先析出$(NH_4)_2SO_4(s)$。KLM 线为三相线，冰、$(NH_4)_2SO_4(s)$与溶液三相平衡共存。

水-盐系统相图对结晶提纯分离盐类具有指导意义，由相图可以方便地确定提纯的工艺条件。例如从硫酸铵质量分数为 0.30 的水溶液（物系 a）中提纯$(NH_4)_2SO_4(s)$，由图 6.5.3 可以看出，单靠冷却是不可能得到纯$(NH_4)_2SO_4(s)$，因为直接冷却首先得到的是冰，而进一步冷却至 254K 以下，$(NH_4)_2SO_4(s)$会与冰同时析出，因此应先进行溶液的浓缩操作，使溶液浓度高于低共熔点组成后，再进行降温操作。

再比如要提纯一含有少量不溶性杂质的$(NH_4)_2SO_4$，应首先将$(NH_4)_2SO_4$ 在高温下溶解于水，过滤除去杂质，将得到的$(NH_4)_2SO_4$ 溶液(如物系 b 所示)冷却至 b_1 点时开始析出$(NH_4)_2SO_4(s)$，随着温度降低，析出$(NH_4)_2SO_4(s)$的量增多，溶液浓度沿 QL 线变小，至 b_2 点时析出$(NH_4)_2SO_4(s)$的量可依杠杆规则计算得出。

$$\frac{m_{(NH_4)_2SO_4}}{m}=\frac{\overline{Eb_2}}{\overline{EF}}$$

由图可见，b_2 点越接近三相线，析出的$(NH_4)_2SO_4(s)$越多，但实际生产中为防止生成低共熔混合物，结晶温度要略高于三相线温度。之后过滤将$(NH_4)_2SO_4(s)$与母液分离，得到纯$(NH_4)_2SO_4$ 晶体。过滤后的母液可继续加入粗盐，循环操作。

另外，水-盐系统具有低共熔点，按照低共熔点的组成配制溶液，可用来制造低温条件，如用于低温冷冻操作的循环液。不同水盐系统的低共熔点及组成列于表 6.5.2。

表 6.5.2 部分水-盐系统的低共熔点及其组成

盐	最低共熔点 t/℃	共熔混合物组成 w	盐	最低共熔点 t/℃	共熔混合物组成 w
Na_2SO_4	−1.1	0.0384	$(NH_4)_2SO_4$	−18.3	0.398
KNO_3	-3.0	0.112	NaCl	-21.1	0.233
KCl	−10.7	0.197	NaBr	-28.0	0.403
KBr	−12.6	0.313	Nat	-31.5	0.390
NH_4Cl	−15.4	0.197	$CaCl_2$	-55.0	0.299

6.5.3 生成化合物的固态不互溶系统液-固平衡相图

某些二组分液-固平衡系统中，在一定温度、组成下，两个纯组分间能以一定比例化合，生成一种或多种稳定的化合物或不稳定的化合物。

(1) 生成稳定化合物的系统

A、B 生成稳定化合物是指该化合物受热能稳定存在，直至加热到其熔点熔化为液态时也不发生分解，而且其熔融液与固态具有相同的组成。相应的熔点称为相合熔点，因此稳定化合物也称为具有相合熔点的化合物。图 6.5.4 为生成稳定化合物的 Mg-Ca 系统液-固平衡相图。Mg 与 Ca 可以生成稳定化合物 Ca_3Mg_4，化合物中含 Ca 的质量分数为

$$w=\frac{3M_{\mathrm{Ca}}}{3M_{\mathrm{Ca}}+4M_{\mathrm{Mg}}}=0.553$$

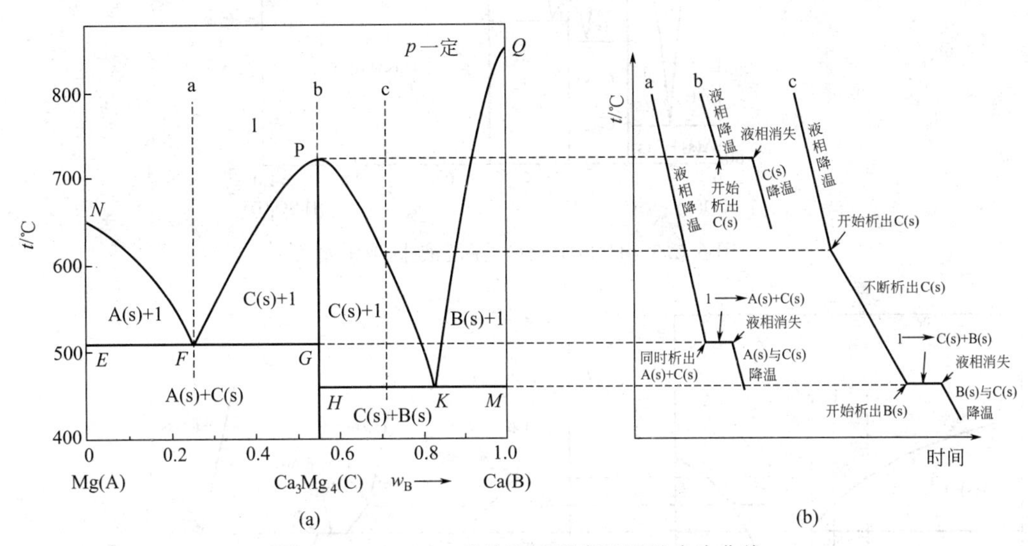

图 6.5.4 Mg-Ca 系统液固平衡相图及步冷曲线

这类相图可看作是由两个简单的低共熔混合物的相图组合而成，左边一半是由 A、C 构成的相图，低共熔点是 *F*，右边的一半是由 C、B 构成的相图，低共熔点是 *K*。相图分析与具有低共熔点的固态完全不互溶的系统相图类似。*EFG* 和 *HKM* 为三相线，其三相平衡关系分别为

$$EFG：\mathrm{A(s)}+\mathrm{C(s)}\underset{\text{冷却}}{\overset{\text{加热}}{\rightleftharpoons}}\mathrm{l}$$

$$HKM：\mathrm{C(s)}+\mathrm{B(s)}\underset{\text{冷却}}{\overset{\text{加热}}{\rightleftharpoons}}\mathrm{l}$$

相图中物系点 a、b、c 的步冷曲线示于图 6.5.4 (b)。

有些二组分系统可能生成两种或更多的化合物，如 H_2O-H_2SO_4 系统可以生成 $H_2SO_4\cdot 4H_2O(s)$、$H_2SO_4\cdot 2H_2O(s)$、$H_2SO_4\cdot H_2O(s)$三种水合物，其相图如图 6.5.5 所示。该相图可以看做是 4 个简单相图的拼接，分析方法相同。

(2) 生成不稳定化合物的系统

如果 A、B 系统生成的化合物只能在固态存在，将此化合物加热到其熔点以下某一温度时，它就会分解为溶液和另一种固体，溶液的组成不同于该化合物的组成，那么该化合物就称为不稳定化合物，它分解时所对应的温度称为不相合熔点或转熔温度。这类系统中最简单的是不稳定化合物与其他两组分在固态时完全不互溶，其相图如图 6.5.6 所示。属于这一类相图的系统有 CaF_2-$CaCl_2$、KCl-$CuCl_2$、K-Na 等。

图 6.5.6 中各相区的稳定相态已标注于图中。由相图可以看出，将化合物 C 加热到 *F* 点对应温度时，C(s)就开始分解为 A(s)和相点为 *H* 点的液相，*EFH* 水平线上 A(s)、C(s)

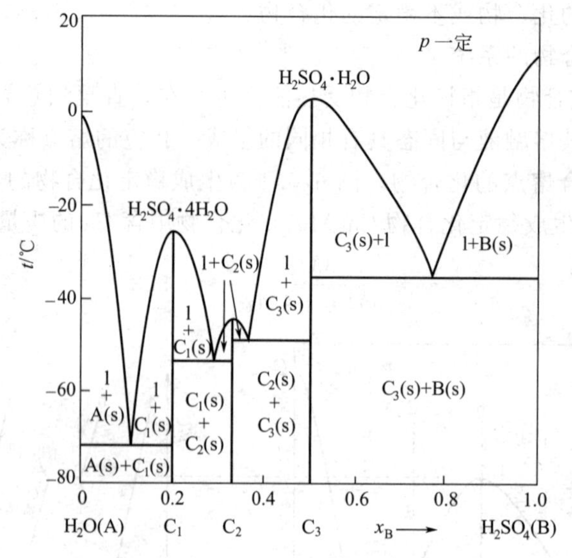

图 6.5.5　H_2O-H_2SO_4 系统液-固平衡相图

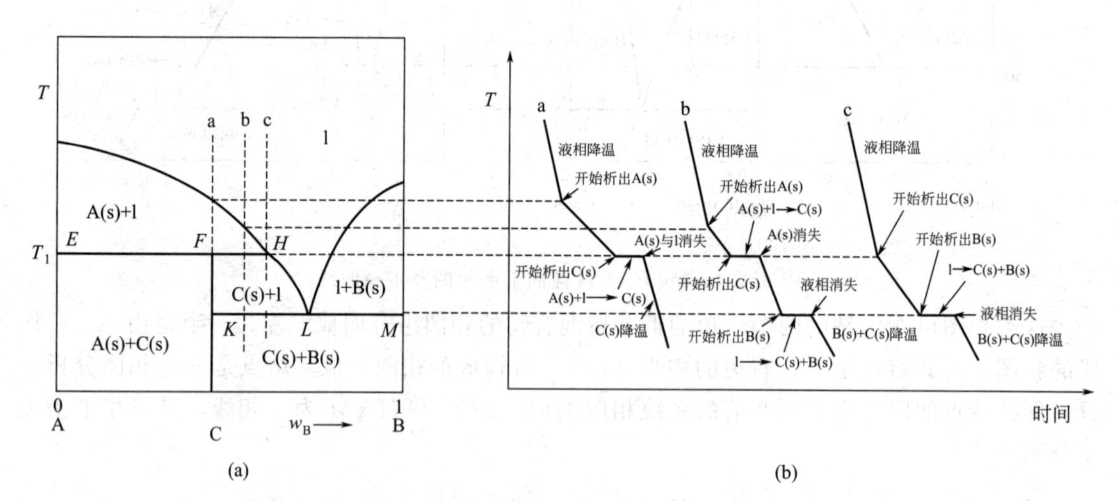

图 6.5.6　生成不稳定化合物系统液固平衡相图及步冷曲线

与液相三相平衡共存，其相平衡关系为

$$C(s)\underset{\text{冷却}}{\overset{\text{加热}}{\rightleftharpoons}}A(s)+l$$

KLM 水平线上为 B(s)、C(s)与液相三相平衡共存，其相平衡关系为

$$C(s)+B(s)\underset{\text{冷却}}{\overset{\text{加热}}{\rightleftharpoons}}l$$

物系点组成为 a 的溶液降温冷却时，首先析出 A(s)，步冷曲线上出现转折，随着 A(s)的不断析出，溶液组成沿液相线下降，当温度降至 T_1 时开始生成化合物 C(s)，三相平衡共存［A(s)、C(s)与组成为 H 的溶液］，此时自由度数 $F=0$，A(s)与液相不断生成化合物 C(s)，直到 A(s)与液相同时消失［因为此物系点对应 A(s)与溶液的量的比例正好等于生成化合物 C 的比例］，此后只剩下化合物 C(s)降温，$F=1-1+1=1$。需要指出的是，在实际冷却过程中，A(s)与液相生成化合物 C(s)的反应是在 A(s)表面进行，生成的化合物 C(s)

会包裹在 A(s)表面，阻碍了 A(s)与液相的进一步反应，形成了 A(s)在内化合物 C(s)在外的“包晶”现象。因此通常不用此物系点来制备纯的化合物 C，而将物系组成选在 *HL* 区间。

物系点 b 降温冷却时，首先析出 A(s)，当温度降至 T_1 时开始析出化合物 C(s)，三相平衡共存［A(s)、C(s)与组成为 H 的溶液］，A(s)与液相不断生成化合物 C(s)，直到 A(s)被消耗完[因为此物系点对应 A(s)的量少于溶液的量]，系统变为两相共存［C(s)与组成为 H 的溶液］，$F=1$，系统可继续降温，不断析出 C(s)，溶液组成沿 *HL* 线下降，到达 *KLM* 线对应温度时，开始析出 B(s)，三相平衡共存［B(s)、C(s)与组成为 L 的溶液］，直到液相消失，$F=1$，之后为 B(s)与 C(s)的降温过程。该物系点过两条三相线，因此在步冷曲线中出现两次 $F=0$ 的水平线。

物系点 c 降温冷却到 H 点时，开始析出 C(s)，步冷曲线上出现转折（注意不是水平线），$F=1$，系统可继续降温，不断析出 C(s)，到达 *KLM* 线时开始析出 B(s)，三相平衡共存，直到液相消失，之后为 B(s)与 C(s)的降温过程。

6.5.4 固态完全互溶系统液-固平衡相图

若液态完全互溶的两个组分冷却凝固后的固相也能以任何比例完全互溶，可形成以分子、原子或离子大小相互均匀混合的一个固相，则称此固相为固态溶液或固溶体。固态完全互溶系统的液固平衡相图与液态完全互溶系统的气-液平衡 *T-x* 图类似。

按固态溶液形成方式，可分为填隙型固态溶液和取代型固态溶液。如 Cu-Ni 系统中两组分的原子可互相取代另一组分晶格位置，称为取代型固溶体；C-Ni 系统中原子半径较小的 C 原子可以填入 Ni 晶体结构的空隙中，构成填隙型固溶体。

Au-Ag 系统相图如图 6.5.7 所示。

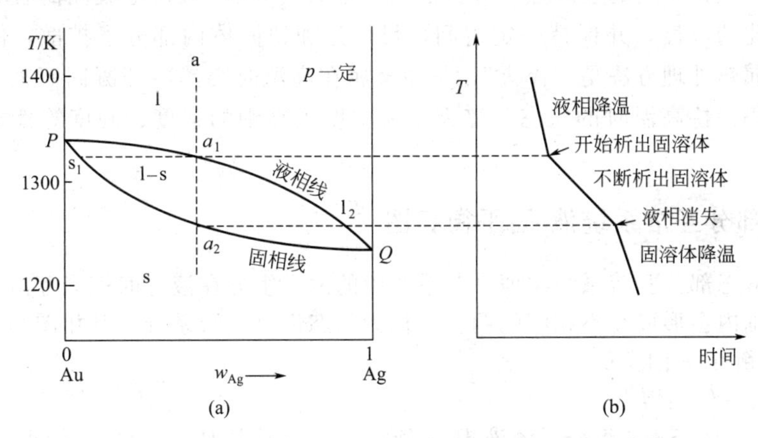

图 6.5.7 固态完全互溶系统液-固平衡相图及步冷曲线

相图中 *P* 点、*Q* 点分别为金、银的熔点，Pa_1Q 线为液相线（凝固点曲线），其上方区域为液相区，Pa_2Q 线为固相线（熔点曲线），其下方区域为固相区，两曲线之间为固液两相平衡共存区。系统某组成 a 的步冷曲线标注于图（b）。当液态溶液降温至 a_1 点对应温度时，系统开始析出固溶体（组成为 s_1），步冷曲线上因固相析出释放凝固热使降温速度变缓而出现转折，此时液固两相平衡共存，$F=2-2+1=1$，系统温度仍然可以下降，固相不断析出，系统液相组成及固相组成随温度下降相应地沿液相线和固相线下降，直到 a_2 点时剩下极少量液态溶液（组成为 l_2），继续降温液相消失，系统完全凝固，之后为固溶体的降温过程。

固态完全互溶系统相图也有类似于具有最高（低）恒沸点的气-液平衡 T-x 图的情况，具有最高熔点和最低熔点的液-固平衡相图，如图 6.5.8 及图 6.5.9 所示。其中具有最高熔点的系统很少，如(d)-$C_{10}H_{14}$＝NOH-(l)-$C_{10}H_{14}$＝NOH 系统，具有最低熔点的系统稍多，如 Cu-Au、Ag-Sb、Mn-Ni、KCl-KBr、Na_2CO_3-K_2CO_3 等。

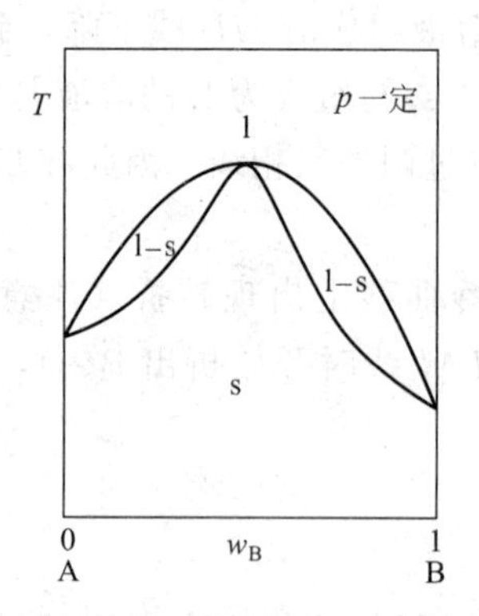

图 6.5.8 具有最高熔点的固态完全互溶系统液-固平衡相图

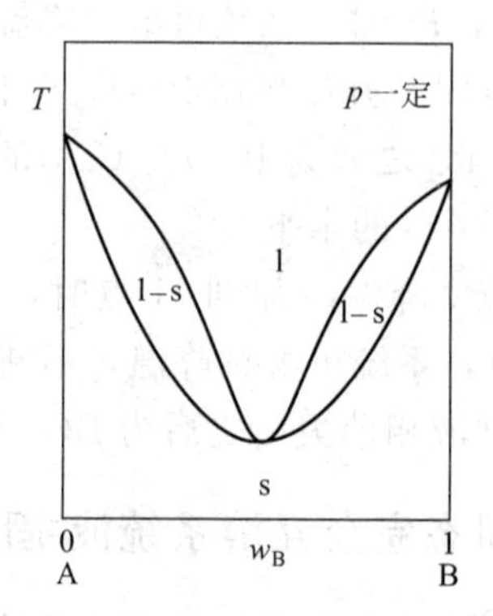

图 6.5.9 具有最低熔点的固态完全互溶系统液-固平衡相图

需要指出的是，虽然上述系统固相完全互溶，但由于固相内物质的扩散相当缓慢，所以降温过程如果不是极端缓慢的话，固相的组成并不均匀，会发生“枝晶偏析”的现象，即较早析出的固体长成枝状，其中难熔化组分的浓度较高，后析出的固体填充在枝间，难熔化组分的浓度较低。这种固相组成的不均匀性往往会影响合金的弹性、韧性、强度等性能，为了使固相组成均匀，常采用的金属热处理方法为“退火”。退火就是把凝固的合金再加热到接近熔化但未熔化的温度，并保持一定时间，目的是加快固体内部分子扩散，使组成趋于均匀。另一种金属热处理方法是“淬火”，是使金属在高温时突然冷却凝固而来不及相变，合金的结构组成仍保持高温时的状态。淬火是大幅度提高钢的强度、硬度等性能的基本手段之一。

6.5.5 固态部分互溶系统液-固平衡相图

与二组分液态部分互溶系统类似，若系统中的两个组分在液态时完全互溶，而在固态时在某些浓度范围内会形成互不相溶的两相，称为固态部分互溶系统，其相图与液态部分互溶系统的气-液平衡 T-x 图类似。

（1）系统有一低共熔点

图 6.5.10 为 Pb-Sn 二组分系统液-固平衡相图。相图中 P 点、Q 点分别为 Pb、Sn 的熔点，L 点是液相存在的最低温度，称为低共熔点。PL 线、QL 线为液相线，PK 线、QM 线为固相线，KD 线、ME 线为 Pb-Sn 的相互溶解度曲线。α(s)为 Sn 溶于 Pb 的固态溶液，β(s)为 Pb 溶于 Sn 的固态溶液。各相区的稳定相态已标注于图中。KLM 水平线为三相线[α(s)、β(s)与液相平衡共存]，其相平衡关系为

$$\alpha(s)+\beta(s)\underset{冷却}{\overset{加热}{\rightleftharpoons}}l$$

系统点 a、b、c 的步冷曲线示于图（b）。物系点 a 降温至 K 点时，$F=1$，因此步冷曲线上不出现水平线段。

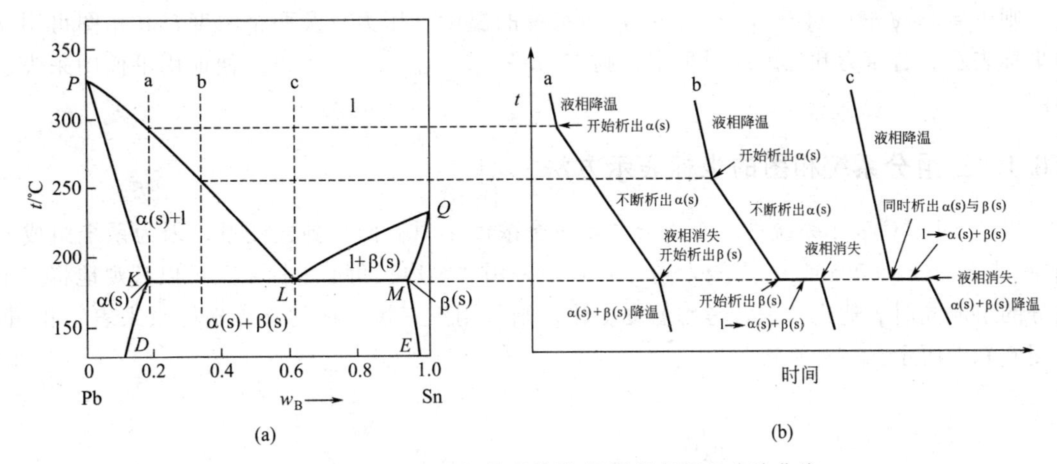

(a) (b)

图 6.5.10 Pb-Sn 二组分系统液-固平衡相图及步冷曲线

具有这种类型相图的系统还有：Ag-Cu、AgCl-CuCl、KNO_3-$NaNO_3$、Pb-Sb 等。

(2) 系统有一转熔温度

图 6.5.11 为 Hg-Cd 二组分系统液-固平衡相图。相图中各相区的稳定相态已标出。*LME* 水平线为三相线[α(s)、β(s)与液相平衡共存]，其相平衡关系为

$$\alpha(s) \underset{冷却}{\overset{加热}{\rightleftharpoons}} l+\beta(s)$$

在三相线上固溶体 β(s) 与液相反应生成另一种固溶体 α(s)，因此称为系统有一转熔温度。

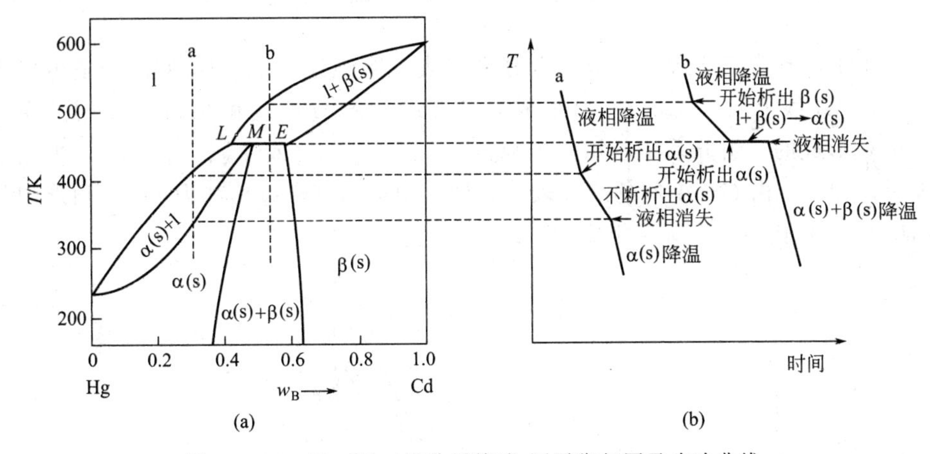

(a) (b)

图 6.5.11 Hg-Cd 二组分系统液-固平衡相图及步冷曲线

属于此类相图的系统还有：FeO-MnO、AgCl-LiCl、$AgNO_3$-$NaNO_3$ 等。

6.6 三组分系统的液液平衡相图*

根据相律，三组分系统 $C=3$，$F=3-\phi+2=5-\phi$，即 $\phi_{max}=5$（$F=0$），系统最多可有 5 相平衡共存，$F_{max}=4$，为系统的温度、压力及其中两个组分的浓度，它们均可在一定范围内独立变动，此时无法用三维空间的立体图表示系统的状态。若保持压力（或温度）恒

定，则 $F=3-\phi+1=4-\phi$，$F_{max}=3$，即系统的温度（压力）及两个浓度，其相图可用立体坐标表示。若压力和温度同时恒定，则 $F=3-\phi$，$F_{max}=2$，可以方便地用平面图来表示相图。

6.6.1 三组分系统相图的坐标表示方法

以 A、B、C 表示系统的三个组分，则三个浓度中只有两个独立变量，因为系统组成遵循 $x_A+x_B+x_C=1$（或 $w_A+w_B+w_C=1$）。采用“等边三角形坐标系”可以直观地将三个组分的组成同时表达出来，若考虑温度变化，则可用正三棱柱体的立体坐标系来表示相图，如图 6.6.1 所示。

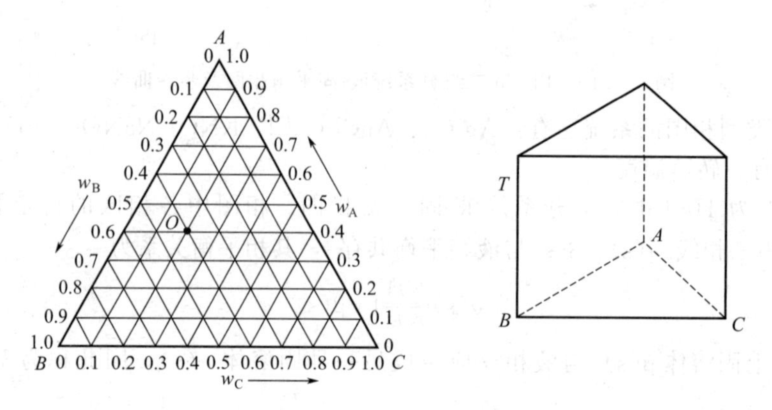

图 6.6.1 三组分系统坐标系

图 6.6.1 中，等边三角形的三个顶点分别代表三个纯组分 A、B、C；三条边代表三个二组分系统，AB 线上的点代表 A、B 形成的二组分系统，BC 线和 AC 线上的点分别代表 B 和 C、A 和 C 形成的二组分系统，相应组成 w_A、w_B、w_C（或 x_A、x_B、x_C）采用逆时针方向来表示，如 w_A 由 $C\rightarrow A$ 间的线段表示，即三角形的三个边长都为 1；三角形内的任一点（如图中 O 点）代表一个确定组成的三组分系统。

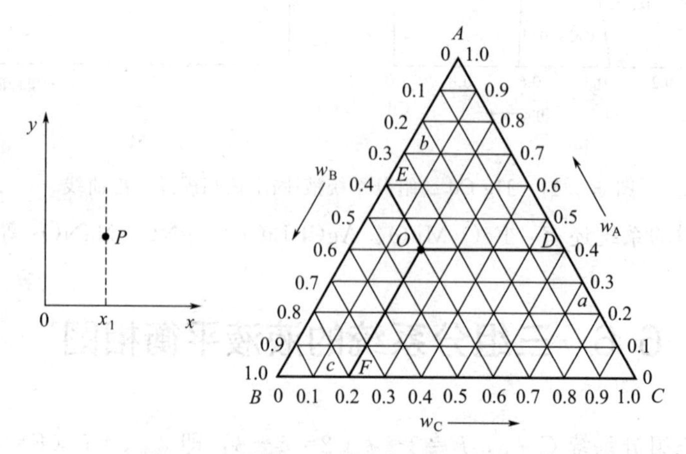

图 6.6.2 等边三角形坐标系组成表示法

如图 6.6.2 所示，直角坐标系中 P 点对应横坐标的数值，是过 P 点作 y 轴平行线时与 x

轴的交点。等边三角形坐标系中三组分系统组成的确定方法与之类似，以图中 O 点为例，过 O 点作平行于 BC 边的直线 OD，OD 线与 CA 边的交点 D 对应组分 A 的组成 w_A；过 O 点作平行于 CA 边的直线 OE，OE 线与 AB 边的交点 E 对应组分 B 的组成 w_B；过 O 点作平行于 AB 边的直线 OF，OF 线与 BC 边的交点 F 对应组分 C 的组成 w_C。由几何知识可知，$\overline{OD}+\overline{OE}+\overline{OF}=\overline{AB}=\overline{BC}=\overline{CA}=1$，而 $\overline{OF}=w_A$，$\overline{OD}=w_B$，$\overline{OE}=w_C$，即 $w_A+w_B+w_C=1$。

用等边三角形坐标系表示组成时，具有以下性质。

① 如果若干三组分系统的物系点位于三角形内的一条直线上，且这条直线平行于三角形的某一边，则这些系统含有的对顶角组分的质量分数相等。例如图 6.6.3 中，直线 DEF 平行于 BC 边，则该直线上任一点如 D、E、F 中组分 A 的质量分数相同。

② 过三角形顶点的直线上的不同系统中含顶点对应组分的质量分数不同，距离顶点越近，该组分质量分数越高，但另两种组分的质量分数之比相等。例如图 6.6.3 中，过顶点 A 的直线 AGH 上的系统点 G、H 对应的组分 A 的质量分数 w_A 不同，$w_{A,G}>w_{A,H}$，但 $\dfrac{w_{B,G}}{w_{C,G}}=\dfrac{w_{B,H}}{w_{C,H}}$。

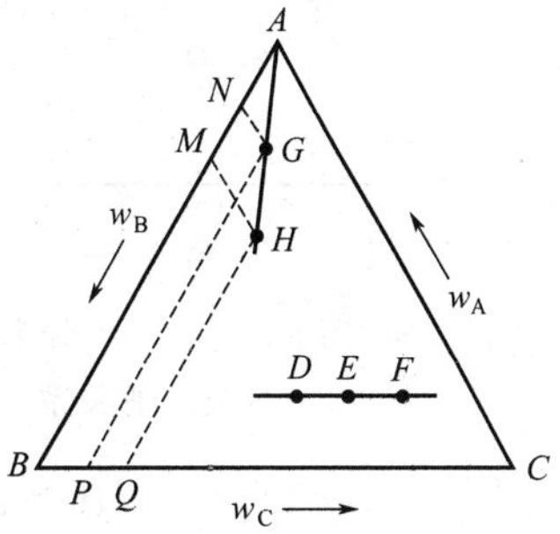

图 6.6.3 三组分系统组成间的关系

这可由图中的几何关系来证明。过 G 点、H 点分别作平行于 AC 边的直线 GN、MH，则△ANG 与△AMH 为相似三角形，有

$$\frac{\overline{NG}}{\overline{MH}}=\frac{\overline{AN}}{\overline{AM}}$$

过 G 点、H 点分别作平行于 BC 边的直线 GP、HQ，则 $NGPB$ 和 $MHQB$ 均为等腰梯形，有 $\overline{NG}=\overline{BP}$，$\overline{MH}=\overline{BQ}$，代入上式得

$$\frac{\overline{AN}}{\overline{AM}}=\frac{\overline{BP}}{\overline{BQ}}$$

因为 $\overline{AN}=w_{B,G}$，$\overline{AM}=w_{B,H}$，$\overline{BP}=w_{C,G}$，$\overline{BQ}=w_{C,H}$，所以有 $\dfrac{w_{B,G}}{w_{C,G}}=\dfrac{w_{B,H}}{w_{C,H}}$。

由此性质可知，当向三组分系统 H 中加入组分 A 时，系统的组成将沿 HGA 直线向靠近 A 的方向移动；若从系统 G 中析出组分 A 时，系统的组成将沿 AGH 直线向远离 A 的方向移动。

③ 当两个组成点为 M、N 的三组分系统（见图 6.6.4）混合成一个新的三组分系统时，新系统的组成点 O 必定位于 MN 连线上，O 点的位置可用杠杆规则计算。

$$m_M\overline{OM}=m_N\overline{NO}$$

或

$$m_M(w_{C,O}-w_{C,M})=m_N(w_{C,N}-w_{C,O})$$

④ 当三个组成点为 D、E、F 的三组分系统混合成一个新的三组分系统时，新系统的组成点 K 处于 DEF 组成的小三角形的重心位置，如图 6.6.4 所示。组成点 K 的具体确定方法是，先用杠杆规则计算出系统 D、F 混合成的新系统点 G 的位置，再利用杠杆规则计算新系统点 G 与物系 E 混合成的新的三组分系统 K 的位置。

6.6.2 部分互溶的三组分系统的液-液平衡相图

三个液体组分混合时，依据相互溶解度情况，可分为一对部分互溶（另两个液体对完全互溶）系统、两对部分互溶系统及三对部分互溶系统。

(1) 一对部分互溶系统

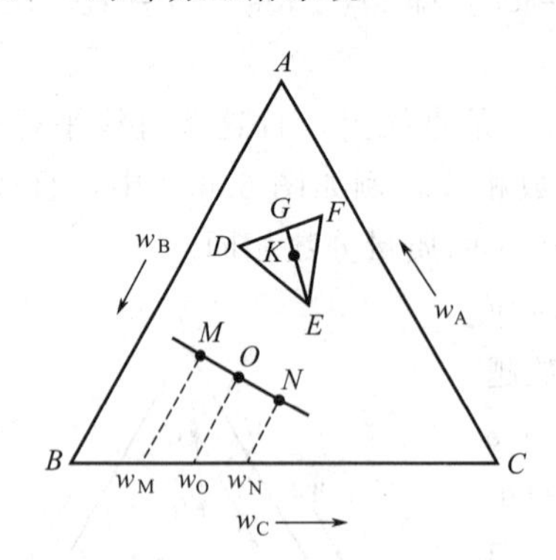

图 6.6.4 三组分系统组成间的关系

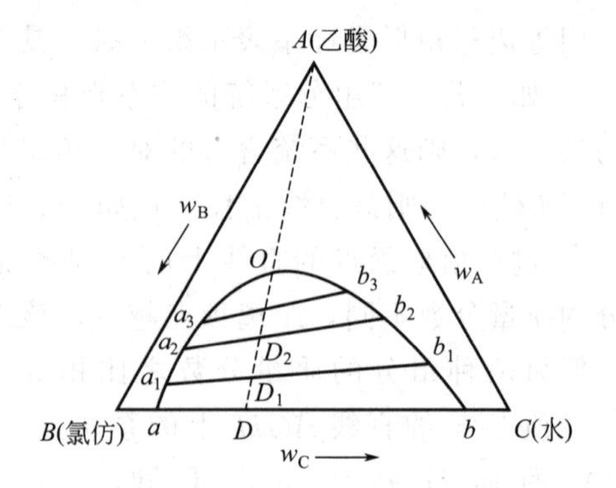

图 6.6.5 恒温、恒压下乙酸-氯仿-水三组分系统液-液平衡相图

图 6.6.5 为恒温、恒压下乙酸(A)-氯仿(B)-水(C)液-液平衡相图。该系统中乙酸(A)和氯仿(B)、乙酸(A)和水(C)均能以任意比例完全互溶，但氯仿(B)与水(C)之间只能部分互溶。当组成在 a、b 之间时，氯仿-水系统出现组成分别为 a、b 的两个液层，即水溶于氯仿的饱和溶液（a 为水溶于氯仿的饱和溶解度）和氯仿溶于水的饱和溶液（b 为氯仿溶于水的饱和溶解度）共轭溶液对。假设向组成为 D 的氯仿(B)-水(C)二组分系统中加入乙酸(A)，则系统构成三组分系统。随着乙酸加入量的增大，三组分系统物系点沿 DA 线向 A 方向移动。当物系点移到 D_1 点时，对应两液层的组成分别为 a_1、b_1，物系点移到 D_2 点时，对应两液层的组成分别为 a_2、b_2。可以发现，a_1b_1、a_2b_2 等连接线并不平行于 BC 边，这是因为组分 A 在两共轭溶液中的溶解度不同造成的。根据塔拉森柯夫规则，这些连接线的延长线大致交于 BC 延长线上的某一点。已知物系点及两接点的组成，还可根据杠杆规则计算出两共轭溶液的量。当物系点移到 O 点时两共轭溶液的浓度趋于一致，之后成为一个单相的三组分系统，O 点称为等温会溶点（isothermal consolute point）。$aa_1a_2a_3O$ 曲线为水溶于氯仿的饱和溶解度随乙酸加入量而变化的曲线，$bb_1b_2b_3O$ 曲线为氯仿溶于水的饱和溶解度随乙酸加入量而变化的曲线，曲线 aOb 称为双结点溶解度曲线（binodal solubility curve）。

恒压下乙酸(A)-氯仿(B)-水(C)三组分系统温度变化时液-液平衡的立体相图示于图 6.6.6(a)。可以看出，随着温度升高，相互溶解度增大，双结点溶解度曲线缩小，最后缩为一个点 K。将立体相图投影到底面上，可得投影图如图 6.6.6(b)所示，图中曲线为等温双结点溶解度曲线，温度对相平衡的影响更为直观。

(2) 两对或三对部分互溶系统

两对部分互溶系统的液-液平衡相图以乙烯腈(A)-水(B)-乙醇(C)为例示于图 6.6.7(a)。水与乙醇可以任意比例完全互溶，但乙烯腈与水及乙烯腈与乙醇均只能部分互溶，因此在相图中出现两个共轭溶液平衡共存区，两相的量可由杠杆规则计算得出。当温度降低时，不互溶的区域逐渐扩大，会出现互相重叠，如图 6.6.7(b)所示。

乙烯腈(A)-水(B)-乙醚(C)三组分系统中的三对液体对均为部分互溶，其相图如图 6.6.8

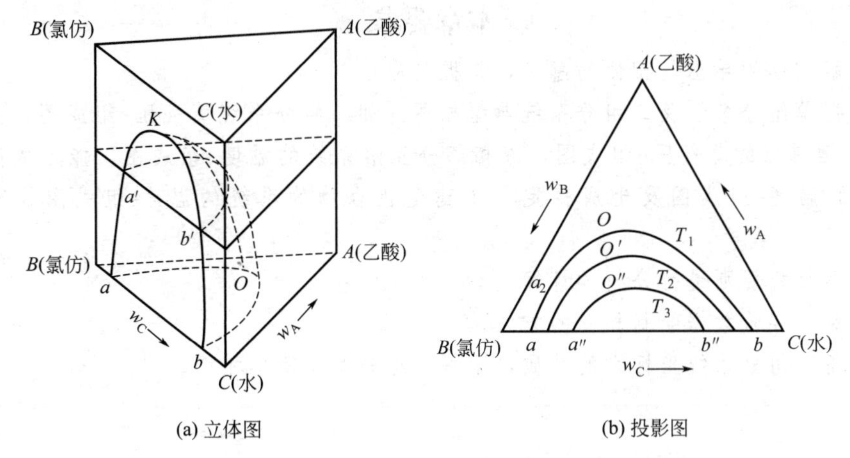

(a) 立体图　　(b) 投影图

图 6.6.6　恒压下乙酸-氯仿-水三组分系统液-液平衡相图

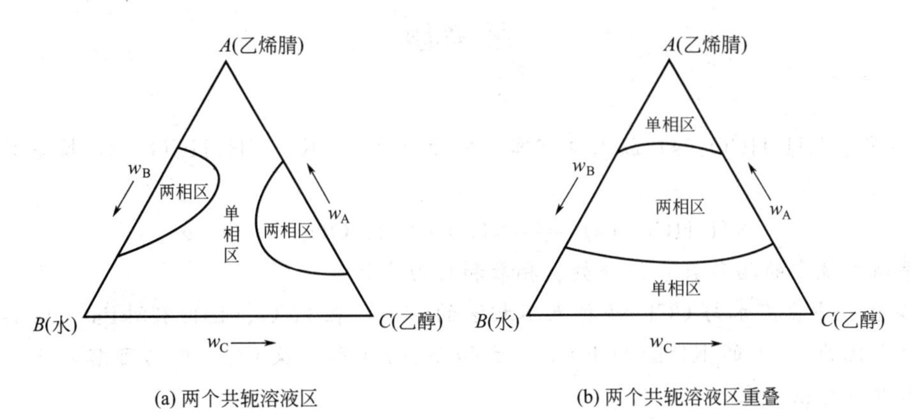

(a) 两个共轭溶液区　　(b) 两个共轭溶液区重叠

图 6.6.7　恒温、恒压下乙烯腈(A)-水(B)-乙醇(C)三组分系统液-液平衡相图

所示。当温度降低到一定程度时，三个共轭溶液区域扩大，可形成图 6.6.9 所示的相图。

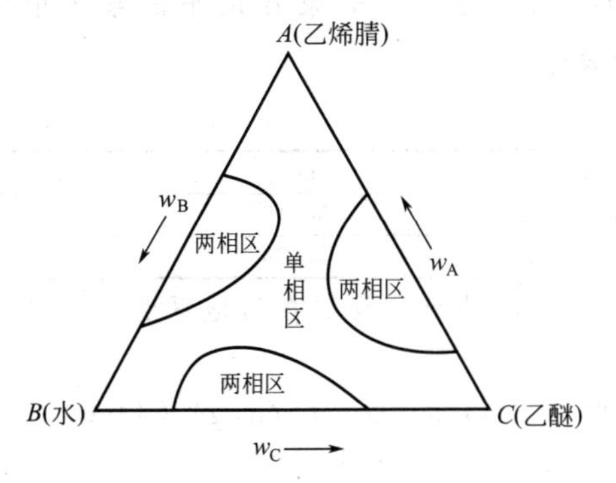

图 6.6.8　恒温、恒压下乙烯腈-水-乙醚三组分系统液-液平衡相图

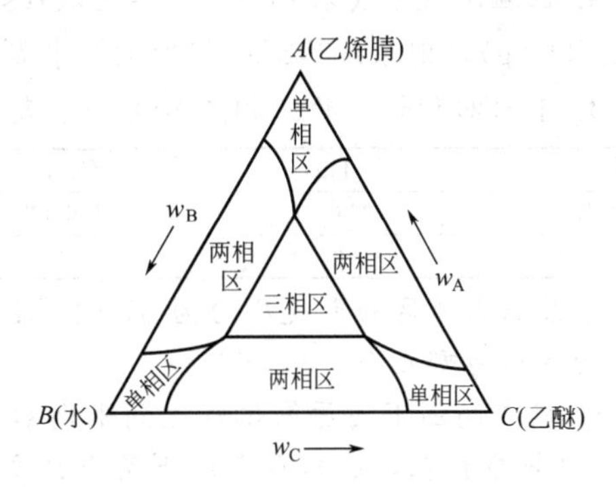

图 6.6.9　恒温、恒压下乙烯腈-水-乙醚三组分系统液-液平衡相图

部分互溶的三组分系统液-液平衡相图在萃取分离过程中有重要应用。例如芳烃和烷烃的分离，因其沸点差异不大，而且多存在共沸现象，所以很难通过蒸馏的方法分离，而采用溶剂萃取的方法较为简便。工业上常用的萃取剂为二乙二醇醚（其中含水质量分数为 0.05～0.08）。

本章要求

1. 理解相律的导出，相律的意义，掌握其应用。

2. 掌握单组分系统及二组分系统典型相图［如二组分系统蒸气压-组成图，具有最高（或最低）恒沸点的蒸气压-组成图，液相部分互溶系统的温度-组成图，能形成简单低共熔点系统的温度-组成图及生成稳定和不稳定化合物的系统的温度-组成图］的特点和应用。

3. 能用杠杆规则进行分析和计算。

4. 了解由实验数据绘制相图的方法。

5. 了解三组分系统坐标系的性质，了解三组分系统简单相图。

思考题

1. 将固体 $NH_4HCO_3(s)$ 放入真空容器中恒温至 400K，$NH_4HCO_3(s)$ 按下式分解达平衡：

$$NH_4HCO_3(s) = NH_3(g) + H_2O(g) + CO_2(g)$$

指出该平衡系统中的物种数、组分数、相数和自由度数。

2. 某容器中盛有水与 CCl_4 两种互不相溶的液体，在 25℃、101.325kPa 下向其中加入物质的量之比为 1∶1 的 KI(s)和 $I_2(s)$。已知 $I_2(s)$在水中及 CCl_4 中均可溶，分配系数为 K。在水中还存在反应

$$KI + I_2 = KI_3$$

而 KI_3 与 KI 均不溶于 CCl_4 中。试确定该系统达平衡时的组分数及自由度数。

3. 恒温下反应 $CaCO_3(s) = CaO(s) + CO_2(g)$ 达平衡，如果在该平衡系统中引入 1mol$CO_2(g)$，则系统达到平衡时的气相压力是否会改变？

4. 下列四种物质的三相点数据如下表：

物质	Hg	C_6H_6	物质	$HgCl_2$	Ar
温度/K	234.27	278.62	温度/K	550.15	92.95
压力/kPa	17	4.813	压力/kPa	57.329	68.741

若某高原地区的大气压力为 61.328kPa，则将上述四种固态物质在该地区加热，会直接升华的物质为哪几个？

5. 碳在高温下还原氧化锌达到平衡后，系统中有 ZnO(s)、C(s)、Zn(g)、CO(g)和 $CO_2(g)$五种物质存在，已知存在以下两个独立的化学反应：

$$ZnO(s) + C(s) = Zn(g) + CO(g)$$

$$2CO(g) = CO_2(g) + C(s)$$

试确定：(1)Zn(g)、CO(g)和 $CO_2(g)$的平衡压力之间的关系；(2) 该平衡系统的组分数、相数及自由度数。

6. 已知 CO_2 的三相点温度为－56.6℃，三相点压力为 517.8kPa。(1) 常温常压下迅速将 CO_2 钢瓶阀门打开，出来的 CO_2 为何种状态？(2) 缓慢打开阀门，出来的 CO_2 为何种状态？

7. 运用相律说明下列结论是否正确：(1) 纯物质在一定压力下的熔点是定值。(2)

1mol NaCl 溶于 $1dm^3$ 水中，在 298K 时只有一个平衡蒸气压。(3) 纯水在临界点呈雾状，气液共存呈两相平衡，由相律 $F=1-2+2=1$。

8. 一系统如图所示，其中半透膜只能允许 O_2 通过，求系统的组分数、相数和自由度数。

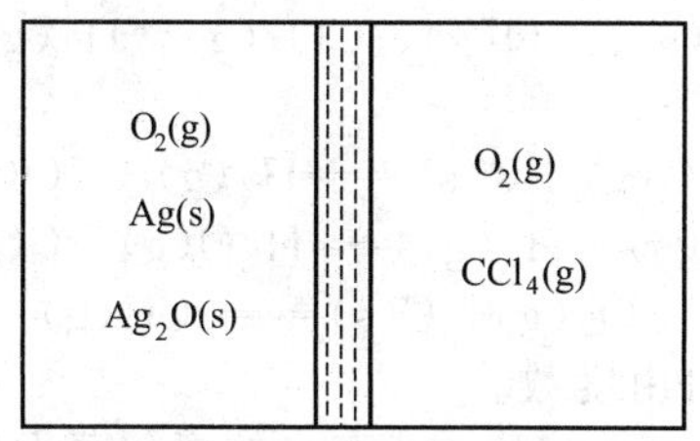

9. 如图所示，绝热真空箱中有一挡板将箱体分成两部分。挡板上部有孔使两部分相通。左边装有−1℃水，右边有相同温度的冰。(1) 如果过冷水中始终没有冰出现，则过一段时间，箱中将会产生什么变化？(2) 达到平衡时，箱中的温度为多少？(3) 若箱体不绝热，把该箱置于−1℃的恒温槽中，则过一段时间达到平衡时，箱内将发生什么变化？

10. 试说明在固-液平衡系统中，稳定化合物、不稳定化合物与固溶体三者间的区别，它们的相图有何特征。

11. 对于某 A、B 二组分固相完全不互溶系统，当三相平衡时，系统的自由度数为零。在三相线温度下系统的总组成可以变化，但不导致新相产生或旧相消失，这与自由度数为零是否矛盾？

12. 试说明低共熔过程与转熔过程有何异同？低共熔物与固溶体有何区别？

习 题

6.1 根据相律确定下列平衡系统的组分数、相数及自由度数。

(1) 恒定压力下，KCl(s) 与其饱和水溶液平衡共存。

(2) 任意量的 $NH_3(g)$、$H_2S(g)$与 $NH_4HS(s)$ 反应达平衡。

(3) 在抽成真空的密闭容器中，过量的 $NH_4HS(s)$ 发生分解反应达平衡。

(4) 过量 $NH_4HCO_3(s)$ 在抽成真空的密闭容器中与其分解产物 $NH_3(g)$、$H_2O(g)$和 $CO_2(g)$成平衡。

(5) C(s)与 CO(g)、$CO_2(g)$、$O_2(g)$在 973K 时达到平衡。

(6) 少量碘作为溶质在两种互不相溶的液体水和四氯化碳中达到分配平衡（凝聚系统）。

(7) $NH_4Cl(s)$ 在确定量 $NH_3(g)$的容器中分解成 $NH_3(g)$、HCl(g)达平衡。

(8) 葡萄糖水溶液与纯水分置于半透膜两侧达到渗透平衡。

6.2 应用相律分析下列反应平衡系统的组分数、相数和自由度数。

$$2NaHCO_3(s) \rightleftharpoons Na_2CO_3(s)+CO_2(g)+H_2O(g)$$

(1) $NaHCO_3$ 固体在抽成真空的密闭容器中分解达平衡；

(2) 在含有 $CO_2(g)$、$H_2O(g)$混合气体的密闭容器中，$NaHCO_3$ 固体分解达平衡。

6.3 常见的 $Na_2CO_3(s)$ 水合物有 $Na_2CO_3 \cdot H_2O(s)$、$Na_2CO_3 \cdot 7H_2O(s)$ 和 $Na_2CO_3 \cdot 10H_2O(s)$。

(1) 101.325kPa 下，与 Na_2CO_3 水溶液及冰平衡共存的水合物最多能有几种？

(2) 20℃时与水蒸气共存的水合物最多可能有几种？

6.4 1000℃下系统中有 C(s)、CO(g)、CO_2(g)、H_2(g)、H_2O(g)五种物质发生下列反应达平衡。

$$H_2O(g)+C(s)=\!=\!=H_2(g)+CO(g)$$
$$CO_2(g)+H_2(g)=\!=\!=H_2O(g)+CO(g)$$
$$CO_2(g)+C(s)=\!=\!=2CO(g)$$

试分析系统的组分数、相数和自由度数。

6.5 已知水的正常沸点为 373.15K，液态水的摩尔蒸发焓 $\Delta_{vap}H_m^{\ominus}(H_2O)=40.67kJ \cdot mol^{-1}$，并设其与温度无关。试计算：(1) 25.0℃时水的饱和蒸气压；(2) 在海拔为 3650m、大气压力约为 65.0kPa 的高原地区，水的沸点为多少？

6.6 采用蒸馏法精制苯乙烯时常采用减压蒸馏来进行，以防止苯乙烯在高温下聚合。已知苯乙烯的正常沸点为 418.35K，摩尔蒸发焓为 $40.31kJ \cdot mol^{-1}$，若控制蒸馏温度为 303.15K，则系统的真空度应达到多少？

6.7 已知固体苯的蒸气压在 273.15K 时为 3.27kPa，293.15K 时为 12.303kPa，液体苯的蒸气压在 293.15K 时为 10.021kPa，液体苯的摩尔蒸发焓为 $34.17kJ \cdot mol^{-1}$，求：(1) 303.15K 时液体苯的蒸气压；(2) 苯的摩尔升华焓；(3) 苯的摩尔熔化焓。

6.8 固态氨和液态氨的饱和蒸气压分别为

$$\ln[p(s)/Pa]=27.92-\frac{3754}{T/K}, \quad \ln[p(l)/Pa]=24.38-\frac{3063}{T/K}$$

试求：(1) 三相点的温度和压力；(2) 氨的蒸发热 $\Delta_{vap}H_m$、升华热 $\Delta_{sub}H_m$ 和熔化热 $\Delta_{fus}H_m$。

6.9 已知苯的正常沸点为 353.25K，熔点为 278.65K。测得 268.15K 时液体苯的饱和蒸气压为 2.675kPa，268.15K 时固体苯的饱和蒸气压为 2.280kPa，固体苯的熔化焓 $\Delta_{fus}H_m=9860J \cdot mol^{-1}$，试计算苯的三相点。假设其蒸气为理想气体，相变焓为常数。

6.10 已知 25℃时，苯蒸气和液态苯的标准摩尔生成焓 $\Delta_f H_{m,B}^{\ominus}$分别为 $82.93kJ \cdot mol^{-1}$和 $48.66kJ \cdot mol^{-1}$，苯的正常沸点为 80.1℃。若 25℃时甲烷溶在苯中，平衡浓度 $x(CH_4)=0.0043$ 时，与其平衡的气相中 CH_4 的分压力为 245kPa。试计算：(1) 25℃，$x(CH_4)=0.01$ 时的甲烷-苯溶液的蒸气总压；(2) 与上述溶液成平衡的气相组成 $y(CH_4)$。

6.11 单组分系统碳的相图如附图所示。(1) 分析图中各点、线、面的相平衡关系及自由度数；(2) 25℃、101.325kPa 下碳以什么状态稳定存在？(3) 增加压力可以使石墨变成金刚石，已知石墨的摩尔体积大于金刚石的摩尔体积。那么加压使石墨转变为金刚石的过程是吸热还是放热？

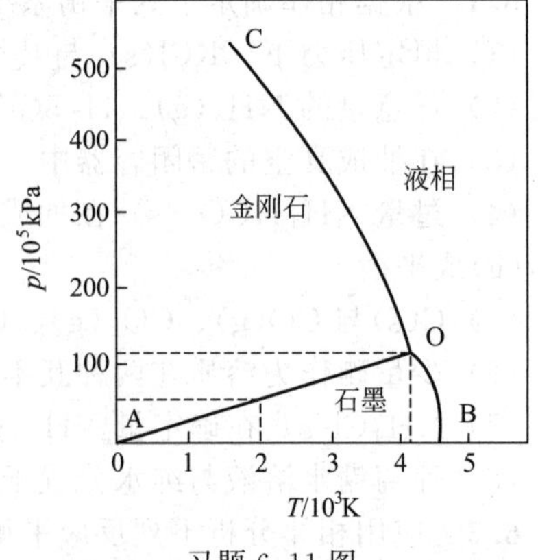

习题 6.11 图

6.12 已知苯 (A) 的正常沸点为 80.1℃，其摩尔蒸发焓为 $30.03kJ \cdot mol^{-1}$，甲苯 (B) 的正常沸点为 110.6℃，其摩尔蒸发焓为 $33.87kJ \cdot mol^{-1}$，且两者可以形成理想液态混合物。现有 1.00mol 苯和 2.00mol 甲苯的混合液于 100℃、101.325kPa 下达到气液平衡，求此系统的气、液相组成及气、液相物质的量。

6.13 A、B 两种液体形成理想混合物，在 80℃、体积为 $15dm^3$ 的容器中加入 0.3mol A 和 0.5mol B，混合物在容器中成气、液两相平衡，测得系统的压力为 102.655kPa，液相中 B 的摩尔分数 $x_B=0.55$。若假设：在容器中液相所占的体积相对于气相来说可以忽略，气体可按理想气体考虑。试求：两纯液体在 80℃时的饱和蒸气压 p_A^*、p_B^*。

6.14 已知液体苯（A）和液体甲苯（B）在 90℃时的饱和蒸气压分别为 $p_A^*=136.12\text{kPa}$、$p_B^*=54.22\text{kPa}$，两者可形成理想液态混合物。今有 5.000mol 苯与 5.000mol 甲苯组成的混合物在 90℃下呈气-液两相平衡共存，若气相组成为 $y_B=0.4055$，试计算：(1) 平衡时液相组成 x_B 及系统的压力 p；(2) 平衡时气、液两相的物质的量 $n(\text{g})$、$n(\text{l})$。

6.15 已知水-苯酚系统在 30℃液-液平衡时共轭溶液的组成 w（苯酚）为：L_1（苯酚溶于水），8.75%；L_2（水溶于苯酚），69.9%。(1) 在 30℃、100g 苯酚和 200g 水形成的系统达液-液平衡时，两液相的质量各为多少？(2) 在上述系统中再加入 100g 苯酚，又达相平衡时，两液相的质量各变到多少？

6.16 A-B 液态完全互溶系统的沸点-组成如下。(1) 在图中标出各相区的聚集态（g，l，s）和成分（A，B，A+B）；(2) 在 70℃时，4.0mol A 与 6.0mol B 混合构成的系统为几相？各相的物质的量及其中所含 n_A、n_B 各有多少？(3) 70℃时，$x_B=0.8$ 的混合物中组分 A 的活度因子及活度为多少？已知 A (l) 的标准摩尔生成焓为 $300\text{kJ}\cdot\text{mol}^{-1}$，A(g)的标准摩尔生成焓为 $328.4\text{kJ}\cdot\text{mol}^{-1}$。

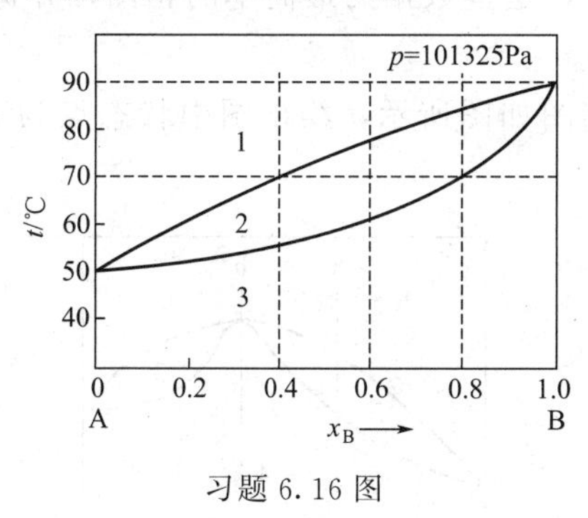

习题 6.16 图

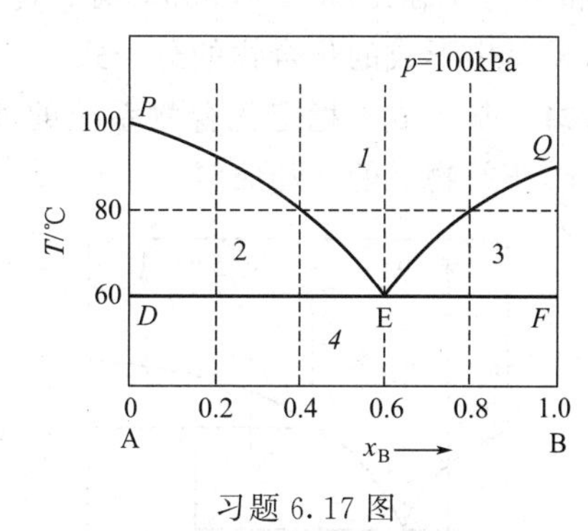

习题 6.17 图

6.17 A、B 二组分液态完全不互溶系统气-液平衡相图如图所示。(1) 指出各相区及 DEF 线的相数、相态和自由度数；(2) 求 60℃时，纯 A (l) 与纯 B (l) 的饱和蒸气压；(3) 若使 A、B 两液体组成的系统在 80℃时沸腾（三相共存），此时的外压应为多少？

6.18 水（A）-蔗糖（B）系统相图如下。(1) 读图，填写下表：

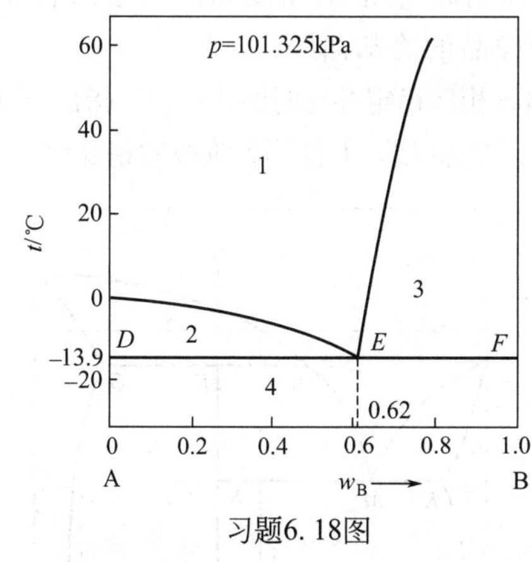

习题6.18图

相区	相数	聚集态及成分	自由度数
1			
2			
3			
4			
*DEF*线			

注：聚集态以g、l、s表示，成分指含纯A、纯B或A+B。

(2) 若将含蔗糖 $w_B=0.20$ 的糖水从 30℃直接降温冷却至−10℃，能否得到含糖的冰？

(3) 某甘蔗糖厂压榨出来的澄清糖汁中含糖 $w_B=0.10$，温度约为 30℃，若从该糖汁中得到结晶纯砂糖，应采取什么生产措施？

6.19 金属 A 和金属 B 熔点分别为 600℃和 1100℃，二者可形成化合物 AB_2，该化合物在 700℃时可分解为 B(s)和组成为 $x_B=0.4$ 的溶液。A、B、AB_2 在液态时完全互溶，固态时完全不互溶。A(s)与 AB_2 有最低共熔点 E（$x_B=0.2$，$t=400$℃）。(1) 请绘出 A-B 系统的熔点-组成图；(2) 今由 4mol A 与 6mol B 组成一系统，根据画出的 t-x 图填写下表。

系统温度 t/℃	相数	相态及成分	相平衡关系	自由度数
800				
700				
600				
400				
200				

6.20 已知系统 A-B 的热分析得出下列数据：

10%B（摩尔分数）	第一转折点 900℃	第二转折点 650℃	
30%B（摩尔分数）	转折点 650℃	平台 450℃	
50%B（摩尔分数）	转折点 550℃	平台 450℃	
60%B（摩尔分数）	转折点 650℃	平台 600℃	第二平台 450℃
80%B（摩尔分数）	转折点 750℃	平台 600℃	
90%B（摩尔分数）	转折点 780℃	平台 600℃	

A 和 B 分别在 1000℃和 850℃时熔化。请做出符合这些数据的最简单的相图，并标出全部相区，写出形成的化合物的分子式。

6.21 某生成不稳定化合物系统的液-固系统相图如图所示，绘出图中状态点为 a、b、c、d、e、f 的物系的冷却曲线。

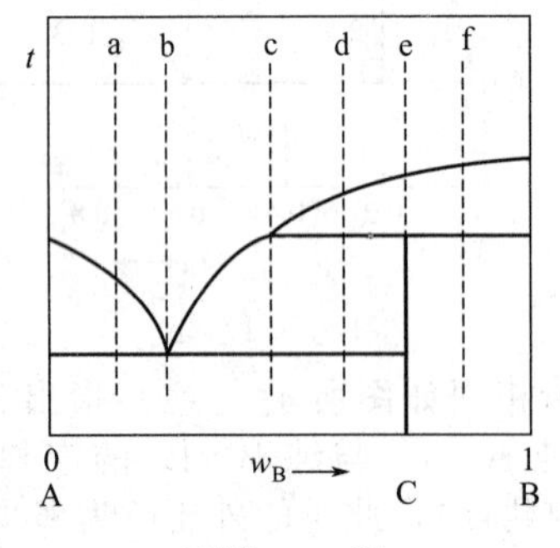

习题 6.21 图

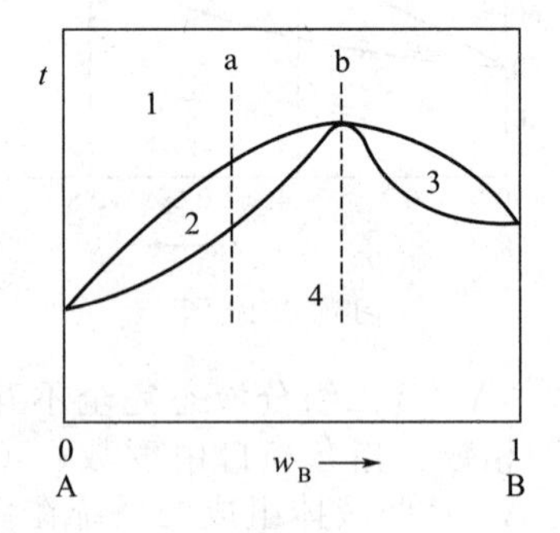

习题 6.22 图

6.22 固态完全互溶、具有最高熔点的 A-B 二组分凝聚系统相图如图。指出各相区的相平衡关系、各条线的意义并绘出状态点为 a、b 的样品的冷却曲线。

6.23 某 A-B 二组分凝聚系统相图如图。(1) 指出各相区稳定存在时的相；(2) 指出三相线平衡的相及相平衡关系；(3) 画出状态点 a、b、c 的物系的冷却曲线，并注明各阶段的相变化。

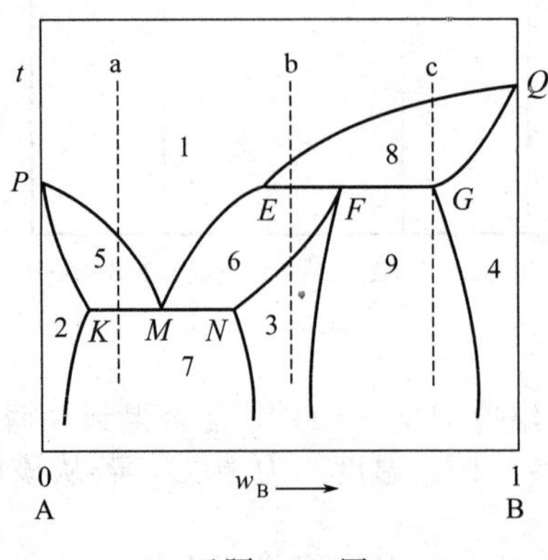

习题 6.23 图

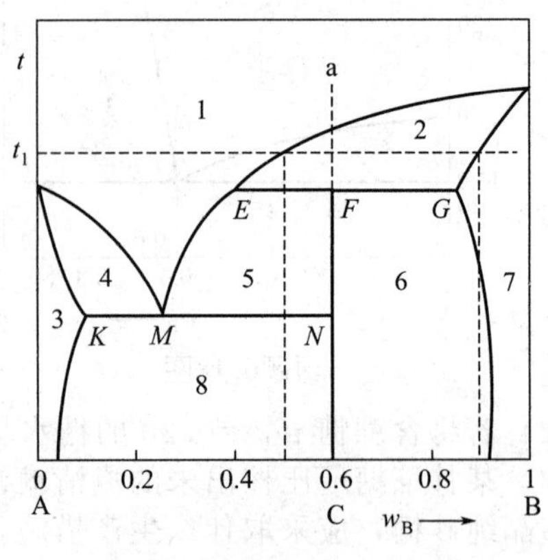

习题 6.24 图

6.24　某A-B二元凝聚系统相图如附图所示，其中C为不稳定化合物。(1) 标出图中各相区的稳定相和自由度数；(2) 指出图中的三相线及相平衡关系；(3) 将1000g处于a点的样品冷却至t_1，试写出此时平衡共存的各相的组成及质量。

6.25　A、B凝聚系统相图如图所示。(1) 指出各相区稳定存在时的相；(2) 指出三相线及相平衡关系；(3) 画出状态点为a、b、c、d的物系的冷却曲线。

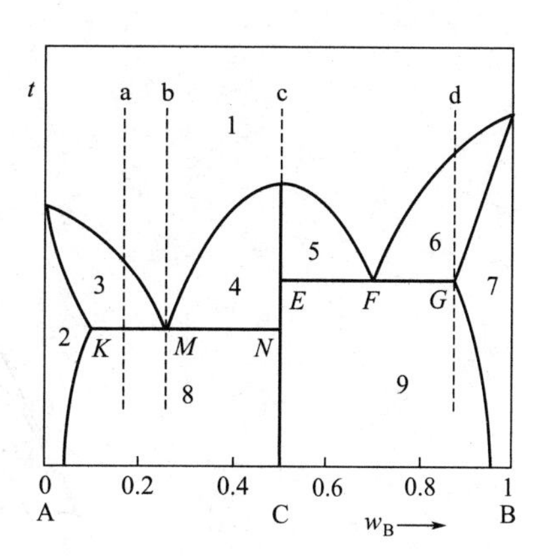

习题6.25图

6.26　A、B凝聚系统相图如图所示。(1) 注明各相区的稳定相；(2) 画出物系a的冷却曲线并说明各阶段的相变化；(3) 把100kg的$w_B=0.25$的系统b冷却，最多可得到多少纯C?

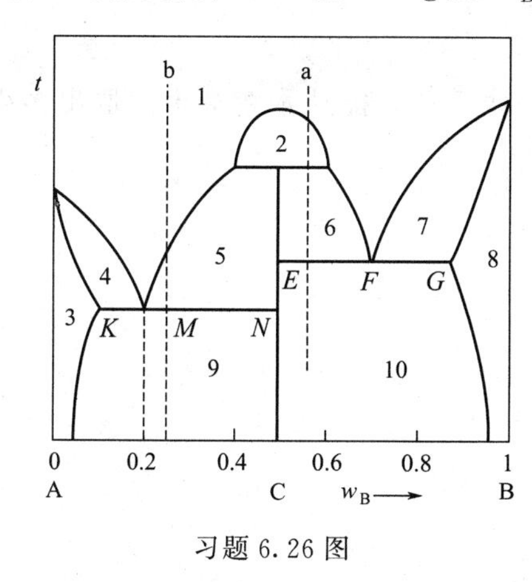

习题6.26图

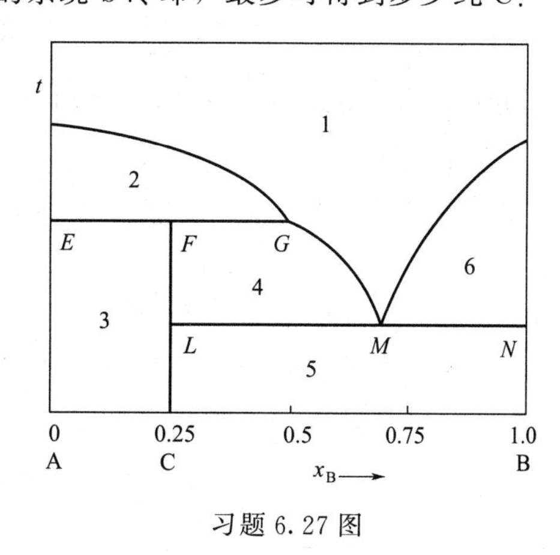

习题6.27图

6.27　已知二组分凝聚系统的T-x平衡相图如图。(1) 指出图中所形成的化合物的分子式；(2) 标明相图各区的稳定相态；(3) 写出三相线的相平衡关系。

6.28　有二元凝聚系统平衡相图如图。已知A、B可生成化合物，(1) 指出所标区域的稳定相态；(2) 指出相图上自由度为零的线，并指出其相平衡关系。

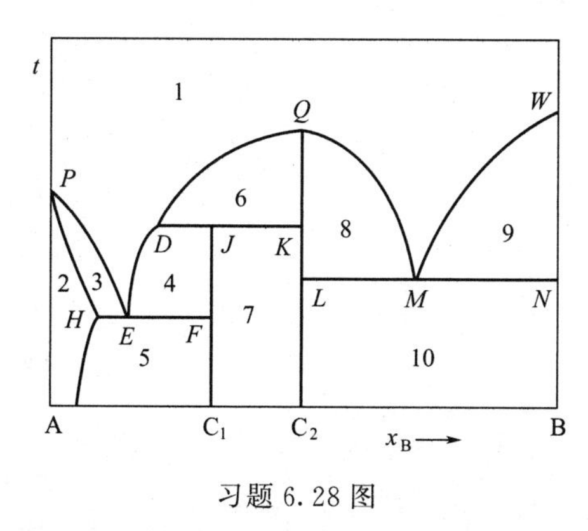

习题6.28图

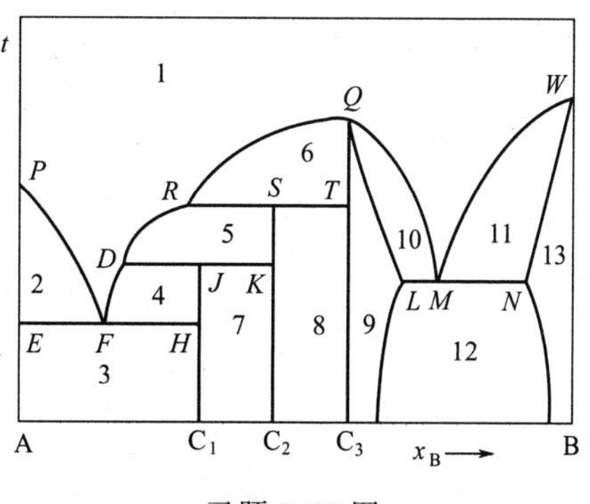

习题6.29图

6.29　二组分凝聚系统平衡相图如图所示。(1) 分析相图中各区域的相态和自由度数；(2) 找出相图中的三相线，并说明其相平衡关系。

6.30　乙醇-水-苯三组分相图如右图所示。今有0.025kg含乙醇为46%的水溶液，拟用

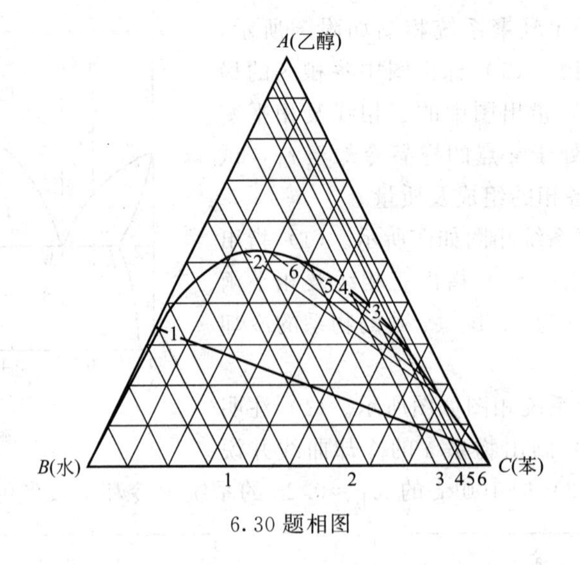

6.30 题相图

苯萃取其中乙醇，问依据此相图，若用 0.10kg 苯一次萃取，能从水溶液中萃取出多少 kg 乙醇？

附　　录

附录1　国际单位制(SI)

表1.1　国际单位制的基本单位及定义

物理量	单位名称	单位符号	定　义
长度	米	m	米是时间间隔为1/299792458s期间光在真空中所通过的路径长度
质量	千克	kg	等于保存在巴黎国际权度衡局的铂铱合金圆柱体的千克原器的质量
时间	秒	s	秒是铯133原子基态的两个超精细能级之间跃迁辐射周期的9192631770个周期的持续时间
电流强度	安[培]	A	安培是能使在真空中相距1m的两条极细而无限长的导线之间在每米长度上产生2×10^{-7}N相互作用力的电流强度
热力学温度	开[尔文]	K	热力学温度单位开尔文是水三相点热力学温度的1/273.16
发光强度	坎[德拉]	cd	坎德拉是一光源在给定方向上的发光强度，该光源发出频率为540×10^{12}Hz的单色辐射，且在该方向上的辐射强度为1/685W[特]每球面度
物质的量	摩尔	mol	摩尔是一系统的物质的量，该物质中所包含的基本单元数与0.012kg碳12的原子数目相等。在使用摩尔时，基本单元应予指明，可以是原子、分子、离子、电子及其他粒子或是这些粒子的特定组合体

表1.2　国际单位制的辅助单位及定义

物理量	单位名称	单位符号	定　义
平面角	弧度	rad	弧度是圆内两条半径之间的平面角，这两条半径在圆周上所截取的弧长与半径相等
立体角	球面度	sr	球面度是一个立体角，其顶点位于球心，而它在球面上所截取的面积等于球半径为边长的正方形面积

表1.3　国际单位制的一些常用导出单位

物理量	名称	单位符号	用SI基本单位表示
力	牛顿	N	$m\cdot kg\cdot s^{-2}$
压力	帕斯卡	Pa	$m^{-1}\cdot kg\cdot s^{-2}$
能、功、热量	焦耳	J	$m^{2}\cdot kg\cdot s^{-2}$
功率、辐射通量	瓦特	W	$m^{2}\cdot kg\cdot s^{-3}$
电量、电荷	库仑	C	$s\cdot A$
电位、电压、电动势	伏特	V	$m^{2}\cdot kg\cdot s^{-3}\cdot A^{-1}$
电阻	欧姆	Ω	$m^{2}\cdot kg\cdot s^{-3}\cdot A^{-2}$
电导	西门子	S	$m^{-2}\cdot kg^{-1}\cdot s^{3}\cdot A^{2}$
电容	法拉	F	$m^{-2}\cdot kg^{-1}\cdot s^{4}\cdot A^{2}$
磁通量	韦伯	Wb	$m^{2}\cdot kg\cdot s^{-2}\cdot A^{-1}$
电感	亨利	H	$m^{2}\cdot kg\cdot s^{-2}\cdot A^{-2}$
磁感应强度	特斯拉	T	$kg\cdot s^{-2}\cdot A^{-1}$
光通量	流明	lm	$cd\cdot sr$
光照度	勒克斯	lx	$m^{-2}\cdot cd\cdot sr$
频率	赫兹	Hz	s^{-1}
活度(放射性强度)	贝可勒尔	Bq	s^{-1}

续表

物理量	名称	单位符号	用SI基本单位表示
吸收剂量	戈	Gy	$m^2 \cdot s^{-2}$
面积	平方米	m^2	
体积	立方米	m^3	
密度	千克每立方米	$kg \cdot m^{-3}$	$kg \cdot m^{-3}$
速度	米每秒	$m \cdot s^{-1}$	
加速度	米每秒平方	$m \cdot s^{-2}$	
浓度	摩尔每立方米	$mol \cdot m^{-3}$	
黏度	帕斯卡秒	$Pa \cdot s^{-1}$	$m^{-1} \cdot kg \cdot s^{-1}$
表面张力	牛顿每米	$N \cdot m^{-1}$	$kg \cdot s^{-2}$
热容量、熵	焦耳每开尔文	$J \cdot K^{-1}$	$m^2 \cdot kg \cdot s^{-2} \cdot K^{-1}$
比热容	焦耳每千克每开	$J \cdot (kg \cdot K)^{-1}$	$m^2 \cdot s^{-2} \cdot K^{-1}$
电场强度	伏特每米	$V \cdot m^{-1}$	$m \cdot kg \cdot s^{-3} \cdot A^{-1}$
摩尔能量	焦耳每摩尔	$J \cdot mol^{-1}$	$m^2 \cdot kg \cdot s^{-2} \cdot mol^{-1}$

表 1.4 SI 单位与其他单位换算表

物理量	其他单位名称	符　号	折合SI单位制
力	1公斤力	kgf	=9.80665N
	1达因	dyn	$=10^{-5}$N
黏度	1泊	P	$=0.1N \cdot m^{-2} \cdot s(Pa \cdot s)$
	1厘泊	cP	$=10^{-3}N \cdot m^{-2} \cdot s(Pa \cdot s)$
压力	1毫巴	mbar	$=100N \cdot m^{-2}(Pa)$
	1达因·厘米$^{-2}$	$dyn \cdot cm^{-2}$	$=0.1N \cdot m^{-2}(Pa)$
	1公斤力·厘米$^{-2}$	$kgf \cdot cm^{-2}$	$=98066.5N \cdot m^{-2}(Pa)$
	1工程大气压	at	$=98066.5N \cdot m^{-2}(Pa)$
	1标准大气压	atm	$=101324.7N \cdot m^{-2}(Pa)$
	1毫米水高	mmH_2O	$=9.80665N \cdot m^{-2}(Pa)$
	1毫米汞高	mmHg	$=133.322N \cdot m^{-2}(Pa)$
功、能、热量	1公斤力·米	$kgf \cdot m$	=9.80665J
	1尔格	erg	$=10^{-7}$J
	1大气压·升	$atm \cdot L$	=101.325J
	1瓦特·小时	$W \cdot h$	=3600J
	1卡	cal	=4.184J
功　率	1公斤力·米·秒$^{-1}$	$kgf \cdot m \cdot s^{-1}$	=9.80665W
	1尔格·秒$^{-1}$	$erg \cdot s^{-1}$	$=10^{-7}$W
	1大卡·小时$^{-1}$	$kcal \cdot h^{-1}$	=1.163W
	1卡·秒$^{-1}$	$cal \cdot s^{-1}$	=4.1868W
磁通量	1伏·秒	$V \cdot s$	=1Wb
电量	1安·小时	$A \cdot h$	=3600C
电偶极矩	1德拜	D	$=3.334 \times 10^{-30}C \cdot m$
磁感应强度	1高斯	G	$=10^{-4}$T
磁场强度	1奥斯特	Oe	$=(1000/4\pi)A \cdot m^{-1}$

表 1.5 国际单位制词冠

因数	词冠	符号	因数	词冠	符号
10^{18}	艾(exa)	E	10^{-1}	分(deci)	d
10^{15}	拍(peta)	P	10^{-2}	厘(centi)	c
10^{12}	太(tera)	T	10^{-3}	毫(milli)	m
10^{9}	吉(giga)	G	10^{-6}	微(micro)	μ
10^{6}	兆(mega)	M	10^{-9}	纳(nano)	n
10^{3}	千(kilo)	k	10^{-12}	皮(Pico)	p
10^{2}	百(hecto)	h	10^{-15}	飞(femto)	f
10^{1}	十(deca)	da	10^{-18}	阿(atto)	a

附录 2 基本常数

常数名称	符号	数值	单位(SI)
真空光速	c	2.99792458×10^{8}	$m\cdot s^{-1}$
基本电荷	e	1.6021892×10^{-19}	C
阿伏加德罗常数	L,N_A	6.022045×10^{23}	mol^{-1}
原子质量单位	u	1.6605655×10^{-27}	kg
电子静质量	m_e	9.109534×10^{-31}	kg
质子静质量	m_p	$1.67264S5\times10^{-27}$	kg
真空介电常数	ε_0	8.854188×10^{-12}	$F\cdot m^{-1}$
法拉第常数	F	9.648456×10^{4}	$C\cdot mol^{-1}$
普朗克常数	h	6.626176×10^{-34}	$J\cdot s$
电子质荷比	e/m_e	1.7588047×10^{11}	$C\cdot kg^{-1}$
里德堡常数	R_∞	1.097373177×10^{7}	m^{-1}
玻尔磁子	u_B	9.274078×10^{-24}	$J\cdot T^{-1}$
摩尔气体常数	R	8.31451	$J\cdot K^{-1}\cdot mol^{-1}$
		1.9872	$cal\cdot K^{-1}\cdot mol^{-1}$
		0.0820562	$atm\cdot L\cdot K^{-1}\cdot mol^{-1}$
玻尔兹曼常数	k,k_B	1.380662×10^{-23}	$J\cdot K^{-1}$
万有引力常数	G	6.6720×10^{-11}	$N\cdot m^{2}\cdot kg^{-2}$
重力加速度	g	9.80665	$m\cdot s^{-2}$

附录 3 元素及其相对原子质量表(2005)

$A_r(^{12}C)=12$

原子序数	元素符号	元素名称	相对原子质量	原子序数	元素符号	元素名称	相对原子质量
1	H	氢	1.00794(7)	11	Na	钠	22.98976928(2)
2	He	氦	4.002602(2)	12	Mg	镁	24.3050(6)
3	Li	锂	6.941(2)	13	Al	铝	26.9815386(8)
4	Be	铍	9.012182(5)	14	Si	硅	28.0855(3)
5	B	硼	10.811(5)	15	P	磷	30.973762(2)
6	C	碳	12.011(1)	16	S	硫	32.066(6)
7	N	氮	14.0067(2)	17	Cl	氯	35.453(2)
8	O	氧	15.9994(3)	18	Ar	氩	39.948(1)
9	F	氟	18.9984032(9)	19	K	钾	39.0983(1)
10	Ne	氖	20.1797(6)	20	Ca	钙	40.078(4)

续表

原子序数	元素符号	元素名称	相对原子质量	原子序数	元素符号	元素名称	相对原子质量
21	Sc	钪	44.955912(6)	67	Ho	钬	164.93032(2)
22	Ti	钛	47.88(3)	68	Er	铒	167.259(3)
23	V	钒	50.9415(1)	69	Tm	铥	168.93421(3)
24	Cr	铬	51.9961(6)	70	Yb	镱	173.04(3)
25	Mn	锰	54.938045(5)	71	Lu	镥	174.967(1)
26	Fe	铁	55.847(3)	72	Hf	铪	178.49(2)
27	Co	钴	58.933195(5)	73	Ta	钽	180.94788(2)
28	Ni	镍	58.6934(2)	74	W	钨	183.84(1)
29	Cu	铜	63.546(3)	75	Rc	铼	186.207(1)
30	Zn	锌	65.409(4)	76	Os	锇	190.23(3)
31	Ga	镓	69.723(1)	77	Ir	铱	192.22(3)
32	Ge	锗	72.64(1)	78	Pt	铂	195.084(9)
33	As	砷	74.92159(2)	79	Au	金	196.966569(4)
34	Se	硒	78.96(3)	80	Hg	汞	200.59(2)
35	Br	溴	79.904(1)	81	Tl	铊	204.3833(2)
36	Kr	氪	83.798(2)	82	Pb	铅	207.2(1)
37	Rb	铷	85.4678(3)	83	Bi	铋	208.98040(1)
38	Sr	锶	87.62(1)	84	Po	钋	
39	Y	钇	88.90585(2)	85	At	砹	
40	Zr	锆	91.224(2)	86	Rn	氡	
41	Nb	铌	92.90638(2)	87	Fr	钫	
42	Mo	钼	95.94(2)	88	Ra	镭	
43	T_c	锝		89	Ac	锕	
44	Ru	钌	101.07(2)	90	Th	钍	232.03806(2)
45	Rh	铑	102.90550(3)	91	Pa	镤	231.03588(2)
46	Pd	钯	106.42(1)	92	U	铀	238.02891(3)
47	Ag	银	107.8682(2)	93	Np	镎	
48	Cd	镉	121.757(3)	94	Pu	钚	
49	In	铟	114.818(3)	95	Am	镅	
50	Sn	锡	118.710(7)	96	Cm	锔	
51	Sb	锑	121.757(3)	97	Bk	锫	
52	Te	碲	127.60(3)	98	Cf	锎	
53	I	碘	126.90447(3)	99	Es	锿	
54	Xe	氙	131.293(6)	100	Em	镄	
55	Cs	铯	132.9054519(2)	101	Md	钔	
56	Ba	钡	137.327(7)	102	No	锘	
57	La	镧	138.90547(7)	103	Lr	铹	
58	Ce	铈	140.115(4)	104	Rf	恌	
59	Pr	镨	140.90765(3)	105	Db	恀	
60	Nd	钕	144.24(3)	106	Sg	㥇	
61	Pm	钷		107	Bh	怤	
62	Sm	钐	150.36(2)	108	Hs	恄	
63	Eu	铕	151.965(9)	109	Mt	惏	
64	Gd	钆	157.25(3)	110	Ds	痁	
65	Tb	铽	158.92535(2)	111	Rg	趉	
66	Dy	镝	162.500(1)				

附录4 某些气体的摩尔定压热容与温度的关系

$$C_{p,m}=a+bT+cT^2$$

气体		$a/J \cdot mol^{-1} \cdot K^{-1}$	$10^3b/J \cdot mol^{-1} \cdot K^{-2}$	$10^6c/J \cdot mol^{-1} \cdot K^{-3}$	温度范围/K
H_2	氢	26.88	4.347	−0.3265	273～3800
N_2	氮	27.32	6.226	−0.9502	273～3800
O_2	氧	28.17	6.297	−0.7494	273～3800
H_2O	水	29.16	14.49	−2.022	273～3800
Cl_2	氯	31.696	10.144	−4.038	300～1500
Br_2	溴	35.241	4.075	−1.487	300～1500
HCl	氯化氢	28.17	1.810	1.547	300～1500
CO	一氧化碳	26.537	7.6831	−1.172	300～1500
CO_2	二氧化碳	26.75	42.258	−14.25	300～1500
CH_4	甲烷	14.15	75.496	−17.99	298～1500
C_2H_6	乙烷	9.401	159.83	−46.229	298～1500
C_2H_4	乙烯	11.84	119.67	−36.51	298～1500
C_3H_6	丙烯	9.427	188.77	57.488	298～1500
C_2H_2	乙炔	30.67	52.810	−16.27	298～1500
C_3H_4	丙炔	26.50	120.66	−39.57	298～1500
CH_3OH	甲醇	18.40	101.56	−28.68	273～1000
C_2H_5OH	乙醇	29.25	166.28	−48.898	298～1500
HCHO	甲醛	18.82	58.379	−15.61	291～1500
CH_3CHO	乙醛	31.05	121.46	−36.58	298～1500
$(CH_3)_2CO$	丙酮	22.47	205.97	−63.521	298～1500
C_6H_6	苯	−1.71	324.77	−110.58	298～1500
$(C_2H_5)_2O$	乙醚	−103.9	1417	−248	300～400
HCOOH	甲酸	30.7	89.20	−34.54	300～700
$CHCl_3$	氯仿	29.51	148.94	−90.734	273～773

附录5 某些物质的标准摩尔生成焓、标准摩尔生成吉布斯函数、标准摩尔熵及摩尔定压热容 (25℃，$p^{\ominus}$= 100kPa)

物质	$\Delta_f H_m^{\ominus}/kJ \cdot mol^{-1}$	$\Delta_f G_m^{\ominus}/kJ \cdot mol^{-1}$	$S_m^{\ominus}/J \cdot mol^{-1} \cdot K^{-1}$	$C_{p,m}/J \cdot mol^{-1} \cdot K^{-1}$
Ag(s)	0	0	42.55	25.351
AgCl(s)	−127.068	−109.789	96.2	50.79
AgBr(s)	−100.37	−96.90	107.1	52.38
AgI(s)	−61.84	−66.19	115.5	56.82
$AgNO_3$(s)	−124.39	−33.41	140.92	93.05
Ag_2CO_3(s)	−505.8	−436.8	167.4	112.26
Ag_2O(s)	−31.05	−11.20	121.3	65.86
Al(s)	0	0	28.33	24.35
Al_2O_3(α,刚玉)	−1675.7	−1582.3	50.92	79.04
Br(l)	0	0	152.231	75.689
Br(g)	30.907	3.110	245.463	36.02
HBr(g)	−36.40	−53.45	198.695	29.142
Ca(s)	0	0	41.42	25.31
CaC_2(s)	−59.8	−64.9	69.96	62.72
$CaCO_3$(方解石)	−1206.92	−1128.79	92.9	81.88
CaO(s)	−635.09	−604.03	39.75	42.80
$Ca(OH)_2$(s)	−986.09	−898.49	83.39	87.49
C(石墨)	0	0	5.740	8.527
C(金刚石)	1.895	2.900	2.377	6.113
CO(g)	−110.525	−137.168	197.674	29.142
CO_2(g)	−393.509	−394.359	213.74	37.11
CS_2(l)	89.70	65.27	151.34	75.7
CS_2(g)	117.36	67.12	237.84	45.40
CCl_4(l)	−135.44	−65.21	216.40	131.75
CCl_4(g)	−102.9	−60.59	309.85	83.30
HCN(l)	108.87	124.97	112.84	70.63
HCN(g)	135.1	124.7	201.78	35.86
Cl_2(g)	0	0	223.066	33.907
Cl(g)	121.679	105.680	165.198	21.840
HCl(g)	−92.307	−95.299	186.908	29.12
Cu(s)	0	0	33.150	24.435
CuO(s)	−157.3	−129.7	42.63	42.30
Cu_2O(s)	−168.6	−146.0	93.14	63.64
F_2(g)	0	0	202.78	31.30
HF(g)	−271.1	−273.2	173.779	29.133
Fe(s)	0	0	27.28	25.10
$FeCl_2$(s)	−341.79	−302.30	117.95	76.65
$FeCl_3$(s)	−399.49	−334.00	142.3	96.65

续表

物质	$\Delta_f H_m^\ominus/kJ\cdot mol^{-1}$	$\Delta_f G_m^\ominus/kJ\cdot mol^{-1}$	$S_m^\ominus/J\cdot mol^{-1}\cdot K^{-1}$	$C_{p,m}/J\cdot mol^{-1}\cdot K^{-1}$
Fe_2O_3(赤铁矿)	−824.2	−742.2	87.40	103.85
Fe_3O_4(磁铁矿)	−1118.4	−1015.4	146.4	143.43
$FeSO_4$(s)	−928.4	−820.8	107.5	100.58
H_2(g)	0	0	130.684	28.824
H(g)	217.965	203.247	114.713	20.784
H_2O(l)	−285.830	−237.129	69.91	75.291
H_2O(g)	−241.818	−228.572	188.825	33.577
H_2O_2(l)	−187.78	−120.35	109.6	89.1
H_2O_2(g)	−136.31	−105.57	232.7	43.1
$HgCl_2$(s)	−224.3	−178.6	146.0	
Hg_2Cl_2(s)	−265.22	−210.745	192.5	
HgO(s)	−90.83	−58.539	70.29	44.06
Hg_2SO_4(s)	−743.12	−625.815	200.66	131.96
I_2(s)	0	0	116.135	54.438
I_2(g)	62.438	19.327	260.69	36.90
I(g)	106.838	70.250	180.791	20.786
HI(g)	26.48	1.70	206.594	29.158
KCl(s)	−436.747	−409.14	82.59	51.30
KI(s)	−327.900	−324.892	106.32	52.93
KNO_3(s)	−494.63	−394.86	133.05	96.40
K_2SO_4(s)	−1437.79	−1321.37	175.56	130.46
$KHSO_4$(s)	−1160.6	−1031.3	138.1	
Mg(s)	0	0	32.68	24.89
$MgCl_2$(s)	−641.32	−591.79	89.62	71.38
MgO(s)	−601.70	−569.43	26.94	37.15
$Mg(OH)_2$(s)	−924.54	−833.51	63.18	77.03
Na(s)	0	0	51.21	28.24
Na_2CO_3(s)	−1130.68	−1044.44	134.98	112.30
$NaHCO_3$(s)	−950.81	−851.0	101.7	87.61
NaCl(s)	−411.153	−384.138	72.13	50.50
$NaNO_3$(s)	−467.85	−367.00	116.52	92.88
NaOH(s)	−425.609	−379.494	64.455	59.54
Na_2SO_4(s)	−1387.08	−1270.16	149.58	128.20
N_2(g)	0	0	191.61	29.125
NH_3(g)	−46.11	−16.45	192.45	35.06
NH_4NO_3(s)	−365.56	−183.87	151.08	139.3
NH_4Cl(s)	−314.43	−202.87	94.6	84.1
NH_4Br(s)	−270.1	−174.7	112.8	88.7
NH_4I(s)	−201.0	−112.0	117.0	81.76
$(NH_4)_2SO_4$(s)	−1180.85	−901.67	220.1	187.49
HNO_3(l)	−174.10	−80.71	155.60	109.87
HNO_3(g)	−135.06	−74.72	266.38	53.35
NO(g)	90.25	86.55	210.761	29.844
NO_2(g)	33.18	51.31	240.06	37.20

续表

物质	$\Delta_f H_m^\ominus$/kJ·mol^{-1}	$\Delta_f G_m^\ominus$/kJ·mol^{-1}	$S_m^\ominus$/J·mol^{-1}·K^{-1}	$C_{p,m}$/J·mol^{-1}·K^{-1}
N_2O(g)	82.05	104.20	219.85	38.45
N_2O_3(g)	83.72	139.46	312.28	65.61
N_2O_4(g)	9.16	97.89	304.29	77.28
N_2O_5(g)	11.3	115.1	355.7	84.5
O_2(g)	0	0	205.138	29.355
O(g)	249.170	231.731	161.055	21.912
O_3(g)	142.7	163.2	238.93	39.20
P(α-白磷)	0	0	41.09	23.84
P(红磷，三斜晶系)	−17.6	−12.1	22.80	21.21
P_4(g)	58.91	24.44	279.98	67.15
PCl_3(g)	−287.0	−267.8	311.78	71.84
PCl_5(g)	−374.9	−305.0	364.58	112.80
H_3PO_4(s)	−1279.0	−1119.1	110.50	106.06
S(正交晶系)	0	0	31.80	22.64
S(g)	278.805	238.250	167.821	23.673
SO_2(g)	−296.830	−300.194	248.22	39.87
SO_3(g)	−395.72	−371.06	256.76	50.67
H_2S(g)	−20.63	−33.56	205.79	34.23
H_2SO_4(l)	−813.989	−690.003	156.904	138.91
Si(s)	0	0	18.83	20.00
$SiCl_4$(l)	−687.0	−619.84	239.7	145.30
$SiCl_4$(g)	−657.01	−616.98	330.73	90.25
SiH_4(g)	34.3	56.9	204.62	42.84
SiO_2(α-石英)	−910.94	−856.64	41.84	44.43
SiO_2(s，无定形)	−903.49	−850.79	46.9	44.4
Zn(s)	0	0	41.63	25.40
$ZnCO_3$(s)	−812.78	−731.52	82.4	79.71
$ZnCl_2$(s)	−415.05	−369.398	111.46	71.34
ZnO(s)	−348.28	−318.30	43.64	40.25
CH_4(g)甲烷	−74.81	−50.72	186.264	35.309
C_2H_6(g)乙烷	−84.68	−32.82	229.60	52.63
C_2H_4(g)乙烯	52.26	68.15	219.56	43.56
C_2H_2(g)乙炔	226.73	209.20	200.94	43.93
CH_3OH(l)甲醇	−238.66	−166.27	126.8	81.6
CH_3OH(g)甲醇	−200.66	−161.96	239.81	43.89
C_2H_5OH(l)乙醇	−277.69	−174.78	160.7	111.46
C_2H_5OH(g)乙醇	−235.10	−168.49	282.70	65.44
$(CH_2OH)_2$(l)乙二醇	−454.80	−323.08	166.9	149.8
$(CH_3)_2O$(g)甲醚	−184.05	−112.59	266.38	64.39
$(C_2H_5)_2O$(l)乙醚	−279.5	−122.75	253.1	
$(C_2H_5)_2O$(g)乙醚	−252.21	−112.19	342.78	122.51
HCHO(g)甲醛	−108.57	−102.53	218.77	35.40
CH_3CHO(l)乙醛	−192.30	−128.12	160.2	
CH_3CHO(g)乙醛	−166.19	−128.86	250.3	57.3

续表

物质	$\Delta_f H_m^\ominus/kJ \cdot mol^{-1}$	$\Delta_f G_m^\ominus/kJ \cdot mol^{-1}$	$S_m^\ominus/J \cdot mol^{-1} \cdot K^{-1}$	$C_{p,m}/J \cdot mol^{-1} \cdot K^{-1}$
HCOOH(l)甲酸	−424.72	−361.35	128.95	99.04
CH_3COOH(l)乙酸	−484.5	−389.9	159.8	124.3
CH_3COOH(g)乙酸	−432.25	−374.0	282.5	66.5
$(CH_2)_2O$(l)环氧乙烷	−77.82	−11.76	153.85	87.95
$(CH_2)_2O$(l)环氧乙烷	−52.63	−13.01	242.53	47.91
C_6H_{12}(g)环己烷	−123.14	31.92	298.35	106.27
C_6H_{10}(g)环己烯	−5.36	106.99	310.86	105.02
C_6H_6(l)苯	49.04	124.45	173.26	
C_6H_6(g)苯	82.93	129.73	269.31	81.67
$C_6H_5CH_3$(l)甲苯	12.01	113.89	220.96	
$C_6H_5CH_3$(g)甲苯	50.00	122.11	320.77	103.64
$C_6H_5C_2H_5$(l)乙苯	−12.47	119.86	255.18	
$C_6H_5C_2H_5$(g)乙苯	29.79	130.71	360.56	128.41
$CHCl_3$(l)氯仿	−134.47	−73.66	201.7	113.8
$CHCl_3$(g)氯仿	−103.14	−70.34	295.71	65.09
CCl_4(l)四氯化碳	−135.44	−65.21	216.40	131.75
CCl_4(g)四氯化碳	−102.9	−60.59	309.85	83.30
C_2H_5Cl(l)氯乙烷	−136.52	−59.31	190.79	104.35
C_2H_5Cl(g)氯乙烷	−112.17	−60.39	276.00	62.8
C_2H_5Br(l)溴乙烷	−92.01	−27.70	198.7	100.8
C_2H_5Br(g)溴乙烷	−64.52	−26.48	286.71	64.52
C_2H_3Cl(g)氯乙烯	35.6	51.9	263.99	53.72
CH_3COCl(l)氯乙酰	−273.80	−207.99	200.8	117
CH_3COCl(g)氯乙酰	−243.51	−205.80	295.1	67.8
CH_3NH_2(l)甲胺	−47.3	35.7	150.21	
CH_3NH_2(g)甲胺	−22.97	32.16	243.41	53.1
CH_3CN(l)乙腈	31.38	77.22	149.62	91.46
CH_3CN(g)乙腈	65.23	82.58	245.12	52.22
$(NH_2)_2CO$(s)尿素	−333.51	−197.33	104.60	93.14

附录 6 某些物质的标准摩尔燃烧焓（25℃）

物质		$-\Delta_c H_m^\ominus/kJ \cdot mol^{-1}$	物质		$-\Delta_c H_m^\ominus/kJ \cdot mol^{-1}$
CH_4(g)	甲烷	890.31	C_6H_{14}(l)	正己烷	4163.1
C_2H_6(g)	乙烷	1559.8	C_6H_{12}(l)	环己烷	3919.9
C_2H_4(g)	乙烯	1411.0	C_6H_6(l)	苯	3267.5
C_2H_2(g)	乙炔	1299.6	$C_{10}H_8$(s)	萘	5153.9
C_3H_8(g)	丙烷	2219.9	CH_3OH(l)	甲醇	726.51
C_3H_6(g)	环丙烷	2091.5	C_2H_5OH(l)	乙醇	1366.8
C_3H_6(g)	丙烯	2058.5	C_3H_7OH(l)	正丙醇	2019.8
C_4H_{10}(g)	正丁烷	2878.3	C_4H_9OH(l)	正丁醇	2675.8
C_4H_8(l)	环丁烷	2720.5	C_6H_5OH(s)	苯酚	3053.5
C_5H_{12}(l)	正戊烷	3509.5	$(C_2H_5)_2O$(l)	二乙醚	2751.1
C_5H_{10}(l)	环戊烷	3290.9	HCHO(g)	甲醛	570.78

续表

物质		$-\Delta_c H_m^{\ominus}/kJ \cdot mol^{-1}$	物质		$-\Delta_c H_m^{\ominus}/kJ \cdot mol^{-1}$
$CH_3CHO(l)$	乙醛	1166.4	$C_6H_4(COOH)_2(s)$	邻苯二甲酸	3223.5
$C_2H_5CHO(l)$	丙醛	1816.3	$HCOOCH_3(l)$	甲酸甲酯	979.5
$C_6H_5CHO(l)$	苯甲醛	3527.9	$C_6H_5COOCH_3(l)$	苯甲酸甲酯	3957.6
$(CH_3)_2CO(l)$	丙酮	1790.4	$C_6H_{12}O_6(s)$	葡萄糖	2815.8
$HCOOH(l)$	甲酸	254.6	$C_{12}H_{22}O_{11}(s)$	蔗糖	5640.9
$CH_3COOH(l)$	乙酸	874.54	$CH_3NH_2(l)$	甲胺	1060.6
$C_2H_5COOH(l)$	丙酸	1527.3	$C_2H_5NH_2(l)$	乙胺	1713.3
$C_3H_7COOH(l)$	正丁酸	2183.5	$C_6H_5NH_2(l)$	苯胺	3396.2
$(CH_2COOH)_2(s)$	丁二酸	1491.0	$(NH_2)_2CO(s)$	尿素	631.66
$C_6H_5COOH(s)$	苯甲酸	3226.7	$C_5H_5N(l)$	吡啶	2782.4

上册习题参考答案

第1章

1.1 $p = 1.162\times10^5$ Pa

1.2 $\alpha=3.66\times10^{-3}\text{K}^{-1}$, $\kappa=9.87\times10^{-3}\text{kPa}^{-1}$

1.3 $n(280\text{K})=0.38\text{mol}$, $n(380\text{K})=0.28\text{mol}$, $p=57.576\text{kPa}$

1.4 $V=39.41\ \text{dm}^3$

1.5 氩的原子量为 39.95

1.6 $V_{H_2O}=0.313\text{dm}^3$, $V_{N_2}=7.653\text{dm}^3$, $V_{O_2}=2.034\text{dm}^3$, $p_{N_2}=77.544\text{kPa}$, $p_{O_2}=20.613\text{kPa}$

1.7 $\Delta m_{H_2O}=0.1368\text{g}$, $p=94.448\text{kPa}$

1.8 C_2H_3Cl 的分压力 96.487kPa，C_2H_4 的分压力 2.168kPa

1.9 $p=222.92\text{kPa}$

1.10 (1) $a=0.366\text{Pa}\cdot\text{m}^6\cdot\text{mol}^{-2}$, $b=4.286\times10^{-5}\text{m}^3\cdot\text{mol}^{-1}$; (2) $p_{范}=1.131\text{MPa}$, (3) $p_{理}=1.183\ \text{MPa}$

1.11 $B'=RTb-a$, $C'=RTb^2$

1.12 将贝塞罗方程变形为 $pV_m=\dfrac{RTV_m}{V_m-b}-\dfrac{a}{TV_m}$，求 $\lim\limits_{p\to0}\left\{\dfrac{\partial(pV_m)}{\partial p}\right\}_{T_B}=?$，再令其等于零，即可得出需证结果。

1.13 $V_m=30.22\text{dm}^3\cdot\text{mol}^{-1}$, $V_m(理)=30.62\text{dm}^3\cdot\text{mol}^{-1}$, $Z=0.987$

1.14 $V_{理}=5.7933\times10^{-4}\text{m}^3$, $V=4.0553\times10^{-4}\text{m}^3$

1.15 $p_{理}=30.28\text{MPa}$, $p_{范}=42.47\ \text{MPa}$, $p_{图}=38.15\ \text{MPa}$, $p_{对比}=31.90\ \text{MPa}$

第2章

2.1 $W=-28.716\text{kJ}$

2.2 $W=-3.057\text{kJ}$, $W_{理}=-3.102\ \text{kJ}$

2.3 $Q_p=1840\text{kJ}$

2.4 $W=-2.42\text{kJ}$, $\Delta U=-154.4\text{kJ}$

2.5 $Q_b=-0.692\text{kJ}$

2.6 $\Delta H-\Delta U=1662.8\text{J}$

2.7 $Q_p=116.971\text{kJ}$

2.8 $W=0$, $Q=6.236\text{kJ}$, $\Delta U=6.236\text{kJ}$, $\Delta H=10.392\text{kJ}$

2.9 $W=3.326\text{kJ}$, $Q=-11.64\text{kJ}$, $\Delta U=-8.314\text{kJ}$, $\Delta H=-11.64\text{kJ}$

2.10 $(\partial H/\partial T)_V=103.9\text{J}\cdot\text{K}^{-1}$

2.11 (1) $W_1=0$, $Q_1=0$, $\Delta U=0$, $\Delta H=0$; (2) $W_2=-7000\text{J}$, $Q_2=7000\text{J}$, $\Delta U=0$, $\Delta H=0$; (3) $W_3=-12332\text{J}$, $Q_3=12332\text{J}$, $\Delta U=0$, $\Delta H=0$

2.12 $V_1=8.97\times10^{-2}\mathrm{m}^3$，$T=312.2\mathrm{K}$

2.13 (1)$\Delta U(1)=0$，$\Delta H(1)=0$，$W(1)=2.50\mathrm{kJ}$，$Q(1)=-2.50\mathrm{kJ}$；(2)$\Delta U(2)=0$，$\Delta H(2)=0$，$W(2)=1.25\mathrm{kJ}$，$Q(2)=-1.25\mathrm{kJ}$

2.14 (1)$T_2=320\mathrm{K}$，$\Delta U=W=-1995\mathrm{J}$，$\Delta H=-3326\mathrm{J}$；(2)$T_2=303\mathrm{K}$，$\Delta U=W=-2419\mathrm{J}$，$\Delta H=-4032\mathrm{J}$

2.15 $T_2=432.71\mathrm{K}$，$p_2=360\mathrm{kPa}$，$W=5510.5\mathrm{J}$

2.16 $Q=Q_A+Q_B+Q_C=0-2578\mathrm{J}+2999\mathrm{J}=421\mathrm{J}$

$W=W_A+W_B+W_C=-1452J+1031J+0=-421J$

$\Delta U=\Delta U_A+\Delta U_B+\Delta U_C=-1452\mathrm{J}-1547\mathrm{J}+2999\mathrm{J}=0$

$\Delta H=\Delta H_A+\Delta H_B+\Delta H_C=-2419\mathrm{J}-2578\mathrm{J}+4997\mathrm{J}=0$

2.17 $\Delta U=10.214\mathrm{kJ}$，$\Delta H=17.023\mathrm{kJ}$，$W=-3405\mathrm{J}$，$Q=13.619\mathrm{kJ}$

2.18 设 $T=T(V,p)$，有 $\mathrm{d}T=\left(\frac{\partial T}{\partial V}\right)_p\mathrm{d}V+\left(\frac{\partial T}{\partial p}\right)_V\mathrm{d}p$。恒温下两边同除以 $\mathrm{d}p$ 得 $\left(\frac{\partial T}{\partial V}\right)_p\left(\frac{\partial V}{\partial p}\right)_T=-\left(\frac{\partial T}{\partial p}\right)_V$，恒容下两边同除以 $\mathrm{d}T$ 得 $\left(\frac{\partial T}{\partial p}\right)_V=1/\left(\frac{\partial p}{\partial T}\right)_V$，由此得证。

2.19 将 $U=H-pV$ 在恒压条件下对温度求导得 $\left(\frac{\partial U}{\partial T}\right)_p=C_p-p\left(\frac{\partial V}{\partial T}\right)_p$，两边同除以 $\mathrm{d}T$ 即为所求；再求理想气体的 $p\left(\frac{\partial V}{\partial T}\right)_p$，即可得到 $\mathrm{d}U=C_V\mathrm{d}T$。

2.20 令 $H=H(T,p)$，有 $\mathrm{d}H=\left(\frac{\partial H}{\partial T}\right)_p\mathrm{d}T+\left(\frac{\partial H}{\partial p}\right)_T\mathrm{d}p$。$\left(\frac{\partial H}{\partial T}\right)_p=C_p$，由焦-汤系数定义知 $\left(\frac{\partial H}{\partial p}\right)_T=-\mu_{\text{J-T}}C_p$，代入积分即得。

2.21 将范德华气体状态方程写为 $p=\frac{nRT}{V-nb}-\frac{n^2a}{V^2}$，代入可逆功的积分公式积分即得。

2.22 $Q=\Delta H=176.6\mathrm{kJ}$，$W=-14.042\mathrm{kJ}$，$\Delta U=162.558\mathrm{kJ}$

2.23 (1)$Q=\Delta H=406.68\mathrm{kJ}$，$W=-31.024\mathrm{kJ}$，$\Delta U=375.656\mathrm{kJ}$；

(2)$\Delta U=375.656\mathrm{kJ}$，$\Delta H=406.68\mathrm{kJ}$，$W=0$，$Q=375.656\mathrm{kJ}$

2.24 $Q=-312.029\mathrm{kJ}$

2.25 $Q=1334.434\mathrm{MJ}$

2.26 $\Delta_{\mathrm{vap}}H_{\mathrm{m}}(25℃)=43.815\mathrm{kJ\cdot mol^{-1}}$

第3章

3.1 $T_2/T_1=70\%$

3.2 $\eta_{最高}=0.385$，$Q_1=325\mathrm{kJ}$，$-Q_2=225\mathrm{kJ}$

3.3 ω_r(空)$=14.7$，ω_r(地)$=29.3$，$Q'_2=22.4\mathrm{kJ}$

3.4 (1)$\Delta S_{总}=0$；(2)$\Delta S_{总}=50\mathrm{J/K}$

3.5 (1)$\Delta S_{总}=6.27\times10^{-3}\mathrm{J/K}$；(2)$\Delta S_{总}\approx11.54\mathrm{J/K}$；(3)$\Delta S_{总}=6.27\times10^{-3}\mathrm{J/K}$

3.6 均为 $\Delta S=6.09\mathrm{J/K}$

3.7 (1)$\Delta U=\Delta H=0$，$-Q_r=W_r=-4610\mathrm{J}$，$\Delta S=11.5\mathrm{J/K}$；(2)$Q=-W=3.33\mathrm{kJ}$，熵变和(1)相同；(3)$Q=-W=0$，熵变和(1)相同

3.8 $Q=0$；$W=-1.788\mathrm{kJ}$；$\Delta U=-1.788\mathrm{kJ}$；$\Delta H=-2.503\mathrm{kJ}$；$\Delta S=2.521\mathrm{J/K}$

3.9 (1)$Q=9657\mathrm{J}$，$\Delta S_{\mathrm{sys}}=14.6\mathrm{J/K}$，$\Delta S_{\mathrm{sur}}=-14.6\mathrm{J/K}$；(2)$Q=9657\mathrm{J}$，$\Delta S_{\mathrm{sys}}=14.6\mathrm{J/K}$，$\Delta S_{\mathrm{sur}}=-9.657\mathrm{J/K}$；(3)$Q=9657\mathrm{J}$，$\Delta S_{\mathrm{sys}}=14.6\mathrm{J/K}$，$\Delta S_{\mathrm{sur}}=-11.7\mathrm{J/K}$

3.10 (1)$\Delta S_{\mathrm{sys}}=779.5\mathrm{J\cdot K^{-1}}$，$\Delta S_{\mathrm{sur}}=-711\mathrm{J\cdot K^{-1}}$，$\Delta S_{\mathrm{tot}}=68.5\mathrm{J\cdot K^{-1}}$；(2)$\Delta S_{\mathrm{sys}}=779.5\mathrm{J\cdot K^{-1}}$，$\Delta S_{\mathrm{sur}}=-744.2\mathrm{J\cdot K^{-1}}$，$\Delta S_{\mathrm{tot}}=35.3\mathrm{J\cdot K^{-1}}$

3.11 $\Delta S_{混}=0.17\text{J}\cdot\text{K}^{-1}$

3.12 $\Delta S_{\text{sys}}=1.55\text{J/K}$

3.13 (1)$Q_r=0$，$\Delta S=0$，$\Delta S_{\text{sur}}=0$，$W=\Delta U=2702\text{J}$，$\Delta H=3783\text{J}$，$\Delta A=-24.0\text{kJ}$，$\Delta G=-22.8\text{kJ}$；(2)$\Delta U=-6194\text{J}$，$\Delta H=-8672\text{J}$，$W_r=4955\text{J}$，$Q_r=-11149\text{J}$，$\Delta S_{\text{sur}}=-\Delta S=51.87\text{J/K}$，$\Delta A=62.65\text{kJ}$，$\Delta G=60.18\text{kJ}$

3.14 $Q=\Delta H=81.336\text{kJ}$；$W_r=\Delta A=-6.206\text{kJ}$；$\Delta U=75.13\text{kJ}$；$\Delta S=217.97\text{J}\cdot\text{K}^{-1}$；$\Delta G=0$

3.15 $Q=\Delta H=-83.1\text{kJ}$；$W=5.872\text{kJ}$；$\Delta U=-77.226\text{kJ}$；$\Delta S=-222.66\text{J/K}$；$\Delta A=1.406\text{kJ}$；$\Delta G=-4.466\text{kJ}$

3.16 $Q=\Delta H=-11.631\text{kJ}$；$W=0$；$\Delta U=-11.631\text{kJ}$；$\Delta S=-42.6\text{J/K}$；$\Delta A=\Delta G=-214\text{J}$

3.17 $\Delta G=-193\text{J}$

3.18 (1)由热力学基本公式 $\text{d}H=T\text{d}S+V\text{d}p$，可得$\left(\frac{\partial H}{\partial p}\right)_T=T\left(\frac{\partial S}{\partial p}\right)_T+V$，再由麦克斯韦关系式替换$\left(\frac{\partial S}{\partial p}\right)_T$即可证得；

(2)因$\left(\frac{\partial H}{\partial V}\right)_T=\left(\frac{\partial H}{\partial p}\right)_T\left(\frac{\partial p}{\partial V}\right)_T$，将$\left(\frac{\partial H}{\partial p}\right)_T=V-T\left(\frac{\partial V}{\partial T}\right)_p$代入整理后再做一个简单的代换即可；

(3)令 $H=H(T,p)$，有 $\text{d}H=\left(\frac{\partial H}{\partial T}\right)_p\text{d}T+\left(\frac{\partial H}{\partial p}\right)_T\text{d}p$。由$\left(\frac{\partial H}{\partial T}\right)_p=nC_{p,\text{m}}$和$\left(\frac{\partial H}{\partial p}\right)_T=V-T\left(\frac{\partial V}{\partial T}\right)_p$代换后即得。

3.19 (1)由热力学基本公式 $\text{d}U=T\text{d}S-p\text{d}V$ 可得$\left(\frac{\partial U}{\partial V}\right)_T=T\left(\frac{\partial S}{\partial V}\right)_T-p$，再由麦克斯韦关系式替换$\left(\frac{\partial S}{\partial V}\right)_T$即可证得；

(2)因$\left(\frac{\partial U}{\partial p}\right)_T=\left(\frac{\partial U}{\partial V}\right)_T\left(\frac{\partial V}{\partial p}\right)_T$，将$\left(\frac{\partial U}{\partial V}\right)_T=T\left(\frac{\partial p}{\partial T}\right)_V-p$ 代入整理后再做一个简单的代换即可；

(3)令 $U=U(T,V)$，有 $\text{d}U=\left(\frac{\partial U}{\partial T}\right)_V\text{d}T+\left(\frac{\partial U}{\partial V}\right)_T\text{d}V$。由$\left(\frac{\partial U}{\partial T}\right)_V=nC_{V,\text{m}}$和$\left(\frac{\partial U}{\partial V}\right)_T=T\left(\frac{\partial p}{\partial T}\right)_V-p$ 代换后即得。

3.20 (1)令 $S=S(T,p)$，有 $\text{d}S=\left(\frac{\partial S}{\partial T}\right)_p\text{d}T+\left(\frac{\partial S}{\partial p}\right)_T\text{d}p$，由$\left(\frac{\partial S}{\partial T}\right)_p=\frac{nC_{p,\text{m}}}{T}$和$\left(\frac{\partial S}{\partial p}\right)_T=-\left(\frac{\partial V}{\partial T}\right)_p$代换后即得；

(2)令 $S=S(T,V)$，有 $\text{d}S=\left(\frac{\partial S}{\partial T}\right)_V\text{d}T+\left(\frac{\partial S}{\partial V}\right)_T\text{d}V$，由$\left(\frac{\partial S}{\partial T}\right)_V=\frac{nC_{V,\text{m}}}{T}$和$\left(\frac{\partial S}{\partial V}\right)_T=\left(\frac{\partial p}{\partial T}\right)_V$代换后即得；

(3)令 $S=S(p,V)$，$\text{d}S=\left(\frac{\partial S}{\partial p}\right)_V\text{d}p+\left(\frac{\partial S}{\partial V}\right)_p\text{d}V$

又可写成 $\text{d}S=\left(\frac{\partial S}{\partial T}\right)_V\left(\frac{\partial T}{\partial p}\right)_V\text{d}p+\left(\frac{\partial S}{\partial T}\right)_p\left(\frac{\partial T}{\partial V}\right)_p\text{d}V$，将$\left(\frac{\partial S}{\partial T}\right)_V=\frac{nC_{V,\text{m}}}{T}$和$\left(\frac{\partial S}{\partial T}\right)_p=\frac{nC_{p,\text{m}}}{T}$代入即得。

3.21 因为$\left(\frac{\partial H}{\partial T}\right)_p\left(\frac{\partial T}{\partial p}\right)_H\left(\frac{\partial p}{\partial H}\right)_T=-1$，所以$\mu_{\text{J-T}}=\left(\frac{\partial T}{\partial p}\right)_H=-\left(\frac{\partial H}{\partial p}\right)_T\Big/\left(\frac{\partial H}{\partial T}\right)_p$，将$\left(\frac{\partial H}{\partial T}\right)_p=nC_{p,\text{m}}$和$\left(\frac{\partial H}{\partial p}\right)_T=nV_\text{m}-nT\left(\frac{\partial V_\text{m}}{\partial T}\right)_p$代入即得。

3.22 $Q_r=-W_r=nRT\ln\frac{p_1}{p_2}$，$\Delta U=0$，$\Delta H=an(p_2-p_1)$，$\Delta A=nRT\ln\frac{p_2}{p_1}$，$\Delta G=nRT\ln\frac{p_2}{p_1}+an(p_2-p_1)$，$\Delta S=-nR\ln(p_2/p_1)$

3.23 $\Delta S_{\text{sys}}=12.75\text{J}\cdot\text{K}^{-1}$，$\Delta S_{\text{sur}}=-11.73\text{J}\cdot\text{K}^{-1}$，$\Delta S_{\text{tot}}=1.02\text{J}\cdot\text{K}^{-1}$，$\Delta H-T_{\text{sur}}\Delta S=-361.2\text{J}<0$，自发。

3.24 $\Delta H=414.15\text{kJ}$；$\Delta S_{\text{sys}}=1275\text{J}\cdot\text{K}^{-1}$；$\Delta H-T_{\text{sur}}\Delta S=34009\text{J}>0$，非自发。

3.25 $\Delta H=-1506\text{J}$；$\Delta S_{\text{sys}}=-5.229\text{J}\cdot\text{K}^{-1}$；5℃的冷源为环境，$\Delta H-T_{\text{sur}}\Delta S=-51.55\text{J}<0$，自发。

3.26 $\Delta S_{\text{sys}}=5.763\text{J}\cdot\text{K}^{-1}$；$\Delta U+p_{\text{sur}}\Delta V-T_{\text{sur}}\Delta S=-481.8\text{J}<0$，自发。

3.27 $\Delta U=0$；$\Delta S_{sys}=5.763J\cdot K^{-1}$；$\Delta U+p_{sur}\Delta V-T_{sur}\Delta S=-1728.9J<0$，自发。

3.28 (1)$\Delta_{trs}G_m=2898J$；(2)石墨稳定；(3)$p=1529MPa$

第4章

4.1 $x_B=0.00524$，$c_B=0.282mol\cdot dm^{-3}$，$b_B=0.292mol\cdot kg^{-1}$

4.2 $w_B=0.2600$，$x_B=0.05795$，$c_B=3.128mol\cdot dm^{-3}$，$b_B=3.415mol\cdot kg^{-1}$

4.3 $V=41.11cm^3$，$y_{O_2}=0.343$，$y_{N_2}=0.657$

4.4 $m_{HCl}=1.87g$

4.5 $y_B=0.363$

4.6 (2)$V_B=5.1856\times10^{-5}m^3\cdot mol^{-1}$，$V_A=1.8067\times10^{-5}m^3\cdot mol^{-1}$

4.7 $V_{NaCl}=18.015cm^3\cdot mol^{-1}$；$V_{H_2O}=18.04cm^3\cdot mol^{-1}$

4.8 V水$=5.76dm^3$，$V=15.3dm^3$

4.9 (1)在U、V、n_C一定时，$dU=TdS-pdV+\sum_B\mu_Bdn_B$可写为$0=TdS-0+\mu_Bdn_B$，整理后即为所求。

(2)令$S=S(T,V,n_B,n_C\cdots)$，则$dS=\left(\frac{\partial S}{\partial T}\right)_{V,n}dT+\left(\frac{\partial S}{\partial V}\right)_{T,n}dV+\sum_B\left(\frac{\partial S}{\partial n_B}\right)_{T,V,n_C}dn_B$，在$T$、$p$、$n_C$恒定的条件下，上式两边除以$dn_B$即得$S_{B,m}=\left(\frac{\partial S}{\partial V}\right)_{T,n}V_{B,m}+\left(\frac{\partial S}{\partial n_B}\right)_{T,V,n_C}$，再将$\left(\frac{\partial S}{\partial V}\right)_{T,n}$按麦克斯韦关系式代换，整理即可。

4.10 $y_A=0.753$，$y_B=0.247$

4.11 $x_B=0.542$

4.12 (1)$p=66.7kPa$，$x_B=0.333$；(2)$x_B=0.75$，$y_B=0.9$

4.13 (1)$p_A^*=52.5kPa$，$p_B^*=90.0kPa$；(2)$y_A=0.28$，$y_B=0.72$

4.14 对二组分系统由吉布斯-杜亥姆方程知$d\mu_A=-\frac{x_B}{x_A}d\mu_B$，求稀溶液中溶质B符合亨利定律时的化学势$\mu_B(l)=\mu_B^\ominus(g)+RT\ln\frac{k_{x,B}}{p^\ominus}+RT\ln x_B$的微分得$d\mu_B(l)=\frac{RT}{x_B}dx_B$，将其代入杜亥姆方程，得$d\mu_A(l)=-\frac{RT}{x_A}d(1-x_A)=\frac{RT}{x_A}dx_A=RTd\ln x_A$。等式两边积分，$x_A=1$时，$\mu_A=\mu_A^*$，得$\mu_A(l)=\mu_A^*(l)+RT\ln x_A$。这正是稀溶液中溶剂A符合拉乌尔定律时的化学势，命题得证。

4.15 $\Delta_{mix}V=0$，$\Delta_{mix}H=0$，$\Delta_{mix}U=0$，$\Delta_{mix}S=11.53J\cdot K^{-1}$，$\Delta_{mix}G=-3436J\cdot mol^{-1}$

4.16 $\Delta_{mix}G=-2139J$

4.17 $\Delta G=-16.77kJ$，$\Delta S=56.25J\cdot K^{-1}$

4.18 $W'=\Delta G=1717J$

4.19 (1)$K=c(I_2,H_2O)/c(I_2,CCl_4)=0.0116$；(2)$c(I_2,CCl_4)=114.66mmol\cdot dm^{-3}$

4.20 $m=0.273g$

4.21 (1)$m_2=2.22g$；(2)$m_1=2.50g$

4.22 $x_B=9.998\times10^{-3}$，$\Delta T_b=0.283K$

4.23 (1)$T_f=272.67K$；(2)$T_b=373.28K$；(3)$\Delta p_A=14.51Pa$；(4)$\Pi=614.5kPa$，$h=62.8m$

4.24 $M_B=0.2283kg\cdot mol^{-1}$，$C_{12}H_{20}O_4$

4.25 (1)$\Pi=776.4kPa$；(2)$m_B=102.9g$

4.26 化合物的分子量为450.4

4.27 $a_A=0.159$，$\gamma_A=0.578$

4.28 $a_{I_2}=0.3062$，$\gamma_{I_2}=0.6124$

4.29 $a_B=0.8143$，$a_C=0.8943$，$\gamma_B=1.63$，$\gamma_C=1.79$

4.30 $a_B=0.8637, \gamma_B=1.553$

4.31 对二组分系统有关于化学势的吉布斯-杜亥姆方程为 $x_B d\mu_B + x_C d\mu_C = 0$，真实液态混合物中任一组分B化学势可表示为 $\mu_B(l)=\mu_B^*(l)+RT\ln a_B$，将两个组分的化学势微分后代入杜亥姆方程得 $x_B d\ln(\gamma_B x_B)+x_C d\ln(\gamma_C x_C)=0$。因 $x_B d\ln x_B = x_B(dx_B/x_B)=dx_B$，同理 $x_C d\ln x_C = dx_C = d(1-x_B) = -dx_B$，所以 $x_B d\ln\gamma_B + x_C d\ln\gamma_C = 0$。

4.32 (1)$a_B=0.121, \gamma_B=1.21$；(2)$a_A=0.891, \gamma_A=0.99$

第5章

5.1 (1)$\xi=8.1885\times10^{-3}$mol；(2)$\Delta_c U_m=-3225.62\text{kJ}\cdot\text{mol}^{-1}$；(3)$\Delta_c H_m=-3226.86\text{kJ}\cdot\text{mol}^{-1}$

5.2 $\Delta_r H_m$(298K，石墨→金刚石)$=1.89\text{kJ}\cdot\text{mol}^{-1}$

5.3 (1)$\Delta_r H_m=206.07\text{kJ}\cdot\text{mol}^{-1}$，$\Delta_r U_m=198.63\text{kJ}\cdot\text{mol}^{-1}$；(2)$\Delta_r H_m=-71.66\text{kJ}\cdot\text{mol}^{-1}$，$\Delta_r U_m=-66.70\text{kJ}\cdot\text{mol}^{-1}$；(3)$\Delta_r H_m=178.321\text{kJ}\cdot\text{mol}^{-1}$，$\Delta_r U_m=175.84\text{kJ}\cdot\text{mol}^{-1}$；(4)$\Delta_r H_m=-41.166\text{kJ}\cdot\text{mol}^{-1}$，$\Delta_r U_m=-41.166\text{kJ}\cdot\text{mol}^{-1}$

5.4 (1)$\Delta_r H_m(1)=44.2\text{kJ}\cdot\text{mol}^{-1}$；(2)$\Delta_r H_m(2)=-631.3\text{kJ}\cdot\text{mol}^{-1}$；(3)$\Delta_r H_m(3)=-137.03\text{kJ}\cdot\text{mol}^{-1}$

5.5 $\Delta_r H_m^\ominus=-1.628\text{kJ}\cdot\text{mol}^{-1}$

5.6 $Q_r(420°\text{C})=-38.362\text{kJ}\cdot\text{mol}^{-1}$

5.7 $T=1534.8\text{K}$

5.8 $S_m=221.5\text{J}\cdot\text{mol}^{-1}\cdot\text{K}^{-1}$

5.9 $\Delta_r H_m^\ominus=-45.56\text{kJ}\cdot\text{mol}^{-1}$，$\Delta_r S_m^\ominus=-0.127\text{kJ}\cdot\text{K}^{-1}\cdot\text{mol}^{-1}$，$\Delta_r G_m^\ominus=17.32\text{kJ}\cdot\text{mol}^{-1}$

5.10 $\xi=0.5$mol

5.11 (1)$K^\ominus=0.75$；(2)$Q_p=0.25$，$Q_p<K^\ominus$，反应可自发进行；(3)$Q_p=1.00$，$Q_p>K^\ominus$，反应不会自发进行

5.12 $K_3^\ominus=5.18\times10^{46}$

5.13 $\Delta_r G_m^\ominus(2)=-228.572\text{kJ}\cdot\text{mol}^{-1}$

5.14 $K^\ominus=14.958\times10^{-3}$，$\Delta_r G_m^\ominus=11.116\text{kJ}\cdot\text{mol}^{-1}$

5.15 $K^\ominus=8.54\times10^{-2}$，$p=1.059\times10^6\text{Pa}$

5.16 $K^\ominus=4.68\times10^{-8}$

5.17 $p=24.76$kPa；通入 H_2S(g)的压力要大于 10.14kPa 时才能有 NH_4HS(s)生成

5.18 $\alpha=2.47\times10^{-4}$

5.19 $\Delta_r G_m^\ominus=-24.63\text{kJ}\cdot\text{mol}^{-1}$，$K^\ominus=2.066\times10^4$

5.20 $p_{总}^{eq}=2.08\times10^{-3}\text{Pa}$

5.21 $\alpha_1=0.1889, y_1=0.3178$；$\alpha_2=0.2625, y_2=0.4158$

5.22 (1)$K^\ominus=419.8$；(2)$K^{\ominus\prime}=449.1$

5.23 热气流中 CO_2 的分压至少要等于 0.480kPa，Ag_2CO_3 才不会分解

5.24 $T=1111.2\text{K}=838℃$

5.25 $\ln K^\ominus=-\dfrac{6797.45}{T/\text{K}}+2.011\times\ln(T/\text{K})+1.521$，$K^\ominus(500\text{K})=1.53$

5.26 $\Delta_r G_m^\ominus(500\text{K})=21613.72\text{J}\cdot\text{mol}^{-1}$，$\Delta_r S_m^\ominus(500\text{K})=-236.72\text{J}\cdot\text{K}^{-1}\cdot\text{mol}^{-1}$，$\Delta_r H_m^\ominus(500\text{K})=-96746.28\text{J}\cdot\text{mol}^{-1}$，$K^\ominus(500\text{K})=5.5\times10^{-3}$，$K_c(500\text{K})=9.5\times10^{-6}(\text{mol}\cdot\text{m}^{-3})^{-2}$

5.27 $T_{分解}=392.57\text{K}$，$T_{转折}=405.85\text{K}$

5.28 $\alpha_1=77.56\%$，$\alpha_2=93.97\%$，$\alpha_3=95.0\%$

5.29 (1)平衡向反应物移动；(2)平衡向生成物移动；(3)平衡向反应物移动；(4)平衡向生成物移动；(5)平衡向反应物移动

5.30 $p_{CO_2}=0.661\text{kPa}$

5.31 (1)平衡不会移动;(2)平衡向反应物方向移动

5.32 $K^{\ominus}(533.15\text{K})=1.28\times10^{-3}$,$K_{\varphi}=0.396$,$y^{eq}_{CH_3OH}=0.6149$

第6章

6.1 (1)$C=2,\phi=2,F=1$;(2)$C=2,\phi=2,F=2$;(3)$C=1,\phi=2,F=1$;(4)$C=1,\phi=2,F=1$;(5)$C=2,\phi=2,F=1$;(6)$C=3,\phi=2,F=2$;(7)$C=1,\phi=2,F=1$;(8)$C=2,\phi=2,F=3$

6.2 (1)C=2,ϕ=3,F=1;(2)C=3,ϕ=3,F=2

6.3 (1)有1种;(2)有2种

6.4 C=3,ϕ=2,F=2

6.5 (1)$p_2=3.746\text{kPa}$;(2)$T_2=360.9\text{K}$

6.6 系统的真空度为100.086kPa

6.7 (1)$p_2=15.91\text{kPa}$;(2)$\Delta_{sub}H_m=44.11\text{kJ}\cdot\text{mol}^{-1}$;(3)$\Delta_{fus}H_m=9.94\text{kJ}\cdot\text{mol}^{-1}$

6.8 (1)$T=195.2\text{K}$,$p=5.934\text{kPa}$;(2)$\Delta_{vap}H_m=25.47\text{kJ}\cdot\text{mol}^{-1}$,$\Delta_{sub}H_m=31.21\text{kJ}\cdot\text{mol}^{-1}$,$\Delta_{fus}H_m=5.74\text{kJ}\cdot\text{mol}^{-1}$

6.9 $T=278.2\text{K}$,$p=4.616\text{kPa}$

6.10 (1)$p=581.4\text{kPa}$;(2)$y_{CH_4}=0.98$

6.11 (1)三个单相区,$F=2$;三条两相平衡线,$F=1$;一个三相平衡点,$F=0$;(2)以石墨状态稳定存在;(3)放热。

6.12 $x_B=0.7359$,$y_B=0.5443$,$n(\text{l})=1.92\text{mol}$,$n(\text{g})=1.08\text{mol}$

6.13 $p_A^*=76.56\text{kPa}$,$p_B^*=124.0\text{kPa}$

6.14 (1)$x_B=0.6313$,$p=84.42\text{kPa}$;(2)$n(\text{g})=5.815\text{mol}$,$n(\text{l})=4.185\text{mol}$

6.15 (1)$m(L_1)=179.6\text{g}$,$m(L_2)=120.4\text{g}$;(2)$m(L_1)=130.2\text{g}$,$m(L_2)=269.8\text{g}$

6.16 (2)$n_B(\text{g})=2.0\text{mol}$,$n\text{A}(\text{g})=3.0\text{mol}$,$n_B(\text{l})=4.0\text{mol}$,$n_A(\text{l})=1.0\text{mol}$;(3)$a_A=0.324$,$\gamma_A=1.62$

6.17 (2)$p_A^*=40\text{kPa}$,$p_B^*=60\text{kPa}$;(3)$p=140\text{kPa}$

6.18 (2)否;(3)需采取的生产措施为:先定温减压蒸发至w_B在0.62以上,再降温至温度稍高于-13.9℃。

6.19 (1)t-x图(自画);(2)填写表格(自填)。

6.20 步冷曲线与相图(自画)。注意$x_B=0.6$时在步冷曲线上有两个平台,则意味着形成了一种不稳定的化合物,其组成介于0.6和0.8之间,则该化合物的分子式为AB_3($x_B=0.75$),也可能为AB_2($x_B=0.67$)。

6.21 冷却曲线(自画)。

6.22 相区1:单相区,液态溶液(A+B);相区4:单相区,固态溶液(A+B);相区2、相区3:固液两相共存区;上方曲线:液相线;下方曲线:固相线。

状态点为a、b的样品的冷却曲线(自画)。

6.23 (1)各相区(稳定)存在时的相

相区1:l;相区2:α(s);相区3:β(s);相区4:γ(s);相区5:l+α(s);相区6:l+β(s);相区7:α(s)+β(s);相区8:l+γ(s);相区9:β(s)+γ(s)。

(2)三相线平衡的相及相平衡关系

$$KMN:l\underset{\text{加热}}{\overset{\text{冷却}}{\rightleftharpoons}}\alpha(\text{s})+\beta(\text{s});EFG:l+\gamma(\text{s})\underset{\text{加热}}{\overset{\text{冷却}}{\rightleftharpoons}}\beta(\text{s})$$

(3)画出状态点a、b、c的物系的冷却曲线(自画)。

6.24 (1)相图中各相区的稳定相

1:l,$F=2$;2:$l+\beta(\text{s})$,$F=1$;3:$\alpha(\text{s})$,$F=2$;4:$l+\alpha(\text{s})$,$F=1$;5:$l+\text{C}(\text{s})$,$F=1$;6:$\beta(\text{s})+\text{C}(\text{s})$,$F=1$;

7:β(s),$F=2$;8:α(s)+C(s),$F=1$。

(2)三相线及相平衡关系

三相线 KMN:$l \xrightleftharpoons[加热]{冷却} \alpha(s)+C(s)$,三相线 EFG:$l+\beta(s) \xrightleftharpoons[加热]{冷却} C(s)$

(3)液相组成为:$w_B(l)=0.5$,β(s)相组成为 $w_B(s)=0.9$,物系组成 $w_B(a)=0.6$。l 与 β(s)两相的质量:$m_l=750g$,$m_{\beta(s)}=250g$。

6.25 (1)相图中各相区的稳定相

1:l;2:α(s);3:$l+\alpha$(s);4:l+C(s);5:l+C(s);6:$l+\beta$(s);7:β(s);8:α(s)+C(s);9:β(s)+C(s)。

(2)三相线及相平衡关系

三相线 KMN:$l \xrightleftharpoons[加热]{冷却} \alpha(s)+C(s)$,三相线 EFG:$l \xrightleftharpoons[加热]{冷却} C(s)+\beta(s)$

(3)物系状态点为 a、b、c、d 的冷却曲线(自画)。

6.26 (1)各相区的稳定相

1:l;2:l_1+l_2;3:α(s);4:$l+\alpha$(s);5:l+C(s);6:$l+\beta$(s);7:$l+\beta$(s);8:β(s);9:α(s)+C(s);10:C(s)+β(s)。

(2)步冷曲线(自画)

(3)最多可得纯 C 的质量 $m_{C(s)}=16.7kg$

6.27 (1)A_3B

(2)1:l;2:A(s)+l;3:A(s)+A_3B(s);4:A_3B(s)+l;5:A_3B(s)+B(s);6:B(s)+l

(3)三相线 EFG:$l+A(s) \xrightleftharpoons[加热]{冷却} A_3B(s)$,$LMN$:$l \xrightleftharpoons[加热]{冷却} A_3B(s)+B(s)$

6.28 (1)1:l;2:α(s);3:$l+\alpha$(s);4:$l+C_1$(s);5:α(s)+C 1(s);6:$l+C_2$(s);7:C_1(s)+C_2(s);8:$l+C_2$(s);9:l+B(s);10:C_2(s)+B(s)。

(2)自由度为零的线为 HEF、LMN、DJK。其相平衡关系如下

HEF:$l \xrightleftharpoons[加热]{冷却} \alpha(s)+C_1(s)$,$LMN$:$l \xrightleftharpoons[加热]{冷却} C_2(s)+B(s)$,$DJK$:$l+C_2(s) \xrightleftharpoons[加热]{冷却} C_1(s)$。

6.29 (1)1:l,$F=2$;2:l+A(s),$F=1$;3:A(s)+C_1(s),$F=1$;4:$l+C_1$(s),$F=1$;5:$l+C_2$(s),$F=1$;6:$l+C_3$(s),$F=1$;7:C_1(s)+C_2(s),$F=1$;8:C_2(s)+C_3(s),$F=1$;9:α(s),$F=2$;10:$l+\alpha$(s),$F=1$;11:$l+\beta$(s),$F=1$;12:α(s)+β(s),$F=1$;13:β(s),$F=2$

(2)三相线及平衡关系

EFH:$l \xrightleftharpoons[加热]{冷却} A(s)+C_1(s)$,$DJK$:$l+C_2(s) \xrightleftharpoons[加热]{冷却} C_1(s)$

RST:$l+C_3(s) \xrightleftharpoons[加热]{冷却} C_2(s)$,$LMN$:$l \xrightleftharpoons[加热]{冷却} \alpha(s)+\beta(s)$

6.30 萃取出乙醇的质量为 5.04×10^{-3}kg